DAS KLIMA

Analysen und Modelle
Geschichte und Zukunft

Herausgegeben von
H. Oeschger B. Messerli M. Svilar

Mit 123 Abbildungen

Springer-Verlag
Berlin Heidelberg New York 1980

Professor Dr. HANS OESCHGER
Physikalisches Institut der Universität Bern
Sidlerstraße 5, CH-3012 Bern

Professor Dr. BRUNO MESSERLI
Geographisches Institut der Universität Bern
Hallerstraße 12, CH-3012 Bern

Dr. MAJA SVILAR
Collegium generale der Universität Bern
Sidlerstraße 5, CH-3012 Bern

ISBN-13:978-3-540-10356-1 e-ISBN-13:978-3-642-67813-4
DOI: 10.1007/978-3-642-67813-4

CIP-Kurztitelaufnahme der Deutschen Bibliothek
Das Klima: Analysen u. Modelle; Geschichte u. Zukunft/
hrsg. von H. Oeschger . . . Mit Beitr. von W. Dansgaard . . .-
Berlin, Heidelberg, New York: Springer, 1980.
ISBN-13:978-3-540-10356-1

NE: Oeschger, Hans (Hrsg.); Dansgaard, Willi (Mitverf.)

2132/3130-543210

Vorwort

Das Klima als prägender Faktor unserer Umwelt wird zunehmend zu einem Problem unserer Zeit und unserer Zukunft. Natürliche Klimaschwankungen und anthropogene Klimabeeinflussungen beginnen sich zusehends zu überlagern, die Auswirkungen für die an die heutigen Klimagegebenheiten angepasste Menschheit lassen sich noch kaum übersehen.

Verschiedensten wissenschaftlichen Disziplinen ist die anspruchsvolle Aufgabe gestellt, wesentliche Beiträge zum Verständnis der vergangenen, der gegenwärtigen und der zukünftigen klimatischen Umwelt zu erarbeiten. Eine solchermaßen komplexe Aufgabe muß in der ersten Phase zu vielschichtigen und oft auch divergierenden Ergebnissen und Auffassungen führen. Aus dieser Erkenntnis heraus fühlten sich Mitarbeiter verschiedener Institute der Universität Bern verpflichtet, während zweier Semester im Rahmen eines "COLLEGIUM GENERALE" eine Standortbestimmung durchzuführen. Kompetente Referenten aus allen Fachbereichen haben sich bereit erklärt, ihre so verschiedenartigen Probleme, Methoden und Ergebnisse darzustellen und für den vorliegenden Band zusammenzufassen.

Klimaänderungen und Klimamodelle

Eigentlich hätte zu einer solchen umfassenden Publikation eine zukunftsorientierte Auswertung und Zusammenfassung gehört. Der heutige Stand der Wissenschaft erlaubt es aber kaum, klimageschichtliche Prozeßkenntnis und anthropogene Klimabeeinflussung zu integrieren oder zu differenzieren, so daß zukünftige Klimaverläufe in ihrem räumlichen und zeitlichen Dimensionen vorhergesagt werden können. Wir sind weiterhin auf analytische Arbeitsrichtungen und Arbeitsmethoden angewiesen, um unser Wissen zu verdichten. In diesem Sinne ist es – vorläufig noch – den einzelnen Teildisziplinen überlassen, ihre Schlußfolgerungen zu ziehen. Modelle als Instrumente der Synthese befinden sich in vielen Berichten in Arbeit, sie werden einer nächsten Standortbestimmung vermehrt zur Verfügung stehen.

Klimageschichte und Klimazukunft

Erst in der Klimageschichte mit ihren großräumig-langfristigen und kleinräumig-kurzfristigen Schwankungen erkennen wir die Bedeutung der gegenwärtigen Prozesse. Gerade dieses Verständnis ist aber wesentlich, um die natürlich und anthropogen bestimmten Prozesse zu unterscheiden und in ihrer Bedeutung für die Zukunft abzuschätzen. Klimatische Umweltveränderungen und Umweltkatastrophen der Vergangenheit mögen ein Maß dafür sein, was sich auch in Zukunft ereignen kann. Der wesentliche Unterschied zwischen Vergangenheit und Zukunft besteht aber darin, daß der Mensch mit seinen Aktivitäten das Klima zunehmend beeinflußt, und daß die stetig wachsende Bevölkerung und die immer intensivere Nutzung der Grenzertragslagen solche potentiellen Klimaschwankungen und Umweltveränderungen kaum mehr vertragen würden. Wir erleben es immer deutlicher, wie labil die scheinbar so stabile klimazonale Ordnung unserer Erde eigentlich ist. Daraus ergeht die Verpflichtung an die verschiedenen Disziplinen, sich zur Zusammenarbeit zu finden, das Verständnis der Klimamechanismen zu fördern und Grundlagen zu liefern, auf die sich die Zukunftsplanung abstützen kann.

Es sei an dieser Stelle die wertvolle Mitarbeit der Herren Professor Dr. Johannes Geiss, Direktor des Physikalischen Instituts der Universität Bern, und Dr. Bernhard Stauffer, Oberassistent-Lektor am obengenannten Institut, bestens verdankt. Der Dank der Herausgeber gilt auch dem Collegium generale der Universität Bern, insbesondere seinem Präsidenten, Herrn Professor Dr. Hugo Aebi, welcher freundlicherweise die Mittel zur Durchführung des Klima-Zyklus sowie einen Druckkostenbeitrag an das vorliegende Buch bereitgestellt hat.

H. OESCHGER
B. MESSERLI
M. SVILAR

Bern, Oktober 1980

Inhaltsverzeichnis

Geschichte von Klimaparametern

Klimamodelle und Klimamechanismen

Mitarbeiterverzeichnis

Die Anschriften sind jeweils beim Beitrag angegeben

Einführung und allgemeine Übersicht

Modelle der Klimaentwicklung im 21. Jahrhundert

H. FLOHN[1]

1 Empirische und theoretische Modelle

In der Einteilung seiner *Prinzipien der Mechanik* formulierte H. Hertz, der Entdecker der elektromagnetischen Wellen - als Ordinarius in Bonn 1892/93, kurz vor seinem frühen Tod mit 37 Jahren - das Modellprinzip: ".....Wir machen uns innere Scheinbilder .... der äußeren Gegenstände ...... von solcher Art, daß die denknotwendigen Folgen der Bilder stets wieder die Bilder seien von den naturnotwendigen Folgen der abgebildeten Gegenstände." An ihnen können wir "wie an Modellen in kurzer Zeit die Folgen entwickeln, welche in der äußeren Welt erst in längerer Zeit auftreten...." Sein Bonner Assistent, V. Bjerknes, legte (1897) mit seinem Zirkulationstheorem einen der Grundsteine für die Entwicklung der Physik der Atmosphäre und der physikalischen Ozeanographie; bei beiden spielen heute, im Zeitalter der Computer, Modelle eine zentrale Rolle. Der Modellbegriff wird auch auf empirische Befunde angewandt: in der Geschichte der Meteorologie nennen wir die empirischen Modelle der Polarfront, der Frontalzone, der tropischen Hurrikane, in der Klimatologie die innertropische Konvergenzzone, die Passate und Monsune als typische Beispiele, die sich in ihrer modellhaft vereinfachten Konzeption jahrzehntelang bewährt hatten. Detailstudien zeigten die Notwendigkeit ihrer Erweiterung, und mathematisch formulierte Modelle, die auf den Fundamentalsätzen der klassischen Physik aufbauen, den sogenannten "primitiven" Gleichungen, haben in den letzten 30 Jahren - seit den ersten von C.G. Rossby inspirierten Versuchen von J. Charney and A. Eliassen (1949) an der Rechenanlage in Princeton - das Problem der "numerischen Vorhersage atmosphärischer Felder" zu einer Lösung geführt, die als Grundlage einer Wettervorhersage für Zeiträume zwischen 36 und 96 Stunden eindeutig besser ist als alle früheren Verfahren.

Mit verbesserten Modellen, in die bisher vernachlässigte physikalische Prozesse eingebaut werden, wird eine mittelfristige Wettervorhersage weiter entwickelt bis zu Zeiträumen von 10 - 14 Tagen, so im European Center for Medium-Range Weather Research in Reading, das von 17 Staaten unterhalten wird. Aber die eigentliche Langfristvorhersage - für Zeiträume zwischen einem Monat und vielleicht 1 - 2 Jahren - kann die Wettervorgänge sicher nicht mehr im Detail erfassen. Hier geht es um die Änderungen der "Witterung" (ein in anderen Sprachen leider fehlender Begriff) und um die persistierenden Anomalien der großen atmosphärischen Zirkulation, die von den großräumigen Schwankungen der Wassertemperatur, des Treibeises, der kontinentalen Schneedecke und Vegetation kontrolliert werden. Der Mathematiker John von Neumann, dessen Weitblick in den Frühstadien der Entwicklung und Anwendung der Computer eine erhebliche Rolle spielte, wagte schon damals (1949) im Gespräch die kühne Formulierung: "Die langfristige Vorhersage des

[1]Meteorologisches Institut der Universität Bonn, Auf dem Hügel 20, D-5300 Bonn

Wetters ist die zweitschwierigste Aufgabe, die von einem Computer gelöst werden kann." Auf die Frage nach dem schwierigsten Problem antwortete er dann mit vielsagendem Blick: "Human behaviour": eine solche Vorhersage liegt z.B. ökonomischen Prognosen zugrunde, deren Zuverlässigkeit daher auch manchmal zu wünschen übrig läßt.

Das Problem des Klimas und seiner Schwankungen geriet erst allmählich in den Interessenkreis der theoretischen Meteorologie (Pfeffer 1960). Viel zu lange wurde die Existenz des Klimas als eines nahezu stationären "mittleren Zustandes der Atmosphäre" (Hann 1882) als gegeben vorausgesetzt und die beobachteten Schwankungen als statistisches "Rauschen" (noise) aufgefaßt. Inzwischen hat die Forschung das Problem der Klimaschwankungen - ausgelöst durch weltweite Klimaanomalien wie um 1972 mit ihren sozio-ökonomischen Konsequenzen - als ein zentrales Wechselwirkungsproblem im Rahmen der Geophysik (im weitesten Sinne des Wortes) erkannt. Wir wissen - seit der Verwendung quantitativer, z.T. physikalischer Verfahren in Archäologie und Vorgeschichte, in Geologie und Paläontologie -, daß die Variabilität des Klimas sehr viel größer ist, als vielfach früher angenommen (Schwarzbach 1974, Woldstedt 1969, von Rudloff 1967). Diese Klimageschichte überschreitet weit den Rahmen der etwa 300 Jahre umfassenden, instrumentellen Beobachtungsreihen; sie reicht mit vielen indirekten Klimazeugen (z.T. quantifizierbar) zurück in den Skalenbereich $10^3 - 10^8$ Jahre. Sie ist der notwendige historische Hintergrund, sie liefert uns empirische Modelle für ein Szenarium der künftigen Entwicklung, als Grundlage theoretischer Modelle (z.B. Gates 1976) und als Testobjekt für künftige Vorhersagemodelle. Die faszinierenden Ergebnisse der Klimageschichte mit quantitativen Methoden - in Bohrkernen der Ozeanböden, des Eises, fossiler Moore und uralter Baumstämme - stellen interdisziplinär die Klimatologie auf eine neue Basis. Von ihr aus können wir auch einen Versuch wagen, einige Aussagen über die künftige Entwicklung des Klimas unter Berücksichtigung der zunehmenden Eingriffe des Menschen zu machen.

2 Grundlagen und Grenzen mathematischer Klimamodelle

Die Entwicklung mathematischer Klimamodelle geschah zunächst auf der Grundlage von normalen (Wetter-) Vorhersagemodellen, durch Erweiterung der Laufzeit auf Monate und 1 - 3 Jahre, aber unter Berücksichtigung aller zeitabhängigen Prozesse. Dieses Vorgehen war insofern gerechtfertigt, weil Klima ja im Grunde nichts anderes darstellt als das zeitliche Integral über das Wetter, die Gesamtheit aller Witterungen (Hann 1882). Trotz gleicher Anfangs- und Randbedingungen führen die numerischen Näherungsprozesse zu Abweichungen, die z.T. als natürliche Variabilität des Klimas interpretiert werden. Dies ist unberechtigt, denn deren eigentliche Ursache ist in der Verschiedenheit der Anfangs- und Randbedingungen eines rein atmosphärischen Modells zu suchen. Andererseits werden wichtige Parameter (Oberflächentemperatur des Meeres, Bewölkung) fest vorgegeben und damit wesentliche Terme der Variabilität ausgeschaltet. Der wichtigste Mangel aller großen ("comprehensive") Modelle ist aber die mangelhafte Berücksichtigung der (meist nichtlinearen) Wechselwirkungen zwischen Atmosphäre, Ozean, Eis und Schnee, Boden und Vegetation (Abb. 1). Hier stehen wir erst am Anfang, zumal die Variabilität der interaktiven oberen Ozeanschichten mit ihren instationären Wirbeln erst in neuerer Zeit erkannt, aber im Detail noch ungenügend erforscht ist. Ebenso ist die Wechselwirkung zwischen Strahlung und Bewölkung noch ein recht offenes Problem; grobe Parametrisierungen müssen einstweilen genügen. Die Entwicklung eines voll vierdimensionalen Wechselwirkungsmodelles ist zur Zeit noch ein Wunschtraum der Modellbauer - viel Detailarbeit mit spezialisierten Modellen

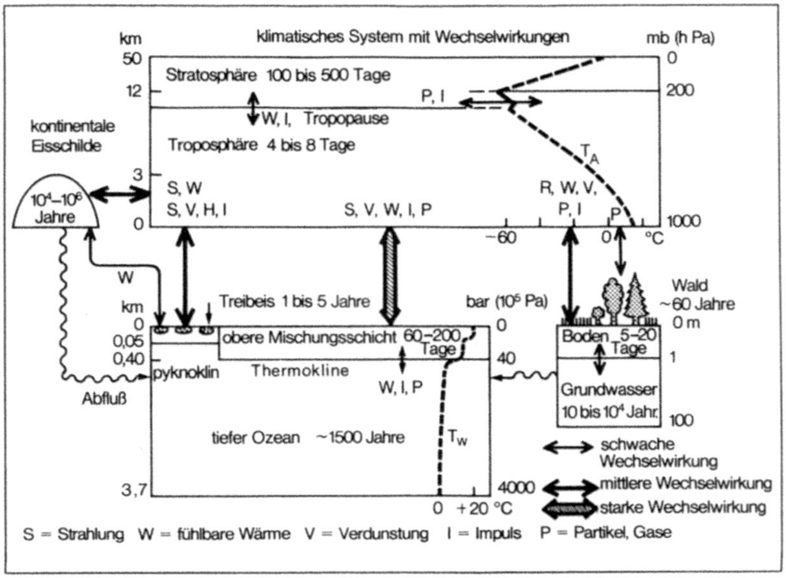

Abb. 1. Das klimatische Wechselwirkungssystem (Flohn 1977). In den einzelnen Untersystemen ist die charakteristische Zeit angegeben

(und Messungen wesentlicher Parameter) ist notwendig, bis ein solches Modell zunächst einmal das heutige Klima mit seinen regionalen und jahreszeitlichen Variationen richtig und mit genügender räumlicher Auflösung simulieren kann. Der Rechenaufwand ist bei diesem Typ wegen der Mitnahme der zeitabhängigen Vorgänge, wegen der Koppelung zwischen Raumgitter und Zeitinterval sowie der notwendigen Ausdehnung auf die ganze Erde enorm.

Die gewaltsame ("by brute force" hieß es vor 25 Jahren in unseren Diskussionen) und aufwendige Ausweitung der Vorhersagemodelle zu Zirkulations- und Klimamodellen hat zwar zu vielversprechenden Ergebnissen geführt. Doch werden ihre Grenzen jetzt immer deutlicher; zur Kritik der Modelle siehe auch Smagorinsky (in W. Heß 1974) und Shutts and Green (1978). Einfache Modelltypen - so die Wärmehaushaltsmodelle mit parametrisierter Dynamik, die eindimensionalen radiativ-konvektiven Modelle - haben wesentliche Beiträge geliefert. Die radikalste Vereinfachung hat kürzlich K. Fraedrich (1979) als "null-dimensionales" Modell für eine globale Mitteltemperatur abgeleitet, unter Einbeziehung wichtiger Rückkoppelungsmechanismen, aber auch der viel erörterten mathematischen Katastrophentheorie. Hierin steckt die wichtige Frage nach der Existenz mehrerer Gleichgewichtszustände und Instabilitäten. Einen ganz anderen Ansatz liefert die moderne Thermodynamik der Ungleichgewichte (Prigogine); das Prinzip minimaler Entropie-Erzeugung hat Paltridge zu einem interessanten Modell ausgebaut, ebenso arbeitet Fortak (Berlin) auf diesem Gebiet. In Bonn arbeitet eine Arbeitsgruppe (Hantel in CNES 1978) an einem zweidimensionalen Modell, das durch Strahlung, Kondensation (in den Niederschlagsgebieten) und Reynolds-Stress (Austausch durch Wirbel aller Skalenbereiche) angetrieben wird, und eine spektrale Lösung verwendet.

Für praktische Zwecke am besten geeignet erscheinen mir jedoch statistisch-dynamische und stochastische Modelle (Leith, Hasselmann); bei letzteren werden die klimatisch wirksamen langlebigen Prozesse (Ozean, Eis) von der kurzlebigen Atmosphäre angetrieben und wirken sich dann in der längeren Skala aus. Für eine regionale Aussage benötigen wir jedenfalls Modelle, die das Verhalten des mehrphasigen Klimasystems Atmosphäre+Ozean+Eis-Biosphäre auf der wirklichen Erde mit der nötigen räumlichen Auflösung nachprüfbar simulieren. Hierbei sind nicht nur die Gleichgewichtszustände von Interesse, sondern auch die größeren Klimaänderungen der Vergangenheit, z.B. zwischen Glazial und Interglazial, auf deren Zeitskala noch eingegangen werden muß.

Da in absehbarer Zeit solche Modelle noch nicht zur Verfügung stehen werden, liegt es nahe, die heute bekannten Vorzeitklimate als empirische Modelle heranzuziehen; hierbei muß allerdings in jedem Fall geprüft werden, inwieweit die inzwischen erfolgten Änderungen der Randbedingungen eine Modifikation erfordern.

3 Naturbedingte und anthropogene Klimafaktoren

Über die natürlichen Ursachen von Klimaänderungen wissen wir leider sehr wenig. Das Problem der Konstanz der Sonnenstrahlung ist immer noch offen - obwohl die hier vorgelegten Meßreihen alle unsicher sind, wird die Vermutung von Schwankungen im Bereich von ±1 - 1,5% immer wieder geäußert, zumal nach den Arbeiten von Eddy, nach denen die Sonnenaktivität in der Zeit von 1640 - 1710 (die Regierungszeit des "Roi Soleil"!) ein sehr auffallendes Minimum durchlaufen hat, während dessen sich sogar die Rotationsperiode der solaren Photosphäre geändert hat. Aber einen Beweis hierfür haben wir nicht, da Vulkantrübungen in 20 - 50 km Höhe eine einwandfreie Überwachung der "Solarkonstanten"(?) vom Boden aus nicht zulassen. An einem Satellitenmeßfühler mit einer Meßgenauigkeit von 0,1%, dessen Eichung während seiner Tätigkeit geprüft werden kann, wird zur Zeit gearbeitet. Für eine Rolle der Sonnenfleckentätigkeit für das Klima liegen keine einwandfreien Befunde vor.

Andererseits ist eine schwache globale Abkühlung nach Vulkantätigkeit nachgewiesen (Mass und Schneider 1977); deren Partikel reichern die Junge-Staubschicht in 20 - 22 km Höhe um Faktoren bis zu 100 an und verweilen im Mittel etwa 12 - 18 Monate in der Stratosphäre. In der Arktis ist die Verweilzeit offenbar länger - wegen des schwächeren Austausches Strato-Troposphäre im Bereich der (nördlich 75° nur ganz seltenen) Strahlströme, und wegen der im Polargebiet konvergierenden stratosphärischen Zirkulation ist der Rückstreuungseffekt wegen der schräg einfallenden Sonnenstrahlung wirksamer als in den niedrigen Breiten. Die Höhepunkte der "Kleinen Eiszeit" sind nahezu alle durch Gruppen schwerer Vulkanausbrüche gekennzeichnet (Abb. 2), auch der schwache Gletschervorstoß um 1890 und die jetzige Trendänderung nach der fast vulkanfreien Periode (Erwärmung!) 1913-48. Für die Höhepunkte der Entwicklung der känozoischen Eiszeit sind durch Tiefseebohrungen auffallende Maxima vulkanogener Ablagerungen festgestellt worden (Kennett und Thunell 1977).

In dieser Zeitspanne fanden Änderungen der Land- und Meerverteilung statt, ebenso die Aufwölbung der meisten der heutigen Gebirge: das alles sind klimabildende Vorgänge großen Stils, ebenso auch während der quartären Eiszeiten das weltweite Absinken des Meeresspiegels um bis zu 140 m, als der größte Teil Indonesiens, aber auch der Nordsee, Festland war. In unserem Zusammenhang interessieren nur Vorgänge der viel kürzeren "humanen" Zeitskala (∿100 Jahre). Wir kennen inzwischen

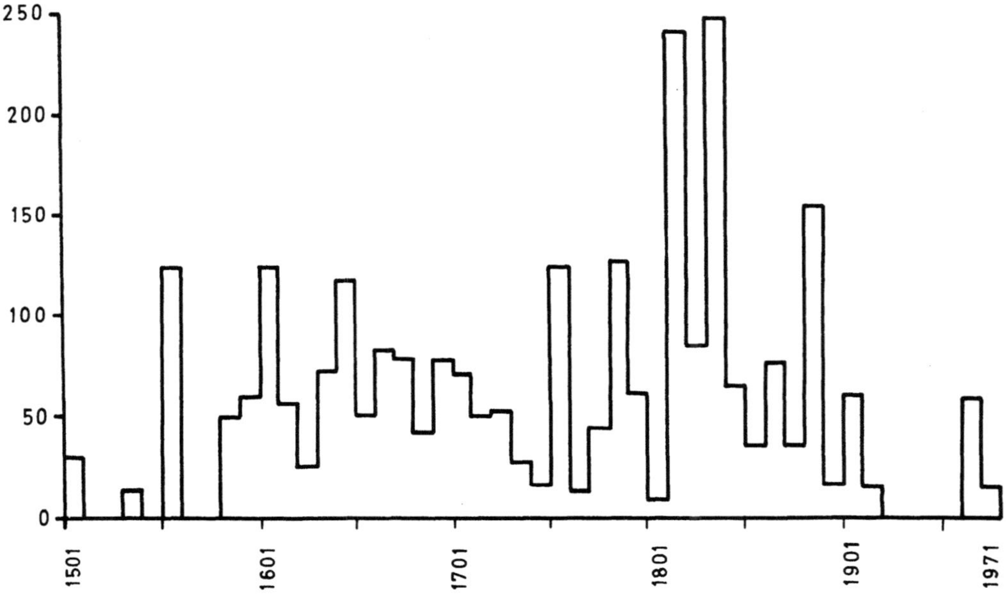

Abb. 2. Dekadenmittel des Vulkanstaub-Index nach Lamb (1970 bzw. 1977b), nördliche Halbkugel (willkürliche Einheiten)

mehrere intensive Abkühlungen dieser Zeitskala während früherer Interglaziale; ihre Erörterung muß hier unterbleiben (Flohn 1979a).

In der Klimageschichte der letzten 100 Jahre fällt auf, daß oft entgegengesetzte Anomalien regional gegeneinander abgegrenzt sind: ihre Ursache liegt in wiederholten (quasistationären) Anomalien der Druckverteilung, der großen Zirkulationssysteme. In die Physik der Klimavorgänge am Boden hat der Mensch mindestens seit dem Neolithikum eingegriffen. Abholzung der Urwälder der gemäßigten und borealen Zone, Umwandlung tropischer sommergrüner Wälder zu Savanne, Nutzung von Grasland als Weideland und Ackerland: das alles ändert die Albedo (Rückstrahlungsvermögen) und die Rauhigkeit des Bodens, seinen Wassergehalt und die Verdunstung. Die gleichen Vorgänge spielen sich heute unter unseren Augen in den Tropen ab: die offizielle Angabe (FAO) einer jährlichen Waldzerstörung von 110.000 km^2 wird durch private Schätzungen um einen Faktor 2 - 3 überboten, und hier kommt eine irreversible Degradation des Bodens dazu. Viele (6 - 10) Millionen km^2 tropischer Savanne werden in jeder Trockenzeit abgebrannt, obwohl der Nutzen mehr als zweifelhaft ist. Der Verbrauch von Feuerholz (1 - 1,5 Tonnen pro Familie pro Jahr) verstärkt die Wüstenbildung (Desertifikation).

Mindestens bei langfristiger, großräumiger Betrachtung tritt hier eine positive Rückkoppelung (Charney 1975 u.a.) ein: Vegetationszerstörung – Zunahme der Albedo – stärkere Rückstrahlung in den Weltraum – Strömungskonvergenz in der Höhe und großräumiges Absinken – Rückgang der Niederschläge – weitere Vegetationszerstörung. Dieser anthropogene Prozess ist z.B. in der Sahara seit der Feuchtperiode (Kap. 5) vor 6 - 10.000 Jahren im Gange, überlagert durch natürliche Klimaschankungen; die heutige Rate der Desertifikation beträgt in den Randgebieten im Mittel tatsächlich mindestens 1 - 2 km/Jahr. Alle Maßnahmen gegen diese Entwicklung erfordern unter dem Druck einer wachsenden Bevölkerung eine sehr schwierige konzertierte Aktion.

In den Industrieländern stand die Partikelverschmutzung der Luft im Vordergrund – hier sind jetzt gesetzliche Maßnahmen wirksam geworden: in London, Tokyo, Mannheim-Ludwigshafen hat sich die Verschmutzung sichtbar und meßbar gebessert. Ihre Klimawirkung besteht übrigens nicht (wie vielfach angenommen) in einer Abkühlung, sondern in einer Erwärmung als Folge der infraroten Ausstrahlung dieser Partikel (in der Größenklasse 5 - 10 μm). Viel wirksamer aber ist die Zufuhr von Kohlendioxyd (CO_2) bei der Verbrennung fossiler Brennstoffe (Kohle, Erdöl, Erdgas): wie durch Fensterglas läßt dieses Gas die sichtbare Sonnenstrahlung durch, absorbiert aber wesentliche Teile der infraroten Wärmestrahlung und erwärmt so die Luft. (Der Begriff "Glashauseffekt" ist nicht ganz treffend: die Erwärmung eines Treibhauses beruht wesentlich darauf, daß die erwärmte Luft nicht durch Austausch durchgemischt und abgekühlt werden kann.) Die gleiche Wirkung haben verschiedene andere Gase, besonders N_2O und NH_3 als Endprodukt der künstlichen Dünger, auf die wir noch weniger verzichten können als auf fossile Brennstoffe; sie verstärken den "Glashauseffekt" des CO_2 um weitere ca. 50% (vgl. Flohn in J. Williams 1978). Mit diesen "Spurengasen" greift der Mensch immer mehr in den bio-geochemischen Haushalt ein; da viele dieser Gase im Durchschnitt 6 - 7 Jahre (CO_2), ja 20 - 50 Jahre (N_2O, die Frigene als Kühlmittel und Aerosoltreibstoff) in der Atmosphäre verweilen, addiert sich die Wirkung auf, und Maßnahmen zur Verminderung greifen nur langsam durch.

Der CO_2-Gehalt der Atmosphäre betrug 1890 290 - 295 ppm (= 10^{-6} Volumteile), zu Beginn neuzeitlicher Landwirtschaft um 1850 wahrscheinlich nur 265 - 270 ppm, heute (1978) rund 335, in den Industriezentren lokal noch etwa 10% mehr. Auf den komplizierten, noch ungenügend geklärten Haushalt können wir nicht näher eingehen (SCOPE, Band 13); wahrscheinlich wirkt der Ozean vor allem in mittleren Schichten als Speicher, während die Biosphäre als Folge von Wald- und Bodenzerstörung heute mehr CO_2 abgibt (30 - 70% der fossilen Brennstoffe!) als speichert. Die Atmosphäre speichert zur Zeit etwa 54% des fossilen CO_2. Wenn wir die zusätzliche CO_2-Abgabe der Wald- und Bodenzerstörung mit 50% ansetzen, sind es tatsächlich nur 35% der gesamten CO_2-Zufuhr, während der Ozean 65% speichert. Die Wachstumsrate der fossilen Brennstoffe ist seit Beginn der Ölkrise 1973/74 von ihrem früheren Wert (4,3% pro Jahr) deutlich abgesunken. Wenn auch einmal in den USA Energiesparen durchgesetzt werden kann, werden doch die Bedürfnisse der Entwicklungsländer mit ihrer wachsenden Bevölkerung ein weiteres Anwachsen erzwingen, wenn auch (hoffentlich) mit einer niedrigeren Rate um 2 - 3% pro Jahr. Da zudem unsicher ist, ob die heutige Aufteilung der CO_2-Speicherung zwischen Ozean und Atmosphäre aufrechterhalten wird – einige Argumente sprechen eher für eine Abnahme des ozeanischen Anteils –, ist eine zuverlässige Abschätzung der zeitlichen Entwicklung des CO_2-Gehaltes über das Jahr 2000 hinaus zur Zeit unmöglich. Jedenfalls rechnen alle Modelle der CO_2-Bilanz, die eine weitere Verwendung der Kohle annehmen, mit einem Ansteigen des atmosphärischen CO_2-Gehaltes um einen Faktor 3 - 5, ja bis zu 8 im Laufe der nächsten 200 Jahre.

Zahlreiche eindimensionale Modelle über den Zusammenhang von Temperatur und CO_2-Gehalt liegen vor; schaltet man diejenigen aus, bei denen die Physik der Vorgänge zu sehr vereinfacht worden ist, dann liefern alle übrigen bei Verdoppelung des CO_2-Gehaltes eine Zunahme der repräsentativen Temperatur um 1,5 - 3°C (siehe Bach in J. Williams 1978). Das gilt auch für das einzige Modell, in dem die atmosphärische Dynamik (nicht die des Ozeans!) berücksichtigt ist (Manabe and Wetherald 1975). Im Polargebiet mit der wirksamen Rückkoppelung zwischen Schnee/Eis und Temperatur ergibt sich eine Erwärmung um 5 - 10°C; das entspricht der heutigen Erfahrung auf der Nordhalbkugel, wo Erwärmung und Abkühlung in der Arktis stets um einen Faktor nahe 3 größer ist als in den

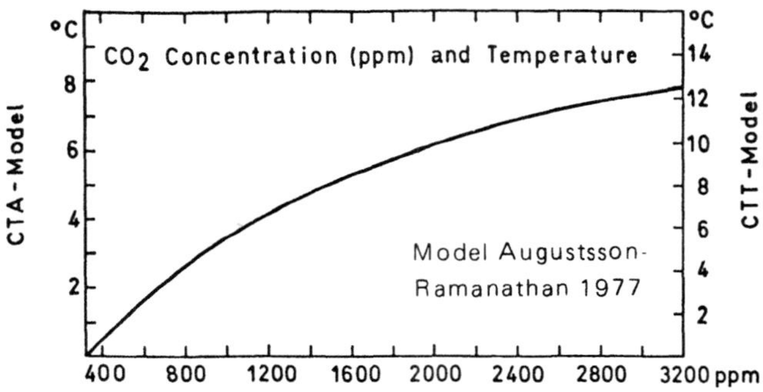

Abb. 3. CO_2-Gehalt und äquivalente Temperaturerhöhung (Erdoberfläche, zwei Versionen des Modells Augustsson and Ramanathan 1977)

mittleren Breiten. Abbildung 3 zeigt das Modell von Augustsson und Ramanathan in zwei Versionen, die extreme Bedingungen darstellen; die hier verwendete wahrscheinliche Lösung liegt in der Mitte zwischen beiden. Zwei Fehlerquellen machen auch dieses Resultat etwas unsicher. Die erste ist die fehlende Berücksichtigung der Bewölkung. Arbeiten mit verschiedenen Modellen haben übereinstimmend gezeigt, daß bei Erwärmung und Labilisierung (wie im Falle des CO_2) die Bewölkung abnimmt statt zunimmt – das ist auch aus dem Zusammenhang zwischen Vertikalbewegung und Bewölkung zu erwarten. Die zweite besteht in der Rolle der oberen Mischungsschicht (Abb. 1) der Ozeane im Wärmehaushalt: sie liefert eine Verzögerung der Erwärmung, deren Ausmaß (einige Dekaden?) noch nicht verläßlich abgeschätzt worden ist.

4 Vorzeitklima, globale Erwärmung und äquivalenter CO_2-Gehalt

Solange vollständige, erfolgreich getestete Wechselwirkungsmodelle des Klimas fehlen, gibt es nur einen Weg, Klimaänderungen als Folge einer globalen Erwärmung realistisch abzuschätzen: den Rückgriff auf die Klimageschichte, vor allem auf deren Warmphasen. Hierbei müssen wir aber die Frage stellen: Kann sich die Klimageschichte wiederholen? Wie haben sich die Randbedingungen der atmosphärisch-ozeanischen Zirkulation seit diesem Stadium geändert (z.B. Verteilung von Land und Meer, Festlandeis, tektonische Hebungen und Senkungen der Gebirgsregionen)? Auch diese Fragen sind Modellrechnungen zugänglich (Gates 1976, für die letzte Eiszeit).

Im folgenden seien vier solcher Warmphasen behandelt – mehr als Anregung für eine intensive, vergleichende Erforschung denn als abschliessendes Ergebnis (Flohn 1979b). Dabei gehen wir von einer Änderung der repräsentativen Mitteltemperatur aus, die durch die damaligen Randbedingungen bedingt war. Neben anderen natürlichen Faktoren mag auch der damalige CO_2-Gehalt eine Rolle gespielt haben. Wenn wir auch im folgenden einen Zusammenhang zwischen Mitteltemperaturänderung und CO_2 annehmen, so nur im Hinblick auf die Zukunft, nicht auf die Vergangenheit. Dabei machen wir von der oben erwähnten Annahme Gebrauch, daß der CO_2-Glashauseffekt durch die anthropogenen Spurengase um 50% erhöht wird. Wenn wir diesen Summeneffekt als "virtuellen" CO_2-Gehalt bezeichnen, dann ergibt sich der "reale" CO_2-Gehalt, der dem gleichen Betrag der Erwärmung proportional ist, durch einfache Rechnung mit Hilfe des Augustsson-Ramanathan-Modells (Abb. 3). Über den Zeitpunkt, zu dem diese Schwellenwerte erreicht werden (siehe Kap. 3), sind nur unsichere Angaben möglich. Die früher gegebenen Daten in Abhängigkeit von der CO_2-Wachstumsrate (Flohn in J. Williams 1978) beruhen auf den Annahmen, daß der CO_2-Zuwachs ausschließlich von fossilen Brennstoffen herrührt, zu 50% in der Atmosphäre verbleibt, daß die logistische

Tabelle 1. Vorzeitklima, Temperaturänderung und äquivalente CO_2-Niveaus

Warmphasen	ΔT	Virtueller CO_2-Gehalt	Realer CO_2-Gehalt
Frühmittelalter (∿1000 AD)	+ 1.0 K	455 ppm ± 8%	408 ppm ± 6%
Holozän-Optimum (∿6000 vh)	+ 1.5 K	525 ppm ± 10%	455 ppm ± 8%
Eem-Interglazial (120.000 vh)	+ 2.0 K	600 ppm ± 12%	508 ppm ± 9%
Eem-Interglazial	+ 2.5 K	675 ppm ± 13%	555 ppm ± 10%
Jungtertiär (12-2.5 Ma)[a]	+ 4.0 K	965 ppm ± 19%	755 ppm ± 17%

[a]Ma = Millionen Jahre vor heute (vh)

Wachstumsrate gültig ist, und daß außerdem die Verzögerung durch den Ozean vernachlässigbar ist; alle vier Annahmen sind fraglich.

Tabelle 1 stellt diese historischen Warmphasen zusammen. Der Temperaturunterschied ΔT wird mit dem äquivalenten "virtuellen" und "realen" CO_2-Gehalt verglichen; in diesen Spalten stehen Mittelwerte mit der Variationsbreite der beiden Modellversionen.

Die erste Warmphase ist im wesentlichen aus historischen Aufzeichnungen bekannt (Lamb 1977b). In dieser Zeit besiedelten norwegische Auswanderer um 860 Island, dann von dort aus Südgrönland. Ihr Schiffahrtsweg verlief quer über die damals eisfreie Dänemarkstraße, die erst ab etwa 1320 durch Eis blockiert wurde. Der Ost-Grönlandstrom läuft mit 35 - 50 km/d wesentlich rascher als die Schmelzdauer der Eisschollen in wärmerem Wasser. Hier gibt es offenbar nur zwei stabile Gleichgewichtszustände: entweder eisfrei bis hinauf nach Nordgrönland (80 - 81°N) oder eisbedeckt bis westlich Kap Farvel (59 - 60°N). Die isländischen Annalen sind eine wesentliche Klimageschichtsquelle, wobei abschnittsweise quantitative Abschätzungen möglich sind; die Nordverschiebung des arktischen Treibeises war von häufigen warmen Dürresommern in Europa begleitet.

Auf das Klima-Optimum des Holozän wird in Kap. 5, auf die hemisphärische Asymmetrie im Jungtertiär in Kap. 6 eingegangen. Nach zahlreichen Bohrkernen im Lockersediment der Tiefsee war das Eem-Interglazial (Stufe 5e Emiliani-Shackleton 1974) die wärmste Phase des ganzen Pleistozäns mit seinen über 20 Eiszeiten und Interglazialen. In dieser Zeit wuchsen in Mittel- und Westeuropa wärmeliebende Mischwälder mit mediterranen Florenelementen; in den Wäldern Südenglands lebten Löwen, Waldelefanten und Nilpferde (Frenzel 1967, 1968). Ein weltweiter Anstieg des Meeresspiegels um 5 - 7 m (siehe Anhang) machte Skandinavien zur Insel und erzeugte in Westsibirien eine tiefe Meeresbucht, mit einer Milderung des Klimas Sibiriens; weite Teile der Nordhalbkugel waren wärmer und regenreicher als heute. Aber der Kern des arktischen Meereises zwischen Nordkanada und Ostsibirien blieb erhalten. Ein hervorragendes Beispiel des Ablaufs der Vegetations- und Klimageschichte seit der vorletzten Vereisung gibt ein Moorprofil aus den Südvogesen (Woillard 1978).

5 Kann sich die Klimageschichte wiederholen? Die holozäne Feuchtperiode der Sahara

Diese Titelfrage hat eine einfache Antwort: ja, solange alle Randbedingungen (siehe Kap. 4) konstant bleiben. Nachdem nun regionale Klimageschichte der Nacheiszeit (Holozän) mittels der Radiokarbonmethode – deren systematische Fehler in Rechnung gestellt werden müssen – im Detail vergleichend untersucht werden kann, zeigt sich, wie selten diese Voraussetzung zu erfüllen ist. Dies liegt in erster Linie an den Zeitdifferenzen beim Rückzug der Eiszeit (nach ihrem Höhepunkt um 18.000 vh) in den verschiedenen Gebieten. Am raschesten verschwand das weit vorgerückte Treibeis in der Subantarktis (Hays in van Zinderen Bakker 1978), dessen Rückzug schon um 9500 vh zu einem regionalen Klimaoptimum Anlaß gab. (Auch in den Alpen war das Inntal schon 14.000 vh eisfrei). Zwischen etwa 13.000 und 10.000 vh kam es im Atlantik, Europa und Amerika zu mehreren raschen und kräftigen Vorstößen und Rückzügen des Eises, die sich zum Teil bis in die Tropen auswirkten. Manche subtropischen Hochgebirge erlebten erst damals, mit anwachsenden Niederschlägen bei noch kühlen Temperaturen, ihre letzte Vergletscherung. Wichtiger ist das endgültige Verschwinden des Eises um 8000 vh in Skandinavien, während das laurentische Eis im Osten Kanadas noch etwa die Hälfte seiner maximalen Fläche bedeckte. Die Rückwirkung auf das Klima hängt – wegen der Albedo – nicht vom Volumen, sondern von der Oberfläche des Eises ab; das dünne, volumenmäßig unbedeutende Treibeis der Polarmeere zeigt das deutlich. Zwischen 8000 and 7600 vh kam es – im Einzelnen noch ungeklärt (siehe Anhang) – zu einem katastrophenartigen Eindringen des Meeres in die heutige Hudson Bay, und damit zu einer Spaltung des laurentischen Eises in drei getrennte Eisschilde: Keewatin (im NE), Labrador und Baffin Island. Diese schmolzen, trotz allgemeiner Erwärmung, nur langsam ab – Keewatin wurde nach 6500 vh, Labrador erst gegen 4500 vh eisfrei. Auf Baffin Island, wo weite Hochflächen nur etwa 200 m unter der heutigen Schneegrenze liegen, waren um 3000 vh noch erhebliche Eisreste vorhanden, ähnlich wie heute (37.000 km^2), die sich bei geringer Abkühlung wie in der kleinen Eiszeit (um 300 vh) auf 140.000 km^2 vergrößerten.

Diese Zeitverzögerung führte in der Periode zwischen 8000 und ca. 5000 vh zu einer markanten Zirkulationsanomalie im atlantischen Raum, die sich (entsprechend schwächer) auch heute wiederholen kann, wenn Treibeis und Grönland-Eisberge wie 1970-73 im Seegebiet um Neufundland das Wasser abkühlen, während das atlantische Europa mit vorherrschenden SW-Winden eine Serie milder Winter erlebt (Mitteleuropa 1971/72 - 1977/78).

Diese Situation führte zu einer warm-feuchten Klimaphase in Europa, dem Atlantikum (ca. 6500 - 5500 vh), während das östliche Nordamerika noch kalt war: dort trat – ebenso wie in der Arktis – das nacheiszeitliche Klimaoptimum erst um 4500 vh ein, wobei die Küsten von Nordgrönland und Ellesmere-Land zeitweise eisfrei waren. Hier kann nur auf eine besonders interessante Phase dieser Zeit etwas näher eingegangen werden: die durch die Felsbilder bekannte Feuchtperiode der Sahara im Holozän (Museen Köln). Ein vergleichender Überblick zeigte (Sarnthein 1978), daß im Hochglazial das Klima fast überall auf der Erde mehr arid war, dagegen um 6000 vh fast überall feuchter als heute. Die Ursache – ohne auf Details einzugehen – kann in dem Vorwiegen äquatorialen Aufquellens von 18.000 vh bis 14.000 vh, umgekehrt in dem Vorwiegen von "downwelling" (wie bei dem heutigen El Niño) ab etwa 12.000 bis 5500 vh gesehen werden, im Zusammenhang mit einer Verstärkung bzw. Abschwächung der tropischen Hadley-Zirkulation im Sinne der theoretischen Vorstellungen von Wyrtki. Das hängt offenbar zusammen mit den Änderungen des Treibeises im Süd- und Nordatlantik: Eisvorstöße intensivieren die Zirkulation, Eisrückzug schwächt sie ab.

Mit Ausnahme der Hochgebirge der zentralen Sahara setzte (Flohn und Nicholson) die Feuchtperiode im Süden etwa 12.000 vh ein und erreichte dort und in der Zentralsahara einen ersten Höhepunkt zwischen 10.000 und 8000 vh. An mehr als 40 Stellen liegen einwandfreie Befunde vor, besonders von französischen Wissenschaftlern: der Tschadsee war mit 340.000 km^2 etwa so groß wie das heutige Kaspimeer und erreichte im Becken von Faya über 300 m Tiefe; Zuflüsse aus Tibesti und dem Aïr ernährten ihn zusätzlich, und ein Überlauf schloß ihn in etwa 327 m Spiegelhöhe an das Benuë-Niger-System an, wo die Sedimentation im Nigerdelta plötzlich auf ein Vielfaches anstieg (Pastouret 1978). Im Norden war nur der atlantische Abschnitt (Marokko-Mauretanien) feuchter, der Ostteil noch trocken. In dieser Periode war das skandinavische Eis noch vorhanden, und von hier aus erstreckte sich häufig (wie heute in Einzelfällen) ein "diagonaler Trog" nach SW, in dessen Bereich tropische Störungen sich zyklonal entwickelten und die Sahara querten; in der Osthälfte fehlten diese Wetterlagen offenbar. Das tropische Sommerregengebiet erhielt durch diese kalten Höhentröge nahezu ganzjährige Regen und konnte sich nach N ausweiten.

Zwischen 8000 und 7000 vh kam es zu einer kurzen, aber intensiven Trockenphase; sie steht vermutlich in geophysikalischem Zusammenhang mit dem plötzlichen Vorstoß riesiger Eisberge (insgesamt vielleicht $3 \cdot 10^6$ km^2) aus dem Gebiet der Hudson Bay (siehe Anhang), die zu einer nachhaltigen Abkühlung des Kanarenstroms und damit zu Absinken und einer Reduktion der ozeanischen Verdunstung führte. Dann aber trat erneut eine Zunahme der Niederschläge im gesamten Sahara-Gebiet ein – wieder stiegen die Seen an, und selbst in den heute aridesten Gebieten müssen damals im Mittel 200 - 300 mm Regen pro Jahr gefallen sein, gegenüber weniger als 5 mm heute. Während der ersten Feuchtperiode nutzten epipaläolithische Jäger die Grassavanne zur Jagd auf Büffel, Giraffen, Gazellen; in der zweiten Feuchtperiode waren die Großtiere weitgehend ausgerottet, und neolithische Rinderzüchter stellten eine offenbar recht dichte Besiedlung (Gabriel 1977).

Aber in historischer Sicht war diese Klimaphase doch nur eine Episode: nur solange Labrador noch eisbedeckt war, bildeten sich über West- und Mitteleuropa ganzjährig sekundäre kalte Höhentröge aus (wie heute im Frühjahr) und sorgten über die oben erwähnte Wechselwirkung mit tropischen Störungen zu wirksamen Regen in der ganzen Sahara. Synchron mit dem Verschwinden des Labradoreises ging die Häufigkeit dieser Wetterlage in der warmen Jahreszeit zurück: die Austrocknung der Sahara ab etwa 5000 vh zwang die neolithischen Rinderzüchter, sich in die permanent feuchten Täler (Niger, Nil) zurückzuziehen. Dies erfolgte wiederum synchron mit der Entwicklung der Hochkultur des "Alten Reiches" der Ägypter. Auf die Parallelen im Indusgebiet und in Ostafrika kann hier leider nicht eingegangen werden.

Hat der neolithische Mensch schon in den Klimaablauf eingegriffen? Diese Frage stellt sich, seit Charney und andere Autoren mit verschiedenen Modellen eine großräumige und langfristig wirksame klimatische Verstärkung der Desertifikation (siehe Kap. 3) nachgewiesen haben. Während in den Jahrzehnten 1901-70 ein Trend der Niederschläge zur Abnahme nicht nachweisbar war (es handelt sich um einen Wechsel von Trocken- und Feuchtphasen), könnte über Jahrtausende hinweg, zusätzlich zu den natürlichen Klimaschwankungen, dieser Effekt an der Austrocknung mitbeteiligt gewesen sein. In den Randgebieten ist die Vegetationszerstörung (Überweidung, Bodenerosion) heute eindeutig anthropogener Natur. Aus diesen Koinzidenzen und Überlegungen ergeben sich zwei Schlüsse für die Zukunft:

a) Eine globale Erwärmung führt, unter den heutigen Randbedingungen der Eisverbreitung, nicht zu einer Niederschlagszunahme in der nördlichen Sahara. Zieht sich das arktische (oder antarktische) Treibeis zurück, so kann die Häufigkeit äquatorialen Aufquellens nachlassen; mit zunehmender Ozeanverdunstung könnte sich die sommerliche Regenzeit der Südflanke nach N (und jahreszeitlich) ausweiten.

b) Dieser Effekt verspricht aber nur dann nachhaltigen Erfolg, wenn es gelingt, durch eine konzertierte Aktion die Desertifikation infolge Übernutzung der in Feuchtphasen (wie um 1960) entstehenden Vegetation zu bekämpfen. Dies ist in erster Linie, bei weiter wachsender Bevölkerung, ein sozial-ökonomisches Problem.

6 Unipolare Warmzeit und hemisphärische Asymmetrie der Klimazonen

Während diese Klimaänderungen wohl oder übel in Kauf genommen werden müssen, wenn der CO_2-Gehalt auf 450 - 600 ppm ansteigt, ist die Möglichkeit einer radikalen Klimaänderung durch Verschwinden des arktischen Meereises ein Damoklesschwert, dessen (vermutlich rascher) Fall fast unvorstellbare Konsequenzen mit sich bringen könnte. M.I. Budyko hat seit 1962 mit einem Wärmehaushaltsmodell diese Möglichkeit durchgerechnet, mit dem Ergebnis, daß dieses Verschwinden bei einer allgemeinen Erwärmung von etwa $4^{\circ}C$ eintreten wird. In neueren Arbeiten stellt er noch eine Hysteresis-Verzögerung in Rechnung, die wohl zuerst zu Verschwinden des Meereises im Sommer führen müßte. Dieses Modell ist stark vereinfacht, alle dynamischen Vorgänge in der Atmosphäre sind parametrisiert (abhängig vom meridionalen Temperaturgefälle). Da das ostantarktische Festlandeis gegenüber Erwärmung sicher stabil ist (siehe Anhang), käme es dann zu dem (höchst unwahrscheinlich aussehenden) Fall einer eisfreien Arktis gleichzeitig mit einer hochvereisten Antarktis.

Die neuen Erkenntnisse der Klimageschichte - besonders aus dem Deep See Drilling Program - zeigen aber nun (Kennett 1977), daß sich das antarktische Eis vor 38 Ma zu bilden begann, und 14 - 12 Ma vh bereits das heutige Volumen hatte (vor 6 - 5 Ma sogar 50% mehr!), während das arktische Treibeis sich erst vor rund 2,5 Ma bilden konnte, nach Beginn einer kontinentalen Vereisung in Island, Alaska usw. Mit anderen Worten: diese so unwahrscheinlich aussehende Asymmetrie der Polargebiete hat tatsächlich existiert, und zwar während einer Zeitspanne von rund 10 Ma ohne Unterbrechung unmittelbar vor dem Pleistozän! Die detaillierte Untersuchung gerade dieses Klimas mit seiner unipolaren Eiszeit (bzw. Warmzeit) verdient also hohe Priorität, zumal die Verteilung von Land und Meer in großen Zügen ähnlich war wie heute. Im Einzelnen waren die Randbedingungen doch anders: die mittelamerikanische Landenge blieb noch bis ins Pliozän (ab 5 Ma) offen, eine Meeresverbindung vom Mittelmeer zur Arktis existierte quer durch Westsibirien hindurch, und die meisten heutigen Gebirge waren erst rudimentär vorhanden und wölbten sich während dieser Zeit auf.

Entscheidend für die damalige Klimazonen-Anordnung (Abb. 4) war die thermische Unsymmetrie der Halbkugeln: die antarktische Troposphäre muß etwa 18 - 20° (heute 11°) kälter gewesen sein als die arktische. Da die äquatorialen Temperaturen von den heutigen nur unwesentlich abwichen, muß die Zirkulation auf der Nordhalbkugel wesentlich schwächer gewesen sein; aus einem einfachen, empirisch verifizierten Modell ergibt sich eine Verschiebung des nordhemisphärischen Subtropenhochs im Winter um 6 - 8°, im Sommer um 1 - 2 Breitengrade nach N, ebenso eine Verlagerung des meteorologischen Äquators (heute im Jahresmittel 6°N) bis nach 9 - 10°N-Breite. Damit würde die subtropische Winterregenzone stark reduziert werden und der innertropische Regengürtel käme auf die Nordhalbkugel zu liegen, während die südhemisphärischen Trockengebiete sich jahreszeitlich bis zum Äquator erstrecken könnten. Die geologi-

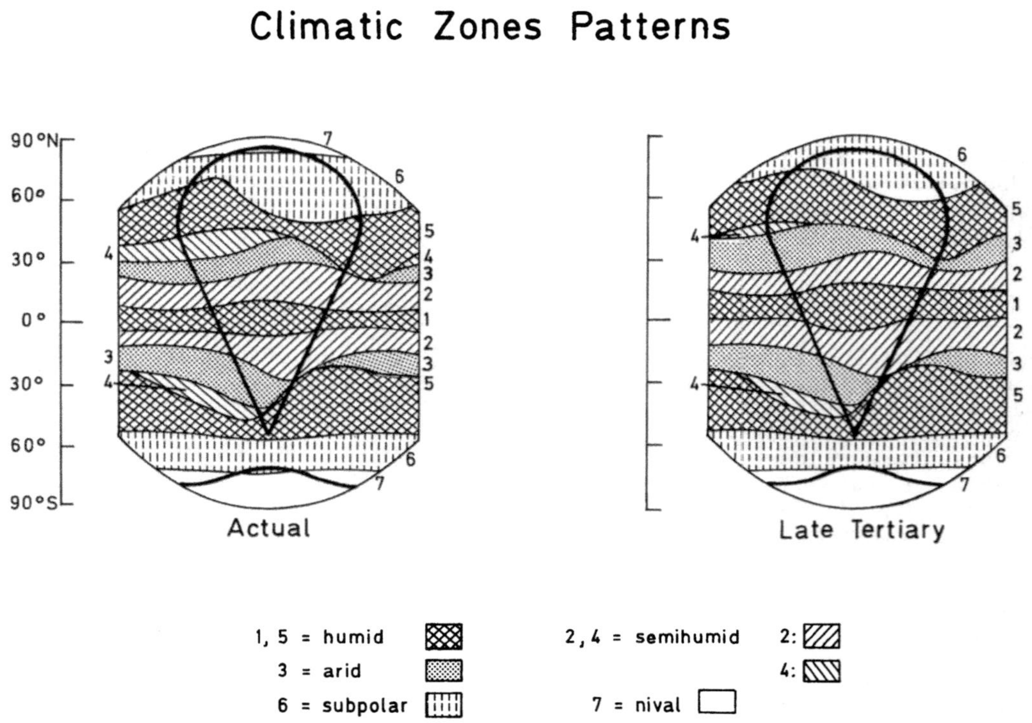

Abb. 4. Schema der Klimazonen auf einem Idealkontinent heute (Flohn 1950) und im Jungtertiär. *Kreuzschraffur* ganzjährige Regenzeit; *Schrägschraffur* einfache Regenzeit (2 im Sommer, 4 im Winter); *punktiert* überwiegend arid

schen Daten aus dem Jungtertiär belegen auf der Nordhalbkugel eine Ausweitung der Trockengebiete zeitweise bis ins südliche Mitteleuropa (Salzpfannen im Wiener Becken), ähnlich in Nordamerika eine Verschiebung der Vegetationszonen. Dort und in Sibirien reichte borealer Mischwald bis an die damalige Küste (Hopkins 1967): eine Tundra mit Permafrost fehlte. Das sind nur die wichtigsten Ergebnisse einer Nachsuche in der jüngeren Literatur (Flohn 1979b) - sie müßte ausgebaut und durch gezielte Untersuchungen ergänzt werden. Eine Erwärmung von 4° hat also keinesfalls nur positive Folgen; ihre Konsequenzen liegen in erster Linie in Wasserversorgung und Ernährung (einschließlich Fischerei). Eine eisfreie Arktis müßte im Winter enorme Schneefälle längs der Küste der immer noch kalten Kontinente liefern. Vor allem aber käme es in gemäßigten Breiten (35 - 50 N) voraussichtlich zu einer schweren Gefährdung der Wasserversorgung, die heute schon in vielen Gebieten - Kalifornien, Naher Osten, Mittelmeer - prekär wird. Diese Konsequenzen einer anthropogenen Klimamodifikation globalen Ausmaßes sind (langfristig gesehen) nach Überzeugung des Autors *mindestens* ebenso risikoreich wie die Verwendung von Kernenergie, deren Risiken sich jedenfalls technologisch minimieren lassen. Die Diskussion dieses Problems wird von Energiefachleuten auch sehr ernst genommen, wobei mit Recht intensive Forschung gefordert wird: das ist eines der Hauptthemen der Welt-Klima-Konferenz in Genf 1979 und der kommenden Welt-Klima-Forschungsprogramme.

Eine solche unipolare Warmzeit könnte u.U. schon Mitte des nächsten Jahrhunderts eintreten; ihre Wahrscheinlichkeit ist jedenfalls viel höher als die einer neuen Eiszeit, die unter 1% liegt.

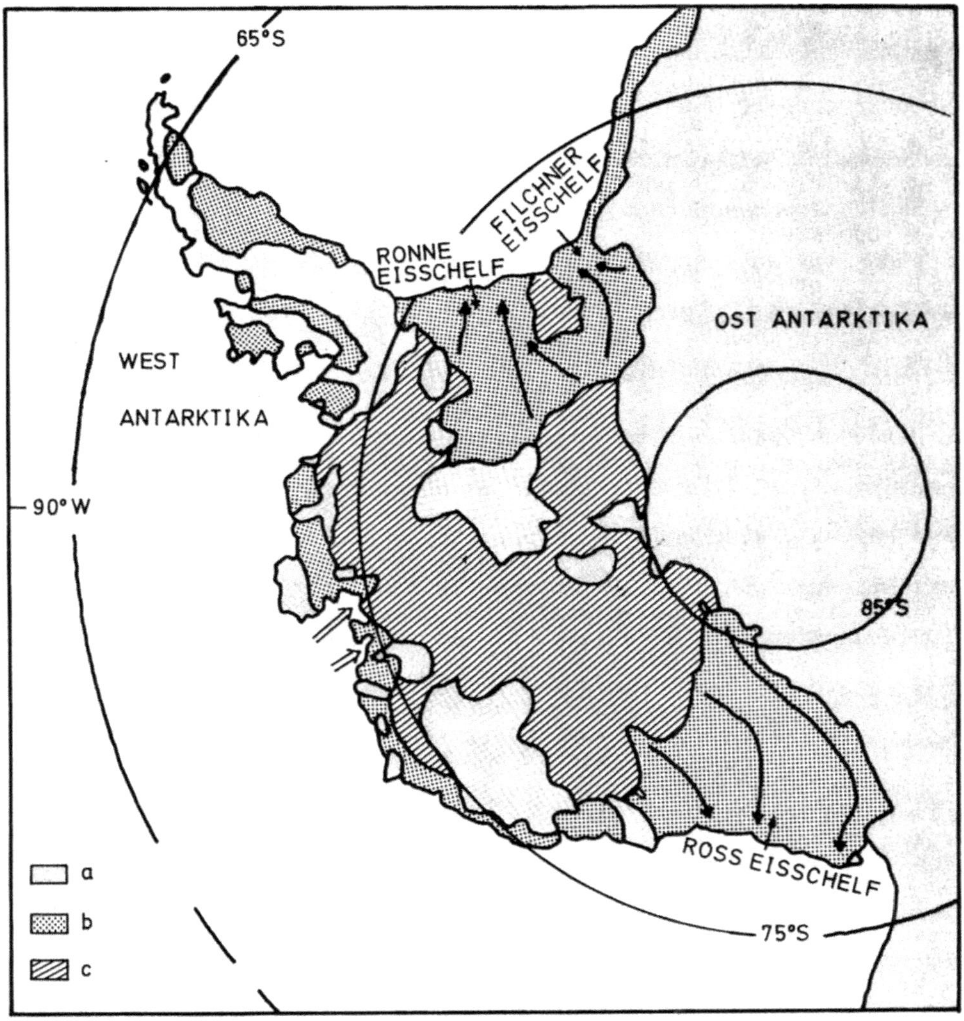

a = Eis auf Felssockel über Meeresniveau

b = Eisschelf

c = Eis auf Felssockel unter Meeresspiegel

Abb. 5. Mariner Eisschild *(schraffiert)* und Eisschelfe in West-Antarktika (Mercer 1978, mit kleinen Änderungen). *Doppelpfeile* kritische Gletscher-Auslässe

Anhang: Kann der Meeresspiegel ansteigen?

Das Problem eines möglichen Anstieges des Meeresspiegels als Folge einer globalen Erwärmung wird in der Öffentlichkeit oft diskutiert. Zunächst: da das arktische Treibeis im Schwimmgleichgewicht ist, ändert sich der Meeresspiegel bei seinem Verschwinden überhaupt nicht. In Grönland käme es zu einer quantitativ schwer abschätzbaren Bilanzänderung: im Sommer verstärktes Abschmelzen in den Randgebieten, im

Winter erhöhte Schneefälle. Eine einfache Abschätzung mittels der Strahlungsbilanz zeigt, daß das Abschmelzen jedenfalls sehr langsam vor sich geht und viele Jahrtausende benötigen würde; die resultierenden Meeresspiegeländerungen wären höchstens etwa ebenso groß wie die heutigen (1,2 mm/a). Die *Ostantarktis* ist mit einer Oberflächentemperatur von -20°C im Sommer, -50° bis -60°C im Jahresmittel gegenüber einer globalen Erwärmung nahezu unempfindlich. Anders die kleinere *Westantarktis*, mit einem Eisvolumen von etwa 10% der gesamten Antarktis: ihr Eisschild ruht zu etwa 70% auf einem Felssockel unter dem Meeresspiegel und könnte unter speziellen Voraussetzungen – u.a. einer lokalen Erwärmung um ca. 5°C – ins Schwimmen geraten (Mercer 1978). Ein rasch wirksamer Prozeß – allerdings heute nirgends belegt – ist der einer "Kalbungsbucht" (Hughes 1977), wo das Eis bei einer Geschwindigkeitsdivergenz in großen radialen Zerrspalten aufreißt und das Wasser eindringen kann.

Ein solches "Aufschwimmen" des marinen Eisschildes der Westantarktis hat wahrscheinlich zuletzt im Eem (Stadium 5e) vor 120.000 Jahren stattgefunden, als an allen stabilen Meeresküsten auf der Erde ein Anstieg des Meeres um 5 - 7 m stattfand; Details dieses Ereignisses sind nicht bekannt. Aber eine Parallele existierte in neuerer Zeit: der plötzliche Einbruch des Meeres in die Hudson Bay kurz nach 8000 vh (siehe Kap. 5). Hierbei stieg – nach Radiokarbondaten – innerhalb von 200 Jahren der Meeresspiegel um 7 - 8 m; das geschah als eine besonders rasche Episode im Rahmen des Abschmelzens der nordhemisphärischen Inlandeise. Da dieser Anstieg wohl kaum linear erfolgt ist, wäre eine maximale Anstiegsrate nahe 10 cm pro Jahr keinesfalls erstaunlich.

Mercer hat (siehe Abb. 5) die kritischen Stellen für eine solche "Kalbung" größten Ausmaßes – die etwa 2 - 2,5 Mill km^3 umfassen müßte – angegeben: sie liegen an der Außenküste der Westantarktis, wo einige kleinere Eisschelfe inzwischen verschwunden sind und nur noch dünnes Treibeis den unter dem Meer aufsitzenden Eisschild schützt. Dieses kritische Gebiet verdient sicher eine gezielte Untersuchung mit allen modernen Techniken. Auch wenn die Gefahr eines plötzlichen Meeresspiegelanstiegs um 5 m offenbar noch nicht unmittelbar gegeben ist (Thomas et al. 1979), so wächst sie jedoch mit einem Übergang zu einem wärmeren Klima rasch an, da das dünne (in der Antarktis schon heute meist jahreszeitliche) Treibeis relativ schnell auf eine globale Erwärmung des Ozeans reagieren würde. Da viele dichtbesiedelte und wirtschaftlich wichtige Gebiete an Flachküsten (oder gar unter dem Meeresspiegel) liegen, ist dieses Problem von erheblicher Aktualität und sollte unbedingt in jedes Antarktis-Forschungsprogramm einbezogen werden.

Literatur

Augustsson, T., Ramanathan, V.: J. Atmos. Sci. 34, 448-451 (1977)
Budyko, M.I.: Climatic change. Am. Geophys. Soc. (1977)
Centre National d'Etudes Spatiales (CNES): Evolution des atmosphères planètaires et climatologie de la terre, Nice, 1978
Charney, J.G.: Q. J. R. Meteorol. Soc. 101, 193-202 (1975)
Charney, J.G., Eliassen, A.: Tellus 1, No. 2, 38-54 (1949)
Flohn, H.: Neue Anschauungen über die allgemeine Zirkulation der Atmosphäre und ihre klimatische Bedeutung. Erdkunde 4, 141-162 (1950)
Flohn, H.: Umschau, Heft 17 (1977)
Flohn, H.: Possible climatic consequences of a man-made global warming. International Institute of Applied Systems Analysis, Laxenburg (Österreich), WP-79-86. XI+103 S. (1979)
Flohn, H.: Quat. Research 12, 135-149 (1979a)
Flohn, H., Nicholson, Sh.: Palaeoecology of Africa 12, 3-21 (1980)

Frenzel, B.: Die Klimaschwankungen des Eiszeitalters. Braunschweig: Vieweg 1967 sowie Erdwiss. Forsch. B. 1, Wiesbaden (1968)
Fraedrich, K.: Q. J. R. Meteorol. Soc. 105, 147-167 (1979)
Gabriel, B.: Zum ökologischen Wandel im Neolithikum der östlichen Zentralsahara. Berliner Geogr. Abhandl. 27 (1977)
Gates, W.L.: J. Atmos. Sci. 33, 1844-1873 (1976)
Hann, J. v.: Lehrbuch der Klimatologie, Wien 1882
Hess, W. (ed.): Weather and Climate Modification. New York, 1974
Hopkins, D.M. (ed.): The Bering Land Bridge. Stanford Univ. Press (1967)
Hughes, T.: Rev. Geophys. Space Phys. 15, 1-47 (1977)
Kennett, J.P.: J. Geophys. Res. 82, 3843-3860 (1977)
Kennett, J.P., Thunell, R.C.: J. Volcan. Geotherm. Res. 2, 145-163 (1977)
Lamb, H.H.: Philos. Trans. R. Soc. London Ser. A 266, 425-533 (1970); Climat. Monit. 6, No. 2 (1977a)
Lamb, H.H.: Climate: Present, Past and Future, Vol. II. London: Methuen 1977b
Manabe, S., Wetherald, R.T.: J. Atmos. Sci. 32, 3-15 (1975)
Mass, Cl., Schneider, St.H.: J. Atmos. Sci. 34, 1995-2004 (1977)
Mercer, J.H.: Nature (London) 278, 321-325 (1978)
Museen der Stadt Köln: Sahara. 10.000 Jahre zwischen Weide und Wüste. Handbuch zu einer Ausstellung, 470 S., 1978
Pfeffer, R.L. (ed.): Dynamics of Climate. Oxford: University Press 1960
Pastouret, L. et al.: Oceanol. Acta 1, 217-232 (1978)
Rudloff, H. v.: Die Schwankungen und Pendelungen des Klimas in Europa seit dem Beginn der regelmäßigen Instrumenten-Beobachtungen (1670). Braunschweig, 1967
Sarnthein, M.: Nature (London) 272, 43-46 (1978)
Schwarzbach, M.: Das Klima der Vorzeit. Eine Einführung in die Paläoklimatologie, 3. Aufl. Stuttgart, 1974
SCOPE Vol. 13: The Carbon Cycle. London: J. Wiley 1979
Shutts, G.J., Green, J.S.A.: Nature (London) 276, 339-342 (1978)
Thomas, R.H. et al.: Nature (London) 277, 355-358 (1979)
Williams, J. (ed.): Carbon Dioxide, Climate and Society. IIASA Proc. Ser. New York: Pergamon Press 1978
Woillard, G.M.: Quat. Res. 9, 1-21 (1978a); Palaeoecol. Africa 11, 125-134 (1978b)
Woldstedt, P.: Quartär. Handb. Stratigr. Geologie II. Stuttgart: Enke 1969
Zinderen Bakker, E.M. van: Antarctic Glacial History and World Palaeoenvironments, VIII+172 S. Rotterdam: A.A. Balkema 1978

Review of Human Impact on Climate

W. W. KELLOGG[1]

Zusammenfassung. Das Klima einer gewissen Epoche, beispielsweise eines Jahrzehnts oder eines Jahrhunderts, ist charakterisiert durch statistische Mittelwerte üblicher meteorologischer Elemente über den entsprechenden Zeitabschnitt. Das Klima ist natürlichen Schwankungen unterworfen. Schon lange hat aber auch der Mensch, besonders durch Waldrodungen und intensive landwirtschaftliche Nutzung, klimatische Änderungen in regionalem Rahmen verursacht. Erst in jüngster Zeit besteht die Gefahr, daß eine irreversible globale Änderung verursacht wird durch die Veränderung weiter Teile der Erdoberfläche, zusätzliche Staubbelastung der Atmosphäre, Erhöhung des CO_2-Gehalts der Atmosphäre durch Verbrennung fossiler Brennstoffe, Belastung der Atmosphäre mit langlebigen Gasen wie Fluormethan (Freon) und Stickoxyd und die direkte Wärmeabgabe an die Atmosphäre. Aufgrund heutiger Entwicklungstendenzen erwartet man den stärksten Einfluß von der Erhöhung des CO_2-Gehaltes der Atmosphäre. Es wird abgeschätzt, daß bei Berücksichtigung aller Effekte die anthropogenen Einflüsse zu einer Erwärmung führen, und der so verursachte Temperaturanstieg bei zunehmender Fossilenergienutzung in den nächsten 50 Jahren die Schwankungsbreite natürlicher Klimaschwankungen, wie sie in den letzten Jahrhunderten aufgetreten sind, übersteigt.

1 Climate Change in Perspective

It is impossible to consider the question of human impacts on the climate of our planet without taking into account the natural influences at work. Long before mankind became a factor in the uneasy balance that determines our climate there were successions of major climatic changes, a fact that is well recognized. There is every reason to believe that those natural influences are still at work.

In speaking about "the climate" it is important to specify the time scale or period involved, since climate can be roughly defined as the set of meteorological conditions that we would expect next year, or next decade, based on the climate of the past. Climate can be expressed as the means of the usual weather parameters (temperature, rainfall, wind, cloudiness, etc.) together with some measure of their variability.

Thus, the present climate with which we live is quite well described by the statistics of the climate for the *past several decades* . The cold waves and droughts and floods that have been experienced in recent years are merely expressions of the variability of climate. Similar anomalies have occurred in the past and are likely to occur again in

[1]Aspen Institute for Humanistic Studies and National Center for Atmospheric Research, Boulder, Colorado, USA; address at time of presentation: World Meteorological Organization, Geneva, Switzerland

the future. In any case, we should not be surprised when they do take place.

However, if we were to consider as our reference period the past *million years* we would conclude that we live in an unusually warm period, a period often referred to as an "interglacial". For much of that long interval the continents of the northern hemisphere were covered with substantial ice sheets, the last occurrence of which was at a maximum only 18'000 years ago.

On the other hand, if we expand our time frame much farther, to the past *500 million years* or so, we must conclude that we live in an unusually cold period. It is estimated that during that interval there was permanent ice and snow in the polar regions (as at present) less than 15 percent of the time.

The many likely causes of these climate shifts are beyond the scope of this paper. The important lesson to bear in mind is that climate varies from year to year, and it changes from century to century, all from natural causes. Climate changes in the past have, however, generally been exceedingly slow measured on the scale of a human lifetime.

A new factor, mankind, now enters the picture. As will be shown, the possible changes of climate due to the activities of mankind may be very large, and will probably be noticeable in a few decades' time. Such changes are not new to the earth, which has a very long memory indeed, but they may be unprecedented in the history of civilization.

2 Mankind's Leverage Points on the Climate

When we contemplate the size of earth, its atmosphere, the oceans, and the massive ice masses of the polar regions, it seems almost inconceivable that mankind can have any real influence on its heat balance. Nevertheless, we already see that large cities and the areas around them have altered climates, and there are indeed some remarkable "leverage points" that we are now able to reach that can influence the thermal balance of the entire planet.

Before we take up these influences, a word is in order about how we go about assessing them. The system that determines our climate is, of course, very complex, and involves non-linear interactions between the atmosphere, the oceans, the land, and the ice masses (or "cyrosphere"). Theoretical models have been developed by a number of groups that take account of the most important of these interactions, and these models appear to simulate the present conditions moderately well, including changes between summer and winter, variations of temperature and precipitation with latitude, and the large-scale atmospheric circulation patterns that determine the day-to-day weather. None of these models can be considered as complete, because we cannot yet simulate the behaviour of the oceans properly, nor the behaviour of clouds. Nevertheless, there is a growing conviction that our models are now good enough to show how the climate system would respond to a given change in its inputs, or boundary conditions. After all, the change from summer conditions to winter conditions is at least as large or larger than the average changes we will be discussing, so we have a reasonable basis for having some confidence in our models.

We will now take up some of the modifications of the climate system that mankind has achieved – or will be able to achieve.

2.1 Surface Changes

That mankind has been altering the characteristics of the surface over very large areas is incontestable. Such changes can almost certainly influence *regional* climate. For example, there is good reason to believe that mankind can hasten the expansion of a desert area by overgrazing of cattle. However, there is no study that we know of that has demonstrated the effect of such surface changes on the *global* climate – though they may have had some overall effect.

2.2 Particles in the Air, or Aerosols

Mankind creates aerosols by industrial activity, automobiles and trucks, slash-and-burn agricultural practices, and cultivation that allows the soil to be blown away by the wind. All of these except the last create aerosols that are generally in a small size range (since many are aerosols created by conversion of gaseous pollutants to particles) and are relatively absorbing of solar radiation. The net effect of such small and absorbing aerosols when over land is probably to lower the total reflectivity (albedo) of the earth-atmosphere system and thereby cause more absorption of sunlight and a warming, and such manmade aerosols have their greatest concentration where they are produced – over the land. Their mean lifetime is only a few days before they are washed out or rained out of the air, so they only influence the ocean-air system a relatively short distance downwind from the coastal areas of Asia, North America, and India. Over the ocean with its low albedo their effect is probably a cooling, since they raise the net albedo of the ocean plus atmosphere and thereby decrease the absorption of solar radiation.

Observations of aerosol trends in the world are scanty, and the best observations have generally been made in regions close to or downwind of industrialized areas. It is not surprising that many of these stations have shown an increase in aerosol content, or turbidity, in the past few decades, though a few have failed to show such a trend.

In summary, manmade aerosols have apparently increased the total particle content of the atmosphere over limited areas, mostly over land, and so their influence is probably a small regional warming. We cannot be much more precise about their effect at this time.

2.3 Carbon Dioxide in the Atmosphere

The increase in the carbon dioxide content of the atmosphere since the start of the Industrial Revolution as a result of mankind's burning of fossil fuels has been recognized for many years. We will not review the evidence in detail here, because it has been the subject of many papers in both the popular and scientific literature. The past and future trends in carbon dioxide are summarized in Figure 1. It is now estimated that the atmosphere's present carbon dioxide content of nearly 330 parts per million by volume (ppmv) will increase to close to 400 ppmv by the year 2000 A.D. and will approximately double by about 2040 A.D. All these future estimates take account of the fraction of carbon dioxide that is taken up by the ocean and perhaps the biosphere and assume an increasing rate of burning of fossil fuels, but with a rate of increase that decreases somewhat with time.

At present we are not sure whether or not there is an additional production of carbon dioxide from the deforestation of the tropical rain forests. When trees are cut down and decay they release carbon dioxide

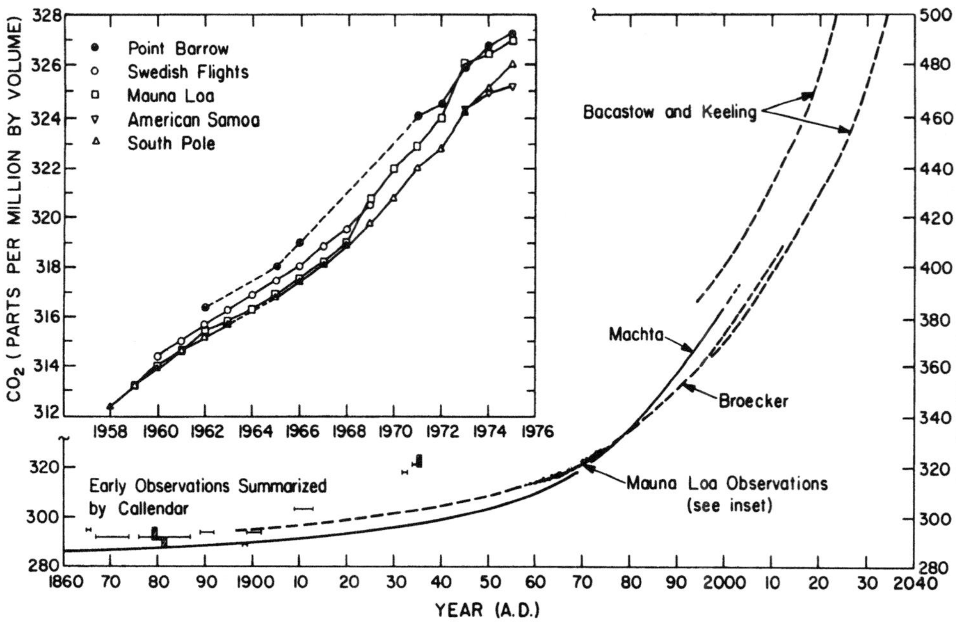

Fig. 1. The record of carbon dioxide concentration from 1860 to 1975, measured at several locations, and some estimates of future trends. It is expected that in this time period about half of the new carbon dioxide released will remain in the atmosphere; and due to the slow mixing of deep ocean waters with the upper layers the decay time of the added carbon dioxide, were we to stop producing it, is estimated to be 1000 to 1500 years. (For sources of data and projections see Kellogg 1977, 1978)

in the same way as they do when burned. Some reports have suggested that the mass of the forests of the world is decreasing, thereby adding to the carbon dioxide from fossil fuel burning. However, this is still an unresolved question.

The effect of such an increase is to enhance the "greenhouse effect" (absorption of some of the infrared radiation from the earth that would otherwise escape to space) and cause a warming of the surface layers. Estimates of the amount of warming for a given increase have been made. We can probably expect nearly a degree for the increase from this cause alone by 2000 A.D., and about 2°C to 3°C by 2040 or 2050 A.D. if there is in fact a doubling of carbon dioxide by that time. These are global average estimates, and the changes poleward of about 45° latitude are expected to be appreciably larger.

There are clearly uncertainties in these estimates, due partly to the fact that we do not know how to take account of all the interactions that operate in the climate system, especially the effects of variable cloudiness on the radiation balance, and we cannot accurately predict the rate of burning of fossil fuels and the consequent production of carbon dioxide so far into the future. Nevertheless, we could be wrong on the high side by a factor of two and still be able to state that the warming influence of the carbon dioxide added to the atmosphere by mankind will in the next 50 years be large relative to the natural changes observed in the last few centuries, which have generally been less than 1°C on a global average. If we are wrong on the low side, then the warming will quickly turn out to be very dramatic indeed, especially at high latitudes. (This latitudinal enhancement of climate change is a point we will return to).

There are few if any really "irreversible" changes that we can make to the earth, since the geological and biological forces of nature seem to be able to wipe out or reverse anything we do, *given enough time*. However, in the case of the added carbon dioxide we may consider the increase as virtually irreversible on a time scale of centuries, since the main sink for the incremental carbon dioxide is probably the oceans, as we have said, and since the oceans require 1000 to 1500 years to even approach a new equilibrium with the atmosphere. About one half of the carbon dioxide released by mankind in the past century is still to be found in the atmosphere, and it is expected that it will remain there for a very long time, until the oceans have had a chance to slowly exchange the water in the upper few hundred meters with the much larger volume of deep ocean water. During that time we could go on burning fossil fuel, and if we were to burn all the economically recoverable coal the carbon dioxide content of the atmosphere would rise to about six times its pre-Industrial Revolution level, and this would theoretically cause a 5°C to 10°C rise in mean surface temperature.

2.4 Other Infrared Absorbing Gases

As we have mentioned, the reason that additional carbon dioxide in the atmosphere causes a warming of the surface is that it absorbs some infrared radiation from the surface that would otherwise escape to space, and it also reradiates a portion of the energy back downward as infrared radiation. Any other trace gas added to the atmosphere that has similar infrared absorbing properties will also cause a greenhouse effect, or warming.

There are a few such gases that are released into the atmosphere by mankind in very large quantities, and are sufficiently stable to remain in the atmosphere for many decades and so can accumulate. The most notable of these are the chlorofluorocarbons (CFMs) extensively used as refrigirants and as propellants in aerosol spray cans ($CFCl_2$ and CF_2Cl_2).

It seems likely that the use of CFMs will be restricted in the future because of the fact that they can be dissociated in the upper stratosphere and react with ozone there, causing a decrease in ozone and a corresponding increase in solar ultraviolet reaching the ground, which is now perceived as a health hazard. However, if their production were to continue at the current level it is estimated that their concentration in the lower atmosphere would rise from the present 0,2 ppbv to about 2,7 ppbv by the middle of the next century, and that this could cause another 0,5°C warming.

Another stable trace gas that mankind may cause to increase indirectly by the expanding use of nitrate fertilizers is nitrous oxide (N_2O). Some estimates predict a similar effect on surface temperatures in the next few decades from this source, but there is still considerable uncertainty about just how much mankind can in fact influence the global production of nitrous oxide.

2.5 Release of Heat

It is clear that mankind is requiring ever increasing amounts of energy to satisfy its needs – though many believe that these escalating requirements for energy will have to be tempered by a realization that technology and investment of capital can hardly be expected to keep up with such grandiose expectations of growth. While there is disagreement about the possible future rate of expansion of our energy consumption, the reality of this expansion has to be recognized, and there is a growing consensus that the planet has the resources to sustain some growth to a much higher level than we see now or in the near future. Such optimism is based on the fact that coal is in large supply and could sustain an increased use of energy for a couple of centuries, and the belief that other major sources of energy will be exploited successfully and safely long before the coal is exhausted, e.g., nuclear, thermonuclear, solar (including photosynthesis), geothermal, ocean temperature differences, etc.

The context in which we should think about this subject here is the effect on the thermal balance of the earth of the generation of large amounts of heat, since virtually all the energy we use ends up as heat, as well as the wasted heat that goes out of smokestacks, exhaust pipes, and cooling towers. With this in mind, a few numbers should be noted that give an idea of the relative magnitudes of the energy of the natural system and the energy of society.

The "solar constant", or flux from the sun that reaches the earth, is about 1400 watts/m^2, but the average flux of solar radiation that is absorbed at the surface is about 150 watts/m^2, and if we consider the continents alone with their higher reflectivity (albedo) the average power absorbed is about 100 watts/m^2. For the world as a whole we can multiply this average surface energy flux by the area of the earth and find that the effective rate of energy input to the climate system is about $8 \cdot 10^{16}$ watts, or $8 \cdot 10^{7}$ G watts.

Compare this with the current world wide rate of energy generation, which is about $1 \cdot 10^{4}$ G watts, and growing at a rate of about 5 percent per year. Thus, mankind is currently generating a bit over 10^{-4} as much heat as is available from the sun to heat the surface of the earth, and the global effect of this added heat is probably trivial.

Considering the future, we can argue that a conceivable and not unreasonable steady state global population of the future could be about 20 billion people – though many of us hope that it will turn out to be less than this, and that such a large population level would be a sort of "upper limit". Others argue that long before such a level has been reached mankind will meet obstacles to further growth that are virtually insurmountable. Such arguments have to be based on complex scenarios of the future and "people models", and no one is well equipped to make any firm predictions in this area.

If the 20 billion population is accepted for the purpose of a calculation of what *may* happen in the next century or so, and if we make the additional assumption that such a society will require more (four times, to be exact) energy *per capita* than is used now in the United States, because extraction of food and resources and suppression of pollution will be more "energy intensive" than now, we can estimate what the release of heat will be from this global society. (The per capita consumption in the U.S.A. is about 10 K watts now and still going up). The answer turns out to be $8 \cdot 10^{5}$ G watts, or 10^{-2} of the solar energy absorbed at the surface (one percent).

If we turn again to our climate models and ask what the global average change of temperature would be when an additional one percent was added to the surface heating, it turns out to be about 2°C. Different models give somewhat different values, and our ignorance about which inter-

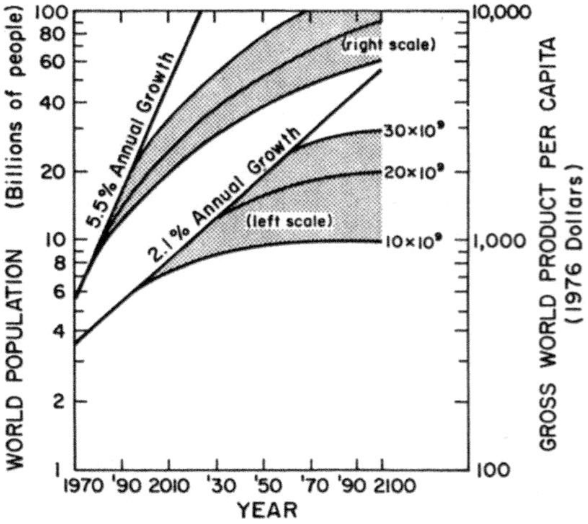

Fig. 2. A set of possible projections of world population and gross world product (GWP) per capita. The GWP per capita follows approximately the scenario described by Kahn et al. (1976, Fig. 5, p. 56). It will be noted that these curves tend toward a leveling-off or steady state, which is obviously more realistic than any continued exponential growth. Nevertheless, they should not be taken as "predictions", but rather as a rough indication of the time scale involved in any such evolutionary process

actions, or feedback mechanisms, are most important adds an additional degree of uncertainty to this estimate, but we should expect it to be right within a factor of two or better. Thus, even if we have overestimated the global warming from direct heating and it turned out to be "only" 1°C, this would still be comparable to the natural fluctuations in the past few centuries.

However, the time involved in achieving this high level of energy production and heat release will be considerably longer than the time required to cause the same average warming (1°C) from the carbon dioxide greenhouse effect. Figure 2 is presented, not as a prediction of future growth of population and gross world product (or energy) per capita, but rather to give a general idea of the time scale involved, even with technologically optimistic assumptions, to build up to 20 billion people and a large GWP/capita. It can hardly be before the end of the next century, and by that time the warming from the increased carbon dioxide will probably be so much larger (perhaps 4°C to 8°C average global warming if our fossil fuel consumption continues) that the direct effect of heat release on a global scale will be small by comparison.

There is nevertheless good reason to believe that the release of heat will begin to be important on a *regional* scale long before it is felt globally, and already large areas of the industrialized world are adding very appreciably to the heat they receive from the sun. Thus, large cities are perceptibly warmer than the surrounding contryside, and the warming of the air over cities such as St. Louis, Chicago, and Paris (plus the addition of aerosols) has increased convective precipitation downwind of those cities. The prospect of concentrating very large energy generation facilities in "power parks" may very well present problems in terms of the weather downwind; and a large enough release of heat regionally can even change the large-scale atmospheric circulation patterns.

3. Effect of Mankind's Warming Influence

In the previous sections we have shown that most of the activities of mankind (save, perhaps, the changes of the surface) lead to a warming of the earth. Table 1 is a summary of these warming effects, assumed to be additive. These numbers should be considered as reliable to within about a factor of 2.

Table 1. Best estimate of the influence of mankind on mean surface temperature

	Present	2000 AD	2050 AD
Change of Global Mean Temperature (^{o}C)	< + 0,5	+ 1,2	+ 4,0
Rate of Change (^{o}C/decade)	< + 0,15	+ 0,5	+ 0,7

Assumptions:

a) Manufacture of chlorofluorocarbons will remain at 1973-74 level.

b) Direct addition of heat will not be important globally until after 2050 A.D.

c) Effects of aerosols and patterns of land use not included.

The rate of change per decade is included as well as the magnitude of mankind's influence, since it emphasizes the rapidity with which these changes may take place. Considering the fluctuations in the past few centuries, a representative rate of change of mean temperature from *natural* causes over the period of a decade is not likely to be more than 0,1^{o}C to 0,2^{o}C – and in the absence of human influences it could, we believe, be in either direction in this time period. It appears, therefore, that our influence will overshadow nature's by a wide margin (even if we have overestimated by as much as a factor of 2).

Recall again that the higher latitudes of each hemisphere are expected to be more sensitive to such climate change than the earth as a whole. Thus, the polar regions could experience a 3 to 5 times larger warming than given in the table, a factor derived from both theoretical models and the temperature record of the real atmosphere.

3.1 Implications to Society of a Global Warming

It would be beyond the scope of this paper to comment in any detail on the many social and economic implications of the future global temperature change that we have described. Nevertheless, we cannot leave the subject without a brief attempt to fill out our scenario of the next few decades with some further speculations on some of the other changes that may occur at the same time. After all, temperature, while important, is only one aspect of the climate, and the environment in which we live is shaped by many other features of the atmosphere, the oceans, and polar ice masses.

3.2 Growing Season

Farmers in temperate and high latitudes are concerned about the last frost in spring and the first frost in the autumn. If one compares the length of growing season at various latitudes with the mean summertime temperature at various latitudes, one can arrive at the approximate "rule of thumb" that a 1°C increase in temperature corresponds to about 10 days longer growing season. Since, as we have said, the higher latitudes will probably respond more than the global average to the anthropogenic warming that we see in store, a 1°C rise in global mean temperature (as predicted for some time before 2000 A.D. – see Tab. 1) would result in several times this much warming above 40° or 50° latitude, and there could thus be a rather marked increase in length of growing season there.

3.3 Precipitation Patterns

Of even more importance than temperature to our ability to grow food is rainfall. Deserts occur at all latitudes, and are usually there because they are too dry to support much vegetation. It is therefore of great importance to understand how a general warming would influence precipitation in various parts of the world.

Because the polar regions are expected to warm more than the equatorial zone, the equator-to-pole temperature difference that powers the "atmospheric heat engine" will be reduced, if our scenario is right. This will mean that the general circulation of the atmosphere will be somewhat less vigorous, and the mean flow patterns will be different. Since it is these flow patterns that carry moisture to a given region and provide the right conditions for precipitation (or the lack of it), they are clearly the key to its rainfall.

Meteorologists have developed a hierarchy of increasingly elaborate models of the general circulation of the atmosphere, and the more sophisticated ones simulate current conditions quite well. When experiments are done with these models to see how the model atmosphere responds to a general warming the result is an enhancement of the hydrologic cycle, since more evaporation takes place from the oceans and it must therefore rain or snow more *somewhere* . Unfortunately, we do not yet have enough detail in these models to say just where that additional rain will occur – though models under development may be able to tell us. We would like to know this, of course, because that will suggest where the future "bread baskets", marginal lands, and deserts will be.

Another way to find out what a warmer earth might be like is to study a time when the earth itself was warmer than it is now. Such a time actually existed roughly 4000 to 8000 years ago, during the period known as "Altithermal" (also known as the Hypsithermal, Atlantic, or Climatic Optimum – *optimum* for whom?), and paleoclimatologists are beginning to piece together the strikingly complex picture of the conditions that existed then, at the dawn of civilization.

The patterns that are emerging from those investigations are summarized in Figure 3, referring to the precipitation relative to the present. It will be noted, for example, that North Africa was generally more favorable for agriculture than it is now, that Europe was wetter, Scandinavia dryer, and a belt of grass lands (sometimes called "the Prairie Peninsula") extended across North America in what subsequently became forested land.

We must caution the reader not to accept this as a literal representation of what might occur if the earth becomes warm again, since the causes and the nature of the warming 4000 to 8000 years ago could have been quite different from the nature of society's future effects. A different mechanism to account for the higher mean temperature would presumably imply a somewhat different distribution of that heat energy, and therefore the patterns of the general circulation and precipitation would also depend on the mechanism involved.

In spite of all these reservations, it seems reasonable to study the way the world was when it was warmer than it is now, and to note that this represents a possible pattern for the future warmer earth. Using the real earth as our model is at least as good as, and probably better than, the theoretical numerical models that we currently run on our computers.

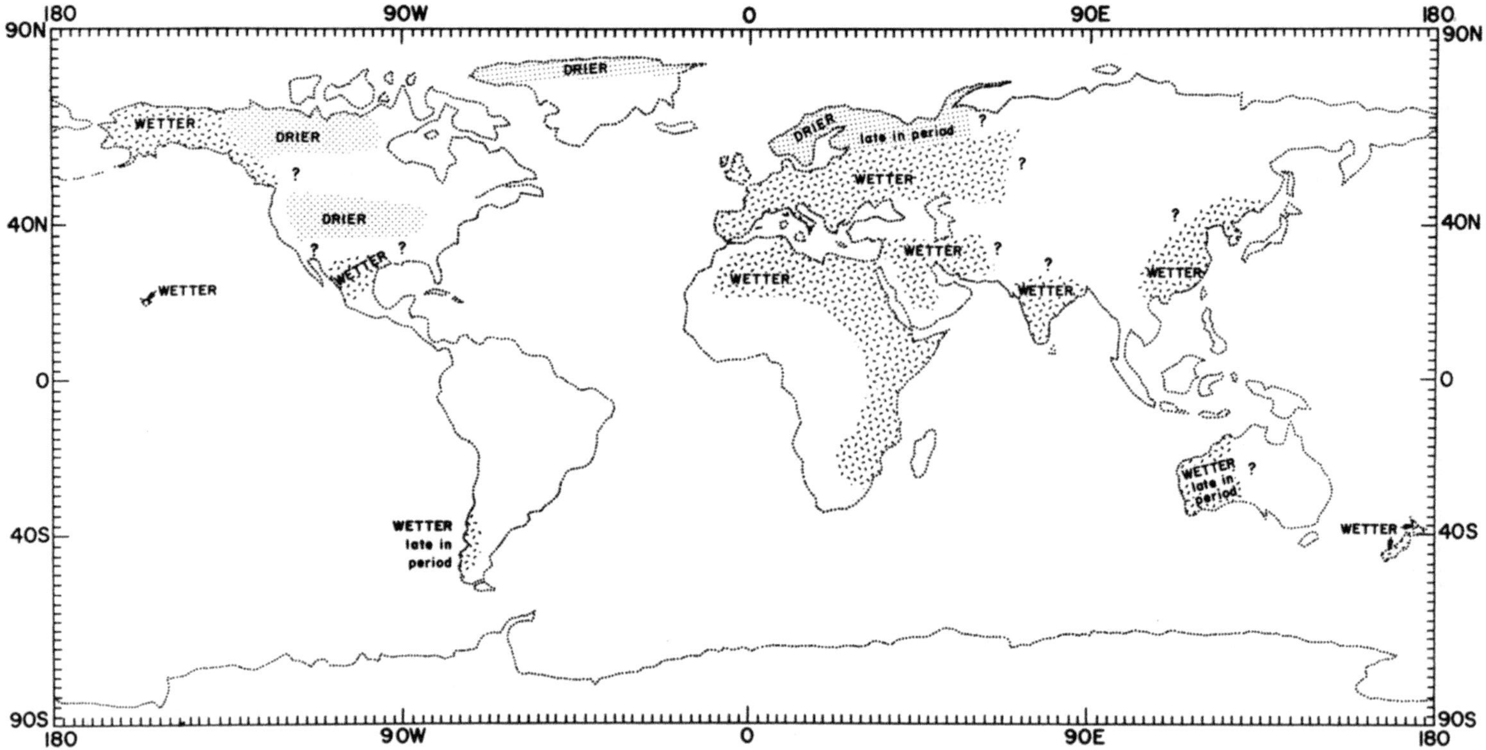

Fig. 3. A somewhat schematic map of the distribution of rainfall, predominantly during the summer, during the Altithermal Period of 4000 to 8000 years ago when the world was generally several degrees warmer than now. The terms "wetter" and "drier" are relative to the present. Blank areas are not necessarily regions of no rainfall change — our information is still far from complete, and work is under way to fill in some of those areas. (Kellogg 1977, 1978)

3.4 Will the Ice Sheets Melt or Grow?

Another thought, one which is often raised in connection with the spectre of a major global warming trend is that this would begin to melt the great ice sheets of the Antarctic and Greenland and raise the sea level. There are, however, some uncertainties in just what would happen, since the increased mean temperature would be accompanied by increased water vapor in the atmosphere, and this in turn may cause more snow to fall on the tops of these ice sheets. The question, then, is whether this tendency for increasing the ice sheet volume would be compensated by the increased rate of melting and ablation at their edges. This is clearly a question of utmost importance to mankind, especially to those who live in coastal zones – which is a large fraction of us.

It seems likely, however, that these ice sheets will not change in any very dramatic way in the next 100 years, a possible exception being the West Antarctic ice sheet that is partly grounded below sea level and could possibly break apart and slip into the ocean. (If this happened, sea level could rise up to 7 m). They are far too massive to rapidly respond to a warming, and can be considered more as semi-permanent geological features than as active components of the earth's hydrologic cycle. Nevertheless, the fact that they represent a volume of water substance the equivalent of some 65 m of ocean suggests that even a small fractional change could affect sea level. The sea level has risen some 20 cm since the turn of the century, and we cannot exclude the possibility that at least part of this rise was caused by a change in one or more of the great ice sheets. It therefore seems of considerable importance to monitor their volumes as accurately as possible, and satellites with radar altimeters appear to be a feasible way to do this in the near future.

3.5 Will the Arctic Ocean Ice Pack Disappear?

Still another troublesome thought is the possibility that a warming of the North Polar regions could cause a shrinking of the Arctic Ocean ice pack to the point where it disappeared entirely. If the central Arctic Oceans were once ice free the ice pack would probably not reform, and there would certainly be a major alteration in the climate of the entire Arctic Basin. This has been investigated in a preliminary way already. The major question to be attacked here is the degree of thermal response of that vast ice pack to a warming of the ocean-atmosphere system, and we are only just beginning to understand the many physical factors involved.

Paleoclimatic evidence derived from cores taken from the floor of the Arctic Ocean indicate that during the past million years the ocean has never been free its cover of pack ice. This argues that the pack ice is quite stable in the face of climatic change, but we may possibly be about to achieve a warming that is larger than any previous warming during the Quaternary. If that is so, then the Arctic pack ice represents one part of the climate system where we may be causing something very close to an "irreversible" change – at least, that term is appropriate for the time scale of human affairs.

4 Some Value Judgments

We have attempted to show why there is a growing conviction in the climatological community that mankind's activities will probably warm the earth in the decades ahead, barring some unlikely and traumatic natural event or a worldwide collapse of our industrial society. Some of our arguments are debatable, perhaps, but they are arguments dealing with the physical world, and as we sharpen our scientific tools still further we can surely reduce the margin of uncertainty in our predictions.

The conclusion that I draw from all this evidence and theoretical conjecture is that a warmer earth, if it does occur, will be a better place for many and will present problems for others. On the whole, the milder climate at high latitudes and the likelihood of rainier conditions in parts of the subtropics suggests that it will be able to grow more food to feed a growing world population, even without advances in the application of agricultural technology. On the other hand, such a major change in the environment will force readjustments of many parts of our interdependent community of nations, and it seems that any such readjustment is bound to be expensive. We will just have to find the means to pay for it or suffer the consequences.

Never in the history of civilized man have we faced such a global challenge, and we are ill equipped with the international machinery to deal with it. That appears to be where the real problem lies.

References

Broecker, W.S.: Climatic change: Are we on the brink of a pronounced global warming? Science 189, 460-463 (1975)

Flohn, H.: History and intransitivity of climate, App. 1.2. In: The Physical Basis of Climate and Climate Change. World Meteorological Organization GARP Publ. Ser. No. 16. Geneva, Switzerland, 1975

Flohn, H.: Climate and energy: A Scenario of the 21st century problem. Climat. Change 1, 5-20 (1977)

Holdren, J.P., Ehrlich, P.R.: Human population and the global environment. Am. Sci. 62, 282-292 (1974)

Kahn, H., Brown, W., Martel, L.: The Next 200 Years: A Scenario for America and the World. New York: William Morrow and Co. 1976, p. 241

Kellogg, W.W.: Effects of Human Activities on Global Climate. World Meteorological Organization. Technical Note No. 156. Geneva, Switzerland, 1977

Kellog, W.W.: Global influences of mankind on the climate. Chap. 13 in: Climatic Change. Gribbin, J. (ed.). Cambridge: Cambridge University Press 1978

Kellogg, W.W., Schneider, S.H.: Climate Stabilization: For better or for worse. Science 186, 1163-1172 (1974)

Lamb, H.H.: Climate: Present, Past and Future, Vol. I. Fundamentals and Climate Now. London: Methuen and Co. 1972; Vol. II. Ibid, 1977

Machta, L., Telegadas, K.: Inadvertent large-scale weather modification, Ch. 19. In: Weather and Climate Modification. Hess, W.N. (ed.). New York: John Wiley 1974, pp. 681-726

Manabe, S., Wetherald, R.T.: The effects of doubling the CO_2 concentration on the climate of a general circulation model. J. Atmos. Sci. 32, 3-15 (1975)

Mitchell, J.M., Jr.: Summary of the problems of air pollution effects on the climate, Ch. 8. In: Man's Impact on the Climate. Mathews, W.H., Kellogg, W.W., Robinson, G.D. (eds.). Cambridge, Mass.: Massachusetts Institute of Technology Press 1971

Oeschger, H., Siegenthaler, U., Schotterer, U., Gugelman, A.: A box diffusion model to study the carbon dioxide exchange in nature. Tellus 27, 168-192 (1975)

Rotty, R.M., Weinberg, A.M.: How long is coal's future:. Climat. Change 1, 45-58 (1977)

SCEP Report: Man's Impact on the Global Environment: Study of Critical Environmental Problems. Cambridge, Mass.: Massachusetts Institute of Technology Press 1970

Schneider, S.H.: On the carbon dioxide-climate confusion. J. Atmos. Sci. 32, 2060-2066 (1975)

Schneider, S.H. (with Mesirow, L.E.): The Genesis Strategy: Climate and Global Survival. New York: Plenum Press 1976

Sellers, W.D.: A reassessment of the effect of CO_2 variations on a simple global climate model. J. Appl. Meteor. 13, 831-833 (1974)
Siegenthaler, U., Oeschger, H.: Predicting future atmospheric carbon dioxide levels. Science 199, 388-395 (1978)
SMIC Report: Inadvertent Climate Modification; Report of the Study of Man's Impact on Climate. Cambridge, Mass.: Massachusetts Institute of Technology Press 1971
U.S. National Academy of Sciences: Halocarbons: Environmental Effects of Chlorofluoromethane Release, Comm. on Impacts of Stratospheric Change. Washington: National Academy of Sciences 1976
U.S. National Academy of Sciences: Energy and Climate. Washington: Geophysics Research Board, N.A.S. 1977

History and Mechanisms of Climate[1]

J. M. MITCHELL, Jr. [2]

Zusammenfassung. *Im Gegensatz zum klassischen Begriff Klima als "durchschnittliches" Wetter versteht man heute darunter ein dynamisches naturwissenschaftliches System. Im Verlauf seiner Geschichte scheint das Klima der Erde in erkennbaren Zeitskalen geschwankt zu haben, wobei es in gewissen Abschnitten offensichtlich periodische oder quasi-periodische Bewegungen gegeben hat. Um diese von den aperiodischen Schwankungen zu unterscheiden, wird der Ablauf des Klimas durch die Form seines Spektrums verdeutlicht. Obwohl dieses Spektrum nur eine grobe Annäherung an die Wirklichkeit darstellt, können die auftretenden Peaks als wahrscheinlich betrachtet werden. Im Hinblick auf den Entwurf klimatischer Modelle werden einige Mechanismen angegeben, die als möglicher "Antrieb" bei klimatischen Schwankungen und Änderungen in Frage kommen. Da anthropogene Einflüsse auf das Klima wahrscheinlich rasch an Bedeutung gewinnen werden, könnte die Entwicklung realistischer Modelle eine wertvolle Hilfe sein, um die Folgen menschlicher Tätigkeit auf das Klima der Zukunft und die Stabilität der polaren Eisschilder abzuschätzen.*

1. The Concept of Climate

There is general agreement among atmospheric scientists that world climate has been *fluctuating* in recent years. There is no general agreement, however, that it has been *changing*. Some climatologists would insist that the fluctuations of the past are not fluctuations *of* climate but rather (weather) fluctuations *in* the climate. This skirmish over words is not so much a trivial matter of semantics as it is a testimonial to the confusion that exists – even among experts – as to the true nature of climate and of climatic variability. Whether or not our climate has been changing in recent years, our perceptions about the physical nature of climate have been dramatically changing.

The classical concept of climate involves many physical considerations that we continue to hold as valid today. Chief among these is the long-recognized fact that the geometry of the earth-sun system establishes a global-scale atmospheric circulation regime, which interacts with the contrasting physical properties of the continents and oceans to result in the diverse climatic zones of the world. Yet, in common every-day usage in the past, the term "climate" took little note of physics and referred instead to "average" weather. If climate could be said to "fluctuate" it was presumed that the fluctuations were in the nature of a deterministic response of the atmosphere to extrinsic environmental changes, for example volcanic dust injections into the upper atmosphere, or changes of solar irradiance alleged (but scarcely proven)

---

[1] Dieser Vortrag wurde anläßlich der Jahresversammlung der Schweizerischen Naturforschenden Gesellschaft 1978 in Brig gehalten und erscheint ebenfalls im Jahrbuch der SNG im Birkhäuser Verlag Basel 1980, "Gletscher und Klima – Glaciers et climat", hrsg. von Peter Kasser

[2] Environmental Data and Information Service, NOAA, Silver Spring, Maryland, USA

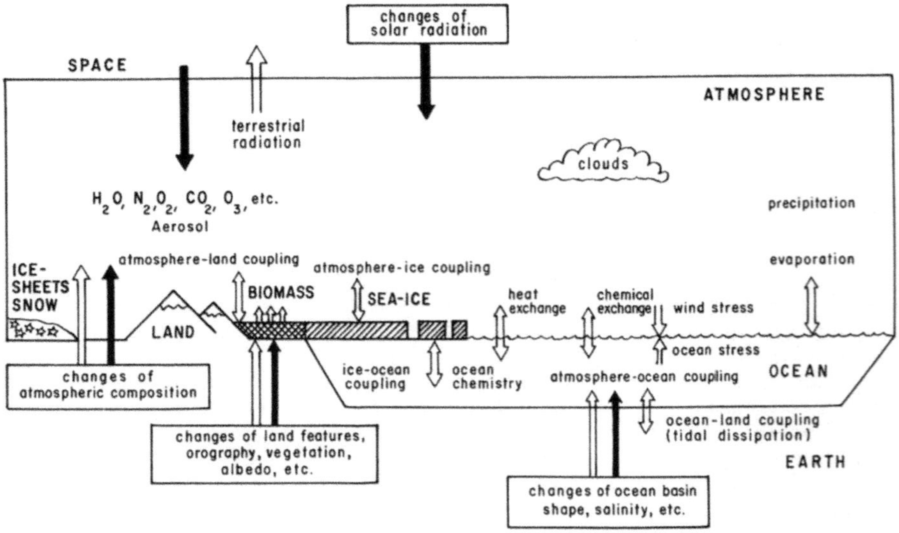

Fig. 1. Schematic outline of earth's climate system *(box)*, showing principal internal couplings between the several parts of the system *(open arrows)* and extrinsic environmental influences on the system *(solid arrows)*. (WMO-ICSU, 1975)

to be associated with sunspot cycles. Generally speaking, however, climatic "change" was a concept reserved for the geologically remote past and in particular for the great ice ages. Given a constant terrestrial environment, it was widely supposed that the climate does not – indeed, cannot – either change or fluctuate.

The modern concept of climate differs in that it downplays the statistical notion of climate as "average" weather and stresses instead the entirely different notion of climate as a dynamic physical system (Fig. 1). The meaning of this concept, and some of its implications, deserve clarification as follows:

In speaking of climate as a *system* we recognize that the state of the atmosphere at any given time cannot realistically be considered in isolation of the state of other parts of our terrestrial environment that are coupled to the atmosphere through exchanges of heat, mass, or momentum. For this reason, the climate system is considered to include the atmosphere, the oceans, the land surfaces, the snow and ice masses of the world, and much of the earth's biota (principally continental vegetation).

In referring to the climate system as *physical* we emphasize that the coupling between the several parts of the system is governed by various, individually identifiable and quantifiable physical, chemical, and biological processes. Through the action of these processes, an alteration in the state of any one part of the system is at least potentially capable of altering the state of all the other parts.

In referring to the climate system as *dynamic* we go one very important step further by recognizing that the various physical, chemical, and biological processes coupling the several parts of the system require varying lengths of time to run their course, ranging from hours to millennia or longer. This implies that the state of the atmosphere (and of climate in the classical sense of average weather) tends always to be in motion, in the sense that it is always trying to adjust itself toward an equilibrium state that it may never fully achieve before the equilibrium state itself moves on to a new state.

The task facing the climatologist who would try to account for all the climatic variability and changes of the past, or to predict future climate in detail, must begin with the construction of a suitably quantitative and comprehensive "model" of the behavior of the overall climate system. It is by no means clear precisely what such a model would look like, or what level of complexity of physical, chemical, and biological processes would have to be built into the model, to serve such an ambitious purpose. Nor is it clear how soon, if ever, we will gain all the knowledge that may be necessary to construct such a model, and have available the computer power that may be necessary to verify and apply the model as we would like to assure ourselves that it is a satisfactory approximation to real climate system behavior. Yet, significant progress is already being realized along these lines and we have reason to be optimistic that the goal is within human reach.

From what we have already surmised about the nature of the climate system, we can be quite certain that much of the "variability" and "change" that we observe in climate has physical meaning, and that this variability arises from two categories of sources. One category of sources is the response of the climate system to extrinsic environmental changes, of the deterministic sort mentioned earlier. The other category is self-stimulated variability of the climate system, of a stochastic character, which would presumably occur even if the extrinsic environment of the earth were unchanging. We are left with the conclusion that climatic variability and change is as much to be regarded as an inherent *attribute of* climate as it is to be regarded as something that *happens to* climate (as a result of extrinsic environmental changes).

I turn now to the record of past climates, to indicate some of the most salient characteristics of climatic variability and change as we have managed to infer them from paleoclimatic investigations. I then propose to consider some implications of the record of past climates for the unravelling of the physical mechanisms of climatic variability and change on a wide range of time scales, and for the appropriate direction to be taken in the development of climate system models.

2 History of the Earth's Climate

Geological evidence leaves little doubt that, during the past thousand million years or so, the prevalent condition of global climate was one of relative warmth – as much as 10°C warmer than now – and almost totally free of polar ice. This warm condition was, however, punctuated by a series of relatively brief ice ages each lasting 10 million years or so and separated by a few hundreds of millions of years. Beginning roughly 60 million years ago, something happened to bring about a gradual deterioration of climate. This deterioration culminated, about 2 million years ago, in the arrival of a new mode of climate, characterized by a long sequence of perhaps as many as 20 major glacial-interglacial oscillations, and many more smaller ice volume changes, which presumably continues to grip the world today (Fig. 2, p. 34).

The history of glacial-interglacial events is revealed in some detail for the past one million years by oxygen-18 analysis of deep-sea sediments and by several other kinds of paleoclimatic indicators. In that

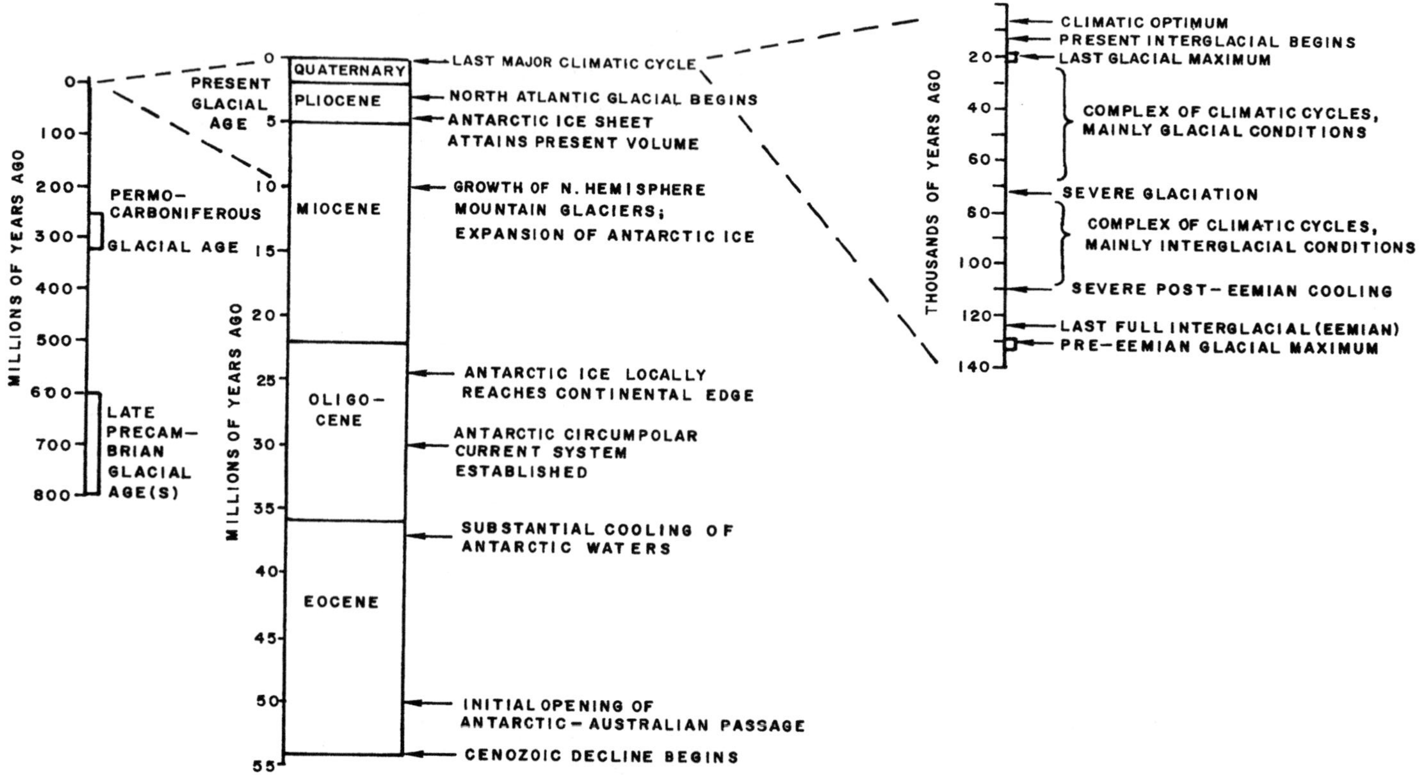

Fig. 2. Climate and climate-related events since the Pre-Cambrian. *Left*: Major ice age events. *Middle:* events during cooling phase leading up to The Quaternary Ice Age. *Right:* Details of last major glacial-interglacial cycle in the Quaternary. (NAS, 1975)

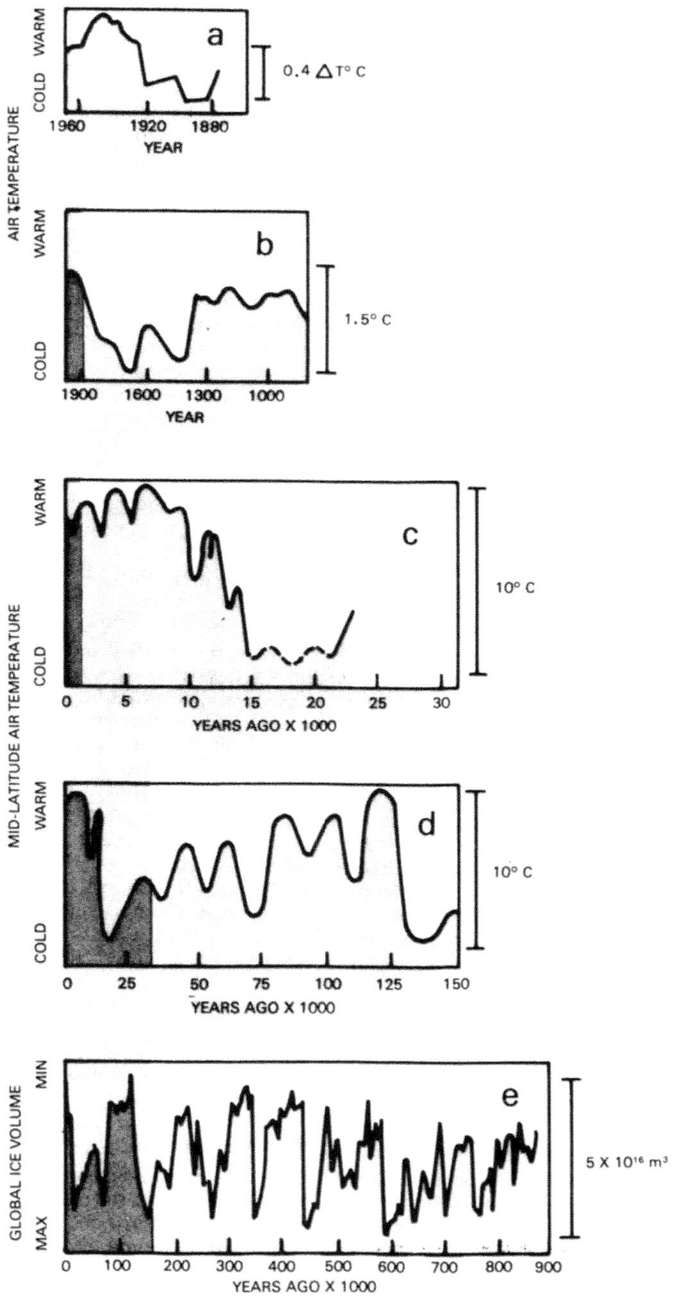

Fig. 3a-e General trends in global-scale climate on various time scales before present. (a) Northern Hemisphere mean temperature; (b) winter severity index for eastern Europe; (c) generalized air temperature changes, based on fluctuations in Alpine glaciers, tree lines, continental glaciers, and pollen profiles; (d) generalized air temperature changes, based on fossil plankton analyses of deep-sea sediments, pollen records, and sea-level changes; (e) ice volume changes, based on isotopic composition of fossil plankton in a deep-sea core. (NAS, 1975)

period of time, and most particularly during the last half-million years (Fig. 3e), the principal variations of ice volume and other conditions of climate appear to have been of a quasi-periodic nature, with a characteristic wavelength close to 100'000 years. Lesser ice volume changes seem also to have occurred with characteristic periods of about 20'000 and 40'000 years (Fig. 3d). The world has been in a relatively warm extreme-interglacial phase during the past 10'000 years (Fig. 3c), similar to other relatively brief warm phases which have occurred earlier at roughly 100'000-year intervals. In these interglacial phases, ice has been confined primarily to the Antarctic and Greenland ice sheets. In the intervening glacial phases, continental ice sheets have developed primarily in high northern latitudes which covered a maximum of about 9% of the earth's surface and reached a volume of about 75×10^6 km^3 – some three times present-day figures. The variations of ice conditions have been accompanied by mid-latitude temperature changes of the order of 6 to 10°C, and by sea-level changes of the order of 100 meters.

Since recovery of the earth from the last major glacial stage, about 10'000 years ago, global climate has been found from a variety of paleoclimatic indications to have varied within narrower limits (Fig. 3a-c). An intercontinental survey of mountain glacier moraines and tree lines has revealed three periods of glacier expansion (each of about 1000 years duration) alternating with three periods of glacial contraction (each of 1000 to 2000 years duration) in the past 8000 years (Fig. 4). There is evidence, derived primarily from pollen analyses of lake and bog sediments, that significant shifts of the earth's vegetation zones accompanied these glacial variations, in what is sometimes referred to as the "neoglacial cycle". General temperature levels are believed to have varied by about 1 or 2°C during the course of this cycle.

Narrowing our attention to the past millennium, we can begin to call into play various additional climatic indices such as human chronicles, tree-ring sections, and annually laminated ice cores from Greenland and Antarctica, to add further detail to our reconstruction of climatic history (Fig. 5, p. 38). The period from about 1530 to 1850 A.D. was one of comparatively cold climate and expanded mountain glaciation. A member of the "neoglacial cycle", noted above, this cold period is commonly referred to as the "Little Ice Age". Earlier centuries were milder, although probably not everywhere as warm as the climate of today. From long instrumental records and human chronicles, typical fluctuations of 30-year averages of climatic variables over the past several centuries can be characterized as follows: Major circulation features, such as the centers of sub-polar lows and sub-tropical highs, and the position of the Intertropical Convergence Zone, have varied by 2 or more degrees of latitude. The positions of mid-latitude troughs and ridges have shifted east or west by 10 to 20° longitude. Regional variations of temperature have been of the order 1 - 2°C, and those of precipitation, of the order of 10 - 20%.

In the first half of the 20th century, the world was enjoying a full recovery, at least temporarily, from the Little Ice Age. There are indications that, at that time, the circumpolar westerlies contracted toward the poles, and that, in the Northern Hemisphere at least, the amplitude of the planetary waves underwent a decrease. Also at that time a general warming of the earth occurred which was most pronounced in the Atlantic sector of the sub-Arctic. A rapid world-wide retreat of mountain glaciers, and a poleward extension of the ranges of many flora and fauna took place then.

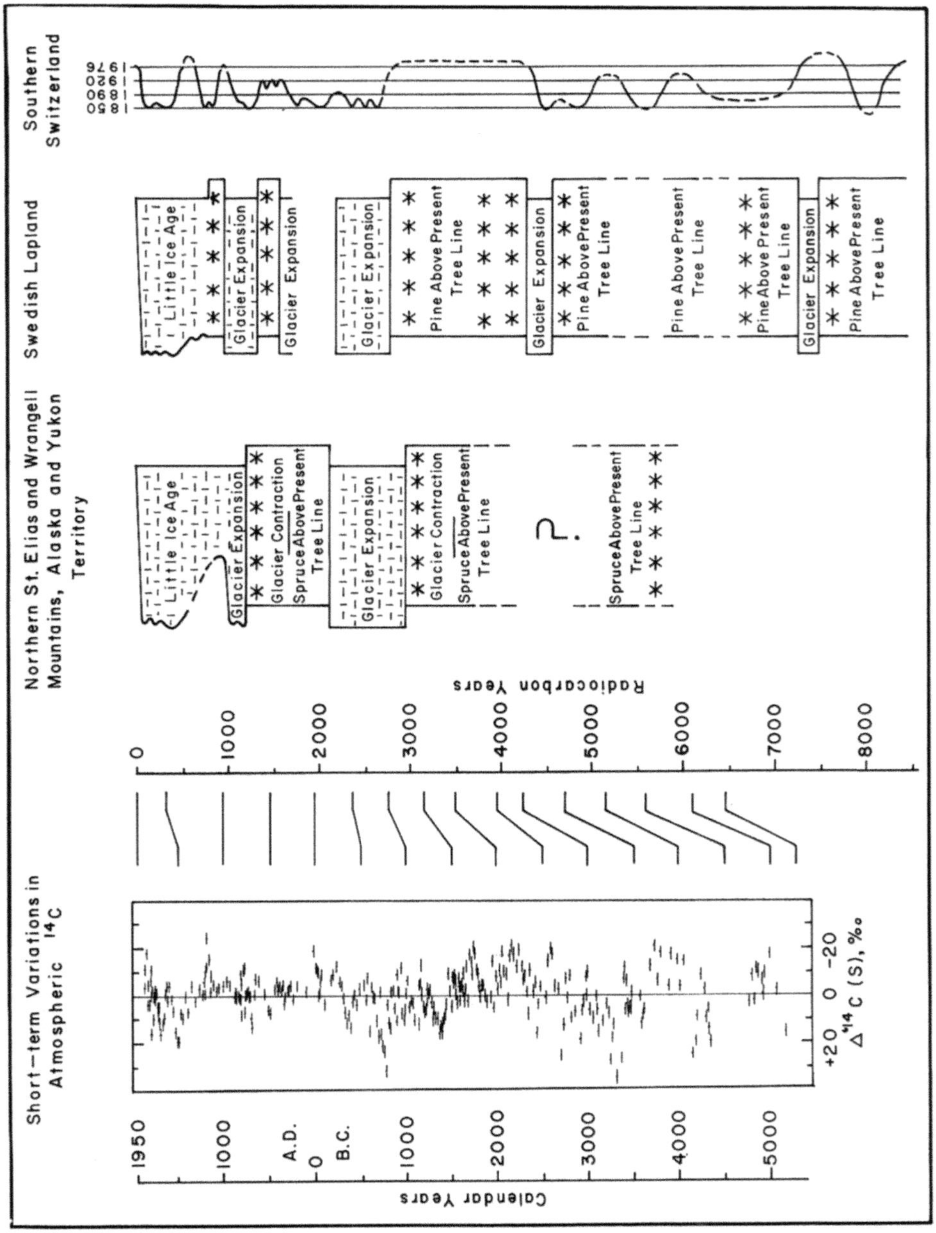

Fig. 4. Holocene record of ^{14}C fluctuations, alpine glacial events, and tree-line fluctuations. ^{14}C data are from H.Suess. Glacial and tree-line events in St.Elias and Wrangell Mountains are from Denton and Karlén (1977); those from Lapland are from Karlén (1973, 1976) and Karlén and Denton (1976). Glacial variations in southern Switzerland are from Röthlisberger (1976).

Since the 1940's there is considerable evidence that the climatic changes of the earlier part of this century have undergone a reversal (Fig. 6, p. 38). Temperatures have fallen, especially in the Arctic and the Atlantic sub-Arctic where sea ice has been increasing. The circulation of the Northern Hemisphere appears to have shifted in a

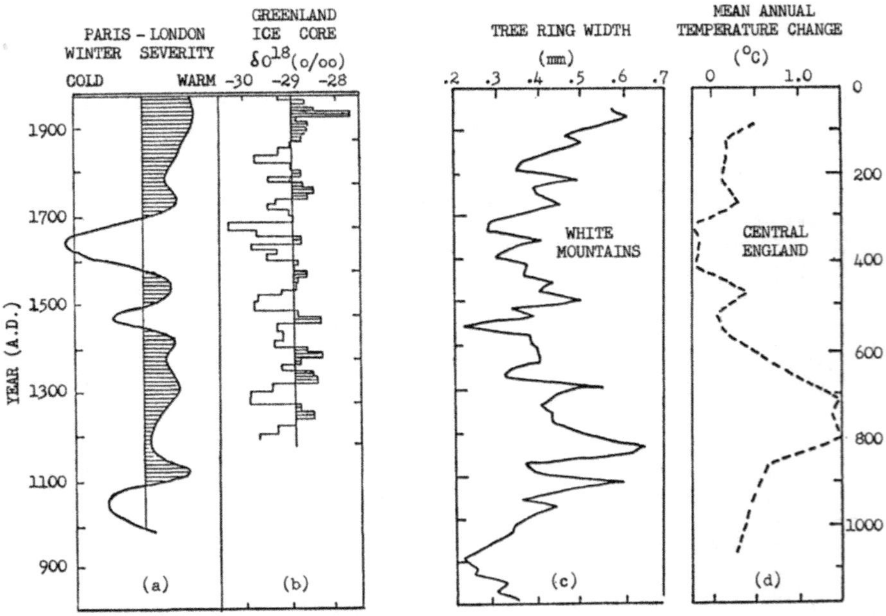

Fig. 5a-d. Climatic indicators of the past 1000 years. (a) Index of winter severity (50-yr moving averages) from documentary evidence for the region of Paris and London, from Lamb (1969). (b) Oxygen-18 variations in ice core from Camp Century, Greenland, from Dansgaard et al. (1971). (c) Mean tree-ring thickness (20-yr averages) at upper tree line of bristlecone pines, White Mountains, California, from LaMarche (1974); reflecting temperature during growing season. (d) Estimated and observed annual mean temperatures (50-yr averages) for central England, from Lamb (1966)

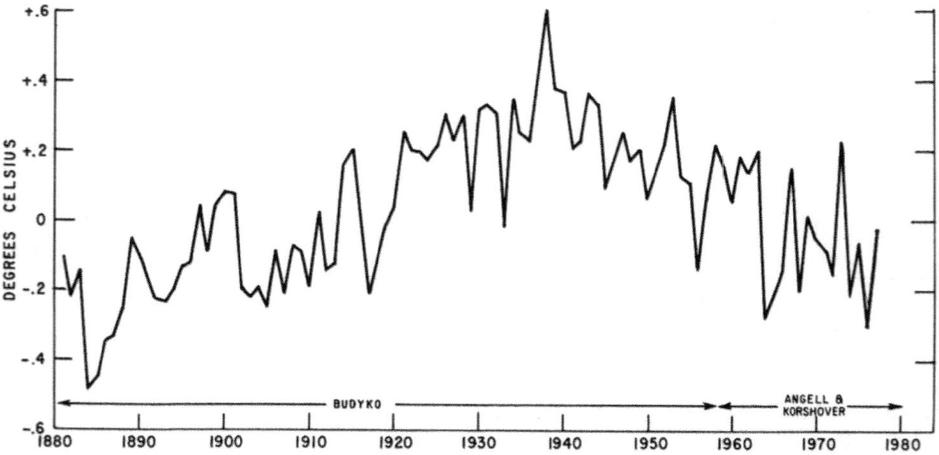

Fig. 6. Changes of annual mean temperature for the Northern Hemisphere, from Budyko (1969) updated through 1977 by J.K. Angell (NOAA, pers. comm.)

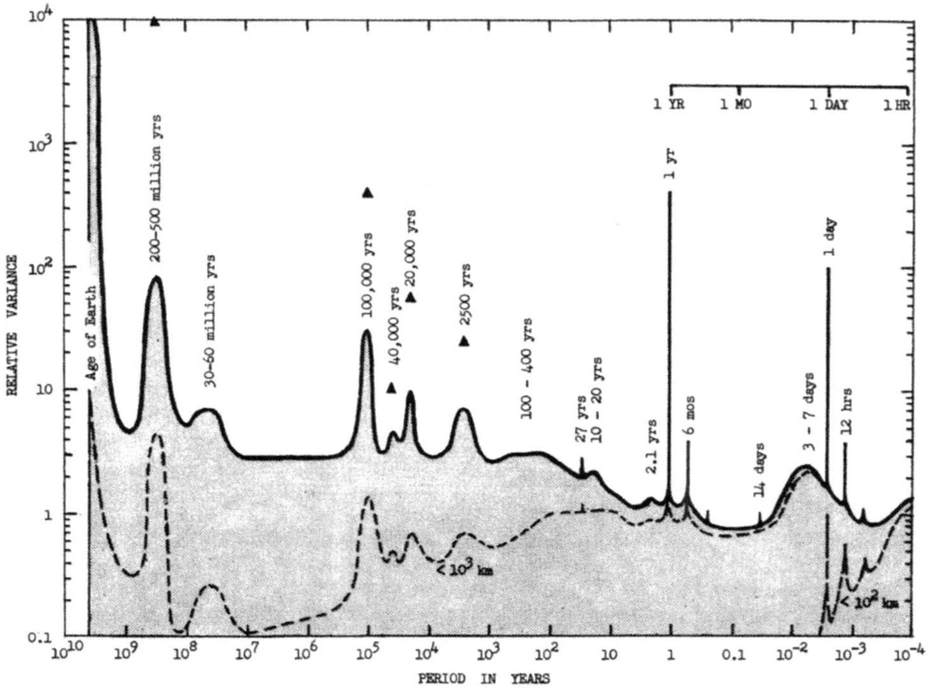

Fig. 7. Estimate of relative variance of climate over all periods (wavelengths) of variation, from those comparable to the age of the Earth to about one hour. *Stippled area* represents total variance on all spatial scales of variation. *Dashed curves* in lower part of the figure indicate the contributions to the total variance from processes characterized by spatial scales less than those indicated (in kilometers). Strictly periodic components of variation are represented by *spikes* of arbitrary width

manner suggestive of an increasing amplitude of the planetary waves, and of greater extremes of weather conditions in many areas of the world. These events have culminated, in the last decade, in the emergence of anomalous conditions in the monsoon belt of the tropics, in widespread drought in the Sahel zone of Africa and in Northwest India, and in a spate of rather extraordinary weather extremes in other parts of the world. To what extent these recent events are related to each other, as manifestations of a globally coherent fluctuation of climate, is not entirely clear. In any event they dramatize the fact that climatic variability, whether globally coherent or not, is to be expected no less on time scales of months and years than on time scales of centuries and millennia.

3 Mechanisms of Climatic Variability

The record of past climates is far from complete either geographically or temporally. Interpolations based on educated guesses are necessary to bridges across gaps in our reconstructions if our aim is to develop a chronology spanning all time scales of variability. The further back in time we look, the poorer becomes our knowledge of shorter time-scale events and other details. Despite these failings, two reliable conclusions can be drawn. First, to one extent or another climate appears to have been variable on all discernable scales of time. Second in a number of ranges of time scale (i.e., periods of variation) it is difficult to avoid the impression that there have been periodic or quasi-periodic movements of climate.

Elsewhere (Mitchell 1976), I have made an attempt to draw out from the climate record an estimate of the variance spectrum of climate for all periods of variation from the age of the earth to a fraction of one day. I emphasize that this spectrum, shown in Figure 7, must be regarded only as a very crude approximation to reality. I have suggested that all the peaks appearing in this estimated spectrum can be defended as being probably real whether or not they are portrayed with correct amplitude and bandwidth.

It is to be pointed out that should climate vary in a totally random manner, defined as "white noise", the spectrum of climate would be characterized in the coordinate system of Figure 7 as a straight horizontal line across all periods (or frequencies) of variation. The actual spectrum, as I have reconstructed it, differs from white noise partly in that the variance shows a general tendency to increase with increasing period of variation. This condition is defined as "red noise". Superposed on the red noise are a number of relatively broad-band peaks, each with a characteristic period of variation as shown.

I have chosen to stress the record of climate in terms of its spectrum, rather than as a time series, because the spectrum has special diagnostic value from the viewpoint of clarifying physical mechanisms of climate varibility. In particular, the spectrum is well suited for distinguishing between strictly aperiodic variability on the one hand, and either periodic or quasi-periodic variations in certain ranges of period on the other hand. It also tells us at a glance what fraction of the total variance of climate derives from each of these two kinds of variability, in any arbitrary range of periods in which we might have a special interest.

The part of the variance that the spectrum suggests is aperiodic is to be interpreted as that part which originates from stochastic changes of state of the climate system through mechanisms internal to the system. This arises through a hierarchy of physical processes, each process adding to the variability of climate at all periods longer than the characteristic time scale of the process itself.

The part of the variance that the spectrum suggests is periodic or quasi-periodic might be interpreted in one of three ways:

1. It arises through an internal stochastic process that converts potential energy to kinetic energy of motion in some part of the climate system (for example, cyclogenesis on time scales of a few days);

2. it arises through forcing of the climate system by a periodic or quasi-periodic variation of some aspect of the earth's environment outside the climate sysem, that is able to affect either the solar energy arriving at the earth or the disposition of that energy after it reaches the earth (for example, volcanic dust injections into the stratosphere); or

3. it arises through a resonance between a recurrent or periodic environmental change and a process internal to the climate system that possesses the appropriate response frequency to allow resonance (for example, the long-term changes of the earth's orbital elements in combination with some form of interaction, possibly one between the polar ice sheets, sea level changes, and deep ocean mixing).

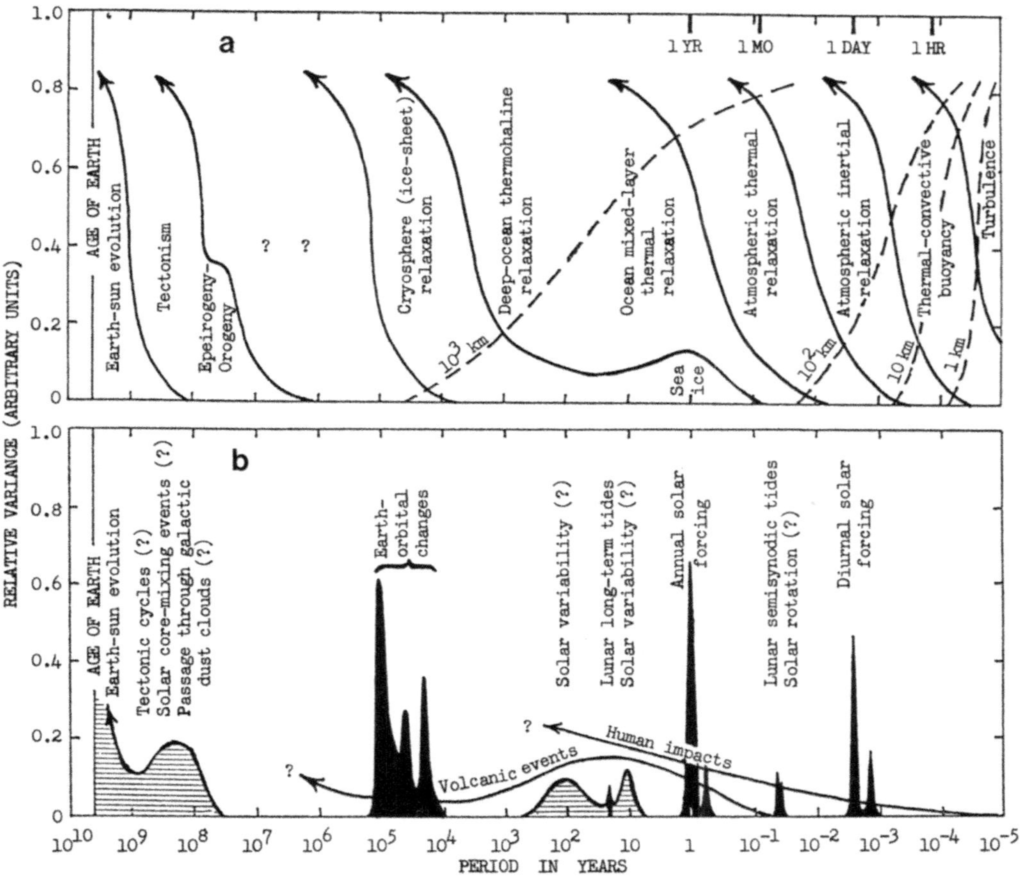

Fig. 8. (a) Partitioning of total variance *(solid curves)* arising from internal stochastic processes, contributed by the specific stochastic processes indicated. (Processes indicated for periods longer than 10^6 years are not internal to the climatic system per se.) *Arrows* at top of partitions are a reminder that some variance at any given period of variation arises from each stochastic process at shorter periods of variation. *Dashed curves* indicate partitioning of stochastically generated variance on different spatial scales of variation (in kilometers). (b) Added contributions to total variance from various known or proposed external forcing mechanisms. Variance that is contributed by well-known periodic forcing phenomena is shown in solid black. Variance that is contributed by less well established or hypothetical forcing phenomena is shown by hatching. *Curves* labeled "volcanic events" and "human impacts" require special interpretations. Forcing mechanisms of doubtful validity are distinguished from the others by *question marks*

In Figure 8 (reproduced from Mitchell 1976), I have suggested a number of mechanisms that come to mind as possible "drivers" of climatic variability and change across all time scales of variation. In Figure 8a I show a hierarchy of "relaxation" mechanisms that are potentially capable of producing internal stochastic variability of climate in various ranges of time scale as indicated. In Figure 8b I show a range of extrinsic environmental phenomena, some of which are only speculative, that are at least potentially capable of "forcing" changes in the climate system from beyond its boundaries.

With regard to the construction of "models" of climate system behavior, Figure 8 may serve as a very tentative guide to indicate what general forms of mechanisms must be included in the models if they are to simulate real climatic variability in all essential respects. If our concern is with climatic variability on time scales of hours and days, then conventional atmospheric general circulation models would suffice for understanding and prediction. If, however, our concern is with variability on longer time scales of weeks, months, or years, then it is necessary to include in our models interactions between the atmosphere and the upper mixed layer of the oceans, snow, and sea ice. Variability on still longer time scales must consider an ever expanding part of the overall climate system, along with a growing number of longer-term extrinsic forcing phenomena. Various chemical and biological processes, that influence the composition of the atmosphere and the properties of the earth's surface, not explicitly shown in Figure 8, would also need to be brought into consideration.

Looking to the future, it is important to keep in mind that anthropogenic influences on climate are likely to be of rapidly growing importance. The future accumulation of carbon dioxide in the atmosphere from the combustion of fossil fuels is a major concern in this connection. This circumstance lends a special sense of urgency to the development of realistic models of climate system behavior, as a powerful tool to assess the consequences of human activities to future climate and to the stability of the polar ice sheets. To whatever extent man may harbor the potential to drive global climate to inhospitably extreme conditions unknown in the past, better understanding of the climate system may be the only option we have to assess the environmental risk that we as a world society would be taking if we continue for very much longer to rely on fossil fuels as our principal source of energy.

References

Budyko, M.I.: Tellus 21, 611 (1969)

Dansgaard, W.S., Johnsen, S.J., Clausen, H.B., Langway, C.C.: In: The Late Cenozoic Glacial Ages. Turekian, K. (ed.). New Haven: Yale Univ. Press 1971, pp. 37-56

Denton, G.H., Karlên, W.: Q. Res. 7, 63 (1977)

Karlên, W.: Geogr. Ann. 55, 29 (1973)

Karlên, W.: Geogr. Ann. 58, 1 (1976)

Karlên, W., Denton, G.H.: Boreas 5, 25 (1976)

LaMarche, V.C., Jr.: Science 183, 1042 (1974)

Lamb, H.H.: Geogr. J. 132, 183 (1966)

Lamb, H.H.: In: World Survey of Climatology 2. General Climatology. Flohn, H. (ed.). New York: Elsevier 1969, pp. 173-249

Mitchell, J.M.: Quat. Res. 6, 481-493 (1976)

NAS: Understanding Climatic Change: A Program for Action. U.S. Committee for GARP. Washington: National Academy of Sciences 1975

Röthlisberger, F.: Alpen 52 (3), 59 (1976)

WMO-ICSU: The Physical Basis of Climate and Climate Modelling. GARP Publ. Ser. No. 16. Geneva: World Meteorol. Org. 1975

Großräumige und langfristige Klimageschichte

Das Klima der letzten Eiszeit in Europa

B. FRENZEL[1]

Einleitung

Die Letzte Eiszeit, die Würm- oder Weichsel-Eiszeit, liegt in geologischer Sicht derart kurz zurück, daß es geraten scheint, ihre Klimageschichte möglichst vollständig zu rekonstruieren, um Anhaltspunkte zum Verständnis des generellen Klimaganges während des Eiszeitalters zu gewinnen. Denn es scheint, daß auf diesem Wege manches über Ursachen und mögliche Periodizität dieser einschneidenden Klimaschwankungen ausgesagt werden könne. Hierduch ließen sich nicht nur wertvolle Hilfen für die Praxis gewinnen, sondern es könnten auch manche Schritte in der Entwicklung der Biosphäre und der Menschheit während der jüngeren geologischen Vergangenheit besser als bisher verstanden werden. So erstaunt es nicht, daß die Zahl der Arbeiten, die sich mit der Klimageschichte der Letzten Eiszeit beschäftigen, groß ist. Sie betreffen z.T. Grundprinzipien der Klimaentwicklung (Abb. 1a), z.T. versuchen sie, ins Einzelne gehend den Ablauf der Klimaveränderungen nachzuzeichnen (Abb. 1b). Gerade der zuletzt erwähnte Versuch basiert wesentlich auf absoluten Datierungen. Es wird somit nicht nur die qualitative Veränderung des Klimas faßbar, sondern man gewinnt den Eindruck, daß auch etwas über die Geschwindigkeit der Klimaschwankungen ausgesagt werden könne. Die Kenntnis des zeitlichen Ablaufes der Klimaschwankungen führt ihrerseits unmittelbar in das Problem der Ursachen hinein. So scheinen z.B. sowohl ^{14}C-Datierungen aus dem ältesten Teil der Letzten Eiszeit, als auch Zählungen an Jahresschichten interglazialer Seen (Müller 1965, 1974) anzudeuten, daß sich selbst der Übergang von einem Interglazial zu der anschließenden Eiszeit innerhalb weniger Jahrhunderte oder gar Jahrzehnte ereignen kann. Dies läßt vermuten, daß surges des antarktischen Inlandeises den entscheidenden, auslösenden Faktor dargestellt haben (Flohn 1974).

So verlockend diese Überlegungen auch sind, sollte man sich doch trotzdem stets der selbst heute noch existierenden grundsätzlichen Schwierigkeiten bewußt sein. Sie liegen sowohl im geologischen Bereich, als auch im paläoökologischen. Denn allein die qualitative Angabe über den Klimacharakter vergangener Zeiten reicht nicht mehr aus; vielmehr sind quantitative Aussagen vonnöten. Sie zu gewinnen, heißt, zunächst die Gliederung der Letzten Eiszeit zu kennen. Allein diese Aufgabe stößt noch heute auf erhebliche Schwierigkeiten, wie gleich zu zeigen sein wird. Außerdem müssen die zur Klimarekonstruktion zu nutzenden geologischen und geomorphologischen Prozesse, bzw. die Veränderungen in der ehemaligen Tier- und Pflanzenwelt sicher datiert werden können. Auch hierin liegen noch immer erhebliche Schwierigkeiten. Schließlich sollten die "Klimaindikatoren" zweifelsfreie Angaben liefern, was jedoch tatsächlich in der Regel nicht der Fall ist. Bevor mit der Klimarekonstruktion begonnen werden kann, müssen daher die skizzierten Wider-

[1]Institut für Botanik, Universität Hohenheim, Gartenstr. 30, D-7000 Stuttgart 70

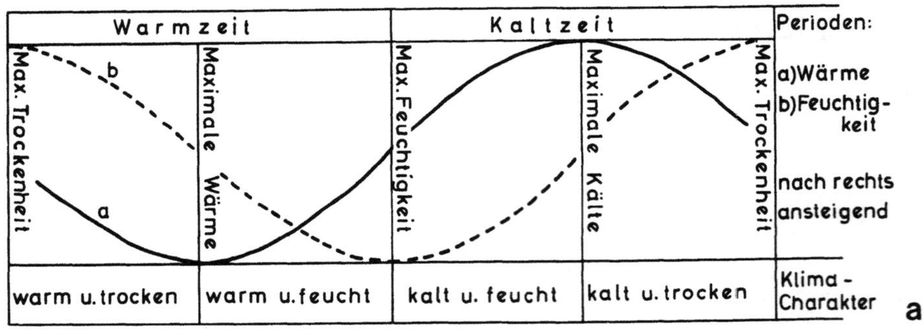

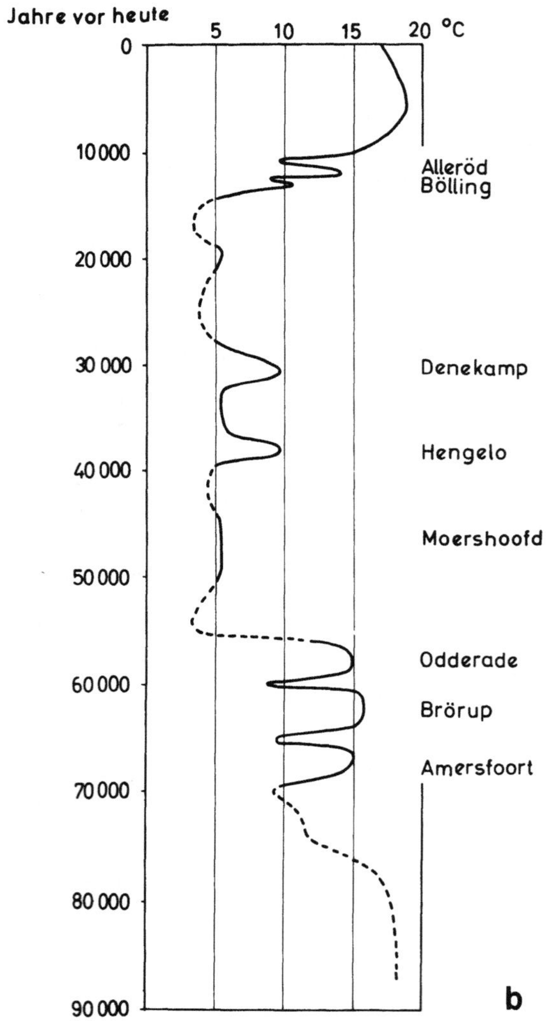

Abb. 1a u. b. Annahmen über die Klima-Entwicklung eines Glazial-Interglazial-Zyklus. (a) Mögliches Grundschema, nach Gricuk (Frenzel 1967). (b) Änderungen der mittleren Julitemperaturen in Nordwest-Europa während der Letzten Eiszeit, nach Grootes (1977)

stände jeglicher paläoklimatologischer Arbeit etwas genauer betrachtet werden, um das notwendige Kritikvermögen gegenüber den anschließenden Angaben zu gewinnen.

1 Gliederung der Letzten Eiszeit

In Abb. 1b ist ein Abriß unserer gegenwärtigen Kenntnis vom Ablauf der Letzten Eiszeit in Europa gegeben worden. Hierzu sind einige Anmerkungen notwendig:

a) Die ältesten Interstadiale der Letzten Eiszeit scheinen die (vom Ältesten zum Jüngsten) von Amersfoort, Brørup und Odderarde zu sein. Menke (1976) hat aber unlängst darauf aufmerksam gemacht, daß das Amersfoort-Interstadial, falls überhaupt, nur sehr schlecht nachweisbar sei. Das widerspricht der in den Niederlanden entwickelten Ansicht (Zagwijn 1961), könnte allerdings Parallelen in niederösterreichischen und südmährischen Lößprofilen finden (Frenzel 1968 und unveröffentlicht). Grootes (1977) hat versucht, die drei erwähnten Interstadiale mit Hilfe absoluter Datierungen auseinander zu halten. Dennoch wird man sich fragen müssen, ob die entsprechenden ^{14}C-Datierungen derart zweifelsfrei richtige Alterswerte ergeben, daß mit ihrer Hilfe eine Chronostratigraphie aufgebaut werden kann, obwohl die bisherigen vegetationsgeschichtlichen Untersuchungen eine solche Dreigliederung in selbständige Interstadiale nicht zwingend erfordern. In diesem Punkt scheint also noch manches einer sicheren Klimarekonstruktion im Wege zu stehen.

b) Der Interstadialkomplex von Hengelo-Denekamp wird eingefaßt durch das ältere Moershoofd- und das jüngere Lascaux-Ula-Interstadial. Abgesehen davon, daß die Existenz des Hengelo-Interstadials bisweilen angezweifelt wird, da es vegetationsgeschichtlich nur sehr schlecht faßbar ist (Bastin et al. 1976; Woillard 1978a), stößt auch die paläoökologische Analyse des Moershoofd- und des Lascaux-Interstadials auf Schwierigkeiten:
Dem vegetationsgeschichtlichen Befunde nach müßte das Lascaux-Interstadial ein wärmeres Klima gehabt haben als das Moershoofd-Interstadial. Aber bei dem zuerst genannten sind vor allem Höhlensedimente untersucht worden, bei dem zuletzterwähnten aber Freiland-Fundstätten. Tatsächlich beobachtet man ganz allgemein, daß sich vegetationsgeschichtliche Erkenntnisse, die an Höhlensedimenten gewonnen worden sind, nicht unmittelbar, oder gar überhaupt nicht, mit solchen gleichalter Moore, Seebecken, Lößschichten oder dergl. paläoökologisch gleichsetzen lassen. Dies trifft auch für den ältesten Teil der Letzten Eiszeit zu, aus dem in Südfrankreich mehrfach interessante Beobachtungen an Höhlensedimenten gemacht worden sind. Angesichts dieser Schwierigkeiten werden daher in dem vorliegenden Beitrag keine an Höhlen gewonnenen Resultate für die Klimarekonstruktion verwandt.
Vermutlich dürfte sich insgesamt das Klima des Moershoofd-Interstadials nicht wesentlich von dem des Lascaux-Interstadials unterschieden haben.

c) Für die bisher betrachteten Interstadiale tritt eine weitere Schwierigkeit hinzu, nämlich die der immer unsicherer werdenden absoluten Datierungen. Da der meßbare ^{14}C-Gehalt infolge des radioaktiven Zerfalls doch schon sehr stark gegenüber den ursprünglichen Beträgen abgenommen hat, können sich Kontamination durch älteres oder jüngeres Material recht störend bemerkbar machen. Dies führt zu einer erheblichen Unsicherheit der Datierung, die sich auch deutlich an ein und demselben Horizont zeigt (z.B. Schieferkohlen von Höfen bei Penzberg: 27.000, 30.000 vor heute (v.h.): Stephan 1970, gegenüber 65.000 bis 70.000 v.h.: Grootes 1977). Beispiele dieser Art lassen sich leicht vermehren. Hierbei ist es wichtig zu wissen, daß durch derartige Fäl-

schungen abweichende Altersangaben einer einzigen Schicht in einem physisch-geographisch und klimatisch homogenen Gebiet noch relativ leicht erkannt werden können, falls der stratigraphische Geländebefund eine Korrektur zuläßt. Die Fehlerquelle wird aber nahezu unüberwindlich, falls physisch-geographisch und klimatisch recht verschiedene Gebiete miteinander verglichen werden sollen, wie etwa die südöstlichen Alpen (Fritz 1975) oder das zentrale Mittelmeergebiet (Grüger 1977) auf der einen Seite und die Lößlandschaften Mittel- und Westeuropas auf der anderen Seite. Grüger (1977) hat die hiermit zusammenhängenden Schwierigkeiten sorgfältig diskutiert. Denn in diesem Falle versagt die Kontrolle durch den vergleichenden Geländebefund; aber selbst er ist ja nicht so zweifelsfrei, daß mit seiner Hilfe die absolute Datierung exakt korrigiert werden könnte. Dies erhellt leicht aus der Tatsache, daß selbst geomorphologisch gleichartige Bildungen (z.B. der Typ der Jung-Endmoränen) nicht wirklich genau gleichalt zu sein brauchen; vielmehr müßte diese Gleichaltrigkeit erst auf anderem Wege zwingend nachgewiesen werden, bevor derartige Untersuchungen als Korrektoren absoluter Datierungen genutzt werden können.
Schließlich muß bedacht werden, daß selbst dann, wenn Klimaschwankungen gleichzeitig in einem größeren Raum eingetreten sind, ihre Auswirkungen nicht notwendigerweise überall gleichartig oder gar gleichgroß gewesen sind. Dies trifft weder für heutige Wetteränderungen zu (Rodewald 1970; Krames 1952; van Loon und Williams 1977), noch galt es in der Vergangenheit (Frenzel 1975, 1977).
Angesichts dieser zahlreichen Schwierigkeiten dürfte die Lösung des Problems vorläufig nur in einem Vergleich möglichst vieler, kritisch gesichteter Beobachtungen zu finden sein. Der bisherige Kenntnisstand legt die folgende Gliederung der Letzten Eiszeit nahe:

Holozän	
Alleröd-Bölling-Komplex	Spätglazial
zwei bis drei geringe Interstadiale	
Lascaux-Ula-Interstadial	Hochglazial B
Hengelo-Denekamp-Komplex = Stillfried B	Hochglazial A
Moershoofd-Interstadial	
ein oder zwei unbedeutende Interstadiale	
Odderade-Interstadial	Frühglazial
Brørup-Interstadial-Komplex	
Amersfoort(?)-Interstadial	

d) Nach herkömmlicher Ansicht, die durch viele Beobachtungen bestätigt zu werden scheint, ist das Amersfoort(?)-Interstadial nach einem ersten, deutlichen Kältevorstoß der Letzten Eiszeit auf das vorangegangene Interglazial gefolgt, nämlich auf das Eem-Interglazial. Diese Warmzeit wird im alpinen Raum dem Riß/Würm-Interglazial gleichgesetzt. Das Eem-Interglazial ist durch zahllose Vorkommen vegetationsgeschichtlich sehr gut bekannt, und wir besitzen wohl fundierte Vorstellungen über die damaligen pflanzengeographischen Bedingungen Nord-Eurasiens (Frenzel 1968). Die marinen Sedimente des Eem stellen ebenfalls gute Leithorizonte dar, da sie paläontologisch klar definiert werden können. Dieser Warmzeit scheint demnach eine Schlüsselstellung in der Gliederung des Jungpleistozäns zuzukommen, vorausgesetzt, daß die betreffenden Schichten tatsächlich paläontologisch oder paläobotanisch sicher haben datiert werden können. Kukla (1977) hat unlängst auf Schwierigkeiten verwiesen, die sich dadurch eingeschlichen zu haben scheinen, daß die dem Eem zugeschriebenen Schichten nicht stets nach diesen Kriterien sicher datiert worden sind (vgl. hierzu auch Mangerud et al. 1979; Bowen 1979). Unabhängig von Problemen dieser Art, fragt sich, ob die Parallelisierung des Eem- mit dem Riß/Würm-Interglazial zutrifft, denn in Süddeutschland werden in der Regel zwischen den Endmoränen der Riß-Eiszeit und denen der Würm-Eiszeit, also in Geländepositionen, die an geeigneten Stellen die Sedimente des Eem-Interglazials enthalten müßten, bisher fast ausnahmslos nur Bildungen angetroffen, die unter dem Klima eines Fichten-Kiefern-Waldes, dem z.T. etwas Tanne beigemischt gewesen war, entstanden sind (Frenzel 1973; Werner 1974). Diese Vegetation interstadialen Charakters ist von mir der "Füramoos-Warmzeit" zugewiesen worden, von der ich angenommen hatte, daß sie die Sedimente der herkömmlichen Riß-Eiszeit insgesamt, bzw. nur deren jüngeren Teil, von denen der herkömmlichen Würm-Eiszeit geschieden habe. Bisher sind bei eigenen Arbeiten lediglich an zwei Stellen, nämlich bei Krumbach westlich des Federsees, sowie bei Seibranz, südlich von Bad Wurzach, in derselben geomorphologischen Position zwei echte Interglaziale gefunden worden, die nicht nur möglicherweise verschieden alt sind, sondern von denen mindestens dasjenige von Krumbach deutlich gestört und von einer Moräne oder einer Fließerde aus Moräne überlagert ist (Frenzel 1978; Urban 1978; Werner 1978). Sollte die Deutung dieser Beobachtungen zutreffen, dann spräche auch sie dafür, daß sich die Riß-Eiszeit insgesamt oder teilweise erst nach einem Interglazial ereignet hatte, das bei dem jetzigen Stand der Kenntnisse nur mit dem norddeutschen und niederländischen Eem gleichgestellt werden kann. Dies hätte als Konsequenz, daß die Gletschervorstöße der herkömmlichen Riß-Eiszeit insgesamt, oder lediglich in ihrem jüngeren Teil, der bisherigen Letzten Eiszeit zugewiesen werden müßten. Hieraus ergäben sich andere paläoklimatische Vorstellungen, als bisher.

Es ist denkbar, daß die Füramoos-Warmzeit dem Brørup-Komplex entsprach. Vom botanischen Standpunkt aus erscheint eine derartige Homologisierung möglich; absolute Datierungen stehen noch weitgehend aus. Andererseits wurde aus Untersuchungen von Tiefsee-Bohrkernen bekannt, daß nach dem wahrscheinlichen Äquivalent des Eem-Interglazials (Zone 5 e, Kukla 1977) zwei deutliche Warmzeiten nahezu interglazialen Ranges eingetreten waren. Ihnen scheinen Höchststände der Weltmeere zu entsprechen, die fast das interglaziale Niveau erreicht hatten. Außerdem sind verschiedentlich auch auf dem Festland, und zwar mehrfach in Nord-Amerika, in den südwestlichen Vogesen, in Nordost-Polen, Nordwest-Rußland und in Westsibirien Hinweise auf Klimate gefunden worden, die demjenigen des vorangegangenen Interglazials entsprochen zu haben scheinen, also dem Eem und seinen Äquivalenten, die aber jünger als dieses Interglazial sind, und die durch ausgeprägte Kaltzeiten von diesem geschieden worden waren. Sollten Interpretation und Datierung dieser jüngeren Warmzeiten zutreffen, dann könnte entweder gefolgert werden, daß zwischen Eem und Brørup noch zwei weitere Interglaziale gelegen hätten; das typische Eem wäre in diesem Falle nicht unmittelbar der Letzten Eiszeit vorausgegangen, sondern dies hätte für eine wesentlich jüngere Warmzeit gegolten, die in den Südwest-Vogesen als St.Germain II bezeichnet worden ist (Woillard 1978a); oder aber man müßte annehmen, daß die beiden bedeutenden Warmzeiten nach dem Eem dem Brørup- und dem Odderade-Interstadial entsprochen hätten, wie Menke (vgl. Woillard 1978b) vermutet hat. In diesem Falle hätte zwischen Nord- und Süddeutschland ein auffallend starker Klimagegensatz bestanden, der in ähnlicher Form auch für jüngere Interstadiale der Letzten Eiszeit als Denkmöglichkeit diskutiert worden ist (Fritz 1975; Grüger 1977). Auf die hiermit zusammenhängende Problematik wird später zurückzukommen sein. Hier genügt es, darauf zu verweisen, daß angesichts aller dieser Unsicherheiten unter dem Begriff der Letzten Eiszeit auf den folgenden Seiten nur der Zeitraum ab Beginn der Kaltzeit vor dem Amersfoort bzw. dem Brørup verstanden wird, und zwar bis einschließlich der Jüngeren Tundrenzeit.

2 Schwierigkeiten einer quantitativen Klimarekonstruktion

Bisher ist kein einziges Verfahren bekannt, das zweifelsfreie quantitative Angaben über das Paläoklima zu machen gestattet (vgl. Frenzel 1967; Schwarzbach 1950). Die in immer stärkerem Maße verwandte Isotopentechnik liefert über längere Zeiträume integrierende Angaben über eine stattgehabte Isotopen-Fraktionierung, deren alleinige Steuerung durch einzelne Klimafaktoren mindestens nicht erwiesen, wenn nicht gar recht unwahrscheinlich ist (vgl. Dansgaard und Tauber 1969; Epstein und Yarp 1976, 1977; Libby et al. 1976; Gray und Thompson 1976; Schiegl 1974). Vermutlich sind diese Austauschvorgänge Spiegelbild recht komplexer Prozesse der belebten und der unbelebten Natur, so daß der gemessene Einzelwert nur eine beschränkt quantitativ verwertbare Aussagekraft besitzt.

Von großer Bedeutung scheinen nach wie vor Beobachtungen über das ehemalige Vorkommen des Dauerfrostes und anderer Frosterscheinungen im Boden zu sein. Aber, abgesehen davon, daß an der Entstehung gleichartiger Formen und Bildungen nicht nur das Klima, sondern auch Bodenart und Vegetationsbedeckung erheblichen Anteil haben, ist es nur in den seltensten Fällen gelungen, das heutige Vorkommen bestimmter Frosterscheinungen annähernd genau mit bestimmten Klimaparametern zu verknüpfen. Die Höhenlage der Schneegrenze versagt ebenfalls als sicher nutzbares Indiz, da sie von sehr vielen, unterschiedlichen Klimafaktoren abhängt. Es gilt offenbar wiederum, daß nur die Fülle der ausgewerteten Erscheinungen von einigem Wert sein kann. Die Einzelerscheinung dürfte oft schwer oder bisweilen garnicht richtig deutbar sein.

Selbst das viel benutzte Mittel eines Vergleiches fossiler Faunen und Floren mit rezenten enthält prinzipielle paläoklimatologische Schwierigkeiten. Denn, abgesehen davon, daß sessile oder vagile Formenkreise, bzw. Sippen, die in der bodennächsten Luftschicht leben, und solche, für die die höheren Luftschichten von größerer Bedeutung sind, bei gleichem Klima nicht denselben Wert als Klimaindikatoren besitzen, ist auch die Klimaabhängigkeit der einzelnen Formenkreise keine konstante Größe sondern schwankt innerhalb des physiologisch möglichen Rahmens entsprechend der Zahl und Art der jeweiligen Konkurrenten. Bei paläoklimatologischen Überlegungen wird man zwar immer wieder auf den Vergleich der möglichst sorgfältig rekonstruierten fossilen Biosphäre mit der rezenten zurückgreifen, doch zeigt sich in immer stärkerem Maße, daß die ehemaligen Lebensgemeinschaften nicht mit den heute naturnahen identisch gewesen sind. Dies gilt schon vielfach für das Postglazial; in noch viel stärkerem Maße sind aber derartige Unterschiede für die Letzte Eiszeit zu berücksichtigen. Schließlich muß noch bedacht werden, daß sich bei gleichstarken Klimaschwankungen deren Folgen auf die Biosphäre in einer atlantisch getönten Klimaprovinz besonders stark während des Überganges von einer Warm- zu einer Kaltzeit ausgeprägt haben müssen, wenn die milden Winter durch kalte ersetzt worden sind. In einer kontinentalen Klimaprovinz wird die Zunahme der Winterkälte aber von geringerer Bedeutung sein als die Feuchtezunahme während des Sommers: Hier werden die Folgen der Klimaschwankung besonders bei dem Übergang von einer Kaltzeit zu einer Warmzeit hervortreten. Der paläoklimatische Aussagewert ist also recht unterschiedlich. Dies konnte früher an mehrern Zahlenbeispielen gezeigt werden (Frenzel 1967).

Als Konsequenz aus dem Gesagten ergibt sich die Erkenntnis, daß besonders bei der quantitativen Rekonstruktion des Klimas wiederum nicht der Einzelwert, sondern nur die Fülle der berücksichtigten Erscheinungen einige Aussagekraft haben dürfte. Hiernach ist in dem vorliegenden Falle verfahren worden: Es wurden für die einzelnen Abschnitte der Letzten Eiszeit die damaligen Vegetationszustände so sorgfältig wie möglich aus der großen Zahl bisher zur Verfügung stehender Beobachtungen der verschiedenen Art rekonstruiert. Die so ermittelten Vegetationstypen wurden klimatisch mit ihnen heute am nächsten stehenden verglichen. Da dies jeweils für mehrere Orte durchgeführt worden ist, die gewonnenen Werte anschließend gemittelt wurden, ergaben sich bei den Daten in Tabelle 1 - 6 (S. 52 - 57) wiederholt Werte nach dem Komma. Es muß ausdrücklich betont werden, daß es sich bei diesen scheinbar genauen Angaben um rechnerisch gewonnene Zahlen handelt. Sie sind bedeutungslos; vielmehr kommt es auf die generelle Tendenz der Werte an. Schon diese ist oft nur schwer genug zu interpretieren und mag in manchen Fällen an der Realität vorbeigehen, da schon wegen des unterschiedlichen Strahlungshaushaltes die klimatischen Gegebenheiten der heutigen Tundrazone nur schwer mit denen der viel weiter im Süden gelegenen eiszeitlichen Tundra-Steppen zu vergleichen sind. Wie erinnerlich, werden außerdem diese Schwierigkeiten durch diejenigen der sicheren Datierung vermehrt. Dies hat zur Folge, daß in der folgenden Darstellung relativ breite Zeiträume miteinander verglichen worden sind.

3 Versuch einer Rekonstruktion des letzteiszeitlichen Klimas in Europa

Den weiteren Ausführungen liegen Beobachtungen über die folgenden Zeiten zu Grunde: a) Stadiale der Letzten Eiszeit um den Amersfoort-Brørup-Komplex; b) Brørup-Interstadial; c) Stillfried B-Interstadial-Komplex als Vergleich zu dem Brørup-Interstadial. Vermutlich treffen die Ausführungen annähernd auch für das Moershoofd-Interstadial zu. d) Würm-Hochglazial unmittelbar vor und nach dem Stillfried-B-Interstadial. Dieser Zeitraum bezieht sich vor allem auf die dem CLIMAP zugrunde liegende Zeit von 18.000 v.h. (CLIMAP 1976). Die Daten sind in den Tabellen 1 - 6 enthalten.

3.1 Stadiale aus dem Beginn der Letzten Eiszeit

Wie aus den Tabellen 1 und 6 ersichtlich ist, beliefen sich damals die Werte des Jahresniederschlages auf etwa 2/3 bis 1/2 der in den untersuchten Gebieten heute anzutreffenden Beträge. Hierbei hatte sich das Wassersättigungsdefizit von Norden nach Süden verschärft. In derselben Richtung hatte sich aber auch die Absenkung der Jahresmittel- und der Januartemperaturen vermindert, und die Julitemperaturen scheinen damals im südlichen Mitteleuropa, bzw. noch weiter im Süden, den heutigen Werten vergleichbar, oder sogar ihnen gegenüber noch etwas angestiegen gewesen zu sein. Dies erstaunt, braucht aber nicht falsch zu sein, da die damals angestiegene Kontinentalität des Klimas bei unverändertem Sonnenstand sicherlich eine Zunahme besonders der sommerlichen Einstrahlung zur Folge gehabt haben muß. Im übrigen aber scheinen die Juli-Mitteltemperaturen überall gegenüber heute abgesunken gewesen zu sein, und die Zeit mit Monatsmitteln von mehr als 0°C hatte sich im gesamten Gebiet beträchtlich verringert. Die in diesem Zusammenhang dargestellten Werte ergeben sich aus der Annahme eines sinoidalen Temperaturverlaufes über das Jahr hinweg, und zwar bei Berücksichtigung der in Tabelle 1 enthaltenen Werte für die Temperaturmaxima und -minima.

Tabelle 1. Schätzungen über das Klima früh-würmeiszeitlicher Kaltzeiten (direkt vor bzw. direkt nach dem Brørup-Interstadial)

	Jahres-niederschlag mm	Potentielle Evaporation mm	Jahresmittel °C	Julimittel °C	Zahl der Monate von mehr als 0°C Mitteltemperatur	Januarmittel °C	verglichenes Gebiet
1) Nordseeküste							
a) heute	765	600	8.0	16.5	12	0.5	Norschwedisches Waldgrenz-Gebiet
b) Kaltzeit	460	400	-1.3	13.7	5.2	-12.3	
a - b	-305		-9.3	-2.8		-12.8	
2) SW-Vogesen, Grande Pile							
a) heute	910	800	10.0	18.1	12.0	1.1	südostrussische Waldsteppe
b) Kaltzeit	414	700	3.7	19.6	7.3	-11.9	
a - b	-496		-6.3	+1.5		-13.0	
3) Südliche Schwäbische Alb, Mauern							
a) heute	670	750	7.6	17.0	9.3	-2.2	südost-ukrainisches Hügelland
b) Kaltzeit	390	800	7.1	21.4	7.5	-8.8	
a - b	-280		-0.5	+4.4		-6.6	
4) Alpenvorland, Biberach bis Penzberg							
a) heute	790	750	7.7	17.0	9.5	-1.5	Saratov-Uralsk
b) Kaltzeit	370	800	5.0	21.6	7.1	-12.1	
a - b	-420		-2.7	+4.6		-10.6	
5) Niederösterreich, Weinviertel							
a) heute	560	800	9.4	19.8	9.7	-1.5	Ukrainische Grassteppe
b) Kaltzeit	490	800	7.0	20.0	8.0	-6.9	
a - b	-70		-2.4	+0.2		-5.4	
6) Chalkidike, Ebene von Drama							
a) heute	583	1000	13.4	23.8	12.0	3.0	ostanatolische Steppe
b) Kaltzeit	352	1500	10.2	22.6	9.2	-3.3	
a - b	-231		-3.2	-1.2		-6.3	

3.2 Brørup-Interstadial

Bei offenbar recht ähnlicher Klimatendenz scheint die Niederschlagsmenge im Vergleich zu der heutigen weniger stark abgesenkt gewesen zu sein als in den würmzeitlichen frühglazialen Stadialen (Tab. 2). Die Niederschlagsmenge hatte demnach wieder zugenommen, und das Wassersättigungsdefizit hatte sich vermindert. Dies scheint die Wuchsbedingungen wesentlich verbessert zu haben, kamen doch damals im nördlichen Mitteleuropa verschiedene Typen von Nadelwäldern vor, im südlichen aber z.T. recht artenreiche Waldsteppen in den heutigen Lößlandschaften. Immer noch war aber die Winterkälte klar ausgeprägt. Da die Zeit mit Monatsmitteln von mehr als 0°C gegenüber der zunächst betrachteten Periode mehr oder weniger gleich geblieben zu sein scheint, muß das Klima kontinental, wenn auch mit einem etwas verbesserten Wasserhaushalt gewesen sein. Müßte man in dieser Zeit das Äquivalent der St.Germain I und II-Warmzeiten erblicken, wie Menke (vgl. Woillard 1978b) vermutet hatte, dann hieße das, daß einerseits zwischen dem norddeutschen Raum und den südwestlichen Vogesen ein extremer Klimagradient bis zu heutigen Bedingungen hin geherrscht haben müßte. Andererseits müßten alle anderen Interstadiale Süddeutschlands und der angrenzenden Landschaften, die bisher wegen der stratigraphischen Beziehungen, der vegetationskundlichen Ähnlichkeiten und auch des ^{14}C-Alters in das Brørup-Interstadial gestellt worden sind, in irgendwelche andere Warmphasen gehören (Brande 1975; Peschke 1978; Frenzel 1968). Dies erscheint mir unwahrscheinlicher als die Annahme, daß die Warmzeiten St.Germain I und II in der Tat keine Äquivalente des Brørup-Odderade-Komplexes sind.

3.3 Stillfried-B-Interstadial-Komplex

Wie der Vergleich zwischen den Tabellen 2 und 3 lehrt, dürfte das Klima zur Zeit des Stillfried B-Interstadials demjenigen des Brørup-Interstadials recht ähnlich gewesen sein. Die Werte beider Tabellen liegen so dicht beieinander, daß diese Gleichheit kaum nur vorgetäuscht worden ist. Dasselbe lehren die Beobachtungen von Coope (1977a,b) an Carabiden-Faunen der Britischen Inseln, die die erstaunliche Klimagunst dieses Interstadials erkennen lassen. Wenn trotzdem zwischen dem Brørup- und dem Stillfried B-Interstadial so deutliche Unterschiede in der Vegetation bestanden hatten, dann mag dies durch die ganz unterschiedliche Vorgeschichte beider Wärmeschwankungen bedingt gewesen sein: Die Gehölzvegetation war vor dem Brørup-Interstadial sicher nicht so weit nach Süden zurückgeworfen worden, wie vor dem Stillfried B-Interstadial. Möglicherweise hat auch die klare Spaltung des Stillfried B-Interstadials in zwei ausgeprägte, durch selbständige Böden gegeneinander differenzierte Warmzeiten hierzu beigetragen, die während des Brørup-Interstadials mindestens nicht in dieser Schärfe eingetreten war. Ein kräftiger Kälterückschlag während des Stillfried B-Interstadials muß sich aber höchst nachteilig auf die Wiedereinwanderung der Vegetation ausgewirkt haben. Es sei zusätzlich erwähnt, daß aus dem Brørup-Interstadial, je nach der geographischen Lage des Gebirges, häufig Podsolböden, bzw. Černosem-Braunerden bekannt geworden sind, aus dem Stillfried B-Interstadial jedoch meist braune Böden, die am ehesten den arctic brown soils zugewiesen werden können. Das Verbreitungsgebiet dieser drei Bodentypen kommt sich noch heute in seinen randlichen Ausläufern z.T. recht nahe. In keinem Falle sind aber aus den beiden betrachteten Zeiträumen im Flachland Frosterscheinungen beschrieben worden, die auf eine lange jahreszeitliche oder gar ewige Gefrornis in Europa verweisen.

Tabelle 2. Schätzungen über das Klima des Brørup-Interstadials (ca. 65.000 - 70.000 v.h.)

	Jahres-niederschlag mm	Potentielle Evaporation mm	Jahresmittel °C	Julimittel °C	Zahl der Monate von mehr als 0°C Mitteltemperatur	Januarmittel °C	verglichenes Gebiet
1) Nordseeküste							
a) heute	765	600	8.0	16.5	12	0.5	nordrussische Waldzone
b) Brørup	355	400	-3.0	12.5	4.9	-16.5	
a - b	-410		-11.0	-4.0		-17.0	
2) SW-Vogesen, Grande Pile	Bei Phase "St.Germain II" als Vergleich: Klima wie heute Hier Phase "Ognon I" als Vergleich gewählt						
a) heute	910	800	10.0	18.1	12.0	1.1	Hochlagen d. franz. Südalpen (1400 m)
b) Brørup	750	?	7.7	17.2	9.0	-3.0	
a - b	-160		-2.3	-0.9		-4.1	
3) Südliche Schwäbische Alb, Mauern							
a) heute	670	750	7.6	17.0	9.3	-2.2	Gebiet südöstl. von Kasan
b) Brørup	428	650	2.7	19.0	6.6	-14.0	
a - b	-242		-4.9	+2.0		-11.8	
4) Alpenvorland, Biberach bis Penzberg							
a) heute	790	750	7.7	17.0	9.5	-1.5	Gebiet Moskau - Leningrad
b) Brørup	552	650	3.0	16.2	6.8	-9.7	
a - b	-238		-4.7	-0.8		-8.2	
5) Südpolen, Umgebung von Krakau							
a) heute	760	800	7.8	17.2	9.1	-2.5	Gebiet südöstl. von Kasan
b) Brørup	430	650	2.7	19.0	6.6	-14.0	
a - b	-330		-5.1	+1.8		-11.5	
6) Chalkidike, Ebene von Drama							
a) heute	583	1000	13.4	23.8	12.0	3.0	Westrand d. zentraltürk. Steppengebietes
b) Brørup	515	1250	11.1	21.2	11.1	-0.4	
a - b	-68		-2.3	-2.6		-3.4	

Tabelle 3. Schätzungen über das Klima des Stillfried B-Interstadials (etwa 35.000 bis 26.000 v.h.)

	Jahres-niederschlag mm	Potentielle Evaporation mm	Jahresmittel °C	Julimittel °C	Zahl der Monate von mehr als 0°C Mitteltemperatur	Januarmittel °C	verglichenes Gebiet
1) Nordseeküste							
a) heute	765	600	8.0	16.5	12	0.5	nördlichstes Schweden
b) Stillfried B	355	400	-2.8	12.1	4.8	-14.6	
a - b	-410		-8.8	-4.4		-15.1	
2) Belgien							
a) heute	792	600	9.9	17.7	12.0	2.7	Umgebung von Kiruna
b) Stillfried B	439	400	-1.1	14.1	5.2	-13.0	
a - b	-353		-11.0	-3.6		-15.7	
3) Südwest-Vogesen, Grande Pile							
a) heute	910	800	10.0	18.1	12.0	1.1	Umgebung von Woronesh
b) Stillfried B	468	700	4.2	19.0	7.2	-11.5	
a- b	-442		-5.8	+0.9		-12.6	
4) Südliche Schwäbische Alb, Mauern							
a) heute	670	750	7.6	17.0	9.3	-2.2	südost-ukrainische Grassteppe
b) Stillfried B	432	800	5.2	19.3	7.5	-10.0	
a - b	-238		-2.4	+2.3		-7.8	
5) Niederösterreich, Weinviertel							
a) heute	560	800	9.4	19.8	9.7	-1.5	Umgebung von Woronesh
b) Stillfried B	468	700	4.2	19.0	7.2	-11.5	
a - b	-92		-5.2	-0.8		-10.0	
6) Chalkidike, Ebene von Drama							
a) heute	583	1000	13.4	23.8	12.0	3.0	westliches Zentralanatolien
b) Stillfried B	354	1300	11.3	22.4	10.6	-1.3	
a - b	-229		-2.1	-1.4		-4.3	

3.4 Würm-Hochglazial

Wie schon seit langem bekannt, handelte es sich offenbar um die klimatisch ungünstigste Zeit. Bemerkenswerterweise gilt dies, soweit unsere heutigen Kenntnisse ausreichen, sowohl für die Zeit um 18.000 v.h., als auch für den Kälteabschnitt unmittelbar vor dem Stillfried B-Interstadial. Die Jahresmittel- und die Januartemperaturen waren extrem stark abgesunken (Tab. 4), und auch die Julitemperaturen hatten sich erstaunlich stark vermindert. Die geringsten thermischen Veränderungen scheinen noch das Mittelmeergebiet betroffen zu haben, allerdings war auch dort der Zeitraum mit Monatsmitteltemperaturen von mehr als 0°C von 11 Monaten während des Stillfried B-Interstadials auf nunmehr 7 Monate reduziert worden, ein deutliches Zeichen für die selbst dort anzutreffende erhebliche Ungunst des Klimas, hatte doch dieser Zeitraum noch während der frühwürmstadialen Kaltphasen dort immerhin eine Länge von ungefähr 9 Monaten gehabt. Die Daten mögen noch einmal unterstreichen, daß der deutliche Unterschied in der vorherrschenden Vegetation Europas während des Brørup- und des Stillfried B-Interstadials tatsächlich nicht zwingend auf Klimaunterschiede zwischen diesen beiden Interstadialen zurückgeführt werden muß, sondern daß die klimatische Vorgeschichte beider Wärmeschwankungen von vermutlich ausschlaggebender Bedeutung gewesen ist.

Ein weiteres Charakteristikum der Klimageschichte des Hochglazials der Letzten Eiszeit ist die Tatsache des absoluten Niederschlagsminimums. Hierauf wird später zurückzukommen sein.

Die kurzen Anmerkungen über die aus den Tabellen 1 - 4 hervorgehende generelle Tendenz, die zudem noch in Tabelle 6 zusammengefaßt worden sind, mögen genügen, um Grundlagen für weitere Überlegungen zu liefern. Allerdings sei noch einmal auf die Vorläufigkeit der in den Tabellen enthaltenen Daten verwiesen.

Diskussion

a) Die in Tabelle 1 - 5 enthaltenen Daten belegen die beträchtlichen klimatischen Unterschiede zwischen Stadialen und Interstadialen. Es stellt sich die Frage nach der Geschwindigkeit, mit der sich dieser Gegensatz eingestellt hat.
Zahlreiche Lößprofile, bei denen der Übergang von der interstadialen Bodenbildung zu den stadialen Bedingungen scharf und unvermittelt festgelegt ist, scheinen auf eine hohe Geschwindigkeit dieses Überganges zu verweisen. Ähnliches läßt sich auch aus manchen Pollendiagrammen entnehmen, und zwar besonders dort, wo es gelungen ist, anhand von Jahresschichten in ehemaligen Seebecken den hierfür benötigten Zeitraum anzugeben (Müller 1965, 1974). Es werden Werte um einige Jahrzehnte genannt. Aber es gibt auch entgegengesetzte Beobachtungen, wie etwa im Falle mancher fossiler interstadialer Böden, die diffus in die hangenden Lösse übergehen, sicherlich ein Zeichen dafür, daß die interstadialen Klimate kontinuierlich in stadiale übergeleitet haben; Pollendiagramme lehren aber z.T. auch, daß sich die an der Vegetation beteiligten Wälder Europas in mehreren Schritten von den interglazialen Bedingungen zu denen der anschließenden Kaltzeit umgestellt hatten, wobei der sicher recht lange und ökologisch im Einzelnen schwierig zu verstehende Weg von Schattholzwäldern über gemischte Schattholz- und Halbschattholzwälder zu Lichtholzwäldern und schließlich zu Heiden, Steppen und Tundren geführt hatte. Dieser Übergang muß mindestens in manchen Fällen einen recht langen Zeitraum benötigt haben. Dies wird in günstigen Sedimentationsbecken Nord- und Süddeutschlands recht deutlich, in denen auch kleinere Klima-Oszillationen an ihrer Wirkung auf die Vegetation feststellbar sind (z.B. Menke 1976; Frenzel 1978). Falls

Tabelle 4. Schätzungen über das Klima des Würm-Hochglazials (kurz vor und kurz nach dem Stillfried B-Interstadial, 35.000 - 26.000 v.h.)

	Jahres-niederschlag mm	Potentielle Evaporation mm	Jahresmittel °C	Julimittel °C	Zahl der Monate von mehr als 0°C Mitteltemperatur	Januarmittel °C	verglichenes Gebiet
1) Belgien							
a) heute	792	600	9.9	17.7	12.0	2.7	Kolguev, Halbinsel Kanin
b) Kaltzeit	299	300	-2.8	9.3	4.8	13.0	
a - b	-493		-12.7	-8.4		-15.7	
2) SW-Vogesen, Grande Pile							
a) heute	910	800	10.0	18.1	12.0	1.1	Baraba-Steppe
b) Kaltzeit	273	550	1.0	19.3	6.2	-17.6	
a - b	-637		-9.0	+1.2		-18.7	
3) Alpenvorland, Biberach bis Penzberg							
a) heute	790	750	7.7	17.0	9.5	-1.5	Pamir (3600 m) N-Mongolei
b) Kaltzeit	116	700	-1.8	14.0	5.7	-18.7	
a - b	-674		-9.5	-3.0		-17.2	
4) Niederösterreich							
a) heute	560	800	9.4	19.8	9.7	-1.5	Pamir (3600 m) N-Mongolei
b) Kaltzeit	116	700	-1.8	14.0	5.7	-18.7	
a - b	-444		-11.2	-5.8		-17.2	
5) Chalkidike, Ebene von Drama							
a) heute	583	1000	13.4	23.8	12.0	3.0	südostukrainische Gras-Artemisiasteppe
b) Kaltzeit	349	850	6.7	22.2	7.2	-11.0	
a - b	-234		-6.7	-1.6		-14.0	

Tabelle 5. Verhältnis der potentiellen Evaporation zum Niederschlag, in % des Niederschlages

Zeit	Gebiet							
	Nordseeküste	Belgien	SW-Vogesen	Südl. Schwäb. Alb	Alpenvorland	Niederösterreich	Süd-Polen	Chalkidike
Heute	79	76	88	112	95	143	105	172
Kaltzeiten um Stillfried B	?	100	201	?	600	600	?	243
Stillfried B	110	91	149	185	?	150	?	367
Kaltzeiten um "Brørup"	87	?	169	205	216	163	?	426
"Brørup"	113	?	?	151	118	?	151	243

die Füramoos-Warmzeit Süddeutschlands dem Brørup-Interstadial entsprochen haben sollte, oder falls diese Warmzeit dem absolut datierten Interstadialvorkommen von Höfen bei Penzberg entspricht (Grootes 1977; Peschke 1978), mag die Umstellung von einem zu Ende gehenden Interstadial zu dem Höchststand der anschließenden Kaltzeit sogar etwa 20.000 Jahre betragen haben (vgl. hierzu die vorläufigen Daten für die Füramoos-Warmzeit in Frenzel 1978). Man gewinnt den Eindruck, daß zwar schnelle Klimawechsel beträchtlichen Ausmaßes durch einen Teil des bisher vorliegenden Beobachtungsmaterials angedeutet zu werden scheinen, daß, da aber auch das Gegenteil möglich, vielleicht sogar wahrscheinlich ist, dieser wichtigen Frage besonders intensiv nachgegangen werden sollte, bevor der schnelle Klima-Umschlag als Ausgangsbasis paläoklimatologischer Überlegungen und Verallgemeinerungen dienen kann.

b) Eingangs wurde auf die vielfach vertretene Ansicht verwiesen, daß jede Eiszeit mit einem kalt-feuchten Klima begonnen habe, das zu ihrem Hochstand hin in ein kalttrockenes Klima übergeleitet habe. Trifft diese Annahme zu?
Wie aus den Tabellen ersichtlich ist, war das Klima aller Stadiale offenbar sehr trocken. Meist war die Trockenheit vermutlich größer als in heutigen großen Vergletscherungsgebieten. Allerdings hatte die Trockenheit insgesamt extrem stark zu der Kaltzeit kurz vor und unmittelbar nach dem Stillfried B-Interstadial zugenommen. Damals sind in Mitteleuropa Wassersättigungsdefizite erreicht worden, wie sonst nie mehr während der Letzten Eiszeit. Nimmt man die Letzte Eiszeit als Modellfall, so muß demnach zwar festgehalten werden, daß innerhalb dieses Zeitraumes die Trockenheit beträchtlich zugenommen hatte; sie war aber schon zu Beginn der Letzten Eiszeit viel größer, als nach dem erwähnten Schema vermutet werden müßte. Das Ausmaß dieser Trockenheit wird an der schon damals weitverbreiteten Lößsedimentation deutlich, die noch vor dem Brørup-Interstadial von Osteuropa bis weit nach Mittel- und Westeuropa hineingereicht hatte. Diese Beobachtungen lassen klar erkennen, welche Schwierigkeiten der Hypothese entgegenstehen, die Stadiale seien die Zeiten der schnellen Eisakkumulation gewesen, der ja dann auch unmittelbar noch in dem betreffenden Stadial ein in seiner Geschwindigkeit immer wieder frappierender Eiszerfall gefolgt war.

Tabelle 6. Vergleichende Betrachtung über die Klima-Entwicklung der Letzten Eiszeit in Europa (Dargestellt in Veränderungen gegenüber heute)

		Nördliches Mitteleuropa	Südliches Mitteleuropa	Südeuropa
Würm-Hochglazial	Jahres-Niederschlag, mm	-493	-585	-234
	Jahres-Mitteltemperatur, °C	-12.7	-9.9	-6.7
	Juli-Mitteltemperatur, °C	-8.4	-1.1	-1.6
	Januar-Mitteltemperatur, °C	-15.7	-17.7	-14.0
	Monatsmittel mehr als 0°C, Zahl der Monate	-7.2	-4.4	-4.8
Stillfried B-Interstadial	Jahres-Niederschlag, mm	-382	-286	-229
	Jahres-Mitteltemperatur, °C	-9.9	-4.7	-2.1
	Juli-Mitteltemperatur, °C	-4.0	+1.2	-1.4
	Januar-Mitteltemperatur, °C	-15.4	-10.1	-4.3
	Monatsmittel mehr als 0°C Zahl der Monate	-7.0	-3.0	-1.4
frühe würm-eiszeitliche Kaltphasen	Jahres-Niederschlag, mm	-305	-317	-231
	Jahres-Mitteltemperatur, °C	-9.3	-3.0	-3.2
	Juli-Mitteltemperatur, °C	-2.8	+2.7	-1.2
	Januar-Mitteltemperatur, °C	-12.8	-8.9	-6.3
	Monatsmittel mehr als 0°C Zahl der Monate	-6.8	-2.8	-2.8
"Brørup"-Interstadial	Jahres-Niederschlag, mm	-410	-323	- 68
	Jahres-Mitteltemperatur, °C	-11.0	-4.3	-2.3
	Juli-Mitteltemperatur, °C	-4.0	+0.5	-2.6
	Januar-Mitteltemperatur, °C	-17.0	-8.9	-3.4
	Monatsmittel mehr als 0°C Zahl der Monate	-7.1	-2.9	-0.9

c) Sollten diese Beobachtungen und Überlegungen zutreffen, dann fällt es immer schwerer, die Frage nach den Zeiten und Ursachen der Entstehung der großen Inlandeismassen befriedigend zu beantworten. Zunächst sollte jedoch versucht werden, zu überprüfen, ob nicht die in den Tabellen 1 - 5 enthaltenen Werte so falsch sind, daß sie für paläoklimatologische Überlegungen wertlos werden. Hier bietet sich das CLIMAP-Programm, mit seinen Daten für den August des Jahres 18.000 v.h. an. Die Werte beziehen sich allerdings auf die Weltmeere. Wie aus Tabelle 6 hervorgeht, scheinen die Juli-Mitteltemperaturen des nordwestdeutschen Festlandes damals gegenüber heute um 8°C, diejenigen der Jahresmitteltemperaturen aber um 12 - 13°C zurückgegangen zu sein. Die Autoren des CLIMAP-Programms ermittelten mit Hilfe der marinen Foraminiferen-Fauna auf derselben geographischen Breite im europäischen Teil des Nordatlantiks einen Rückgang der Oberflächentemperatur des Meer-

wassers um etwa 10°C. Die genannten Werte, die auf recht verschiedenem Wege gewonnen worden sind, stimmen offenbar innerhalb der sicher recht weiten Fehlergrenzen gut überein. Aus Tabelle 6 geht weiter hervor, daß die Juli-Mitteltemperaturen des Festlandes im Gebiet des östlichen Mittelmeeres um etwa 2°C, diejenigen der Jahresmittel um etwa 7°C gegenüber heute zurückgegangen waren. Der von CLIMAP ermittelte Wert für die dortigen Oberflächentemperaturen des Meerwassers liegt bei ungefähr 4°C niedrigeren Temperaturen als heute. Bedauerlicherweise ist es nicht möglich, für andere Räume ähnliche Vergleiche durchzuführen. Dies trifft leider auch für die Interstadiale zu. Immerhin wird man aus der Gegenüberstellung entnehmen müssen, daß die beiden Forschungsansätze in ihren Resultaten einigermaßen übereinstimmen.
Tabelle 5 unterrichtet über die extremen Wassersättigungsdefizite der letzteiszeitlichen Stadiale. Sie waren anscheinend, wie bereits erwähnt, beträchtlich größer, als in heutigen Inlandeisgebieten der Nordhalbkugel. Die Trockenheit könnte sogar ähnlich gletscherfeindlich gewesen sein wie etwa im heutigen Peary Land, Nordost-Grönland. Andererseits hatten die Interstadiale gegenüber den Stadialen einen deutlich verbesserten Wasserhaushalt, und mindestens im Falle des Stillfried B-Interstadials wurde diese Warmzeit von dem großen Gletschervorstoß vieler Gebiete unmittelbar gefolgt. Diese zeitliche Abfolge ist mehrfach datiert worden, doch stellt sich die Frage, ob nicht der Übergang eines Interstadials zu dem anschließenden Stadial für das Gletscherwachstum prädestiniert gewesen sei, da aus diesen Zeiten ganz allgemein besonders viele Hinweise auf Solifluktionserscheinungen datieren, deren Intensität zu den anschließenden Abschnitten der Stadiale in der Regel empfindlich zurückgegangen ist. Außerdem konnte sowohl im Norden als auch im Süden Mitteleuropas eben an diesem Übergang von Interstadialen zu den anschließenden Kaltzeiten wiederholt ein nennenswertes Wachstum von Sphagnum-Beständen beobachtet werden. Da sich aber besonders in Süddeutschland und in den angrenzenden Landschaften zur selben Zeit eine recht bunte Steppenvegetation auszubreiten vermocht hatte, und zwar gleichzeitig mit weitflächiger Lößbildung, wird man die unübersehbaren Hinweise auf eine scheinbare Verbesserung des Wasserhaushaltes vieler Standorte nicht überschätzen dürfen, sondern in ihnen zunächst die Folgen der vorangegangenen Oligotrophierung der Standorte (Wachstum der Sphagnen) und die Antwort des Klimas der obersten Bodenhorizonte auf eine Absenkung der Temperaturen erblicken müssen, nicht aber Beweise für die Richtigkeit der Hypothese besonders feucht-kalter Anfangsphasen der Stadiale.

Sollte die eben gegebene Deutung der Befunde zutreffen, dann rücken die Interstadiale insgesamt, oder nur die Schlußpartien einiger von ihnen, in ein neues Licht. Denn man sollte so in ihnen Zeiten der Eisakkumulation erblicken. Sie mag durch Veränderung der Albedo und der Gestalt der Landoberflächen einer Selbstverstärkung unterworfen gewesen sein. Unter diesem Gesichtswinkel würde es verständlich, weshalb im Inntal bei Innsbruck gerade in der durch zahlreiche ^{14}C-Daten belegten interstadialen Zeit eine derart lang anhaltende Seebildung mit stets ansteigendem Wasserspiegel, aber einer mit diesem Anstieg Schritt haltenden Sedimentation feinster Trübe zu verzeichnen gewesen ist (Fliri et al. 1972; Bortenschlager und Bortenschlager 1978). Dies wurde bereits von Penck (1909) vermutet. Ähnliches könnte möglicherweise auch für den Zeitraum um 65.000 v.h. für die Südalpen gelten (Fliri 1977). Zwar sind wir noch weit davon entfernt, die Frage nach dem Eishaushalt der letzteiszeitlichen Inlandeismassen in seinem zeitlichen Ablauf zu verstehen, doch scheint es lohnend zu sein, dieser Frage nachzugehen.

d) Das letzte Interglazial hatte, soweit es sich um das Eem-Interglazial gehandelt hatte, besonders zu seinem Schlußabschnitt hin in weiten

Teilen Europas ein ausgesprochen feuchtmildes Klima. Der von der Feuchte her bestehenden Tendenz zur Eisakkumulation dürften die damals recht hohen Temperaturen entgegengewirkt haben. Es kommt hinzu, daß sich die anfängliche Erwärmung der Festlandsmassen noch unter Bedingungen abgespielt hatte, als die Meere recht kalt gewesen waren, also nicht sehr große Feuchtemengen der Atmosphäre zugeführt worden sein dürften. Dennoch verstärkt sich der Eindruck, daß recht delikate Gleichgewichtszustände über den Unterschied zwischen einem Interglazial und einer beginnenden Kalt- oder gar Eiszeit entscheiden. Wie weit hierbei surges des antarktischen Inlandeises eine auslösende Funktion haben mögen, erscheint mir ungewiß, und zwar vor allem dann, falls der Übergang vom Interglazial zur anschließenden Kaltzeit, oder vom Interstadial zum darauffolgenden Stadial nicht stets und zwingend in sehr kurzen Zeiträumen abgelaufen ist, sondern falls hierbei recht lange Zeiträume beteiligt gewesen sein sollten. Stattdessen drängt sich immer mehr der Verdacht auf, daß die sich verändernden Erdbahnelemente, gemäß den Annahmen von Milankovitsch (1930) und Bernard (1962), von größter Bedeutung gewesen sind, zumal da sich gegenwärtig die zur Verfügung stehenden absoluten Datierungen immer besser diesen Vorstellungen einzupassen scheinen. Außerdem mögen als weitere, unbedingt zu berücksichtigende Faktoren Schwankungen in der Strahlungsintensität der Sonne hinzukommen, wie aus dem zeitlichen Zusammenfallen von ^{14}C-Schwankungen und Zeiten der Klimaschwankungen (Suess 1979; Frenzel 1979) mit aller Vorsicht zu erahnen ist.

Eingangs habe ich auf die großen Schwierigkeiten aufmerksam gemacht, die noch heute allen quantifizierenden Angaben über das Klima der Letzten Eiszeit entgegenstehen. Trotz zahlloser und verschiedenartiger Forschungsansätze ist hierüber doch nur sehr wenig bekannt. Dies stellt einen bedrohlichen Hintergrund für die heutigen Aktivitäten des Menschen dar, die in der Regel die Frage unbeantwortet lassen, ob nicht der Mensch selbst ungewollte Klimaänderungen auslöst, die er nicht mehr aufhalten kann, wenn sie erst einmal ins Laufen geraten sind.

Literatur

Bastin, B., Leveque, F., Pradel, L.: Mise en évidence de spectres polliniques interstadiaires entre le Moustérien et le Périgordien Ancien de la grotte des Cottés (Vienne). C.R. Acad. Sci. Sér. D 282, 1261-1264 (1976)

Bernard, E.A.: Théorie astronomique des pluviaux et interpluviaux du Quaternaire africain. Acad. R. Sci. Outre Mer Mém. 8, 12, 2-232 (1962)

Bortenschlager, I., Bortenschlager, S.: Pollenanalytische Untersuchung am Bänderton von Baumkirchen (Inntal, Tirol). Z. Gletscherkd. Glazialgeol. 14, 95-103 (1978)

Bowen, D.Q.: Quaternary correlations. Nature (London) 277, 171-172 (1979)

Brande, A.: Vegetationsgeschichtliche und pollenstratigraphische Untersuchungen zum Paläolithikum von Mauern und Meilenhofen (Fränkische Alb). Quartär 26, 73-106 (1975)

CLIMAP PROJECT MEMBERS: The surface of the ice-age-earth. Science 191, 1131-1137 (1976)

Coope, G.R.: Fossil coleopteran assemblages as sensitive indicators of climatic changes during the Devensian (Last) cold stage. Philos. Trans. R. Soc. London Ser. B 280, 313-340 (1977a)

Coope, G.R.: Quaternary coleoptera as aids in the interpretation of environmental history. In: British Quaternary Studies, Recent Advances. Shotton, F.W. (ed.). Oxford: Clarendon Press 1977b, pp. 55-68

Dansgaard, W., Tauber, H.: Glacier oxygene-18 content and pleistocene ocean temperatures. Science 166, 499-502 (1969)

Epstein, S., Yapp, C.J.: Climatic implications of the D/H ratio of hydrogene in C-H-groups in tree cellulose. Earth Planet. Sci. Lett. 30, 252-261 (1976)
Epstein, S., Yapp, C.J.: Isotope tree thermometers. Nature (London) 266, 477-478 (1978)
Fliri, F.: Eine neue wichtige Zeitmarke zur Kenntnis der Eiszeit im Alpenraum. Der Schlern 51, 502-503 (1977)
Fliri, F., Felber, H., Hilscher, H.: Weitere Ergebnisse der Forschung am Bänderton von Baumkirchen. Z. Gletscherkd. Glazialgeol. 8, 203-213 (1972)
Flohn, H.: Background of a geophysical model of the initiation of the next glaciation. Quat. Res. 4, 385-404 (1974)
Frenzel, B.: Die Klimaschwankungen des Eiszeitalters. Braunschweig: Vieweg & Sohn 1967, 291 S.
Frenzel, B.: Grundzüge der pleistozänen Vegetationsgeschichte Nord-Eurasiens. Erdwiss. Forsch. 1, 326 (1968)
Frenzel, B.: Some remarks on the Pleistocene Vegetation. Eiszeitalter Ggw. 23/24 281-292 (1973)
Frenzel, B.: The Distribution Pattern of Holocene Climatic Change in the Northern Hemisphere. Proc. WMO/IAMAP Symp. Long-Term Climatic Fluctuations, No. 421. Geneva: WMO 1975, pp. 105-118
Frenzel, B.: Postglaziale Klimaschwankungen im südwestlichen Mitteleuropa. Erdwiss. Forsch. 13, 297-322 (1977)
Frenzel, B.: Das Problem der Riß/Würm-Warmzeit im deutschen Alpenvorland. In: Führer zur Exkursionstagung des IGCP-Projektes 73/1/24. Frenzel, B. (Hrsg.). "Quaternary Glaciations in the Northern Hemisphere" vom 5. bis 13. Sept. 1976 in den Südvogesen, im nördlichen Alpenvorland und in Tirol. Bonn-Bad Godesberg, Deutsche Forschungsgemeinschaft, 1978, S. 103-114
Frenzel, B.: Dendrochronologie und Landschaftsökologie. Allg. Forstz. 49, 1355-1359 (1979)
Fritz, A.: Beitrag zur würmglazialen Vegetation Kärntens. Carinthia II 165/85, 197-222 (1975)
Gray, J., Thompson, P.: Climatic information from $^{18}O/^{16}O$ ratios of cellulose in tree rings. Nature (London) 262, 481-482 (1976)
Grootes, P.M.: Thermal Diffusion Isotopic Enrichment and Radiocarbon Dating beyond 50 000 Years BP. Rijksuniversiteit Groningen, 1977, 221 pp.
Grüger, E.: Pollenanalytische Untersuchung zur würmzeitlichen Vegetationsgeschichte von Kalabrien (Süditalien). Flora 166, 475-489 (1977)
Krames, K.: Die Korrelation zwischen Temperatur- und Niederschlagsanomalien im Sommer der Nordhemisphäre. Geogr. Ann. 34, 238-260 (1952)
Kukla, G.J.: Pleistocene land-sea correlations. I. Europe. Earth Sci. Rev. 13, 307-374 (1977)
Libby, L.M., Pandolfi, L.J., Payton, P.H., Marshal, J. III, Becker, B., Giertz-Siebenlist, V.: Isotopic tree thermometers. Nature (London) 261, 284-288 (1976)
Loon, H. van, Williams, J.: The connection between trends of mean temperature and circulation at the surface, Part IV. Comparison of the surface changes in the northern hemisphere with the upper air and with the Antarctic in winter. Month. Weather Rev. 105, 636-647 (1977)
Mangerud, J., Sønstegaard, E., Sejrup, H.-P.: Correlation of the Eemian (interglacial) stage and the deep-sea oxygen-isotope stratigraphy. Nature (London) 277, 189-192 (1979)
Menke, B.: Neue Ergebnisse zur Stratigraphie und Landschaftsentwicklung im Jungpleistozän Westholsteins. Eiszeitalter Ggw. 27, 53-68 (1976)
Milankowitsch, M.: Astronomische Mittel zur Erforschung der erdgeschichtlichen Klimate. Handb. Geophys. 9, 593-698 (1938)
Müller, H.: Eine pollenanalytische Neubearbeitung des Interglazial-Profils von Bilshausen (Unter-Eichsfeld). Geol. Jahrb. 83, 327-352 (1965)
Müller, H.: Pollenanalytische Untersuchungen und Jahresschichtenzählungen an der holstein-zeitlichen Kieselgur von Munster-Breloh. Geol. Jahrb. A 21, 107-140 (1974)

Penck, A.: in Penck, A., Brückner, E.: Die Alpen im Eiszeitalter, I, 393 S. (1909)
Peschke, P.: Pollenanalytische Untersuchungen an Schieferkohlen aus dem Gebiet um Penzberg und Murnau/Oberbayern. In: Führer zur Exkursionstagung des IGCP-Projektes 73/1/24, Frenzel, B. (Hrsg.). "Quaternary Glaciations in the Northern Hemisphere" vom 5. bis 13. Sept. 1976 in den Südvogesen, im nördlichen Alpenvorland und in Tirol. Bonn-Bad Godesberg, Deutsche Forschungsgemeinschaft, 1978, S.140-164
Rodewald, M.: Die Ozeane als Vorzugsgebiete klimatischer Veränderlichkeit der atmosphärischen Zirkulation. Beil. Berl. Wetterkarte 80070; So 22/70, 26 S. (1970)
Schiegl, W.-E.: Climatic Significance of Deuterium Abundance in Growth Rings of Picea. Nature (London) 251, 582-584 (1974)
Schwarzbach, M.: Das Klima der Vorzeit; eine Einführung in die Paläoklimatologie. Stuttgart: Enke 1950
Stephan, W.: Frühwürmzeitliche Schieferkohlevorkommen im Bereich des östlichen Isar-Vorlandgletschers. Geol. Bavarica 63, 217-230 (1970)
Suess, H.: Ist die Sonnenaktivität für Klimaschwankungen verantwortlich? Umschau 79, 312-317 (1979)
Urban, B.: Pollenanalytische Untersuchungen am Interglazial von Seibranz-Fischweiher bei Bad-Wurzach (Schwäbisches Alpenvorland). In: Führer zur Exkursionstagung des IGCP-Projektes 73/1/24. Frenzel, B. (Hrsg.). "Quaternary Glaciations in the Northern Hemisphere" vom 5. bis 13. Sept. 1976 in den Südvogesen, im nördlichen Alpenvorland und in Tirol. Bonn-Bad Godesberg. Deutsche Forschungsgemeinschaft, 1978, S. 94-102
Werner, J.: Über die Zeit zwischen Riß- und Würmglazial, insbesondere im deutschen Rheingletschergebiet. Heidelb. Geogr. Arb. 40, 121-130 (1974)
Werner, J.: Riß/Würm-Warmzeit am Nordende des ehemaligen Rheingletschers. In: Führer zur Exkursionstagung des IGCP-Projektes 73/1/24. Frenzel, B. (Hrsg.). "Quaternary Glaciations in the Northern Hemisphere" vom 5. bis 13. Sept. 1976 in den Südvogesen, im nördlichen Alpenvorland und in Tirol. Bonn-Bad Godesberg: Deutsche Forschungsgemeinschaft, 1978, S. 85-93
Woillard, G.: Grande pile peat bog: a continuous pollen record for the last 140 000 years. Quat. Res. 9, 1-21 (1978a)
Woillard, G.: The Last Interglacial — Glacial Cycle at Grande Pile in Northeastern France. Univ. Louvain: Trav. Lab. Palynol. Phytosoc. 1978b, 21 pp.
Zagwijn, W.: Vegetation, Climate, and Radiocarbon Datings in the Late Pleistocene of the Netherlands. I: Eemian and Early Weichselian. Meded. Geol. Stichting, New Ser. 14, 15-45 (1961)

Die afrikanischen Hochgebirge und die Klimageschichte Afrikas in den letzten 20.000 Jahren

B. MESSERLI[1]

1 Einleitung und Problemstellung

In den letzten 20.000 Jahren erlebte unsere Erde nicht nur ein Kälte- und ein Wärmemaximum, sondern auch ausgeprägte Trocken- und Feuchtzeiten. Diese Extremwerte der jüngsten Erdgeschichte sind Schlüsselwerte zum Verständnis der Zirkulationsmechanismen vergangener und möglicher zukünftiger Klimaschwankungen und Klimaveränderungen.

Die letzten Jahre und Jahrzehnte haben uns eine faszinierende Fülle von Daten über die jüngste Klimageschichte Afrikas geliefert. Wir haben gelernt, daß sich nicht nur in den mittleren und höheren Breiten durch Vereisungen gewaltige Umweltveränderungen abgespielt haben, sondern daß auch auf den riesigen Landflächen der heutigen Tropen und Subtropen die Umweltbedingungen in den letzten 20.000 Jahren grundlegend umgestaltet wurden. Zum Beispiel: Welche Schrumpfungs- und Dehnungsprozesse haben die feuchten Regenwälder erfahren? Wie spielten sich die Feuchtzeiten in den heutigen Extremwüsten ab? usw. Schließlich aber stehen wir vor der Frage, ob nicht die mittlere globale Temperaturerhöhung um 1 - 1,5°C zur Zeit des holozänen Wärmemaximums (ca. 5.500 - 6.000 B.P.) mit zonal verschobenen Klimabedingungen für eine zukünftige Klimaentwicklung ein Szenarium sein könnte (Kellogg 1977; Flohn 1977; Flohn und Nicholson 1979).

Gerade im letzten Jahrzehnt haben wir mit aller Deutlichkeit gelernt, daß die Tropen äußerst labile Oekosysteme sind, daß Klimaoszillationen in kürzester Zeit und über größte Räume hinweg mit verheerenden Folgen für die Umwelt auftreten können. Die Sahel-Katastrophe zwischen 1968 und 1973 konnte am Südrand der Sahara von der Atlantischen Küste bis nach Äthiopien mitverfolgt werden, ja sie dehnte sich nach Osten bis in die Trockengebiete Indiens und nach Westen bis in die Antillen aus. Es handelte sich also um eine klimazonale Erscheinung, die mit einer Verstärkung und Südverschiebung des subtropischen Hochdruckgürtels zusammenhing, und die interessanterweise sogar mit einer Abkühlung in den hohen Breiten zu korrelieren schien (Kukla und Kukla 1974; Rognon 1976a). Dieses Ereignis hat uns gezeigt, wie empfindlich gewisse Klimazonen der Tropen sind, und welche Bedeutung kleinsten und kurzfristigen Klimaoszillationen zukommt.

Wir sind nicht imstande, das heute verfügbare Material an Feld- und Klimadaten umfassend zu würdigen (Livingstone 1975; Nicholson 1976; Rognon 1976a,b; Lauer und Fairbridge 1979; Flohn und Nicholson 1979). Wir beschränken uns im folgenden auf die Gebirge Afrikas und versuchen, die umgebenden Tiefländer mit vereinfachten und zusammengefassten Darstellungen einzubeziehen. Dabei müssen wir auf die folgenden grundsätzlichen Probleme hinweisen:

---

[1]Geographisches Institut, Universität Bern, Hallerstr. 12, CH-3012 Bern

Zum ersten stoßen wir grundsätzlich und bei allen Disziplinen auf das Problem, wie geomorphologische, pedologische, sedimentologische, palynologische usw. Feldbefunde zu datieren, klimatisch richtig zu interpretieren und die punktuellen Befunde räumlich und zeitlich richtig einzuordnen sind. Zur Illustration ein Beispiel aus dem Fachbereich der Geomorphologie: Im Herbst 1969 schüttete der Oued Zeroud bei Kairouan (Tunesien) bei außerordentlich hohen Niederschlägen bis zu 5 m mächtige Terrassen auf. Ein derartiges Einzelereignis mit einer Wiederkehrwahrscheinlichkeit von mehreren tausend Jahren könnte später allzu leicht als fluvialzeitliches Indiz für eine längerdauernde Klimaphase gedeutet werden (Flohn, zit. nach Lauer und Frankenberg 1979:13).

Zum zweiten sollten die Feldbefunde vermehrt auf ihre jahreszeitliche Differenzierung angesprochen werden, bevor wir sie klimatisch interpretieren. Temperatur- und Niederschlagsveränderungen, die wir aus verschiedenen Felddaten schließen, geben sehr oft keinen Hinweis auf einen Jahresmittelwert. Befunde für eine starke Temperatursenkung können vorwiegend ein Winterhalbjahr betreffen, z.B. Periglazial- und Nivationsformen in den Gebirgen bei extremer Sommertrockenheit. Fluviale Formen können sich ausschließlich auf Einzelereignisse einiger Sommermonate beziehen, usw. Aus diesem Grunde können durchaus widersprüchliche Befunde in unmittelbarer Nachbarschaft auftreten, weil wir die jahreszeitliche Verteilung der angesprochenen Klimaelemente nicht berücksichtigen.

Zum dritten ist die Abgrenzung der Klimazonen zwischen Mittelmeer und Äquator auch heute noch ein anspruchvolles Problem, indem zahlreiche Elemente und Prozesse räumlich und zeitlich ineinandergreifen. In diesem Sinne ist die Rekonstruktion der Klimazonen in den letzten 20.000 Jahren äußerst komplex, weil prägende Einzelereignisse, kurzfristige Oszillationen und langfristige Schwankungen nur durch eine große Zahl von Befunden erkannt und getrennt werden können.

Zum vierten spielt die Höhenstufe eine sehr wesentliche Rolle, indem die Umweltbedingungen mit zunehmender Höhe raschen Veränderungen unterliegen. In diesem Sinn können die klimageschichtlichen Befunde zwischen Hoch- und Tiefland sehr differenziert ausfallen.

Zum fünften sind absolute Datierungen in den höchsten Regionen der Gebirge oft sehr schwer zu erhalten, insbesondere für die Bestimmung von Glazial-, Nivations- und Periglazialprozessen. Die zeitliche Einordnung ist sehr oft der Interpretation überlassen und ist an die häufigeren und leichter erhältlichen Daten aus den umgebenden tieferen Regionen gebunden (Bodenbildungen, Flußterrassen, Seeablagerungen, usw.). Zwar sind die Gebirge mit ihren Höhenstufen äußerst sensible Anzeiger feinster Klimaschwankungen, aber die Formen als Zeugen dieser Veränderungen sind zeitlich nur schwer bestimmbar. In diesem Sinne müssen in der Hochgebirgsforschung wohl auch in Zukunft zahlreiche Probleme offen bleiben.

2 Die heutigen Höhenstufen in den Gebirgen Afrikas und ihre klimageschichtliche Bedeutung

2.1 Die heutigen Klimabedingungen und ihre Beziehungen zu Vegetationsgrenzen und geomorphologischen Prozessen

Abbildung 1 zeigt schematisch vereinfacht die heutigen Höhenstufen in den Gebirgen zwischen Mittelmeer und Äquator, wobei wir uns auf die Formen und Prozesse des Eises, des Schnees, der Frostwirkung und der fluvialen Erosionsprozesse beschränkt haben. Sie sind mit den Isother-

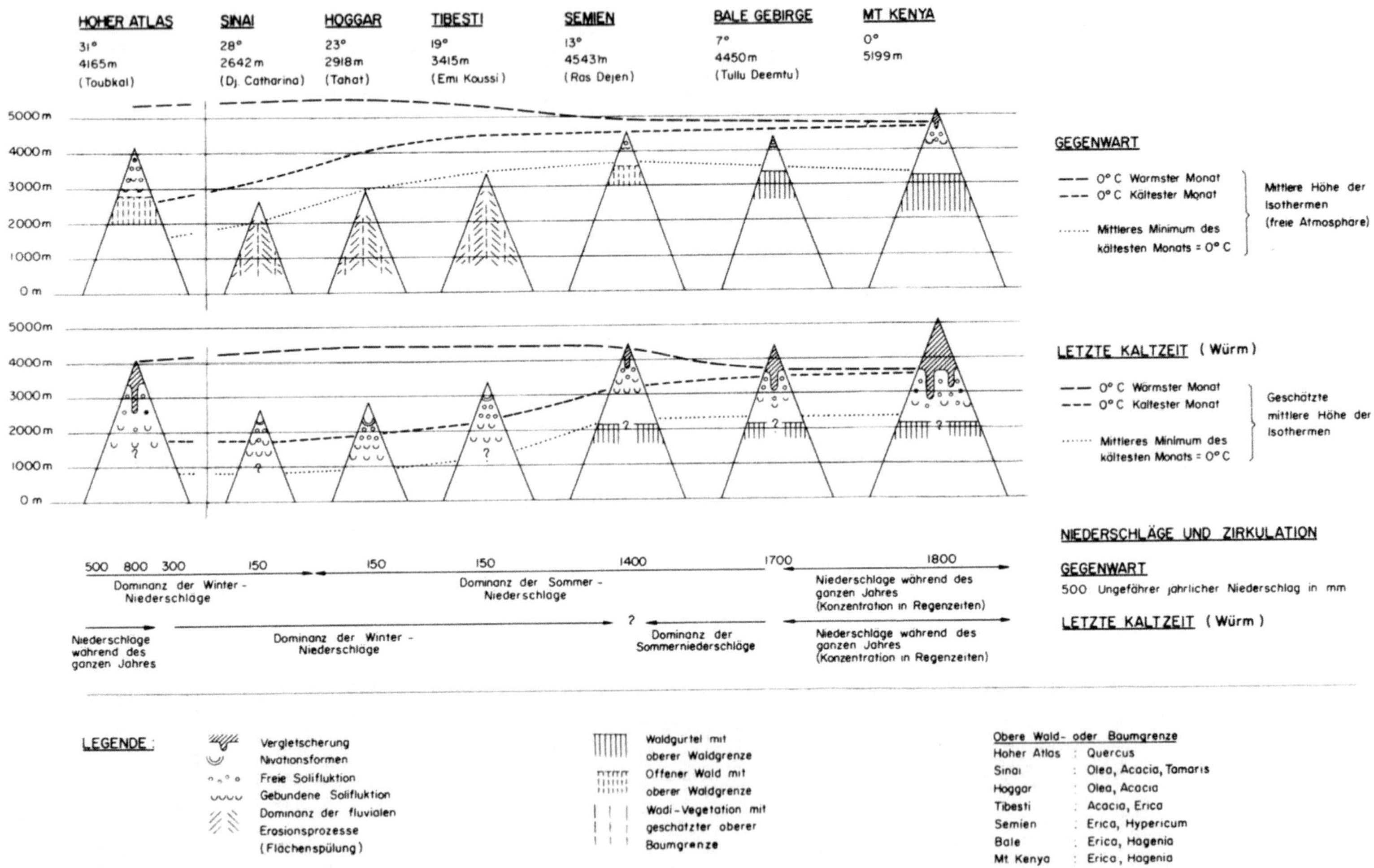

Abb. 1. Die afrikanischen Gebirge zwischen Mittelmeer und Äquator. Horizontale und vertikale Gliederung in der Gegenwart und in der letzten Kaltzeit (aus Messerli und Winiger 1980)

men des wärmsten und kältesten Monats der freien Atmosphäre in Beziehung gesetzt. Die Niederschläge und ihre dominante Herkunftsrichtung sind stark vereinfacht wiedergegeben.

In Abbildung 2 sind die genauen und umfassend ausgewerteten klimatischen Daten zusammengestellt (siehe Messerli und Winiger 1980), wobei die Niederschläge nach Sommer- und Winterhalbjahr getrennt sind, was für den Übergangsraum der ariden Zone eine Differenzierung nach ihrem tropischen oder ektropischen Charakter erlaubt. Die Beziehungen zu den Schneegrenzen, vor allem aber zu den Wald- und Baumgrenzen sind hergestellt. Wesentlich ist der Übergang des Wärmeregimes vom Jahres- zum Tageszeitenklima und seine geoökologischen Auswirkungen, was besonders auch mit dem Herausheben des täglichen Schwankungsbereiches der 10°-Isothermen für den wärmsten und kältesten Monat dargestellt werden soll.

Abbildung 3 versucht, die limitierenden Faktoren für Vegetation und vor allem für die morphodynamischen Prozesse zusammenzufassen. In dieser Darstellung ist nicht nur ein umfassendes klimatologisches Datenmaterial verarbeitet worden (Messerli und Winiger 1980), so weit es für die Gebirge überhaupt verfügbar war, sondern auch der heutige Stand der Kenntnisse über die Vegetationsbedeckung und die morphodynamischen Formungsprozesse der Oberfläche.

Damit soll uns ein Schlüssel in die Hand gegeben werden, um Formen und Prozesse, auch früherer Klimaphasen, klimatisch zu interpretieren. Wir wissen genau, daß dieses Instrument noch ungenügend ist, und daß es noch gewaltiger Anstrengungen und Grundlagenarbeiten bedarf, um dieses Beziehungsgefüge unter verschiedensten Relief-, Gesteins-, Vegetations- und Klimabedingungen besser zu verstehen. Vor allem aber sollten wir in Abbildung 3 nicht mehr eine statische Darstellung sehen, sondern ein fluktuierendes System, indem diese Grenzen in ständiger Bewegung sind, wobei sich kurzfristige und langfristige Schwankungen überlagern und auf die Bedeckung und Formungsprozesse der Oberfläche übertragen.

2.2 Ein Hinweis auf die überregionalen Klimaschwankungen der letzten Jahrhunderte in den Gebirgen Afrikas

Ganz deutlich zeigt sich, daß die Klimaoszillationen der letzten Jahrhunderte, zumindest des ausgehenden "Little Ice Age" unserer Breiten, über den Trockengürtel hinweg bis zum Äquator wirksam waren. Der Tschadsee zeigte um 1850 einen deutlichen Niveauanstieg auf 284 m (1970 = 281 m); er erreichte zwischen 1570 und 1590 bis kurz nach 1800 mit möglichen Unterbrüchen sogar 286 m, währenddem der Seespiegel vorher während Jahrhunderten das Niveau 282 m kaum überstieg (Maley 1973: 196; siehe auch Abb. 7). Dieses Verhalten ist mit den Gletschervorstößen unseres "kleinen Eiszeitalters" so erstaunlich synchron, daß gleichsinnige Veränderungen in den Klimabedingungen und in den entsprechenden Zirkulationsmechanismen nicht auszuschließen sind.

Schließlich zeigen auch die äquatorialen Gletscher seit der zweiten Hälfte des letzten Jahrhunderts einen so deutlichen und raschen Rückgang, daß sich ein Vergleich mit unseren Alpengletschern geradezu aufdrängt. In Abbildung 4 haben wir als Beispiel die Veränderung der Kilimanjaro-Gletscher herausgegriffen, weil hier relativ genaue Beobachtungen am weitesten zurückreichen (Messerli 1979). Die Frage ist somit gestellt, ob auch klimageschichtlich bescheidene Oszillationen und Schwankungen doch überregional eine Bedeutung und eine Ursache haben, weil ihre Auswirkungen über verschiedene Klimazonen hinweg nachgewiesen werden können.

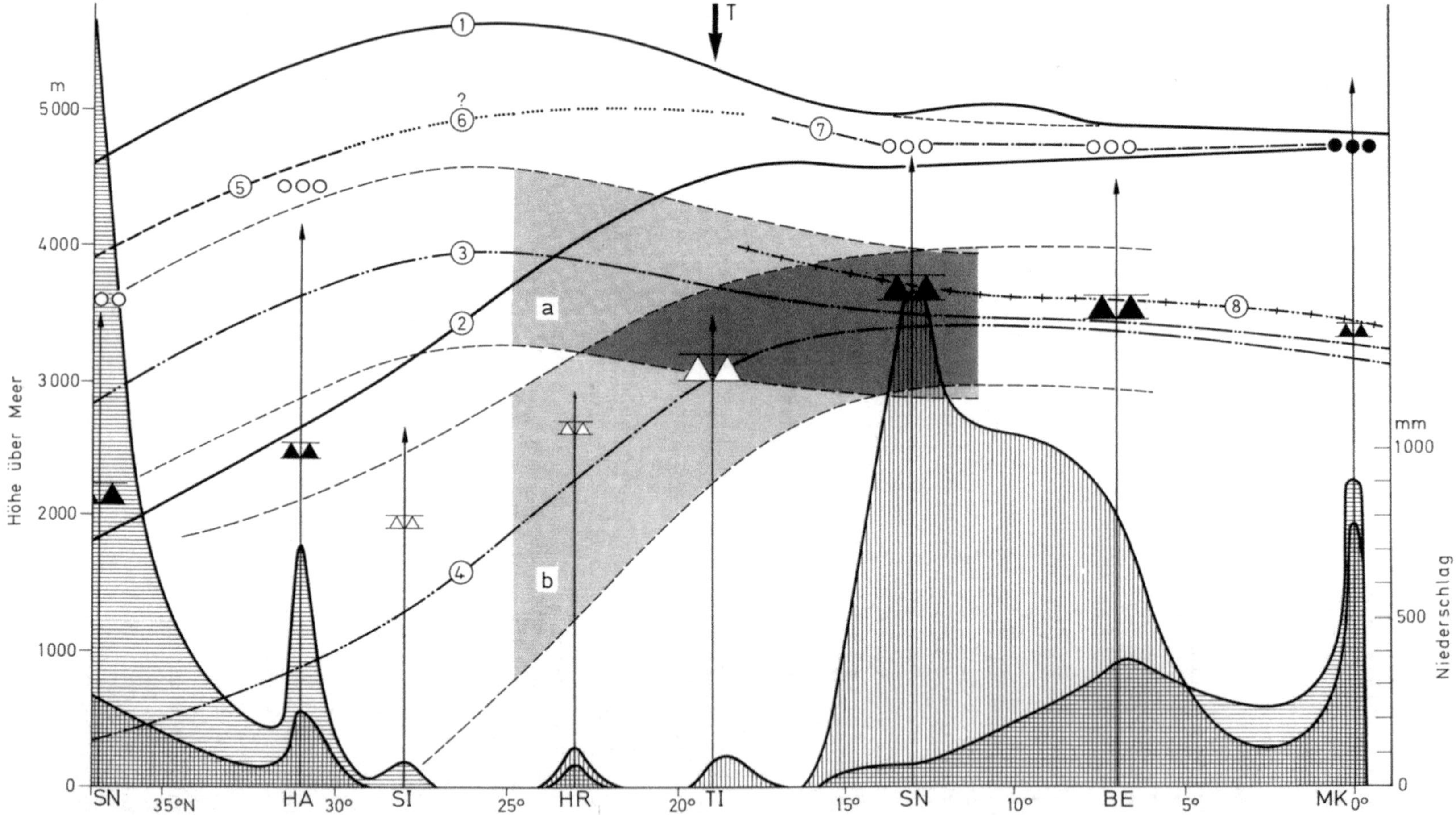

m
5 000
4000
3000
2000
1000
0
Höhe über Meer
mm
1000
500
0
Niederschlag
T
1
2
3
4
5
6
?
7
8
a
b
SN
35°N
HA
30°
SI
25°
HR
20°
TI
15°
SN
10°
BE
5°
MK
0°

SN Sierra Nevada (Mulhacen)
HA Hoher Atlas (Toubkal)
SI Sinai (Mt Catharina)
HR Hoggar (Assekrem)
TI Tibesti (Emi Koussi)
SN Semien (Ras Dejen)
BE Bale Gebirge (Tullu Deemtu)
MK Mt Kenya
↑ Gebirgserhebung

① 0°C - Isotherme des wärmsten Monats (freie Atmosphäre) (WMO, 1965)
② 0°C - Isotherme des kältesten Monats (freie Atmosphäre) (WMO, 1965)
③ 10°C - Isotherme des wärmsten Monats (freie Atmosphäre)
④ 10°C - Isotherme des kältesten Monats (freie Atmosphäre)

hypothetischer täglicher Schwankungsbereich der Höhenlage der 10°C - Isotherme (terrestrische Werte auf freie Atmospäre übertragen) für den wärmsten (a), bzw. den kältesten (b) Monat

T Übergangszone zwischen tropischem Tageszeitenklima und subtropischem (ektropischem) Jahreszeitenklima

⑤ 4.5°C - Isotherme des wärmsten Monats (freie Atmosphäre) = ungefähre Lage der Schneegrenze
⑥ hypothetischer Verlauf der Schneegrenze über der ariden Zone (genügend Feuchtigkeit vorausgesetzt)
⑦ mittlere Lage (Jahr) der 0°C - Isotherme (freie Atmosphäre) = ungefähre Lage der Schneegrenze
⑧ mittlere Lage der 7°C - Isotherme (freie Atmosphäre) = ungefähre Lage der tropischen Waldgrenze

●●● rezente Schneegrenze
○○○ hypothetische Schneegrenze
Waldgrenze
Baumgrenze
mittlere totale Niederschlagsmenge Mai - Oktober
mittlere totale Niederschlagsmenge November - April

Quellen: DUBIEF, 1959/63; GAVRILOVIC, 1969; LEBEDEV, 1970; MESSERLI, 1967; STAEHLI, 1977; WMO, 1965

Abb. 2. Meridionales Profil von Temperatur und Niederschlag durch die Gebirge zwischen Mittelmeer und Äquator (aus Messerli und Winiger 1980)

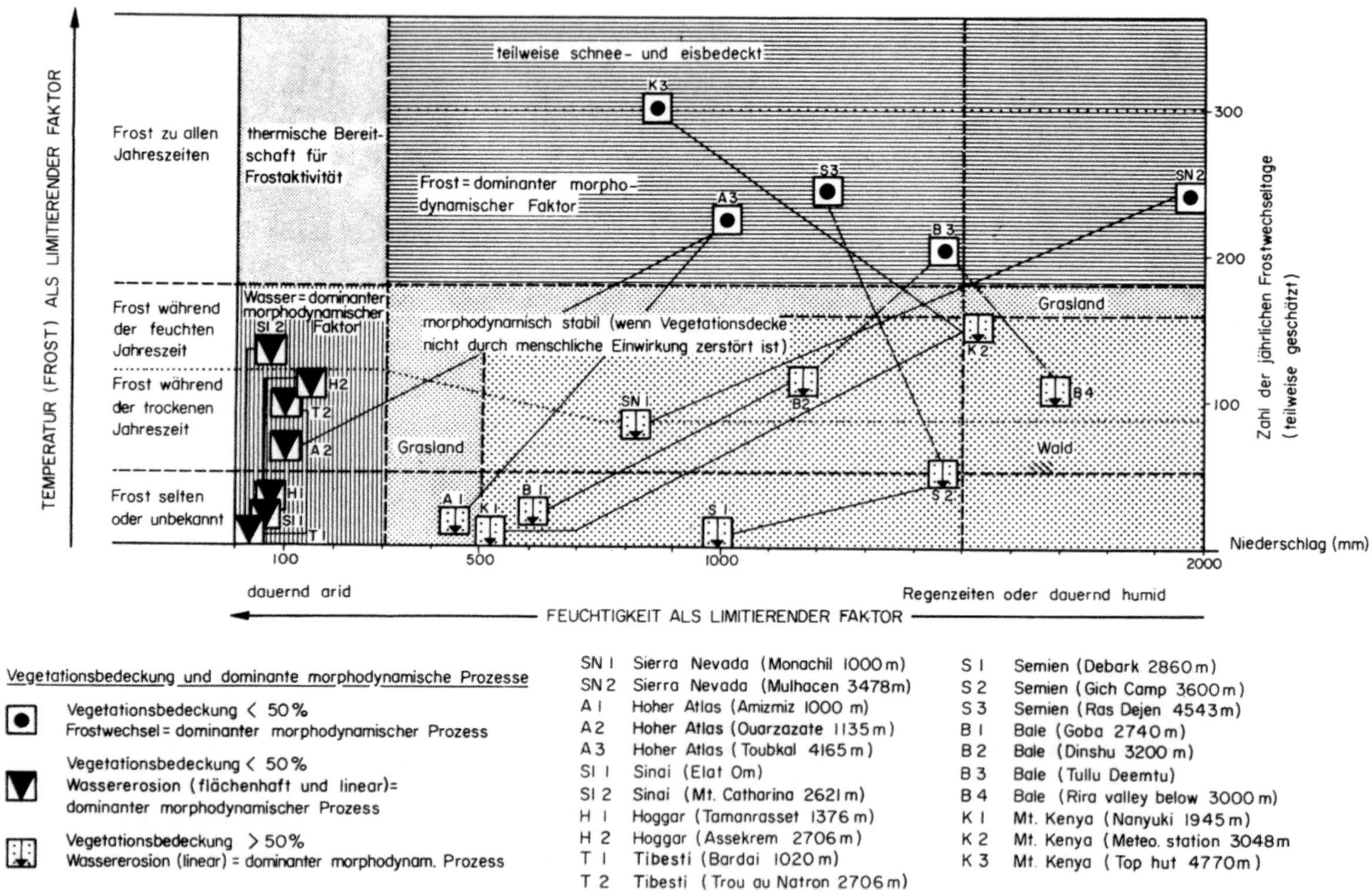

Abb. 3. Die limitierenden Klimafaktoren für Vegetation und morphodynamische Prozesse in den afrikanischen Hochgebirgen (aus Messerli und Winiger 1980)

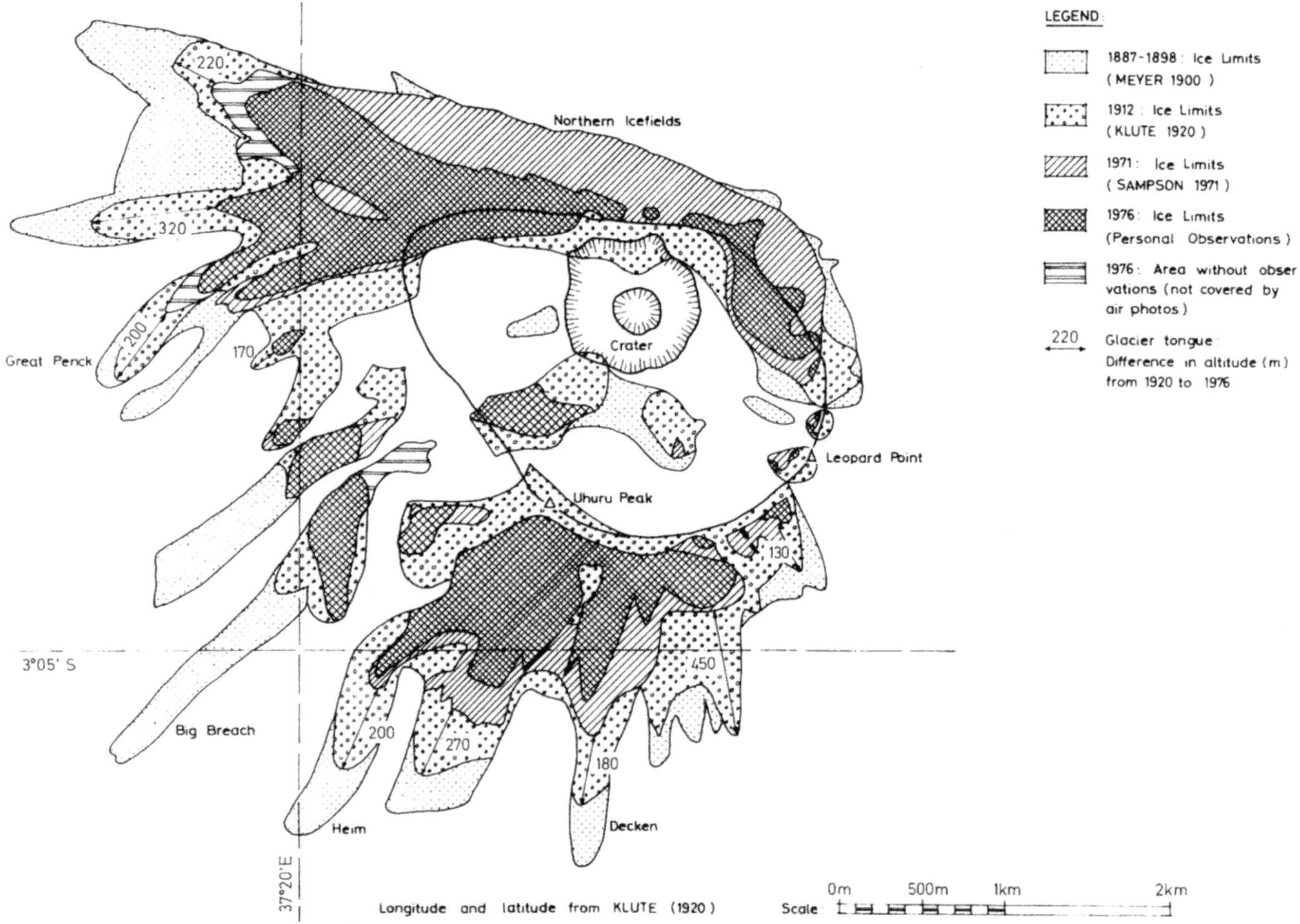

Abb. 4. Glaciers of Kilimandjaro (KIBO), Recent Changes (aus Messerli 1980)

3 Klimageschichtliche Probleme der letzten Kaltzeit

3.1 Die Gebirge Afrikas in der letzten Kaltzeit

Abbildung 1 zeigt die Veränderungen in den Höhenstufen der afrikanischen Gebirge von der letzten Kaltzeit bis zur Gegenwart. Die Formen und Formungsprozesse der einzelnen Gebirge sind in Messerli und Winiger (1979) eingehend besprochen. Die klimageschichtliche Interpretation beschränken wir auf drei wesentliche Punkte:

3.1.1 Die Gebirge der äquatorialen Zone (Mt. Kenya)

In dieser Klimazone scharen sich die Isothermen des wärmsten und kältesten Monats zu einem tropischen Tageszeitenklima, d.h. die Tagesamplituden sind größer als die Jahresamplituden (Abb. 1). Dieses Tageszeitenklima läßt sich heute mit der Höhe der Vergletscherung, genauer gesagt mit der Schneegrenze (Gleichgewichtslinie oder Firnlinie) in eine relativ genaue Beziehung setzen. Da das Tageszeitenklima auch während einer letzten Kaltzeit unverändert blieb, können wir angenähert von der Höhe der eiszeitlichen Schneegrenze auf die damalige Temperatur schließen, wenn wir die eiszeitliche Vergletscherung kennen und wenn sich die damaligen Temperaturgradienten abschätzen lassen. Die eiszeitliche Schneegrenze mußte mehr als 1000 m tiefer liegen, wie zahlreiche Arbeiten und eigene Untersuchungen am Mt. Kenya beweisen (Messerli und Winiger 1980). Rechnen wir diese Höhendifferenz mit den heute herrschenden Gradienten in Temperaturen um, so ergibt sich eine Temperatursenkung für das letzte Vergletscherungsmaximum von 6° - 8°C. Der kritische Wert in dieser Temperaturrechnung liegt nicht allein in der Bestimmung der Schneegrenzhöhen (Fehlergrenze 100 - 200 m, Messerli 1967), sondern vor allem in der Annahme eines Temperaturgradienten, der durch die damaligen Feuchte- und Wärmeverhältnisse geprägt war. Nun wissen wir aber aus verschiedenen Feldbefunden, daß ein letztes Vergletscherungsmaximum zweifellos trockener gewesen sein muß als heute. Mit der Bezeichnung Vergletscherungsmaximum möchten wir offen lassen, ob diese Zeit genau dem Kältemaximum entsprach oder ob sich eventuell das Vergletscherungsmaximum erst mit verstärkter Feuchtigkeitszufuhr im Spätglazial ausbildete (Heine 1974, 1977). Aber selbst dann können wir von der Annahme ausgehen, daß die Niederschläge keinesfalls größer waren als heute, wie zahlreiche Indizien am Berg und in den tropischen Tiefländern beweisen (Coetzee 1964, 1967; Livingstone 1975, usw., siehe auch Abb. 5 und 6). Die wesentlichste Bedingung zur Absenkung der Vergletscherungshöhe mußte also eine Temperaturdepression sein. Aus diesen Gründen ergibt die Berechnung einer letzteiszeitlichen Temperatursenkung mit den heutigen Gradienten eher einen zu geringen Wert, weil trockenadiabatische Verhältnisse einen höheren Gradienten und damit eine noch verstärkte Temperaturdepression bedingen würden: 6° - 8°C entsprechen also einer eher zu vorsichtigen Schätzung.

Wollte man sogar argumentieren, daß die Vergletscherung der äquatorialen Gebirge nicht durch eine Temperatursenkung, sondern ausschließlich durch eine verstärkte Feuchtigkeitszufuhr entstanden sei, so würden nicht nur sämtliche Felddaten in den umgebenden Niederungen dagegensprechen, sondern auch die Befunde am Mt. Kenya selbst. Coetzee (1964, 1967) hat auf Grund von Pollenanalysen nachgewiesen, daß vor 10.600 B.P. am Sacred Lake auf 2400 m Höhe, wo heute ein dichter Bergwald steht, Artemisia und offene Vegetation dominierte. Dazu kommt eine weitere Überlegung: Bisherige Meßdaten am Ruwenzori, dem feuchtesten Gebirge des äquatorialen Afrikas, belegen einen jährlich so hohen Bewölkungsgang und einen so großen, über das ganze Jahr verteilten Niederschlag, daß durch eine Niederschlagserhöhung allein die Vorstöße der Gletscher von ihrer heutigen Höhenlage oberhalb 4500 m auf damals 3000 m keinesfalls befriedigend erklärt werden könnten (Messerli und Winiger 1980). Um die Annahme einer Temperatursenkung kommen wir keinesfalls herum. Im übrigen hat Livingstone (1975:254) am Ruwenzori beim Bahoma Lake auf 3000 m Höhe unmittelbar hinter der Endmoräne eine Datierung von 14.750 B.P. erhalten, was auf das Ende der letzten Maximalvergletscherung hinweist. Dieses Ergebnis zeigt auch, daß das Ende der Vergletscherung in den feuchten äquatorialen Gebirgen Afrikas zeitgleich war mit dem Ende der großen Kontinentalvergletscherungen auf der Nordhemisphäre. Weitere Daten liegen vom Mt. Elgon vor, wo die Vereisung vor 11.000 B.P. abgeschlossen war: Hamilton and Perrot 1978). Zusätzlich weist die Verteilung der heutigen und eiszeitlichen Gletscher am Ruwenzori auf keine wesentlichen Veränderungen in den niederschlagsbringenden Windsystemen hin (Livingstone 1975:255).

Zusammengefasst belegt die letzt-eiszeitliche Vergletscherung der äquatorialen Gebirge Afrikas eine kräftige Temperatursenkung in der Größenordnung von mindestens 6° - 8°C.

3.1.2 Die Gebirge der "Sahel-Zone"

In den Semienbergen des nördlichen Äthiopiens vermag die eiszeitliche Vergletscherung nur gerade die höchsten Gebirgsregionen zu bedecken, die Schneegrenze muß also deutlich höher gelegen haben als in den äquatorialen Gebirgen (Abb. 1). Dieser Sachverhalt kann nur mit geringen oder fehlenden Niederschlägen im Hoch- und Spätglazial erklärt werden, wie es zahlreiche Felddaten aus dieser Breitenlage zeigen (Abb. 6 und 8). Die monsunalen Sommerniederschläge sind während der letzten Kaltzeit ausgefallen oder so weit vermindert worden, daß die Bewölkung abgenommen und die sommerliche Temperatur erhöht wurde, was sich in einem verstärkten Auseinanderscheren der Winter- und Sommerisothermen manifestieren mußte (Abb. 1). Damit lassen sich die höchsten Positionen für Glazial- und Periglazialformen im gesamten Profilverlauf vom Mittelmeer bis zum Äquator gerade auf der Breite des nördlichen Äthiopiens mit den wechselnden Zirkulations- und Klimabedingungen während des letzten Kaltzeitmaximums erklären. Genauer gesagt: diese Breitenlage befand sich im "Niemandsland" zwischen monsunalen Sommerniederschlägen von Süden und vereinzelten und seltenen winterlichen Kaltluftvorstößen von Norden.

3.1.3 Die Gebirge der Sahara

In den zentralen Saharegebirgen zeigt sich eine völlig andere Situation. Nivations- und Periglazialformen treten in erstaunlich tiefer Lage auf (Abb. 1, vgl. Literaturhinweise in Messerli und Winiger 1980; Messerli 1978). Sie verlangen ein Frostwechselklima mit periodischer und genügender Bodendurchfeuchtung. Da diese Formen an eine kalte Jahreszeit gebunden sind und da infolge der kaltzeitlichen Zirkulationsbedingungen die notwendige Feuchtigkeit nur im Winterhalbjahr zugeführt werden konnte, ist eine starke Absenkung der Winterisothermen unumgänglich. Die Beschränkung auf die Winterisothermen ist auch deshalb zwingend, weil die Sommerisothermen zwischen dem nördlichen Äthiopien und dem Atlasgebirge durch den sommertrockenen und strahlungsintensiven afrikanischen Kontinent sehr stark beeinflusst wurden. Weiter nördlich über den Gebirgen des Mittelmeers kann zwischen Vergletscherung und Sommertemperatur wieder eine gewisse Beziehung hergestellt werden, wie wir es an anderer Stelle eingehend diskutiert haben (Messerli 1967:193).

In den Gebirgen der Sahara lassen die weit unterhalb 2000 m vorkommenden, kaltzeitlichen Periglazialformen auf eine außerordentlich kräftige Absenkung der Wintertemperaturen von 10° - 14°C schließen, wogegen die

Sommertemperaturen höchstens 6° - 8°C abgesenkt wurden (Abb. 1). Dies bestätigt sich auch dadurch, daß die weit verbreiteten Periglazialerscheinungen mehr Feuchtigkeit brauchten als heute zur Verfügung steht. Diese Feuchtigkeit aber wurde in Form von Kaltlufteinbrüchen im Winterhalbjahr zugeführt, was auch die Feldbefunde in den Niederungen des nördlichen Afrikas bestätigen, und was wiederum die starke winterliche Temperatursenkung erklärt.

Zusammengefasst sind die Höhenstufen der afrikanischen Gebirge sensible und jahreszeitlich differenzierbare Anzeiger der Klima- und Zirkulationsbedingungen und ergeben ein faszinierendes Bild der kaltzeitlich wechselnden Wärme- und Feuchtigkeitsbedingungen vom ektropischen zum volltropischen Bereich.

3.2 Der tropische Regenwald in der letzten Kaltzeit

Immer deutlicher zeichnet sich in der biologischen und quartärgeologischen Literatur eine mehrmalige Schrumpfung und Dehnung der tropischen Regenwälder im jüngsten Quartär ab. Die Untersuchungen an der Fauna, insbesondere an der Artenentstehung der Waldvögel deutet darauf hin, daß in den trockenen Klimaphasen stark reduzierte Rest-Regenwälder der Waldfauna als Refugien dienten. Dabei entstanden zahlreiche neue Arten und Gattungen aus isolierten und stark reduzierten Populationen. Bei neuerlicher Ausdehnung der Wälder kamen die Populationen verschiedener Waldrefugien miteinander in sekundären Kontakt. Die Differenzierung der Vogelfauna und wahrscheinlich auch anderer Wirbeltierfaunen, insbesondere untersucht am Beispiel Amazoniens, ist sehr jung und erfolgte relativ rasch (Haffer 1971:135). Auch wenn zu diesen biologischen Befunden jegliche Datierungen fehlen, so werden diese möglichen Schrumpfungsprozesse des Regenwaldes doch eindeutig ariden Klimaperioden des jüngsten Quartärs zugeschrieben, wobei die Refugien Amazoniens auf Grund der Verbreitungsmuster amazonischer Vögel und nach Berücksichtigung der heutigen Niederschlagsverteilung hypothetisch rekonstruiert wurden (Abb. 5). Wenn die Autoren damals noch von warm-trockenen und kühl-humiden Klimaphasen ausgingen, an Korrelationen zu den Glazial- und Interglazialzeiten der mittleren und höheren Breiten denkend, so dürften diese Annahmen heute zweifellos überholt sein. Daß die Kaltzeiten, bedingt durch die reduzierte Verdunstung der eisfreien Weltmeere und durch den verminderten Wassergehalt in der Atmosphäre grundsätzlich trocken waren, und daß die Warmzeiten die tropischen Luftmassen und Niederschläge aktivierten, dürfte sich durch neuere Befunde global bestätigt haben. Im weiteren zeigen geomorphologische Untersuchungen entlang der Küste Brasiliens und Guayanas, daß Kaltzeiten und Trockenzeiten synchron waren. Aber auch paläobotanische Analysen und Tiefseebohrungen vor der Küste Brasiliens bestätigen kühlere Meerestemperaturen und Xerophyten entlang der Küste (Vuilleumier 1971, APP. 10:779).

Auch wenn diese Faunenuntersuchungen nur hypothetische Refugienstandorte ohne genauere Datierung wiedergeben, zeigen sie uns doch, daß die tropischen Regenwälder keine Ökosysteme sind, die sich über lange geologische Zeiträume hinweg ungestört entwickeln konnten. Die Klimaschwankungen selbst des jüngsten Quartärs mußten bedeutende Auswirkungen haben, wobei wohl weniger die Schwankungen im thermischen, als vielmehr die Veränderungen im hygrischen Regime von entscheidender Bedeutung waren.

Im Kongobecken stehen uns mehr sedimentologische, geomorphologische und pollenanalytische Untersuchungen zur Verfügung. 1963 beschreibt De Ploey die Kalahari-Sande südlich des Kongo-Unterlaufes und ordnet sie generell zwischen 30.000 und 10.000 B.P. ein (De Ploey 1965:149).

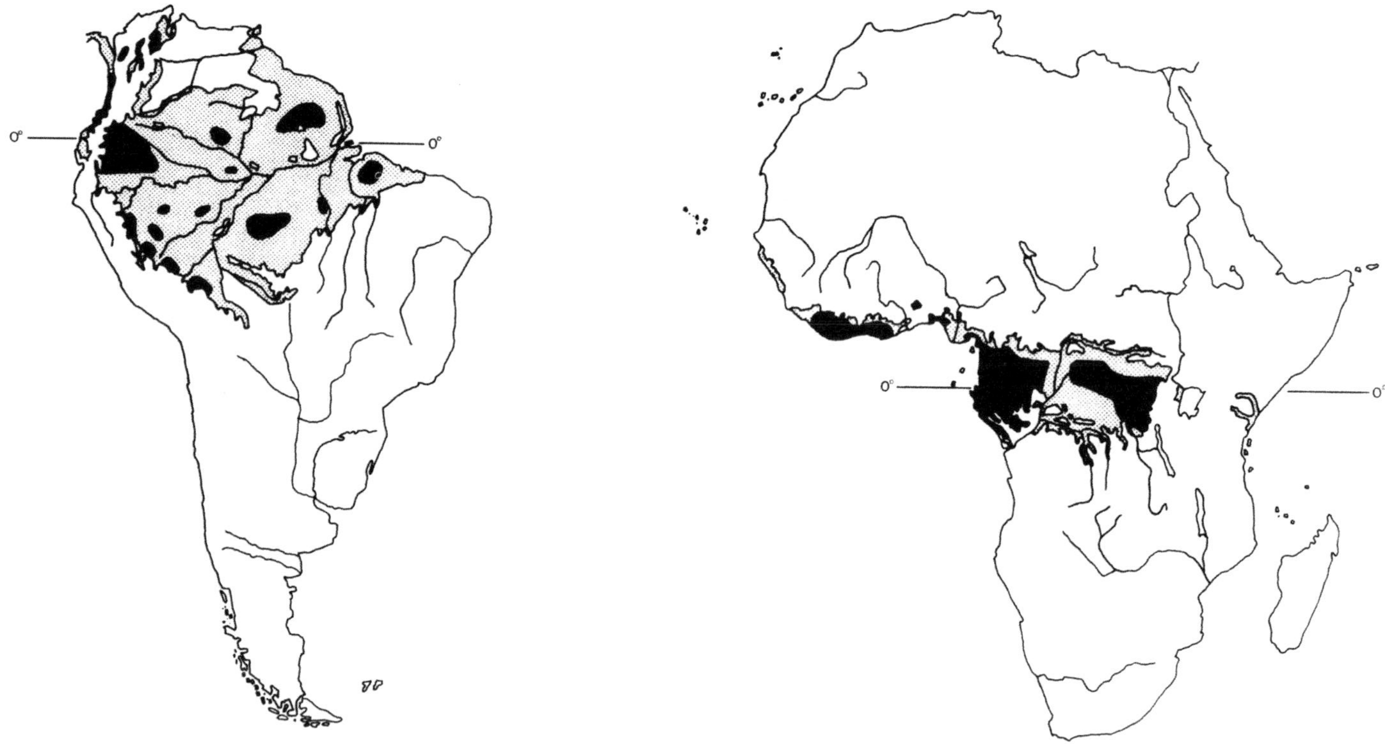

LEGENDE:

Tropische Regenwälder der Gegenwart

Tropische Regenwald - Refugien der letzten Kaltzeit

QUELLEN:

Südamerika nach **HAFFER** 1969, ohne **Datierung** (weitere Angaben aus **VUILLEUMIER** 1971)

Afrika nach **KINGDON** 1971, wobei für die **Zeit** vor 12000 **BP** eher noch eine gewisse Reduktion anzunehmen ist; (zusätzliche Angaben aus **MOREAU** 1963, 1966; **DE PLOEY** 1965, **HAMILTON** 1974; **LIVINGSTONE** 1975).

Abb. 5. Die tropischen Regenwälder während der letzten Kaltzeit (hypothetische Darstellung, auf den Quellen basierend)

In einem heute humiden Raum muß eine offene, steppenartige Vegetation existiert haben. Im weiteren sind von Uganda und Kenia zahlreiche Untersuchungen von Seesedimenten, Pollenanalysen usw. bekanntgeworden, die vor 12.000 B.P. auf ein deutlich arides Klima hinweisen. Der Lake Victoria war ein Salzsee ohne Abfluß (Hamilton 1974:28). Die Seespiegelstände weiterer afrikanischer Seen haben wir in Abbildung 6 zusammengestellt. Die Trockenzeit könnte in Ostafrika und möglicherweise in der gesamten äquatorialen Zone von ca. 25.000 B.P. bis fast 12.000 B.P. gedauert haben. Van Zinderen Bakker und Coetzee (1972) kommen zur ganz klaren Aussage, daß Temperaturänderungen im tropischen Afrika mit der gesamten nördlichen Hemisphäre zumindest von 30.000 B.P. bis heute synchron verlaufen sind, und daß Humiditätsveränderungen gleichzeitig mit Temperaturänderungen erfolgten, wobei Kaltzeiten mit Trockenzeiten und Warmzeiten mit Feuchtzeiten korrelierten. Lokale Abweichungen sind durchaus möglich, wie der Vergleich der Seespiegelstände zeigt (Abb. 6). Auch die Gebirgsvegetation bestätigt diese Klimaphasen. Vor 12.000 B.P. ist der feuchte Bergwald am Ruwenzori durch trockenere Arten ersetzt. Ähnliche Befunde sind von anderen Gebirgen Ostafrikas und von den Tiefländern Ugandas bekannt (Hamilton 1974:30,32).

Schließlich verfügen wir in Afrika auch über biologische Untersuchungen wie in Amazonien. Moreau (1966:370) bestätigt die Reduktion des tropischen Regenwaldes vor 12.000 B.P. und Kingdon (1971) postuliert auf Grund von Untersuchungen an Waldsäugern drei Refugien in Guinea, Kamerun-Gabun und Ruwenzori-Kivu. Der reduzierte Regenwald Afrikas auf Abbildung 5 basiert zum größten Teil auf seinen Angaben und dürfte vor 12.000 B.P. noch stärker reduziert gewesen sein.

Neuere Altersbestimmungen auf Grund von Pollenanalysen sind aus Banyo (Kamerun, Adamaua) bekannt, wo Daten mit 18.000 B.P. mit dem Verschwinden des Waldes und dem Aufkommen der Savanne interpretiert werden (Asequa 1978:163; Van Zinderen Bakker 1972:20). Maley zitiert ein Pollenprofil aus dem Raum von Abidjan (Elfenbeinküste), wo um 23.000 B.P. der Regenwald fehlt (1976:338).

Zusammengefasst scheint der tropische Wald und insbesondere der immerfeuchte Regenwald äußerst dynamischen Schwankungen zu unterliegen, auch wenn diese Prozesse räumlich und zeitlich noch lange nicht gesichert und geklärt sind. Ganz allgemein zeichnet sich eine bedeutende Schrumpfung und partielle Auflösung vor 12.000 B.P. ab, doch ist der Beginn dieses Prozesses noch nicht genügend belegt. Bloß aus den Seespiegelschwankungen Ostafrikas geschlossen und ohne die zahlreichen kleinen Oszillationen zu berücksichtigen, muß dieser Vorgang generell vor 22.000 B.P. begonnen und um ca. 12.000 B.P. geendet haben. Daraufhin setzte eine Ausdehnung der Regenwälder ein, die um 8.000 B.P. ihren Höhepunkt erreichte (Livingstone 1975:260) und seit 5.500 B.P. mit zahlreichen Fluktuationen wieder etwas zurückging.

Wenn wir heute diese Vorgänge noch nicht flächenhaft genau belegen können, so dürften diese Veränderungen für die globalen Haushaltprozesse doch von größter Bedeutung gewesen sein. Wenn wir bedenken, daß 42% des in der terrestrischen Vegetation gespeicherten Kohlenstoffes und 32% der gesamten primären Nettoproduktion in den tropischen Regenwäldern enthalten sind, so müssen diese Schrumpfungs- und Dehnungsprozesse mit der Gegenwart in Beziehung gebracht werden, in der 0,5 bis 1,5% der Restfläche des tropischen Regenwaldes jährlich gerodet wird (Woodwell 1978:15,17)

3.3 Die Trockengebiete Afrikas in der letzten Kaltzeit

In ausführlichen Arbeiten haben in den letzten Jahren Fairbridge (1965, 1976), Maley (1973, 1977), Flohn und Nicholson (1979), Lauer und

Frankenberg (1979) die heute verfügbaren Daten aus den Trockgengebieten vorwiegend des nördlichen Afrikas zusammengetragen und interpretiert. Wir fassen deshalb einige Ergebnisse summarisch zusammen und stellen sie wie folgt in unseren Zusammenhang (siehe Abb. 6 und 8):

Zur Zeit des Kältemaximums unterliegt die *südliche Sahara* einer extremen Trockenheit. Die Niederschläge sind geringer als heute und die Dünenbildungen reichen bis 10° nördl. Breite.

In *Nordafrika* weisen zahlreiche Indizien auf feuchtere Klimabedingungen als heute hin (Rognon 1976:258; Lauer und Frankenberg 1979:17). Bei diesen Angaben ist aber zu beachten, daß die extreme Südverlagerung der Polarfront vor allem im Winterhalbjahr zu Niederschlägen in der nördlichen Sahara führen mußte, der Sommer aber durchaus trocken und strahlungsintensiv sein konnte. Diese verstärkte Feuchtigkeitszufuhr ist also ökologisch nicht zu überschätzen (vgl. Brunnacker 1974), und keinesfalls dürfen saisonal entstandene fluviale und lakustre Formen klimatologisch übertrieben oder sogar falsch interpretiert werden.

Wahrscheinlich haben erst nach dem Kältemaximum, ab ca. 16.000 B.P., mit zunehmender Erwärmung und etwas erhöhtem atmosphärischem Feuchtigkeitsgehalt effizientere Niederschläge die zentrale Sahara erreicht, wie aus Terrassenbildungen im Tibesti vermutet werden kann (Jaekel 1977). Damit ist auch die Frage gestellt, ob Schnee-, Nivations- und Periglazialformen ihre optimale Ausbildung nicht während des Kältemaximums, sondern unmittelbar danach im ausklingenden Hochglazial und beginnenden Spätglazial mit der verstärkt einsetzenden Feuchtigkeitszufuhr erfahren haben (Heine 1977).

Eine klimatisch äußerst schwierige und oft wechselhafte Phase ist zwischen 14.000 und 10.000 B.P. zu situieren. Erst mit dem deutlichen Anstieg des Tschadsees um ungefähr 9.200 B.P. (Maley 1977) stellten sich Klimabedingungen mit ökologisch wirksamen Sommerniederschlägen in der Südsahara ein.

Die Trockengebiete des südlichen Afrikas zeigen trotz unvollständigen und noch nicht geklärten Widersprüchen ein in den Grundzügen vergleichbares Ergebnis: die südliche Kalahari im Einzugsgebiet des Oranje (26° - 30°S) zeichnet sich durch erhöhte Feuchtigkeit während des Kältemaximums aus, was mit dem äquatorwärtigen Vorstoß der antarktischen Polarfront und mit dem tieferen Eindringen wandernder Zyklonen in den Kontinent zu deuten ist. Demgegenüber zeigt die nördliche Kalahari (20°S) ein arides Hochglazial analog der südlichen Sahara (Van Zinderen Bakker und Butzer 1973; Heine 1978).

Zusammengefaßt ergeben sich nördlich und südlich des Äquators, generell und allzu stark vereinfacht, doch vergleichbare Prozesse, auch wenn die Zirkulationsverhältnisse und Feuchtigkeitsverteilungen im nördlichen und südlichen Afrika aufgrund der verschiedenen Ausgangsbedingungen doch wesentliche Unterschiede zeigen mußten.

4 Klimageschichtliche Probleme der holozänen Feuchtzeit

4.1 Die Gebirge Afrikas in der holozänen Feuchtzeit

In dieser Zeitspanne zwischen 12.000 B.P. und einem einsetzenden "Trokkener-Werden" um ca. 4.000 B.P. zeigen die Gebirge ein ganz ähnliches Verhalten wie die umgebenden Niederungen: In einer "Warmzeit" mit verstärkter Feuchtigkeitszufuhr kann eine deutliche Angleichung an die Umgebung beobachtet werden. Im äquatorialen Bereich zum Beispiel kommt es mit dem Wachstum der tropischen Regenwälder auch zur optimalen Ausbildung der Gebirgswälder (Livingstone 1975). Die Vergletscherungshöhen werden uns wohl immer unbekannt bleiben, weil sie von den heutigen Gletschern überdeckt wurden. Damit können uns bloß die Rekonstruktion von Boden- und Vegetationsbedingungen über die damaligen Höhenstufen Auskunft geben.

Im südlichen und zentralen Sahararaum erscheinen mit zahlreichen Seesedimenten auch Bodenbildungen und limnische Ablagerungen in den Gebirgen, im Tibesti und Hoggar bis in die höchsten Gebirgsregionen reichend. Seedatierungen mit 8.530 B.P. und Bodenbildungen mit 6.600 B.P. zeigen diese morphodynamische Stabilitätsphase an (Messerli 1972:56; Maley 1977:575, siehe auch Boettcher et al. 1972; Jaekel 1977, usw.). Aber auch in den Semienbergen des nördlichen Abessiniens könnte der tiefgründig dunkle Andosol für eine ruhige Bildungszeit mit ausreichender Feuchtigkeitsversorgung sprechen (Frei 1978) und schließlich wurde in den Gebirgen der feuchten Tropen im Bild der Vegetation das veränderte Feuchtigkeitsregime nachgewiesen (Coetzee 1964, 1967). Zweifellos wird den Paläoböden für die genauere klimageschichtliche Auslotung dieser Phase noch eine große Bedeutung zukommen, wie zahlreiche Beobachtungen vom Sinai über den Hoggar bis in die äthiopischen und ostafrikanischen Gebirge beweisen.

Wir wollen in diesem Zusammenhang nicht darauf eintreten, wie auf Grund von fluvialen Ablagerungen besonders dynamische Prozessphasen zeitlich gegliedert werden können, weil diese Probleme noch keinen zusammenhängenden Überblick über mehrere Klimazonen erlauben.

4.2 Die Trockengebiete Afrikas in der holozänen Feuchtzeit

Das Wärmemaximum der Postglazialzeit müßte um etwa 6.000 bis 5.500 B.P. angesetzt werden (Holozänes Optimum, Atlantikum, "Hypsithermal", hyperthermales Maximum usw.) und könnte mit einer um 1° - $1,5^{\circ}C$ erhöhten globalen Mitteltemperatur und einer Reduktion der ariden Zonen charakterisiert werden. Dieses Optimum wurde in einem Szenario möglicher Klimaentwicklungen verwendet (Kellogg 1977; Flohn 1977; Flohn und Nicholson 1979).

Nun dürfte aber gerade in der ariden Zone diese globale Temperaturerhöhung keine wesentliche Bedeutung gehabt haben, weil die verstärkte Feuchtigkeitszufuhr und ihre entsprechende Bewölkung im stark erweiterten Raum der Sommerniederschläge eher zu einer Mäßigung der Maximaltemperaturen geführt haben mußte. Von entscheidender Bedeutung war vielmehr das veränderte Feuchtigkeitsregime, das sich um etwa 8.000 B.P. relativ konsequent vom Äquator bis zum Mittelmeer, ja zum Teil sogar im südlichen Afrika durchsetzte. Die relativ gut erhaltenen und absolut datierten Seeablagerungen erlauben uns einen großräumigen Vergleich, auch wenn gerade die zeitlichen Grenzen von See- und Klimaschwankungen noch nicht durchwegs gesichert sind. In Abbildung 6 haben wir die Untersuchungsergebnisse einiger ausgewählter Seen vom Äquator bis zum Mittelmeer schematisch vereinfacht dargestellt. Um 8.000 B.P. sind überall Höchststände zu verzeichnen. Viktoria- und Turkanasee hatten Überläufe zum Nil, der Tschadsee zum Benue-Niger (Abb. 7). Tanganjka und Kivusee südlich des Äquators und Nakuru und Najvasha im kenianischen Riftvalley zeigen absolute Höchststände im gleichen Zeitbereich (Butzer 1972:74; Livingstone 1975:260). Selbst auf $20^{\circ}S$ hat Heine (1978:147) hohe Seestände zwischen 12.000 und 8.700 B.P. datiert, wobei die jüngere Grenze durch keine C14-Daten belegt ist.

Besonders instruktiv sind die Funde von datierten Fluß- und Seeablagerungen, Skeletteilen von Elefanten, Giraffen usw. aus den extremen

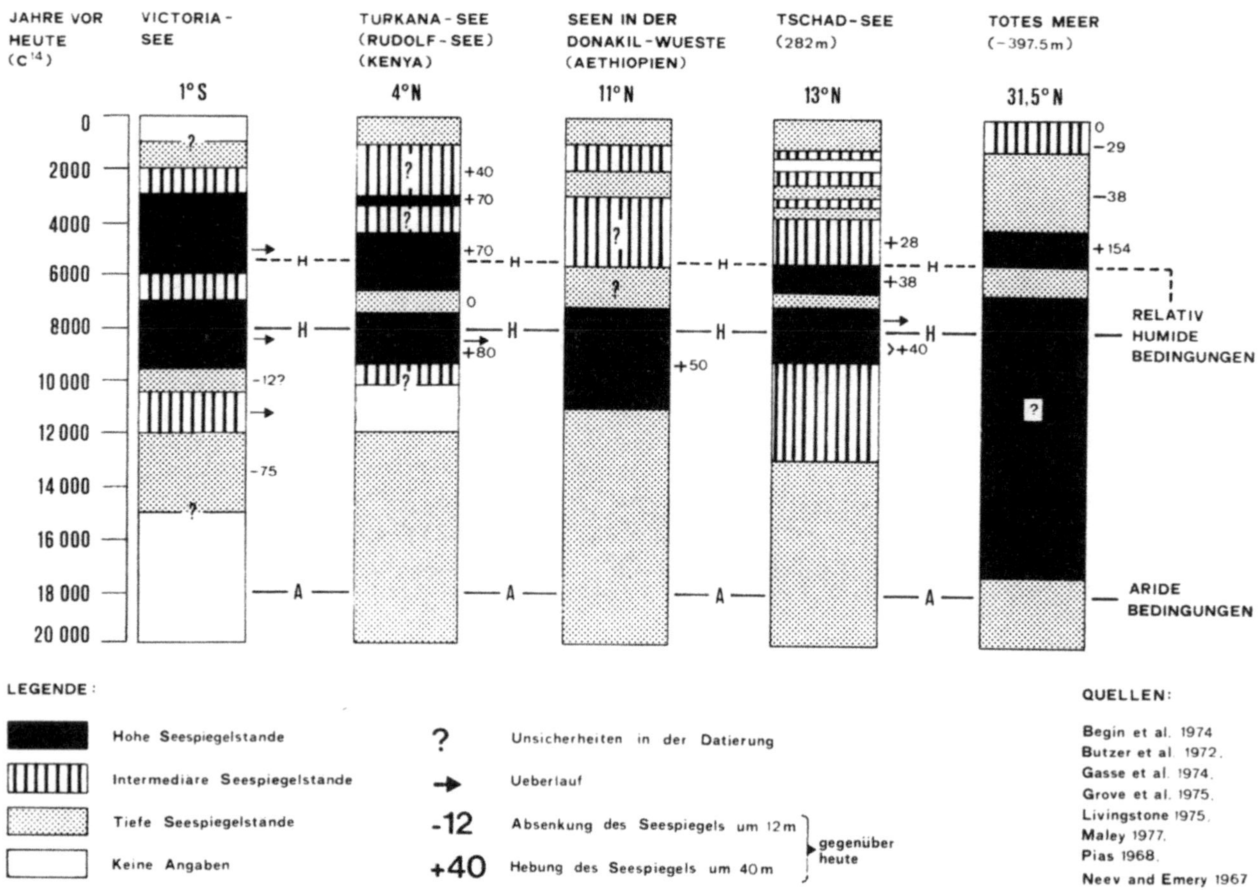

Abb. 6. Niveauschwankungen ausgewählter afrikanischer Seen

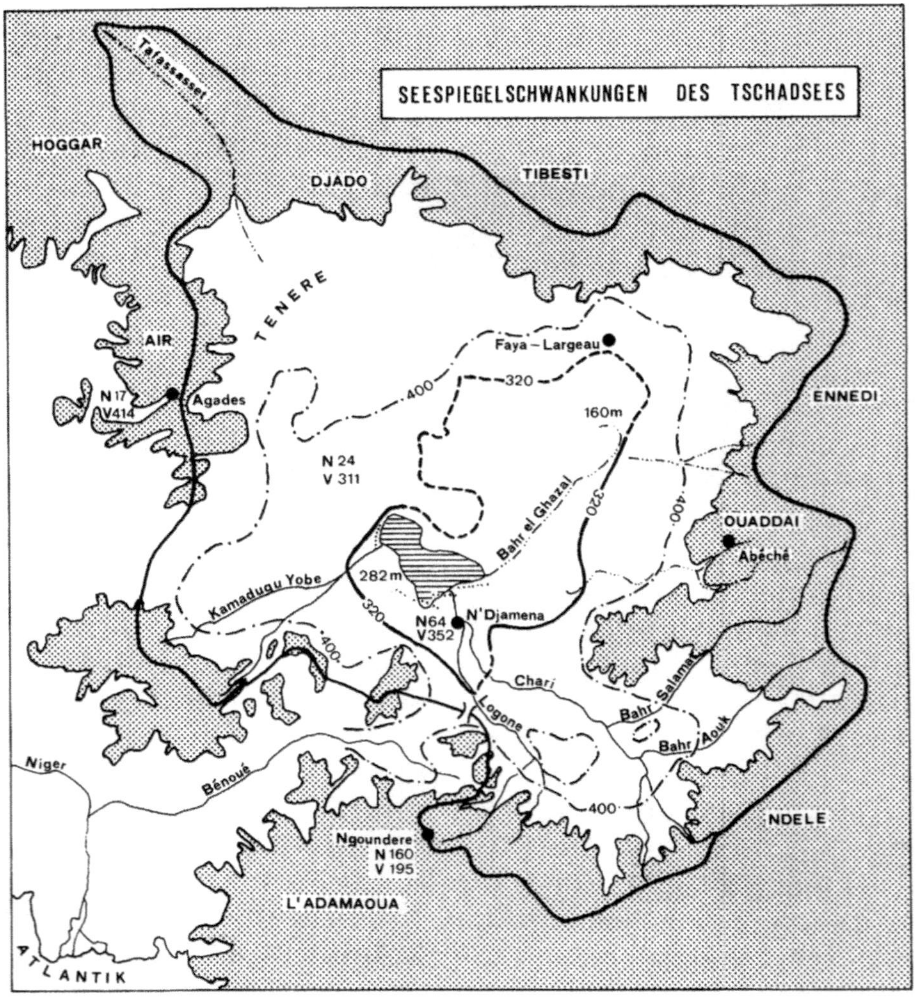

LEGENDE:

- Höhen über 500m
- Heutiges Tschadsee – Niveau: 281m → 12 700 km² (1908, 1974); 282m → 24 400 km²; 283m → > 25 000 km² (1953 – 1964)
- Einzugsgebiet des Tschadbeckens: 2 335 000 km²
- –·400·–· Paläotschad – Niveau 400 m; 30 000 – 22 000 BP (?)
- – –320 —— Paläotschad – Niveau 320m; 5 400 BP (9200 – 5000 BP mit Unterbruch) 350 000 km²
- ········ Paläotschad – Niveau 287 – 290m; 3200 – 1800 BP
-)(Tschadsee – Ueberlauf Mayo Kobi
- 282m; 160m Höhenkoten (Depression südl. Faya – Largeau)
- Perennierende Flüsse
- Episodische Abflüsse
- N 160 Jahresniederschlag in cm
- V 195 Jahresverdunstung in cm

QUELLEN:

Pias 1968: 99 und 1970: 24; Touchebeuf de Lussigny 1969; CBLT 1972; Maley 1977: 189; Dorize 1974: 394

Abb. 7

Kernwüsten der Tenere und der Serir Tibesti, wo heute in ungesicherter Verteilung bloß einige Millimeter Niederschlag fallen und die potentielle Verdunstung bis zu 6 m betragen kann (Dubief 1963; Servant und Servant 1970a,b; Pachur 1974; Gabriel 1977 usw.).

Wenn die Trockengrenze der Verbreitung des Elefanten nach Mauny (1956) bei 100 mm Niederschlag liegt, dürfte das ein absolutes Minimum sein. Vielmehr kommt er heute in Gebieten mit mehreren hundert Millimetern Niederschlag vor, wobei die notwendige Vegetation zumindest in Galerieform entlang von Flußbetten gesichert sein muß.

Hinweise auf eine erhöhte Feuchtigkeitszufuhr finden wir in zahlreichen absoluten Altersdatierungen von der Atlantikküste Mauretaniens (Nicholson 1976) über die Danakilwüste Äthiopiens (Gasse et al. 1974) bis nach Indien, wo Singh et al. (1974) in der Wüste von Radjasthan erstaunlich vergleichbare Befunde erzielt hat.

Im nördlichen Trockenraum zeigt sich ein etwas differenzierteres Bild. Obwohl das Niveau des Toten Meeres für feuchtere Bedingungen spricht, weisen zahlreiche Untersuchungen aus dem südlichen Atlas-Raum darauf hin, daß die Flüsse und Endpfannen relativ trocken waren, und daß die Windformung dominierte (Rognon 1976b:266). Zweifellos aber müssen die tropischen Sommerregen weit nach Norden bis an den Südfuß des hohen Atlas vorgedrungen sein. Darauf weisen auch die Funde von Elefant, Rhinozeros, Giraffe usw. als Felsbilder und als Skeletteile in der Darstellung von Mauny (1956) hin. Obwohl eine genaue Datierung dieser Funde fehlt, muß doch nach dem Fundort, dem Verwitterungsgrad und der Sedimentbedeckung auf ein holozänes Alter geschlossen werden.

Dieses erste holozäne Feuchtemaximum wird zwischen ca. 7.300 und 6.600 B.P. durch eine abrupt eintretende Ariditätsphase unterbrochen. Die veränderten klimatischen und hydrologischen Bedingungen sind besonders deutlich am Lake Turkana (Rudolfsee) und am Tschadsee (Abb. 7) datiert worden, sie zeichnen sich aber auch aus den heute verfügbaren Daten am Lake Viktoria ab und sind am Toten Meer nahe der Mittelmeerküste nach den heutigen Kenntnissen etwas später zwischen 6.500 und 5.700 B.P. registriert (Neev und Emery 1976:29; Butzer 1972:70,73; Maley 1977:95). Zahlreiche weitere Befunde an fluvialen Ablagerungen aufgrund zumindest periodisch fließender Gerinne aus der zentralen Sahara bestätigen diesen ariden Einbruch (Pachur 1974; Jaekel 1978 usw.). Es muß aber beigefügt werden, daß zahlreiche Daten nicht in diese Gliederung passen. Im Tibesti wurde ein Paläosol im Gebiet des Mouskourbé mit 6.600 ± 140 B.P. datiert (Messerli 1972; Maley 1977), der möglicherweise mit einem 7.000 Jahre alten Paläosol Nubiens ("Omda soil": Maley 1977) korreliert werden könnte. Müßte sich also dieser Ariditätseinbruch kurz vor 7.000 (7.500 - 7.100) abgespielt haben? Das würde auf einen äußerst raschen Klimawechsel hinweisen, wie wir sie in unserem Raum im Spät- und Postglazial nach neueren 016/018-Ergebnissen auch kennen (Eicher und Siegenthaler 1976:116).

Die zweite Feuchtzeit, die sich im südlichen und nördlichen Trockenraum manifestiert und in den äquatorialen Bereichen mit zeitlich schwer definierbaren Abgrenzungen angedeutet ist (Abb. 8), dürfte generell zwischen 6.500 und 5.000 B.P. anzusetzen sein (Maley 1977:196; Flohn 1979 usw.). Zahlreiche Autoren weisen auf eine Verlängerung bis 4.500 B.P. hin, insbesondere im Randbereich des Mittelmeeres, wo z.B. beim Toten Meer ein jüngeres Datum mit 4.400 B.P. das Ende einer Feuchtphase und den Zusammenbruch bestehender Kulturen anzeigt (Neev und Emery 1967:28). Beim Tschadsee verzeichnet Maley (1977) eine Regression zwischen 5.000 und 3.900 B.P., und auch in der zentralen Sahara bestätigt Jaekel (1978) zwischen 4.500 und 4.000 das Ende einer Gunstzeit.

Nach dieser zweiten Feuchtphase und dem anschließenden Ariditätseinbruch um 4.500 bis 4.000 B.P. flackern nochmals einige geringe Feuchtigkeitsschwankungen auf, die von 3.500 bis 3.000 und von 2.500 bis 1.500 oder sogar 1.000 B.P. anzusetzen sind (Pachur 1974; Gasse et al. 1974; Maley 1977; Jaekel 1978 usw.).

Im westafrikanischen Raum wurde eine ganze Serie von tropischen Säugetierknochen datiert, dabei zeigte sich ein "biologisches Optimum" zwischen 4.000 und 3.000 B.P. mit einer Schwelle zur Desertifikation um 2.000 B.P. (Delibrias et al. 1977). Dies mag die höchste Verbreitung der Savannentiere in der ausklingenden Feuchtphase, unmittelbar vor dem Zusammenbruch einer lebensfähigen Umwelt, anzeigen. Möglicherweise war dieser Schwellenwert von 2.000 B.P. in der zentralen und östlichen Sahara bereits früher erreicht.

Zusammengefaßt könnte man wohl von drei Feuchtphasen sprechen, wobei die *erste* am deutlichsten ausgeprägt vom äquatorialen Raum bis in die zentrale Sahara und etwas abgeschwächt bis an den Rand des Mittelmeerraumes nachzuweisen ist. Sie ist zwischen ca. 12.000 und 7.500 B.P. anzusetzen, wobei der Beginn mit lokal verstärkten Prozessen (z.B. in den Gebirgen) schon ab 16.000 möglich ist.

Die *zweite* Feuchtphase von ca. 6.500 bis 5.000 ist sehr deutlich vom Südrand der Sahara bis zum Mittelmeer nachzuweisen, unterliegt dagegen im äquatorialen Bereich gewissen zeitlichen Unsicherheiten, die neben lokalen Effekten auf eine noch ungenügende Datenzahl zurückgeführt werden könnte.

Die *dritte*, schwach ausgeprägte und langsam ausklingende Feuchtphase muß um 3.500 B.P. angesetzt werden und gliedert sich möglicherweise in zwei Perioden, die spätestens um 1.000 B.P. zu Ende gehen.

5 Die Zirkulationsbedingungen Afrikas während den letzten 20.000 Jahren

5.1 Die Zirkulationsbedingungen während des Kältemaximums (Abb. 8 und 9)

Die Zirkulationsbedingungen während des Vergletscherungsmaximums der großen Inlandeismassen der Nordkontinente waren zweifellos durch eine Südverlagerung der Klimazonen geprägt. Wenn auch der Golfstrom damals die europäische Küste in der Breitenlage Spaniens erreichte und das Maximum der außertropischen Westwinde sich um 20° nach Süden auf 40° nördliche Breite verlagerte (CLIMAP 1976; Lauer und Frankenberg 1979: 19), so darf der Einfluß der zyklonalen Niederschläge in den heutigen Trockengürtel hinein doch nicht überschätzt werden. Der globale Wasserhaushalt wurde durch die verminderte Verdunstung der Ozeane stark reduziert: Flohn schätzt diese Verminderung während des Kältemaximums global auf 18%, für den äquatorialen Bereich zwischen 10°N und 10°S sogar auf 70% (Flohn 1979). Dies hängt mit der Senkung der Oberflächentemperaturen der äquatorialen Meere um 4° - 7°C zusammen, wobei höchstens der Indische Ozean eine Ausnahme gemacht haben könnte. Wie weit schließlich die troposphärischen Ostwinde intensiviert und die Hochdruckzellen eher verstärkt wurden, dürfte noch nicht in allen Teilen geklärt sein (Gates 1976:1142). Jedenfalls wäre es kaum richtig, für Nordafrika um 18.000 B.P. bedeutend niederschlagsreichere *Sommerhalbjahre* zu postulieren. Die Bewölkung war gering, die Strahlung intensiv und die Feuchtigkeitszufuhr kaum wesentlich gesteigert, wie Untersuchungen am Toten Meer und im Golf von Aden belegen (Deuser et al. 1976). Dies wird aber auch durch ein Vegetationsbild bezeugt, das im südlichen Mittelmeerraum weitgehend steppenhaft war (Brunnacker 1974; Rognon 1976:259). Wie weit die Seenbildungen im Becken von Damaskus und der

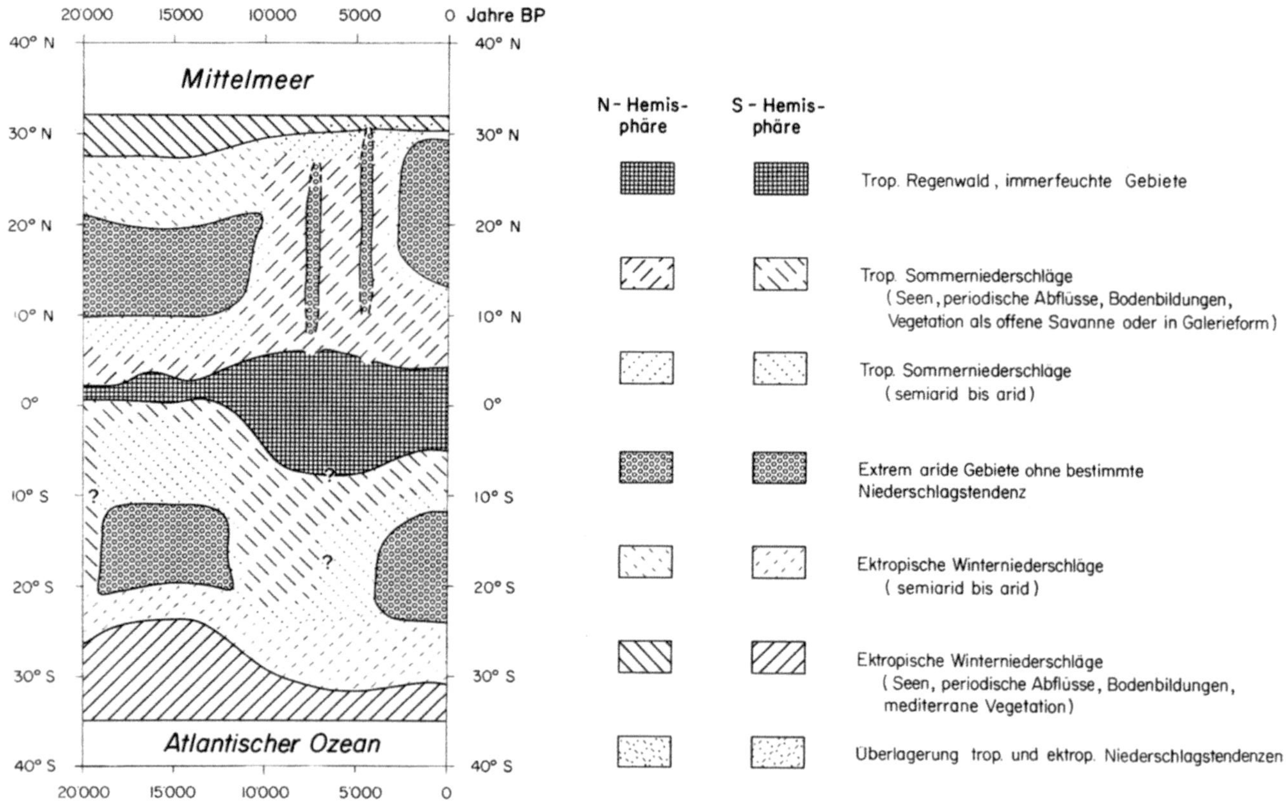

Abb. 8. Die Klimazonen Afrikas in den letzten 20.000 Jahren, Versuch einer Rekonstruktion: N-S Profil entlang 20° östl. Länge (Syrte-Tschad-unt.Kongo-Kapstadt)

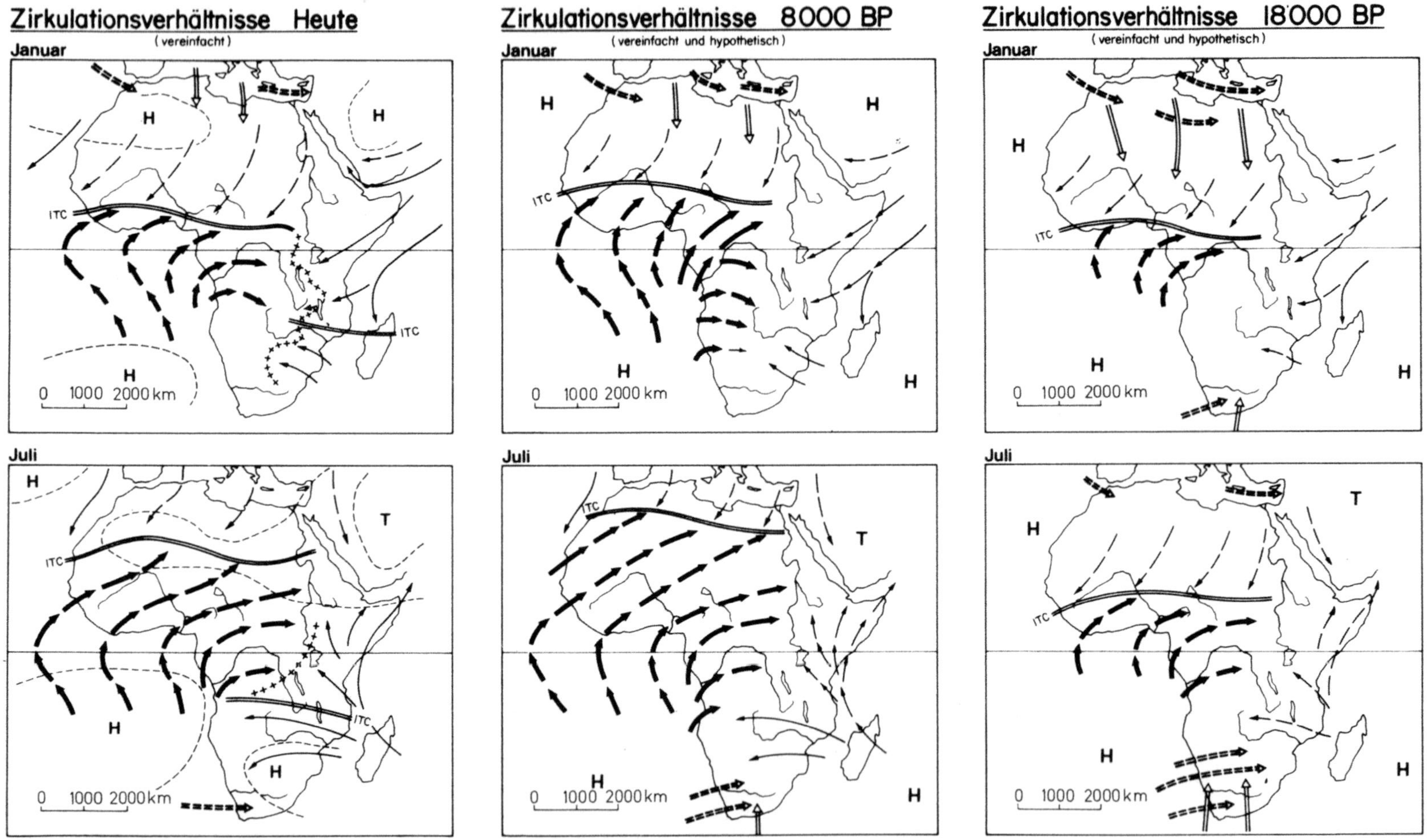

ITC
++++ Windkonvergenz - Zonen
H Hochdruckzonen
T Tiefdruckzonen
Tropisch kontinentale und meist trockene Luftmassen (Winter: Harmattan sudl. Sahara)
Tropisch maritime und feuchte Luftmassen (Sommer Monsun sudl. Sahara)
Tropisch unterschiedlich feuchtere oder trockenere Luftmassen
Ektropisch kühlere und feuchtere Luftmassen (Westwinde)
Vorstoss polarer Luft (Kaltlufteinbruche oder Kaltlufttropfen)

Quellen: Fairbridge 1964, 1972
Zinderen Bakker 1965
Suchel 1972
Rognon 1976
Flohn 1979
Lauer und Frankenberg 1979

Abb. 9

Anstieg des Toten Meeres mitsamt dem Rückgang der Salinität auf die Abkühlung und die winterlichen Niederschläge, insbesondere in Form von Schnee auf die Gebirge im Einzugsbereich dieser Niederungen zurückzuführen sind, scheint mir noch nicht genügend geklärt (Kaiser et al. 1973; Begin et al. 1974).

Dagegen waren die Kaltlufteinbrüche im *Winterhalbjahr* zweifellos häufiger, kräftiger entwickelt und weiter nach Süden stoßend als heute. Schneefälle erreichten den Hoggar, das Tibesti und selbst die Hochgebirge im nördlichen Äthiopien. Wir vermuten nach einer Begehung des nördlichsten Gipfels des Air (Mt. Greboun, 1944 m) sogar Nivationsformen oberhalb 1800 m, die mit kaltzeitlichen Kaltluftdurchbrüchen zusammenhängen könnten. Die Frage ist auch gestellt, ob die frühesten Terrassenbildungen im Tibesti um 16.000 B.P. nicht mit solchen winterlichen Niederschlägen zusammenhängen könnten, ohne sudano-saharische Störungen tropischen Charakters ins Spiel bringen zu müssen.

Ganz sicher aber müssen wir deutlich unterscheiden zwischen einem Winter- und einem Sommerhalbjahr und einer Zone außerhalb und innerhalb der Wendekreise. Diese Unterschiede haben wir in Abbildung 9 für die bodennahen Wind- und Niederschlagsverhältnisse hypothetisch darzustellen versucht. Bei jeder klimageschichtlich-ökologisch orientierten Betrachtung dürfen aber auch die Höhenstufen nicht vernachlässigt werden, indem die kaltzeitlichen Formen und Prozesse in den Gebirgen von den winterlichen Schneefällen und ihren Schmelzwässern und in den Niederungen von der sommerlichen Trockenheit und ihrer Windformung dominiert sein konnten. Da wir jeweils nur die dominanten Formungsprozesse rekonstruieren können, sind sie klimatisch nicht nur nach den Bildungsbedingungen, sondern auch nach der Jahreszeit und der Höhenstufe differenziert zu interpretieren.

5.2 Die Zirkulationsbedingungen während des feuchten Wärmemaximums (Abb. 8 und 9)

Der Beginn dieser Klimaperiode kündigt sich durch zahlreiche Oszillationen an, deren ökologische Auswirkungen zonal und lokal sehr stark variieren. Um ca. 8.000 B.P. und um ca. 5.000 B.P. stellen sich Feuchtebedingungen in größter flächenmäßiger Ausdehnung ein (Abb. 8). Erstaunlich ist die Tatsache, daß sowohl der Nord- wie auch der Südrand inklusive Teile des Zentrums des heutigen nordafrikanischen Trockengürtels feuchtere Verhältnisse zeigen. Da die Gebirge nur mit einigen datierten Paläoböden, Seesedimenten und fluvialen Ablagerungen diese optimalen Stabilitätsphasen anzeigen, haben wir uns für die Rekonstruktion dieser Klimaperiode in Abbildung 8 und 9 auf die heute verfügbaren Quellen abgestützt (Zinderen Bakker 1967; Rognon 1976b; Maley 1977; Flohn 1979; Lauer und Frankenberg 1979, usw.). Deutlich zeichnen sich bei den heute verfügbaren Daten zwei Trockeneinbrüche ab, deren Auswirkungen nach N und S noch nicht völlig geklärt sind, abgesehen von starken lokalen Abweichungen. Die Frage ist gestellt, ob die *erste bedeutende Feuchtigkeitsphase* (ca. 12.000/10.000 - 7.500 B.P.) mit einer globalen Erwärmung einerseits, mit einer noch bis ca. 8.000 B.P. Skandinavien bedeckenden Eisschicht andererseits zusammenhängt, indem ektropisch feuchtere Luftmassen durch die äquatorwärtige Verlagerung der Polarfront in den afrikanischen Kontinent eindringen und andererseits die tropischen Luftmassen bereits eine erhöhte Aktivität polwärts entwickeln. Dies würde eine jahreszeitlich differenzierte Niederschlagsverteilung beidseitig des großen Trockengürtels bedeuten und zwischen dem nördlichen und südlichen Afrika müßten sich auch Unterschiede ergeben haben.

Die zweite *Feuchtigkeitsphase* (ca. 6.500 bis 5.000 B.P.) ist durch eine ausgeprägte Erwärmung gekennzeichnet. Zweifellos stoßen tropische Luftmassen bis an den Südrand des Atlasgebirges vor, möglicherweise sogar bis in den Randbereich des Mittelmeeres. Weil aber auch der Nordrand der Sahara und vor allem der Mittelmeerraum deutlich feuchtere Verhältnisse mit veränderten ökologischen Bedingungen aufweisen, haben Flohn, Lauer und Frankenberg (zit. 1979:29) folgende Erklärung angeboten: "Eine gleichzeitige Südverlagerung der Polarfront und Nordverschiebung der ITC ist nur anzunehmen, wenn sowohl das Azorenhoch als auch das St. Helena-Hoch gleichzeitig sehr stark ausgebildet waren, wohingegen bei einer Südverschiebung der Klimazonen das Azorenhoch alleine und bei einer Nordverlagerung das St. Helena-Hoch alleine verstärkt gewesen sein könnte. Möglicherweise hat jedoch der gleiche Vorgang, der die höheren Niederschläge im N der Sahara bedingte, nämlich ein größere Häufigkeit von klimatischen Troglagen, auch im S verstärkt niederschlagsgenetisch gewirkt, und zwar dadurch, daß die Tröge bis in die tropische Ostströmung reichten und dort verstärkt die Bildung von "easterly waves" anregten."

Die *dritte Feuchtphase* entspricht einigen Fluktuationen, die das Ausklingen dieser Gunstzeit anzeigen. Sie sind zonal und lokal wieder sehr verschieden ausgeprägt und lassen sich nicht mehr als eine räumliche und zeitliche Einheit darstellen. Vor allem im südlichsten Afrika läßt sich mit den heute verfügbaren Kenntnissen noch keine solche Gliederung aufstellen (siehe Abb. 8). Ganz sicher aber besteht ein Zusammenhang mit dem Abschmelzen des Labradoreises und mit der maximalen Erwärmung der Arktis gegen 5.000 B.P., indem sich die Vorstöße der Polarfront abschwächten und sich die Aridität in Wendekreisen zusehends verstärkte (Barry et al. 1977, zit. nach Flohn 1979).

5.3 Die heutigen Zirkulationsbedingungen

Die heutige Situation für die Monate Januar und Juli ist in Abbildung 9 summarisch zusammengestellt. Wie stark vereinfacht eine solche schematische Abbildung der Windverhältnisse ist, kommt im Vergleich mit Abbildung 10 zur Darstellung. Hier wurden aus Satellitenbildern die Trajektorien der dominanten Sandtransporte kartiert (Mainguet und Canon 1976). Die langandauernden bodennahen Windsysteme zeigen dem Relief angepaßte Strömungsstrukturen und Strömungsrichtungen, die wir nicht im einzelnen diskutieren können, die aber für die Rekonstruktion früherer Klimaphasen eine unumgängliche Grundlage wären. Wenn wir aus datierbaren Feldbefunden (Geomorphologie, Sedimentologie, Pollenanalyse etc.) auf frühere Klimaverhältnisse schließen wollten, dann müßten wir eigentlich um alle diese räumlich differenzierten Prozesse wissen. Nur so können lokale Abweichungen verstanden und nur so können allgemein gültige Gesetzmäßigkeiten erkannt werden. In dieser Richtung sind noch bedeutende Grundlagenarbeiten zu leisten, und in diesem Sinne sind auch die Abbildungen 8 und 9 bloß als vorläufige Versuche einer Zusammenfassung zu werten.

Unter den heutigen Klimabedingungen kommt aber noch ein völlig neues Element dazu: Die menschlichen Einwirkungen! Insbesondere in den feuchttropischen Räumen mit der Abholzung der Wälder und in den trockenen Zonen mit der Desertifikation kommt diesen Prozessen eine ständig wachsende Bedeutung zu. Wenn wir schließlich bedenken, daß die Klimaoszillationen des letzten Jahrhunderts über die verschiedenen Klimazonen hinweg nachgewiesen werden konnten (Maley 1973; Nicholson 1976; Abb. 4 und 7), dann stehen wir vor der Frage, welche Probleme und Umweltveränderungen in Zukunft durch die wechselweise Überlagerung na-

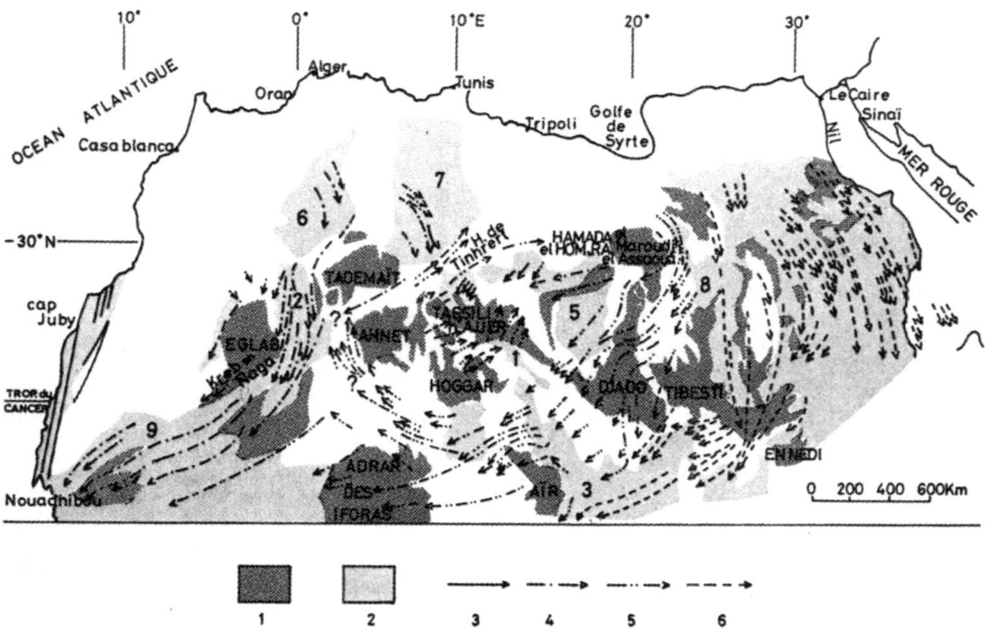

Abb. 10. Trajektorien des Sandtransportes in der Sahara (Interpretation von NOAA 3 Satellitenbildern). *1* Wind-Hindernisse (Gebirge) oder Zonen ohne Sandablagerungen; *2* Erg (Sandwüsten); *3* Atlantische "Sand-Strömung"; *4* Westliche "Sand-Strömung; *5* Zellenförmige "Sand-Strömung" in der zentralen Sahara; *6* Östliche "Sand-Strömung". Die Nummern bezeichnen die einzelnen Ergs: *1* Admer; *2* Chech; *3* Fachi-Bilma; *4* Iguidi; *5* Murzuk; *6* Westl. Erg; *7* Östl. Erg; *8* Rebiana; *9* Makteir. ? = Gegenden mit unsicheren Beobachtungen. (Aus Mainguet und Canon 1976, Fig. 1, S. 243)

türlich bedingter Klimafluktuationen und athropogen bedingter Klimaeinwirkungen zu erwarten und zu befürchten sind.

Literatur

ASEQUA: Extraits de Radiocarbon 1973-1975. Dakar Juillet 52-53, 11-177 (1978)

Begin, Z.B., Ehrlich, A., Nathan, Y.: Lake Lisan, the Pleistocene precursor of the Dead Sea. Geol. Surv. Isr. Bull. 63, 1-30 (1974)

Boettcher, U., Ergenzinger, P.J., Jaekel, S.H., Kaiser, K.: Quartäre Seebildungen und ihre Mollusken-Inhalte im Tibesti Gebirge und seinen Rahmenbereichen der zentralen Ostsahara. Z. Geomorphol. 16, 182-234 (1972)

Brunnacker, K.: Lösse und Paläoböden der letzten Kaltzeit im mediterranen Raum. Eiszeitalter und Ggw. 25, 62-95 (1974)

Butzer, K.W., Isaac, G.L., Richardson, J.L., Washbourn-Kamau, C.: Radiocarbon dating of East African lake levels. Science 185, 1069-1076 (1972)

CBLT: Commission du Lac Tchad. Tech. Rep. UNESCO-UNDP Ref. 71. Paris:217 (1972)

Chaix, L.: Note sur quelques Mollusques quaternaires du Tibesti (Tchad). Haliotis 4 (1-2), 187-193 (1978)

CLIMAP: The surface of the Ice-Age Earth. Science 191, 1131-1137 (1976)

Coetzee, J.A.: Evidence for a considerable depression of the vegetation belts during the Upper Pleistocene on the East African Mountains. Nature (London) 204, 564-566 (1964)

Coetzee, J.A.: Pollen analytical studies in East and Southern Africa. Paleoecol. Afr. 3, 1-146 (1967)

Cour, P., Duzer, D.: Persistance d'un climat hyperaride au Sahara central et méridional au cours de l'Holocène. Rev. Géogr. Phys. Géol. Dyn. XVIII, 175-198 (1976)

Delibrias, G., Ortlieb, L. Petit-Maire, N.: Le littoral Ouest-Saharien. Nouvelles Dates 14 C. Rech. fr. Quat. INQUA Suppl. Bull. AFEQ 1, no. 50 (1977)

De Ploey, J.: Position géomorphologique, génèse et chronologie de certains dépôts superficiels au Congo occidental. Quaternaria 7, 131-154 (1965)

Deuser, W.G., Rous, E.H., Waterman, L.S.: Glacial and Pluvial Periods. Their Relationship revealed by Pleistocene Sediments of the Red Sea and Gulf of Aden. Science 191, 1168-1170 (1976)

Dorize, L: L'oscillation pluviométrique récente sur le bassin du Lac Tchad et la circulation atmosphérique générale. Rev. Géogr. Phys. Gécl. Dyn. 2, 393-420 (1974)

Dubief, J.: Le climat du Sahara, 2 Vols. I.R.S. Mém. Univ. Alger, 1959/1963

Eicher, U., Siegenthaler, U.: Palynological and oxygen isotope investigations on Late-Glacial sediment cases from Swiss Lakes. Boreas 5, 109-117 (1976)

Elouard, P., Faure, F., Hebrard, L.: Variations du niveau de la mer au cours des 15 000 derniers années autour de la presqu'ile du Cap Vert. Dakar-Senegal. ASEQUA 50, 29-49 (1977)

Fairbridge, R.W.: Eiszeitklima in Nordafrika. Geol. Rundsch. 1, 399-414 (1965)

Fairbridge, R.W.: Climatology of a glacial cycle. Quat. Res. 2, 283-302 (1972)

Fairbridge, R.W.: Effects of Holocene climatic change on some tropical geomorphic processes. Quat. Res. 6, 529-556 (1976)

Flohn, H.: Climate and energy: a scenario to a 21st century problem. Clim. Change 1, 5-20 (1977)

Flohn, H., Nicholson, S.: Climatic fluctuations in the arid belt of the "Old World" since the last glacial maximum; possible causes and future implications. Paleoecology of Africa, Vol. 12. van Zinderen Bakker, E.M. (ed.) (im Druck)

Frei, E.: Andepts in some High Mountains of East Africa. Geoderma 21, 119-131 (1978)

Gabriel, B.: Zum ökologischen Wandel in der östlichen Zentralsahara. Berl. Geogr. Abh. 27 (1977)

Gasse, F.: Evolution of Lake Abhé (Ethiopia and TFAI) from 70 000 B.P. Nature (London) 265, 42-45 (1977)

Gasse, F., Fontes, J.C., Rognon, P.: Variations hydrologiques et extension des lacs holocènes du désert Danakil. Palaeogeogr. Palaeoclimatol. Palaeoecol. 15, 109-148 (1974)

Gates, L.W.: Modelling Ice Age Climate. The July Climate of 18 000 years ago has been simulated with a global atmospheric model. Science 191, 1138-1144 (1976)

Grove, A.T., Street, F.A., Goudic, A.S.: Former lake levels and climatic change in the Rift Valley of Southern Ethiopia. Geogr. J. 141, 177-202 (1975)

Haffer, J.: Specification in Amazonian Forest Birds. Science 165, 131-137 (1969)

Haffer, J.: Artentstehung bei Waldvögeln Amazoniens. Umsch. Wiss. Tech. 4, 135-136 (1971)

Hamilton, A.C.: Distribution pattern of forest trees in Uganda and their historical significance. Vegetatio 29, 21-35 (1974)

Hamilton, A., Perrott, A.: Date of deglacierisation of Mount Elgon. Nature (London) 273, 49 (1978)

Heine, K.: Bemerkungen zu neueren chronostratigraphischen Daten zum Verhältnis glazialer und pluvialer Klimabedingungen. Erdkunde 28, 303-312 (1974)

Heine, K.: Beobachtungen und Überlegungen zur eiszeitlichen Depression von Schneegrenze und Strukturbodengrenze in den Tropen und Subtropen. Erdkunde 31, 161-177 (1977)

Heine, K.: Radiocarbon chronology of late Quaternary lakes in the Kalahari, Southern Africa. CATENA 5, 145-149 (1978)

Jaekel, D.: Abfluss und fluviale Formungsvorgänge im Tibestigebirge als Indikatoren zur Rekonstruktion einer Klimageschichte der Zentralsahara im Spätpleistozän und Holozän. X. INQUA Birmingham (1977)

Jaekel, D.: Eine Klimakurve für die Zentralsahara. In: Sahara 10 000 Jahre zwischen Weide und Wüste. Museen der Stadt Köln. 382-396 (1978)

Kaiser, K., Kempf, E., Leroi-Gourhan, A., Schutt, H.: Quartärstratigraphische Untersuchungen aus dem Damaskus-Becken und seiner Umgebung. Z. Geom. 17, 263-353 (1973)
Kellogg, W.W.: Effects of human activities on global climate. WMO Tech. Note 165, No 486:47 (1977)
Kingdon, J.: East African mammals. An atlas of evolution in Africa, Vol. I. London-New York: Academic Press 1971
Kukla, G.J., Kukla, H.J.: Increased surface albedo in the Northern Hemisphere. Science 183, 709-714 (1974)
Lauer, W., Frankenberg, P.: Zur Klima- und Vegetationsgeschichte der westlichen Sahara. Akad. Wiss. Lit. Mainz 1, 1-61 (1979)
Livingstone, D.A.: Late Quaternary Climate Change in Africa. Annu. Rev. Ecol. Syst. 6, 249-280 (1975)
Mainguet, M., Canon, L.: Vents et Paléovents du Sahara. Tentative d'approche paléoclimatique. Rev. Géogr. Phys. Géol. Dyn. 241-250 (1976)
Maley, J.: Mécanisme des changements climatiques aux basses latitudes. Palaeogeogr. Palaeoclimatol. Palaeoecol. 14, 193-227 (1973)
Maley, J.: Paléoclimatologie. Essai sur le rôle de la zone tropicale dans les changements climatiques; l'example africain. C.R. Acad. Sci. 283, 337-340 (1976)
Maley, J.: Palaeoclimates of Central Sahara during the early Holocene. Nature (London) 269, 573-577 (1977a)
Maley, J.: Analyses polliniques et paléoclimatologie des douze derniers millénaires du Bassin du Tchad. Rech. fr. Quat. Suppl. Bull. FEQ, INQUA:187-197 (1977)
Mauny, R.: Préhistoire et zoologie. La grande "faune éthiopienne" du Nord-Ouest africain du paléolithique à nos jours. Bull. I.F.A.N.A. 1, 246-279 (1956)
Messerli, B.: Die eiszeitliche und die gegenwärtige Vergletscherung im Mittelmeerraum. Geogr. Helv. 3, 105-228 (1967)
Messerli, B.: Formen und Formungsprozesse in der Hochgebirgsregion des Tibesti. Hochgebirgsforschung. Universitätsverlag Wagner, Innsbruck 2, 23-86 (1972)
Messerli, B.: Problems of vertical and horizontal arrangement in the high mountain of the extreme arid zone (Central Sahara). Arct. Alp. Res. 5, 139-147 (1973)
Messerli, B.: Probleme des Periglazials in den Gebirgen der ariden Zone. Coll. sur le Périglaciaire d'altitude du domaine méd. et abords. Strasbourg Univ. IGU Comité Coord. Rech. Périglaciaires (1978)
Messerli, B., Winiger, M.: The Saharan and East African uplands during the quaternary. The Sahara and the Nile. Balkema 87-118 (1980)
Messerli, B.: Mountain glaciers in the Mediterranean and in Africa. World Glacier Inventory. IAHS-AISH 126, 197-211 (1980)
Michel, P.: Recherches sur le Quaternaire en Afrique occidentale. Rech. fr. Quat. INQUA Suppl. Bull. AFEQ 1, 143-153 (1977)
Michel, P.: Brève comparaison entre la Mauritanie et la Namibie. ASEQUA 54-55, 67-74 (1979)
Moreau, R.E.: The distribution of tropical African birds as an indicator of climatic change. African Ecology and Human Evolution. Howell, F. (ed.). Chicago: Aldine Publ. House 1963, pp. 28-42
Moreau, R.E.: The Bird Faunas of Africa and Its Islands. London-New York: Academic Press 1966, p. 424
Neev, D., Emery, K.O.: The Dead Sea. Geol. Surv. Bull. 47, 147 (1967)
Nicholson, S.E.: A climatic chronology for Africa: Synthesis of Geological, Historical and Meteorological Information and Data. Thesis Dept. Meteorol., Univ. Wisconsin (1976)
Pachur, H.J.: Geomorphologische Untersuchungen im Raum der Serir Tibesti (Zentralsahara). Berl. Geogr. Abh. 17, 628 (1974)
Pias, J.M.: Contribution à l'étude des formations sédimentaire tertiaires et quaternaires de la cuvette tchadienne et des sols qui en dérivent. (Rép. du Tchad). Thèse ORSTOM, Paris, 407 (1968)
Pias, J.: Caractérisation des Paléosols de la Cuvette tchadienne. ASEQUA 25, 23-24 (1970)
Rognon, P.: Les oscillations du climat saharien depuis 40 millénaires. Introduction à un vieux débat. Rev. Géogr. Phys. Géol. Dyn. 147-152 (1976a)

Rognon, P.: Essai d'interprétation des variations climatiques au Sahara depuis 40 000 ans. Rev. Géogr. Phys. Géol. Dyn. 251-282 (1976b)
Rognon, P., Williams, M.A.J.: Late Quaternary Climatic Changes in Australia and North Africa. A preliminary interpretation. Palaeogeogr. Palaeoclimat. Palaeoecol. 21, 285-327 (1977)
Schick, A.P., Magid, D.: Terraces in arid stream valleys — a probability model. CATENA 5, 237-250 (1978)
Servant, M., Servant, S.: Nouvelles données pour une interprétation paléoclimatique de series continentales du Bassin Tchadien (Pleistocène récent, Holocène). Palaeoecology of Africa. van Zinderen Bakker, E.M. (ed.). 6, 87-92 (1970a)
Servant, M., Servant, S.: Les formations lacustres et les diatomées du quaternaire récent du fond de la cuvette tchadienne. Rev. Géogr. Phys. Géol. Dyn. XII, 63-76 (1970b)
Shackleton, N.J.: Carbon-13 in Uvigerina: Tropical rainforest history and the Equatorial Pacific carbonate dissolution cycles. In: Andersen, N.R., Malakoff, A. (eds.). The Fate of Fossil Fuel CO_2 in the Oceans. Science 6, 401-427 (1977)
Singh, G. et al.: Late quaternary history of vegetation and climate of the Rajasthan Desert, India. Philos. Trans. R. Soc. London Ser. B 267, 467-501 (1974)
Stoffers, P.: Diagenesis of sediments in a alkaline lake: Lake Manyara, Tanzania. IX. Int. Congr. Sedimentol. Nice (Mskr) (1975)
Suchel, J.B.: La répartition des pluies et les régimes pluviométriques au Cameroun. Cen. Etude Géogr. Trop. Bordeaux (1972)
Touchebeuf de Lussigny, P. et al.: Monographie hydrologique du Lac Tchad. Serv. Hydrol. ORSTOM, Paris, 169 (1969)
Vuilleumier, B.S.: Pleistocene changes in the Fauna und Flora of South America. Science 173, 771-780 (1971)
Williams, M.A.J., Adamson, D.A.: Late Pleistocene desiccation along the White Nile. Nature (London) 248, 584-586 (1974)
Winiger, M., Messerli, B.: Rezente und kaltzeitliche klima-ökologische Gliederung der afrikanischen Hochgebirge zwischen Mittelmeer und Äquator. 15. Internat. Tagung für alpine Meteorologie Grindelwald. Veröff. Schweiz. Meteorol. Zentralanst. 40, 125-128 (1978)
Woodwell, G.M.: Das Kohlendioxid-Problem. Spekt. Wiss. 1. edn. 11-19 (1978)
Zinderen Bakker, van, E.M.: Upper Pleistocene and Holocene Stratigraphy and Ecology on the Basis of Vegetation changes in sub-saharan Africa. Chicago Univ. Press (1967)
Zinderen Bakker, van, E.M.: Late quaternary lacustrine phases in the Southern Sahara and East Africa. Palaeoecol. Afr. 6, 15-27 (1972)
Zinderen Bakker, van, E.M., Butzer, K.W.: Quaternary environmental changes in Southern Africa. Soil Sci. 116, 236-248 (1973)
Zinderen Bakker, van, E.M., Coetzee, J.A.: A re-appraisal of late-quaternary climatic evidence from tropical Africa. Palaeoecol. Afr. 7, 151-181 (1972)

Zur Geschichte unserer Gletscher in der Nacheiszeit – Methoden und Ergebnisse

G. FURRER, B. GAMPER-SCHOLLENBERGER und J. SUTER[1]
Graphische Ausführung: G. Kasper, H. Holzhauser

1 Einleitung

Seit bald zehn Jahren befassen sich einige Doktoranden des Geographischen Institutes der Universität Zürich mit nacheiszeitlichen Gletscherschwankungen. Dieser Beitrag faßt die angewandten Methoden und die bis zum Frühjahr 1978 erreichten Ergebnisse zusammen. Weil wir eine allgemeingültige Aussage zur postglazialen Gletschergeschichte der Schweizer Alpen anstreben, sind die Beobachtungen möglichst vieler Gletscher aufgeführt. Ihre Resultate sind einzeln dargestellt. Der Leser kann so zu allen Zeiten des Postglazials selber feststellen, auf welchen und wievielen Befunden wir basieren.

Die Abhängigkeit der Gletscherbewegungen von klimatischen Faktoren wie Temperatur oder Niederschlag ist vielschichtig (Hoinkes 1971; Gamper und Suter 1978) und wird hier nicht behandelt. Wir schließen nur generell von Gletscherhochstandsperioden auf Klimaverschlechterungen, bzw. von Perioden abgeschmolzener Gletscher mit hochgelegenen Stirnen auf Klimaverbesserungen.

Die vorliegende Arbeit entstand aus den Resultaten von elf Diplomarbeiten, vier Dissertationen und weiteren, nicht an der Universität Zürich durchgeführten Untersuchungen. Die Diplomarbeiten, welche wir beizogen, sind als Manuskripte am Geographischen Institut der Universität Zürich vorhanden, und wir betrachten deren Ergebnisse als publiziert. Aus Platzgründen sind wir gezwungen, nur die Resultate zu verwenden. Für die Herleitungen verweisen wir auf die einzelnen Arbeiten.

2 Begriffe

Über die jüngsten Längenänderungen der Gletscher gibt uns die Gletschervermessung zuverlässige Daten. Wo diese fehlen, zeugen Wallmoränen von ehemaligen Ausdehnungen unserer Gletscher. Ist eine Gletscherausdehnung durch Endmoränen markiert, so sprechen wir von einem *Stand*. Unter *Hochstand* verstehen wir einen postglazialen Gletscherstand in der Größenordnung der Zeit um 1850. Dieses Maß aus einer nicht allzufernen Vergangenheit ist gut rekonstruierbar, zeichnet sich doch das Gletschervorfeld (Kinzl 1949) heute noch recht scharf von seiner Umgebung ab. Auch die Moränen aus der Zeit des 17. bis Mitte des 19. Jahrhunderts, die das Vorfeld abgrenzen, sowie die zugehörigen Zungenlängen unterscheiden sich in ihrer Größe deutlich von den jüngeren Ständen.

Unter *Ausdehnung* sei ein momentaner Umriß der Gletscherzunge verstanden. *Vorstoß* bedeutet Vergrößerung, *Rückzug* Verkleinerung der vergletscherten Fläche. Mit *Schwankung* wird eine Klimaverschlechterung bezeichnet, die pollenanalytisch nachgewiesen ist.

[1]Geographisches Institut der Universität Zürich, Postfach, CH-8033 Zürich

Bei der Besprechung der Ergebnisse drängt sich vom methodischen Gesichtspunkt her eine zeitliche Gliederung auf. Das *Postglazial* wird unterteilt in *Vorneuzeit* und *Neuzeit*. Die Vorneuzeit umfaßt den Zeitraum von der Wende Spät-/Postglazial um 10.200 y B.P. bis 1500 n.Chr.; die Neuzeit beginnt mit dem 16. Jahrhundert.

3 Neuzeit

3.1 Methoden

Die zuverlässigsten Angaben liefert wie erwähnt die Gletscherkommission der Schweizerischen Naturforschenden Gesellschaft durch ihre Vermessungen. Seit 1880 wird eine große Zahl von Gletscherzungen jährlich eingemessen. Mit diesen Messungen können ohne weiteres selbst kleinste Veränderungen von weniger als 10 m erfaßt und zeitlich genau eingestuft werden.

Ebenfalls genaue und datierte Angaben bringen Karten. Zwar steht ihre Aussage nicht direkt in Beziehung zu Gletscherbewegungen, wohl aber zeigen sie eine momentane Ausdehnung. In einigen Spezialfällen fand jedoch die Aufnahme der Karte im selben Jahr statt, in dem sich die Moräne bildete; so erfolgte in vielen Fällen die Aufnahme der Messtischblätter für die Dufourkarte zur Zeit des Hochstandes um 1850. Damit erhalten wir eine wichtige Zeitmarke in der Gletschergeschichte. Normalerweise aber ergeben sich nur relative Altersangaben, z.B. für Moränen oder minimale Ausdehnungen.

Sehr unterschiedlich in ihrer Verwendbarkeit sind schriftliche Quellen und Bilddokumente aller Art. Ab ca. 1800 finden sich mehr und mehr Stiche, Aquarelle, Reliefs und später auch Photos. Noch weiter zurück gehen die vielfältigen Unterlagen aus Reiseberichten, Tagebüchern, Chroniken, Urkunden, Alpurbarien usw., die mit der Gletschergröße in Verbindung gebracht werden können.

Auch die Lichenometrie leistet wertvolle Dienste bei geeigneten Gletschervorfeldern. Am Bifertengletscher z.B. konnten sieben Moränenkränze datiert werden, deren Entstehungsjahre bis zu Beginn des 17. Jahrhunderts reichen (Gasenzer 1964, p. 68 ff.).

Dank dieser mannigfaltigen Informationen sind wir also über die Gletschervorstöße der letzten 200 Jahre gut unterrichtet. Dann aber werden die Zeugnisse dürftiger. Offenbar kam damals ein Interesse an den Gletschern nur in Zusammenhang mit Katastrophen (z.B. Gletscherseeausbrüchen) auf.

3.2 Unterer Grindelwald-, Rhone- und Fieschergletscher

Drei Beispiele – Unterer Grindelwaldgletscher (Messerli et al. 1975, insbesondere Beitrag von Zumbühl), Rhonegletscher (Mercanton 1916 und Vermessung der Gletscherkommission SNG) und Fieschergletscher (Holzhauser 1978) – zeigen die jährlichen Änderungen der Zungenlängen oder, wo keine jährlichen Beobachtungen zur Verfügung stehen, die Lage der Gletscherstirnen in möglichst kurzen Intervallen (Abb. 1). Es handelt sich um drei Gletscher aus einem relativ eng begrenzten Gebiet mit Flächen von ähnlicher Größe.

Die jüngsten Zeitabschnitte der drei Kurven sind dank der Gletschervermessungen gut gesichert. Im Zeitraum vor der Vermessung (beim Unteren Grindelwaldgletscher vor 1880, beim Rhonegletscher vor 1874 und beim Fieschergletscher vor 1892) basieren die drei Kurven auf den ver-

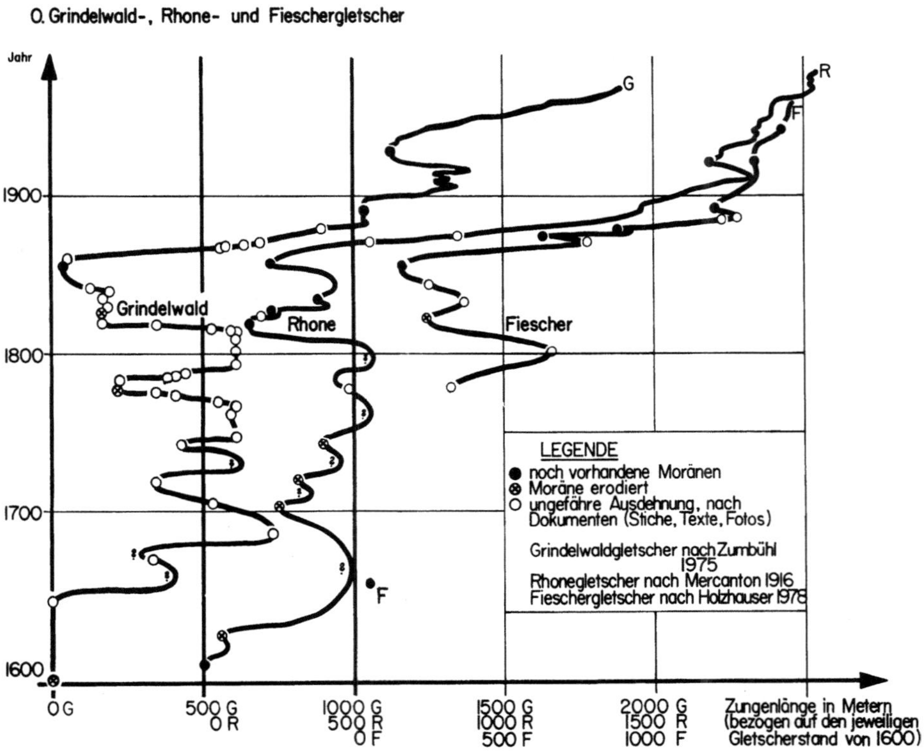

Abb. 1. Änderung der Gletscherzungenlänge von 1600 bis 1975

schiedenartigen, oben erwähnten Dokumenten. In den älteren Abschnitten der Neuzeit mangelt es jedoch an Überlieferungen. So klaffen selbst beim Unteren Grindelwaldgletscher, dem bezüglich der Neuzeit wohl bestdokumentierten Eisstrom, Lücken.

Zur Festlegung der drei Kurven gehen wir in erster Linie von heute noch vorhandenen und datierten Endmoränen aus, sind diese doch die direkten Zeugen ehemaliger Gletscherstände. Zwischen den Ständen fehlen oft Angaben über die Lage der Gletscherstirne, die Bewegung (Vorstoß/Rückzug) oder gar deren Alterseinstufung.

Ein Vergleich der Längenänderungen aller drei Gletscher im Zeitraum von *1870 bis 1970* ergibt eine recht gute Übereinstimmung, obwohl der Rückzug des Rhone- und des Fieschergletschers gegenüber dem Unteren Grindelwaldgletscher seit 1920 deutlich langsamer vor sich ging. Alle drei Eisströme zeigen einen markanten Rückgang in der zweiten Hälfte des 19. Jahrhunderts.

Im *17. und 18. Jahrhundert* bewegten sich die Gletscherstirnen wie in der ersten Hälfte des 19. Jahrhunderts unterhalb der Stirnlagen des 20. Jahrhunderts. Dieser Aussage haftet allerdings eine Unsicherheit an; denn bis zu welcher Höhenlage die Gletscherzungen zwischen zwei Ständen wegschmolzen, ist nur selten exakt festzulegen; die unsicheren Stellen sind daher mit Fragezeichen versehen.

Vor 1780 beschränkt sich der Vergleich auf den Rhone- und den Unteren Grindelwaldgletscher, weil vom Fieschergletscher nur noch eine Moräne aus der Mitte des 17. Jahrhunderts nachzuweisen ist (Holzhauser 1978, p. 42 und 45). Die Übereinstimmung im Verhalten der Zungenenden ist auch im 17. und 18. Jahrhundert augenfällig.

Die drei Gletscher zeigen also eine deutliche Parallelität in bezug auf die Größenordnung ihrer jeweiligen Ausdehnungen.

3.3 Neuzeitliche Gletscherstände

Abbildung 2 basiert auf den Untersuchungen von 23 Gletschervorfeldern. 19 davon sind Gegenstand von Promotionsarbeiten am Geographischen Institut der Universität Zürich. Zum Vergleich dienen der Untere Grindelwaldgletscher, der Rhonegletscher, der Trift- und der Steingletscher (King 1974). Es wurden nur Gletscher berücksichtigt, die mindestens zwei datierte Stände aufweisen. Die Gletscher sind nach Einzugsgebieten angeordnet (von links nach rechts) analog den Berichten der Gletscherkommission. Über den Gletschernamen sind die Bearbeiter genannt.

Die Abbildung enthält alle nachgewiesenen Gletscherstände, dabei wird nach der Genauigkeit ihrer zeitlichen Einordnung unterschieden (siehe Legende). Wenn in einem Untersuchungsgebiet alle sichtbaren neuzeitlichen Moränenwälle datiert werden konnten, so ist dies außerdem durch einen Punktraster festgehalten.

Sowohl beim Unteren Grindelwaldgletscher wie auch beim Rhonegletscher hat sich deutlich gezeigt, daß sich eine Gletscherchronik nicht nur auf eine reine Moränenkartierung stützen darf; falls beispielsweise der Hochstand um 1850 die größte neuzeitliche Ausdehnung erreicht hat, sind alle älteren neuzeitlichen Moränen überfahren und gehen als Zeugen früherer Gletscherstände in der Regel verloren. Wir benötigen daher zusätzliche Informationen und Untersuchungen von möglichst vielen Gletschervorfeldern, um ein realistisches Bild der Gletschergeschichte zu erarbeiten.

Vergleicht man die Gletscherstände miteinander, fällt die zeitliche Übereinstimmung insbesondere der Stände um 1920 und der Hochstände um 1850 und 1820 an sehr vielen Gletschern auf.

Die Kurve am linken Rand der Abbildung 2 faßt die Einzelergebnisse der 23 Gletscher zusammen. Die Stände dieser Kurve sind ab 17. Jahrhundert als Ergebnis der rechten Figurenseite zustandegekommen. Die Abszisse enthält die bekannten Stände von 1850, 1890, 1920 und die Ausdehnung von 1973. Wir haben versucht, das Verhältnis der Distanzen zwischen diesen Ständen dem mehrheitlich beobachteten, tatsächlichen Verhältnis möglichst anzupassen. Die Ordinate besteht aus der Zeitskala. Die Stützwerte der Kurve bilden die örtlich und zeitlich empirisch gemittelten Stände der 23 untersuchten Gletscher. Auf die mittlere Zungenlängenänderung zwischen den einzelnen Ständen wurde mit den historischen Quellen, auf die sich die einzelnen Autoren abstützen, oder mit Hilfe der Daten der Gletschervermessung so weit als irgend möglich geschlossen. Daher stellen die Stände die am besten gesicherten Abschnitte der Kurve dar, während die Bewegungen dazwischen einen Trend angeben. Die Kurve ist nicht zu jedem Zeitpunkt durch gleich viele Beobachtungen und Stände belegt.

Vor dem Jahre 1600 stützt sich die Kurve lediglich noch auf die beiden folgenden Informationen ab:

- E. Le Roy Ladurie (1967, p. 106): Der Rhonegletscher war um 1546 größer als in den Jahren 1930 bis 1966.
- W. Schneebeli (1976, p. 25): Im Jahre 1549 erreicht ein Vorstoß des Glacier de Giêtro die Größenordnung von 1850.

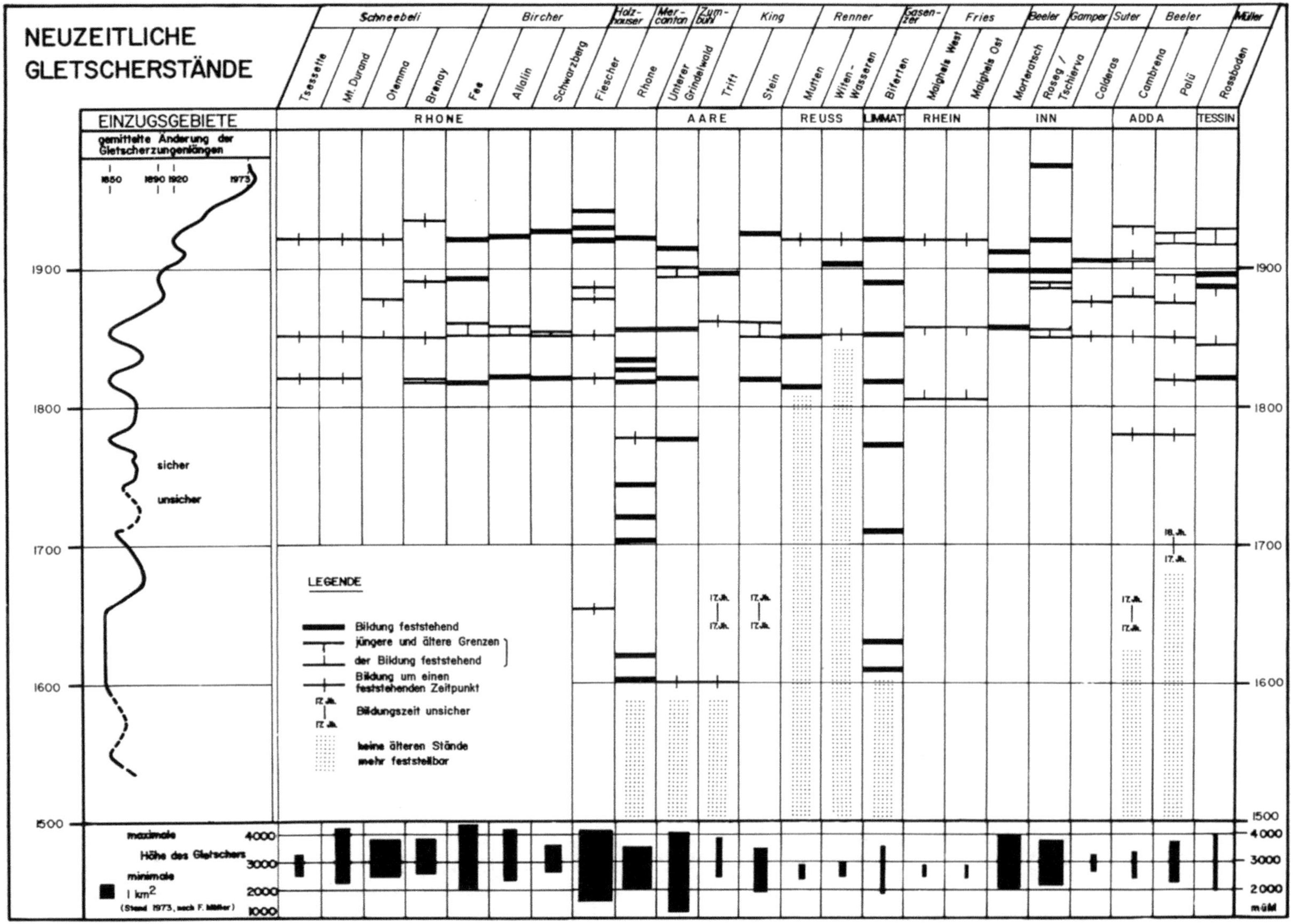
NEUZEITLICHE GLETSCHERSTÄNDE
Schneebeli
Bircher
Holzhauser
Mercanton
Zumbühl
King
Renner
Gasenzer
Fries
Beeler
Gamper
Suter
Beeler
Müller
Tsessette
Mt. Durand
Otemma
Brenay
Fee
Allalin
Schwarzberg
Fiescher
Rhone
Unterer Grindelwald
Trift
Stein
Mutten
Witen-Wasseren
Biferten
Malghels West
Malghels Ost
Morteratsch
Roseg / Tschierva
Calderas
Cambrena
Palü
Rossboden
EINZUGSGEBIETE
RHONE
AARE
REUSS
LIMMAT
RHEIN
INN
ADDA
TESSIN
gemittelte Änderung der Gletscherzungenlängen
1850
1890
1920
1973
sicher
unsicher
1900
1800
1700
1600
1500
LEGENDE
Bildung feststehend
jüngere und ältere Grenzen der Bildung feststehend
Bildung um einen feststehenden Zeitpunkt
Bildungszeit unsicher
keine älteren Stände mehr feststellbar
17. Jh.
18. Jh.
maximale
Höhe des Gletschers
minimale
1 km²
(Stand 1973, nach F. Müller)
4000
3000
2000
1000
müM

Abb. 2

Aufgrund unserer Kurve erscheint die Neuzeit als eine dreihunderjährige Hochstandsperiode (Mitte 16. bis Mitte 19. Jahrhundert) mit anschließender kräftiger Abschmelzphase. Dies bestätigt erneut das Ergebnis aus Abbildung 1.

4 Vorneuzeit

4.1 Methoden

Für die Datierung vorneuzeitlicher postglazialer Ereignisse bedienen wir uns in erster Linie der ^{14}C-Methode. Bei allen ^{14}C-Daten handelt es sich um unkorrigierte, konventionelle Radiokarbonalter. Mit dieser einen Methode können je nach Material und Fundumständen sehr verschiedenartige Aussagen zum Gletschergeschehen gewonnen werden.

Problemlos ist die Datierung von Torfbasisproben aus ungestörten Mooren. Das ^{14}C-Alter gibt den Beginn der Torfbildung an. Für die Gletschergeschichte ergibt dieses Datum ein Mindestalter für das Abschmelzen des Eises aus dem Gebiet des betreffenden Moores.

Weniger eindeutig sind Holzfunde zu interpretieren. Das ^{14}C-Alter der äußersten Jahrringe einer Holzprobe gibt das Absterbedatum eines Baumes an. Dieses Datum eines im Gletschervorfeld verwurzelten und von einer Moräne überschütteten Stammes steht in direktem Zusammenhang mit dem Verhalten des Gletschers, mußte doch der Gletscher vor dem Datum eine kleinere Ausdehnung gehabt und erst durch sein anschließendes Vorstoßen den Baum in die Moräne eingebettet haben. Oft können aber die Stämme nicht mehr in situ gefunden werden, möglicherweise wurden sie mit Lawinen ins Vorfeld transportiert. Dennoch können solche Funde zu Aussagen über die Gletschergeschichte verwendet werden, wobei aber jeder "einzeln bearbeitet und gewertet werden muß" (vgl. Röthlisberger 1976, p. 87). Holzfunde aus der Region über dem heutigen Rhododendrengürtel (Landolt 1969, p. 46) geben einen Hinweis, daß die Waldgrenze einst höher lag als die heutige potentielle Waldgrenze. Die Gletscherzungen lagen in Zeiten mit hoher Waldgrenze ebenfalls hoch, denn: "Dem Empordringen der Vegetation parallel läuft das seit mehr als einem Menschenalter zurückreichende Abschmelzen der Alpengletscher" (Braun-Blanquet 1957, p. 231). Zudem konnte Bortenschlager (1977) zeigen, daß die Waldgrenze in ihrer Lage parallel zu den Gletschern sehr schnell auf ungünstige klimatische Bedingungen im Sommer reagiert.

Ähnlich wie Torfbasisproben sind Funde von Holzkohle zu interpretieren. Sie geben an, daß zur gegebenen Zeit die Fundstelle eisfrei war, d.h. daß die Gletscherzunge oberhalb der Fundstelle lag.

Organisches Material für ^{14}C-Datierungen läßt sich auch aus A-Horizonten fossiler Böden gewinnen. Da aber das Alter weder mit dem mittleren Bodenalter noch mit dem Beginn oder Abschluß der Bodenbildung übereinstimmen muß, wurden die Bodenalter hier nicht verwendet. Ausnahmen bilden die Proben 11, 12, 17, 33 und 45 (vgl. Liste im Anhang), deren ^{14}C-Daten durch Holz- oder Torfdaten aus dem gleichen Profil auf ihre Wahrscheinlichkeit geprüft werden konnten.

Zweimal wurden datierte Hinweise zum Gletscherverhalten verwendet, die aus den Pollenanalysen von King (1974, p. 101) und Zoller (in Beeler 1977, p. 212) hervorgehen.

4.2 Ergebnisse

Wir haben nun versucht, unser Datenmaterial, das Rückschlüsse auf die postglazialen Gletscherbewegungen zulässt, in Abbildung 3 zu veranschaulichen.

Links zeigt die Figur die Gliederungen des Postglazials nach den Ergebnissen aus den Österreicher Alpen (Patzelt 1977, mündl. Mitteilung) und aus den Schweizer Alpen (Zoller 1977). Die nächsten Kolonnen zeigen Herkunftsgebiet, Material und die zeitliche Einstufung (inkl. Streuung) der Funde aus den Schweizer Alpen. In der rechten Kolonne ist jeder Wert zeitlich und nach seinem Fundort, bezogen auf die bekannten Stände von 1850, 1890, 1920 und die Ausdehnung von 1973, lagerichtig eingezeichnet. Außerdem enthält die Abbildung die Bewegungsrichtung der Gletscherstirne. Für jene Funde, welche auf eine höhere als die heutige potentielle Waldgrenze hindeuten, haben wir "gleiche Lage" angenommen. Zwei historische Daten ergänzen die Darstellung. (Wir sind uns dabei bewußt, daß ein Vergleich solcher Daten mit Radiokarbonaltern nicht statthaft ist.)

Weil es sich bei dieser Arbeit um eine *Zusammenfassung von Resultaten* handelt, können wir weder in der Darstellung noch im folgenden Text auf die Einzeluntersuchungen eingehen. Die ^{14}C-Daten sind im Text mit Nummern versehen, die im Anhang das Auffinden des zitierten Datums und der zugehörigen Literatur erleichtern sollen.

Wie die Figuren der Neuzeit deutlich belegen, wachsen die verschiedenen Gletscher – von individuellen Abweichungen abgesehen – gleichzeitig zu Hochständen an, haben gleichzeitig ihre größte Ausdehnung und schmelzen auch gleichzeitig wieder ab. Bei der Bearbeitung unser Postglazialchronologie setzen wir voraus, daß dieses Verhalten der Gletscher während des gesamten Postglazials unverändert blieb. Damit darf vom Verhalten eines einzelnen Gletschers auf eine für die Schweizer Gletscher allgemeingültige Verhaltensweise geschlossen werden.

Trotzdem sind wir aber noch nicht in der Lage, die postglazialen Gletscherbewegungen in Form einer Kurve abzubilden. Der Grund dafür sind die größeren zusammenhängenden Datenabschnitte, innerhalb derer Gruppierungen vom mathematischen Gesichtspunkt her nicht erlaubt sind. In einigen Fällen allerdings sind mehrere Daten aus ein und demselben Profil vorhanden. Durch eine eindeutige stratigraphische Abfolge läßt sich dort die wirkliche Reihenfolge der Ereignisse bestimmen.

Die Ergebnisse werden in einzelnen Abschnitten, die Dr. G. Schwarz, Zürich, nach der statistischen Bearbeitung der Daten (nach Willkomm, 1976, p. 86) erhielt, besprochen. Dr. C. Burga, Zürich, hat die glazialmorphologischen Ergebnisse jedes Abschnittes mit den pollenanalytischen Befunden der Schweiz verglichen. Wir möchten hier für diese Unterstützung der Arbeit herzlich danken.

10.000 - 8.500 B.P. Die Daten 9.760 ± 175 B.P. (19), 9.200 ± 100 B.P. (28), 9.730 ± 120 B.P. (36), 9.635 ± 160 B.P. (40), 8.630 ± 165 B.P. (42) belegen, daß die im Anhang erwähnten Gletscher z.T. bereits vor 9.700 Radiokarbon-Jahren auf die neuzeitliche Größenordnung abgeschmolzen waren. Dies stützt die Ergebnisse von Patzelt (1977, p. 252), der für das erstmalige Erreichen der neuzeitlichen Größenordnung den Zeitraum um oder etwas nach 9.500 B.P. angibt.

Vor 9.460 B.P. (41) ergeben sich auf Grund pollenanalytischer Untersuchungen Hinweise auf einen Vorstoß des Palügletschers (Palü-Schwankung), der nur wenig über die neuzeitliche Größenordnung hinausreichte (Beeler

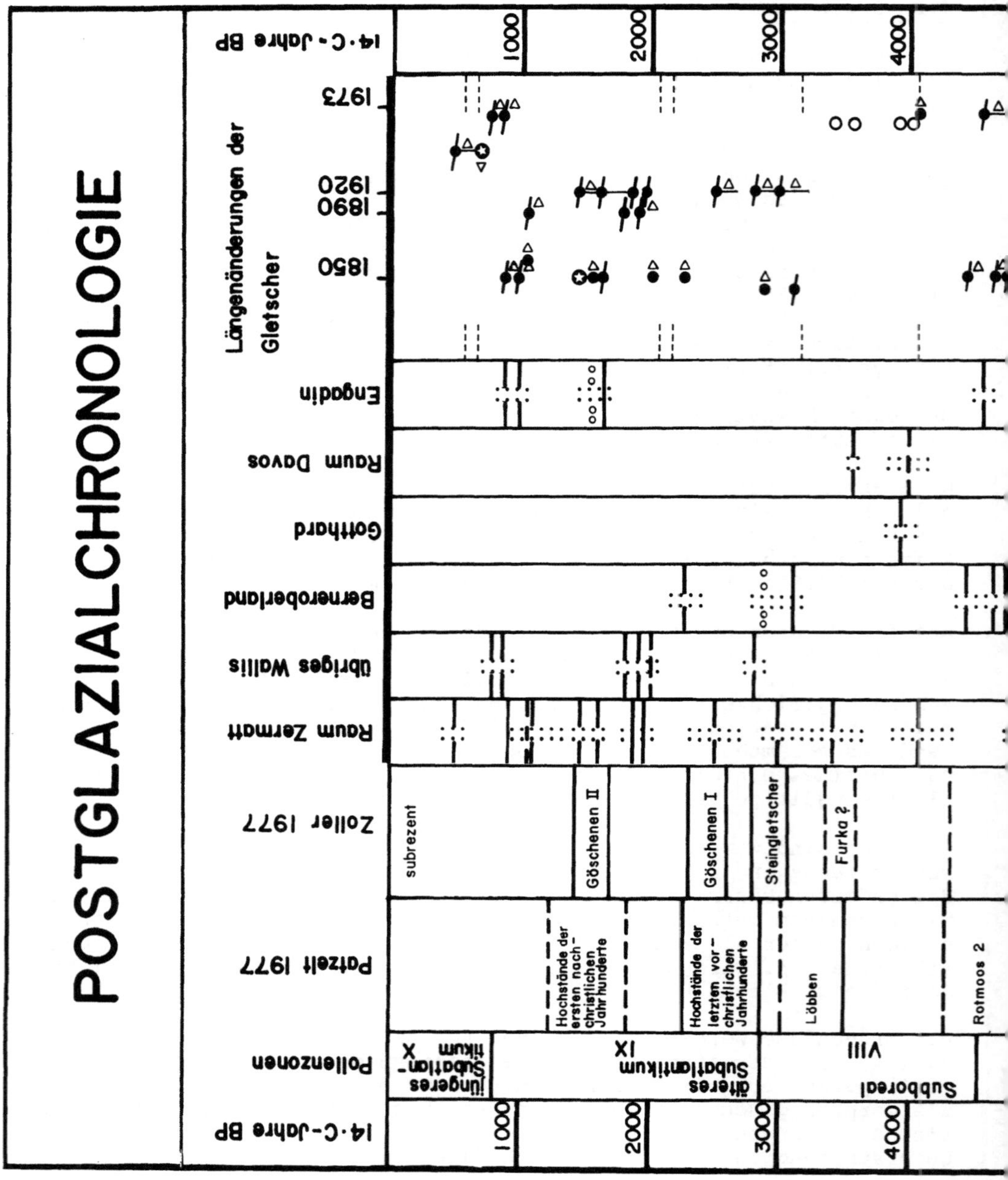
POSTGLAZIALCHRONOLOGIE
14·C-Jahre BP
1000
2000
3000
4000
Längenänderungen der Gletscher
1850
1890
1920
1973
Engadin
Raum Davos
Gotthard
Berneroberland
übriges Wallis
Raum Zermatt
Zoller 1977
subrezent
Göschenen II
Göschenen I
Steingletscher
Furka ?
Patzelt 1977
Hochstände der ersten nach-christlichen Jahrhunderte
Hochstände der letzten vor-christlichen Jahrhunderte
Löbben
Rotmoos 2
Pollenzonen
jüngeres Subatlantikum X
älteres Subatlantikum IX
Subboreal VIII

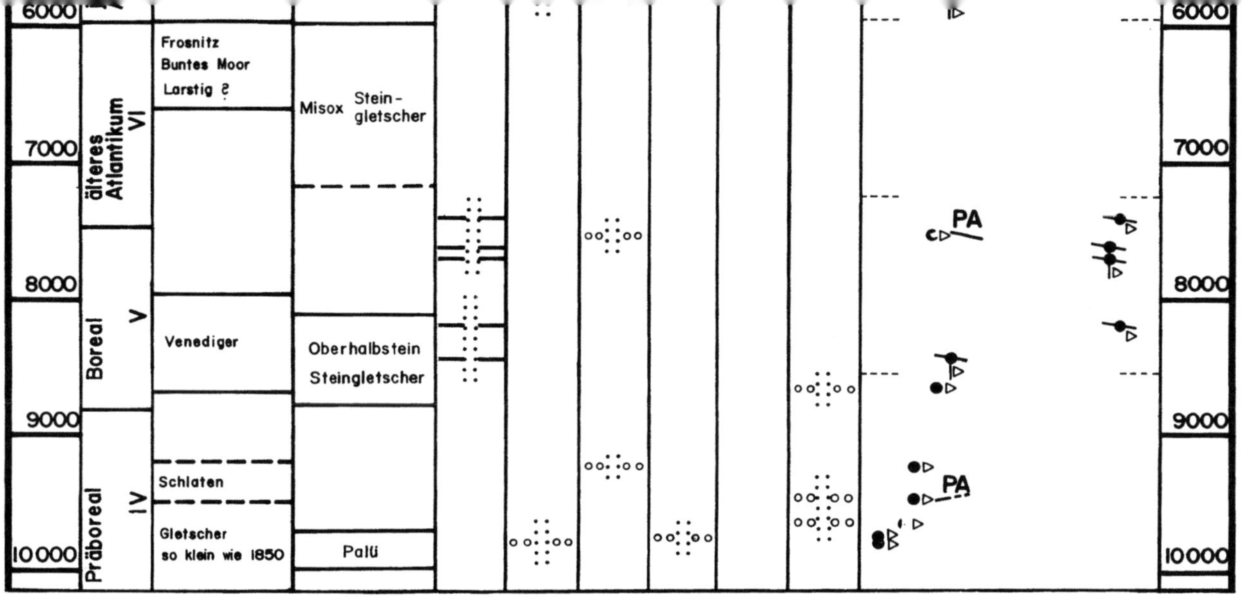

—— FOSSILER BODEN
— — HOLZ
– – – HOLZKOHLE
oo oo TORF
⁞ STREUUNGSBEREICH 1σ
PA GLETSCHERBEWEGUNG BELEGT DURCH POLLENANALYSEN
- - - - TRENNUNG DER ^{14}C ALTER VON HOLZPROBEN

● RICHTPUNKT FUER DIE LAGE DER GLETSCHERSTIRNE
○ HOEHERE WALDGRENZE ALS HEUTE
✪ RICHTPUNKT FUER DIE LAGE DER GLETSCHERSTIRNE (NACH HISTOR. DOKUMENTEN)
◁●▷ GLETSCHER ZUR ZEIT T GROESSER, KLEINER ODER GLEICH
●▷ GLETSCHER VOR ZEIT T KLEINER ODER GLEICH
GLETSCHER VOR ZEIT T WAEHREND X JAHREN KLEINER ODER GLEICH
GLETSCHER IM VORSTOSS ZUR ZEIT T

Abb. 3

1977, p. 262). Zeitlich läßt sich die Palüschwankung mit der Schlaten-Schwankung (Patzelt 1973, p. 65) vergleichen.

8.500 - 7.200 B.P. In den Vorfeldern des Glacier des Tsidjiore Nouve, des Gorner- und des Zmuttgletschers wuchsen Lärchenwälder, die in einer oder mehreren späteren Phasen von den oben genannten Gletschern überfahren wurden: Tsidjiore Nouve 8.400 ± 200 B.P. (1), Gornergletscher 8.160 ± 220 B.P. (2) und 7.360 ± 180 B.P. (5), Zmuttgletscher 7.680 ± 130 B.P. (3) und 7.590 ± 180 B.P. (4).

Beim Gornergletscher ist zu vermuten, daß er nach dem Vorstoß von 8.160 ± 220 B.P. abschmolz und um 7.360 ± 180 B.P. erneut vorstieß.

Die beiden älteren Holzbefunde sind eher der Venediger-Schwankung (Patzelt 1973) zuzuordnen, während die drei jüngeren Holzfunde zeitlich der etwas abgesetzten Oberhalbsteiner-Schwankung (Heitz 1975) entsprechen sowie der von King (1974) am Sustenpass nachgewiesenen Kaltphase (29).

7.200 - 5.900 B.P. Zu den in der Schweiz nachgewiesenen Misoxer-Kaltphasen (Zoller 1960) sowie zu den ostalpinen Klimaschwankungen Buntes Moor (Mayr 1964), Larstig (Heuberger 1966) und Frosnitz (Patzelt 1973), besitzen wir aus der Schweiz nur vereinzelte geomorphologische Fakten (Burga 1979: Alp Anarosa/GR: Valletta-Gletscher größer als 1850, extramoränes Moor bei 2350 m ü.M.)

5.900 - 5.600 B.P. Ein Lärchenstamm aus dem Vorfeld des Allalingletschers bezeugt, daß der Gletscher während mindestens 150 Jahren kleiner als um 1850 war. H. Röthlisberger schreibt dazu: "Although the trees were not found in the exact position where they had been growing, there is little doubt that they were incorporated in the moraine after having been overrun by the advancing glacier." (Mitteilung H. Röthlisberger 1967, in: F. Röthlisberger 1973, p. 186). Das bedeutet, daß der Allalingletscher um 5.760 ± 120 B.P. (20) vorstieß und die Größenordnung von 1850 erreichte.

Die bisherigen pollenanalytischen Untersuchungen aus den Schweizer Alpen liefern jedoch nur unsichere Hinweise auf postglaziale Klimaschwankungen (Burga 1979). Ebenso fehlen Belege aus den Ostalpen.

5.200 - 4.200 B.P. In den Vorfeldern des Allalin- 5.100 ± 100 B.P. (21), Gorner- 4.840 ± 150 B.P. (6), Oberaar- 4.600 ± 80 B.P. (31), Oberen Grindelwald- 4.700 ± 160 B.P. (30), 4.400 ± 120 B.P. (32) und Tschiervagletschers 5.160 ± 75 B.P. (43), 4.510 ± 90 B.P. (44) konnte überall Holz gefunden werden, das vom vorstoßenden Gletscher überfahren wurde.

Die Ausdehnung von 1850 wurde vom Oberaar- und Oberen Grindelwaldgletscher überschritten.

Ob es sich beim Oberen Grindelwaldgletscher um zwei Vorstoßphasen handelt, kann noch nicht gesagt werden, weil deren Alter statistisch gleich sind. Hingegen sind beim Tschiervagletscher zwei Vorstoßphasen nicht auszuschließen.

Für zwei Klimarückschläge sprechen auch die Untersuchungen am Rotmoos (Patzelt 1973), wobei der ältere Holzfund am Tschiervagletscher zeitlich Rotmoos 1 und der jüngere Rotmoos 2 entspricht.

Am Übergang der Pollenzonen VII/VIII sind in den Pollendiagrammen der Schweizer Zentralalpen mehrere Anzeichen für Klimaschwankungen gegeben (Burga 1977, 1979; Heitz 1975; Müller 1972; Wegmüller 1976; Zoller

1960). Es ist jedoch von diesem Zeitpunkt an stets mit anthropogenen Vegetationsbeeinflussungen zu rechnen (Burga 1976).

4.200 - 3.100 B.P. In diesem Zeitabschnitt lag die damalige Waldgrenze höher als heute die potentielle Waldgrenze (bezogen auf die obere Grenze des geschlossenen Alpenrosen-Gürtels). Diesen Schluß ziehen wir aufgrund der Holzfunde am Mont Minê 4.030 ± 250 B.P. (7), am Flüellapass 3.935 ± 165 B.P. (38) und 3.515 ± 80 B.P. (39), im Raum Zermatt 3.360 ± 230 B.P. (8) und am Gotthard 3.880 ± 100 B.P. (37).

Daher darf dieser Zeitabschnitt als Phase geringer Gletscherstände angesehen werden.

Auch aus den uns bekannten Pollendiagrammen aus der Schweiz liegen keine eindeutigen Hinweise auf Schwankungen vor. Wohl treten in einigen Diagrammen NBP- oder Strauchphasen auf, die aber allesamt eher als anthropogen bedingt zu deuten sind.

Es scheint, daß diese Phase mit höherer Waldgrenze durch die Löbben-Schwankung (Patzelt 1973) beendet wird. In der Schweiz konnte diese Schwankung durch radiodendrochronologische Untersuchungen für den Zeitraum um 3.200 B.P. ebenfalls nachgewiesen werden (F. Röthlisberger, Bircher, Renner, Schweingruber in Vorbereitung, mündl. Mitteilung von F. Renner 1979).

3.100 - 2.100 B.P. Baumstämme in den Vorfeldern des Glacier de Tsidjiore Nouve, des Glacier de Ferpècle und des Allalingletschers deuten auf einen späteren Gletschervorstoß hin: Tsidjiore Nouve 2.940 ± 150 B.P. (9), Ferpècle 2.450 ± 200 B.P. (10), Allalin 2.750 ± 100 B.P. (22).

Aus dem Profil "Hotel Steingletscher" ergibt sich für den gleichnamigen Gletscher ein Vorstoß um 3.000 B.P. von mindestens 200 m über den Stand von 1850 hinaus, der durch die ^{14}C-Daten 3.040 ± 100 B.P. (33) und 2.820 ± 130 B.P. (34) gesichert ist, die ihrerseits den Ergebnissen der Pollenanalysen nicht widersprechen.

Ebenfalls aus dem Gebiet des Steingletschers liegt ein Holzfund 2.210 ± 100 B.P. (35) aus der Torfbasis eines Moores nur wenig vor der Stirnmoräne von 1850 vor. Das ^{14}C-Datum widerspricht dem pollenanalytischen Ergebnis des Basistorfes nicht. Das bedeutet, daß sich der Steingletscher vor 2.210 ± 100 B.P. (35) mindestens bis hinter die neuzeitlichen Moränen zurückgezogen hatte.

Diese zeitliche Abfolge darf deshalb angenommen werden, weil die beiden Basistorfproben pollenanalytisch mit einem durchgehenden Profil verglichen und in dieses eingeordnet werden konnten.

Auch in den Pollendiagrammen von Zoller et al. (1966) zeichnet sich Ende Subboreal und im Älteren Subatlantikum eine Klimadepression ab. Auch diese pollenanalytisch nachgewiesene Schwankung erscheint sehr glaubwürdig, weil sie durch geomorphologische Fakten (Gletscherstände: Damma- und Chelengletscher) gestützt wird.

Angebliche Anzeichen von "Klimaschwankungen" in spätholozänen Pollendiagrammen sind wegen anthropogenen Einflüssen stets mit äußerster Skepsis zu behandeln.

2.000 - 600 B.P. Weil die Holzfunde, die diesem Zeitabschnitt angehören, statistisch nicht voneinander trennbar sind, ist es schwierig, eine gewisse Gliederung der Ereignisse zu erreichen. Zum besseren Verständnis seien die einzelnen Ereignisse, getrennt nach Regionen, kurz dargestellt:

Raum Zermatt

- Aus einem Moränenprofil am Mont Miné geht hervor, daß zwischen der Bodenbildung, die altersmäßig in der Größenordnung der beiden ^{14}C-Daten 1.905 ± 75 B.P. (11) und 1.810 ± 100 B.P. (12) liegt und dem darüberliegenden Lärchenstamm 1.555 ± 60 B.P. (13) ein Gletschervorstoß wie um 1920 erfolgte. Der Lärchenstamm seinerseits wurde bei einem erneuten Gletschervorstoß in der Größenordnung von 1850 mit Moränenmaterial bedeckt. Dieser Vorstoß ist sicher älter als die Bodenbildung 900 ± 75 B.P. (17) über diesem Moränenmaterial.
- Aus dem Absterbedatum 1.400 ± 100 B.P. (14) eines 400jährigen Lärchenstrunks aus dem Vorfeld des Zmuttgletschers kann geschlossen werden, daß der Gletscher während mindestens 400 Jahren kleiner als um 1920 war und daß anschließend ein Gletschervorstoß erfolgte, bei dem der Strunk überfahren wurde.
- Der Holzkohlebefund im Vorfeld des Gornergletschers besagt, daß der Gletscher um 1.000 ± 90 B.P. (16) mindestens 200 m hinter dem Stand von 1850 lag.
- Aufgrund eines Holzfundes aus der Seitenmoräne hatte der Findelengletscher um 1.015 ± 255 B.P. (15) eine Ausdehnung wie um 1890 erreicht.

Übriges Wallis

Die Datierung eines Holzkohlehorizontes 1.955 ± 80 B.P. (23) von einer Stelle, die um 1850 eisbedeckt war, ergab, daß um 2.000 B.P. der Feegletscher kleiner als um 1850 gewesen sein muß.

Die Altersbestimmungen der Holzfunde am Aletschgletscher deuten auf einen relativ hohen Gletscherstand nach 1.800 B.P. in der Größenordnung von 1890: 1.860 ± 100 B.P. (24) und 1.760 ± 100 B.P. (25). Vor 800 B.P. hatte der Aletschgletscher während mindestens 150 Jahren eine kleinere Ausdehnung als um 1960. Um 800 B.P. folgte ein neuer Vorstoß, der durch zwei datierte Wurzeln gesichert ist: 800 ± 100 B.P. (26) und 720 ± 100 B.P. (27).

Engadin

- Der Cambrenagletscher stößt um 1.500 B.P. bis in die Größenordnung von 1850 vor, was die Daten 1.570 ± 55 B.P. (45) und 1.490 ± 100 B.P. (46) belegen.
- Der von Moränenmaterial überschüttete Arvenstrunk am Morteratschgletscher 925 ± 75 B.P. (47) und der von Moränenmaterial umgebene Strunk am Roseggletscher 815 ± 75 B.P. (48) zeugen von einer Zeit geringerer Gletscherstände als um 1850 vor rund 900 Radiokarbonjahren. Der anschließende Vorstoß erreichte die Größenordnung von 1850.

Zusammenfassend läßt sich folgendes sagen: Innerhalb des besprochenen Zeitabschnittes liegen mindestens zwei Gletschervorstöße. Dies wird aufgrund der Stratigraphie des Profiles Mont Miné geschlossen. Auch beim Aletschgletscher liegt die Vermutung nahe, daß es sich um zwei zeitlich verschiedene Vorstoßphasen handelt. Da uns aber auch in diesem Abschnitt durchgehende stratigraphische oder pollenanalytische Profile fehlen, sind wir nicht in der Lage, die Gletschervorstöße oder Zeitabschnitte geringer Gletscherausdehnungen in den einzelnen Gebieten einander zuzuordnen.

In diesen Zeitabschnitt fallen auch die ersten historischen Daten:
580 AD: Ausbruch des Gletschersees, der durch den Glacier du Giètro aufgestaut wurde. Dies deutet auf eine Gletscherausdehnung wie um 1850 hin (Schneebeli 1976, p. 25).

Um 1300 AD: Der Fieschergletscher muß eine Ausdehnung von mindestens der Größenordnung von 1940 gehabt haben. Dies ist durch eine Wasserfassung belegt (Holzhauser 1978, p. 79).

Einzig die pollenanalytischen Ergebnisse von Zoller et al. (1966), welche mit geomorphologischen Befunden in Zusammenhang stehen (Vorstöße des Damma- und Chelengletschers), deuten auf eine Klimaverschlechterung in der zweiten Hälfte des Älteren Subatlantikums.

Nach 500 B.P. Auf eine eisfreie Zeitspanne vor 440 ± 70 B.P. (18) deutet ein Arvenstamm aus dem Vorfeld des Findelengletschers hin. Die Ausdehnung des Findelengletschers war während mindestens 300 Jahren kleiner als um 1936, als das Holz vom Gletscher freigegeben wurde. Durch das Absterbedatum wird ein Gletschervorstoß über die Ausdehnung von 1940 belegt.

Anhang

Nr.	^{14}C-Datum	Labor-Nr.	Material, Literatur, Fundort
Raum Zermatt			
1	8400 ± 200 BP	(Ly-749)	Holz, J., Anzévui in F. Röthlisberger (1976) p. 91/115, Glacier de Tsidjiore Nouve
2	8160 ± 220 BP	(Ly-298)	Holz, Vallet in F. Röthlisberger (1976) p. 88, Gornergletscher
3	7680 ± 130 BP	(B-2543)	Holz, F. Röthlisberger (1976) p. 89, Zmuttgletscher
4	7590 ± 180 BP	(Ly-681)	Holz, F. Röthlisberger (1976) p. 89, Zmuttgletscher
5	7360 ± 180 BP	(Ly-297)	Holz, Vallet in F. Röthlisberger (1976) p. 88, Gornergletscher
6	4840 ± 150 BP	(Ly-613)	Holz, B. Schnyder in F. Röthlisberger (1976) p. 88, Gornergletscher
7	4030 ± 250 BP	(Sa-229)	Holz, Martin, Radiocarbon, 1965, in F. Röthlisberger (1976) p. 90, Glacier du Mont Miné
8	3360 ± 230 BP	(Ly-685)	Holz, F. Röthlisberger (1976) p. 90, Glacier de Ferpècle
9	2940 ± 150 BP	(Ly-750)	Holz, F. Röthlisberger (1976) p. 91, Glacier de Tsidjiore Nouve
10	2450 ± 200 BP	(Ly-611)	Holz, F. Röthlisberger (1976) p. 90, Glacier de Ferpècle
11	1905 ± 75 BP	(Hv-6798)	Boden, F. Röthlisberger (1976) p. 76/77, Glacier du Mont Miné
12	1810 ± 100 BP	(Hv-6797)	Boden, F. Röthlisberger (1976) p. 76/77, Glacier du Mont Miné
13	1555 ± 60 BP	(Hv-6799)	Holz, F. Röthlisberger (1976) p. 77/78, Glacier du Mont Miné
14	1400 ± 100 BP	(B-2542)	Holz, F. Röthlisberger (1976) p. 89/115, Zmuttgletscher
15	1015 ± 255 BP	(Hv-7221)	Holz, F. Röthlisberger (1976) p. 63, Findelengletscher

Nr.	^{14}C-Datum	Labor-Nr.	Material, Literatur, Fundort
16	1000 ± 90 BP	(Ly-686)	Holzkohle, F. Röthlisberger (1976) p. 88, Gornergletscher
17	900 ± 75 BP	(Hv-6800)	Boden, F. Röthlisberger (1976) p. 78, Glacier du Mont Minê
18	440 ± 70 BP	(B-2541)	Holz, F. Röthlisberger (1976) p. 87, Findelengletscher
Übriges Wallis			
19	9760 ± 175 BP	(UZ-141)	Torfbasis, Bircher (1981, in Vorbereitung) und mündl. Mitteilung (1979), Feegletscher, Moor 1800 m ü.M., 2 km außerhalb 1850-Moräne
20	5760 ± 120 BP	(B-514)	Holz, Radiocarbon 7, 1965, in F. Röthlisberger (1976) p. 92, Allalingletscher
21	5100 ± 100 BP	(B-833)	Holz, H. Röthlisberger, in F. Röthlisberger (1976) p. 92, Allalingletscher
22	2750 ± 100 BP	(B-834)	Holz, H. Röthlisberger, in F. Röthlisberger (1976) p. 92, Allalingletscher
23	1955 ± 80 BP	(UZ-102)	Holzkohle, Bircher (1981, in Vorbereitung) und mündl. Mitteilung (1979), Feegletscher, Holzkohle aus Seitenmoräne, Fundstelle 1850 mit Eis bedeckt
24	1860 ± 100 BP	(B-362,2)	Holz, Radiocarbon 5, 1963, in F. Röthlisberger (1976) p. 94, Aletschgletscher
25	1760 ± 100 BP	(B-362,1)	Holz, Radiocarbon 5, 1963, in F. Röthlisberger (1976) p. 94, Aletschgletscher
26	800 ± 100 BP	(B-71)	Holz, Oeschger und H. Röthlisberger (1961) p. 191-205, Aletschgletscher
27	720 ± 100 BP	(B-32)	Holz, Oeschger und H. Röthlisberger (1961) p. 191-205, Aletschgletscher
Berneroberland			
28	9200 ± 100 BP	(B-2292)	Torfbasis, King (1974) p. 60-67, Steingletscher
29	7500 ± 120 BP	(B-2279)	Torfbasis, King (1974) p. 94-97, Triftgletscher
30	4700 ± 160 BP	(B-138)	Holz, Radiocarbon 3, 1961, in F. Röthlisberger (1976) p. 95, Oberer Grindelwaldgletscher
31	4600 ± 80 BP	(B-254)	Holz, Radiocarbon 19, 1961, in F. Röthlisberger (1976) p. 95, Oberaargletscher
32	4400 ± 120 BP	(B-139)	Holz, Radiocarbon 3, 1961, in F. Röthlisberger (1976) p. 95, Oberer Grindelwaldgletscher
33	3040 ± 100 BP	(B-2287)	Boden, King (1974) p. 76/77, Steingletscher
34	2820 ± 130 BP	(B-2288)	Torfbasis, King (1974) p. 75-79, Steingletscher
35	2210 ± 100 BP	(B-2286)	Holz, King (1974) p. 79/80, Steingletscher

Nr.	^{14}C-Datum	Labor-Nr.	Material, Literatur, Fundort
Gotthard			
36	9730 ± 120 BP	(UZ-119)	Torfbasis, Renner (1977) p. 59/60, Witenwasserengletscher
37	3880 ± 100 BP	(B-2271)	Holz, Kägi (1973) p. 25, Witenwasserengletscher
Davos			
38	3935 ± 165 BP	(UZ-90)	Holzkohle, Vuagneux (1980) Weisshorngletscher, Holzkohle 2240 m ü.M. auf einer Seitenmoräne
39	3515 ± 80 BP	(UZ-120)	Holz, Vuagneux (1980) Weisshorngletscher, Arvenstamm aus einem Moor, 2270 m ü.M., 40 m über dem heutigen geschlossenen Alpenrosengürtel
Engadin			
40	9635 ± 160 BP	(UZ-46)	Torfbasis, Beeler (1977) p. 211-215, Palügletscher
41	9460 ± 140 BP	(B-2635)	Torf, Beeler (1977) p. 211-215, Palügletscher
42	8630 ± 165 BP	(UZ-140)	Torfbasis, Suter (unpubl.), Vadret Calderas, Moor 2585 m ü.M., 200 m außerhalb 1850-Moräne
43	5160 ± 75 BP	(UZ-38)	Holz, Schollenberger (1976) p. 41/42, Tschiervagletscher
44	4510 ± 90 BP	(UZ-116)	Holz, Gamper (unpubl.), Tschiervagletscher, Holz aus dem Gletschervorfeld, Gletscher damals kleiner als um 1960 n.Chr.
45	1570 ± 55 BP	(Hv-6129)	Humose Schmitzen, Beeler (1977) p. 177-180, Cambrenagletscher
46	1490 ± 100 BP	(B-2531)	Torf, Beeler (1977) p. 177-180, Cambrenagletscher
47	925 ± 75 BP	(UZ-40)	Holz, Fitze, in Beeler (1977) p. 220, Morteratschgletscher
48	815 ± 75 BP	(UZ-42)	Holz, Schollenberger (1976) p. 38-41, Roseggletscher

Die Abkürzungen stehen für folgende Laboratorien: *B* Universität Bern; *Hv* Niedersächsisches Landesamt für Bodenkunde, 3-Hannover 23; *Ly* Laboratoire de Radiocarbon, Université de Lyon; *Sa* Saclay (Gif-sur-Yvette, France); *UZ* Universität Zürich

Literatur

Beeler, F.: Geom. Untersuchungen am Spät- und Postglazial im Schweiz. Nationalpark und im Berninapassgebiet (Südrätische Alpen). Ergebn. Wiss. Unters. Schweiz. Nationalpark 15 N.F., N. 77 (1977)

Bircher, W.: Lageänderungen von Gletscherzungen im Saastal. Diplomarbeit, Manuskr. Geogr. Inst. Univ. Zürich (1977)

Bortenschlager, S.: Ursachen und Ausmass postglazialer Waldgrenz-Schwankungen in den Ostalpen. Erdwissenschaftliche Forschung, Bd. 13, Dendrochronologie und postglaziale Klimaschwankungen in Europa. Frenzel, B. (Hrsg.), 1977

Braun-Blanquet, J.: Ein Jahrhundert Florenwandel am Piz Linard. Bull. Jard. Bot. Etat Brux., Vol. Jubilaire Walter Robyns, Bruxelles (1957)

Burga, C.: Frühe menschliche Spuren in der subalpinen Stufe des Hinterrheins. Geogr. Helv. 2 (1976)

Burga, C.: In: Fitze, P., Suter, J.: Führer zur ALPQUA 77. Schweiz. Geomorphol. Ges. (1977)

Burga, C.: Pollenanalytische und geomorphologische Untersuchungen zur Vegetationsgeschichte und Quartärgeologie des Schams und des San Bernardino-Passgebietes (Kanton Graubünden, Schweiz). Unveröff. Manuskript Univ. Basel (1979)

Forel, F.A.: Les variations pèriodiques des glaciers des Alpes suisses. 1880 - 1911. Rapports annuels. 1. rap. 1880 bis 32. rp. 1911. Mercanton, P.L. 1907 bis 1955: Mitarbeit ab 28. rap. bis 76. rap. Renaud, A. 1950 bis 1962: Mitarbeit ab 71. rap. bis 83. rap. Kasser, P. 1964 bis 1974: Mitarbeit ab 84. rap. bis 92. rap. in Schweizer Alpenclub: Jahrbücher, Bern

Fries, M.: Ehemalige Gletscherstände im Val Maighels. Diplomarbeit, Manuskr. Geogr. Inst. Univ. Zürich (1977)

Gamper, M., Suter, J.: Der Einfluss von Temperaturänderungen auf die Länge von Gletscherzungen. Geogr. Helv. 4 (1978)

Gasenzer, H.: Morphologische Untersuchungen in einem Gletschervorfeld (Bifertengletscher). Diplomarbeit, Manuskr. Geogr. Inst. Univ. Zürich (1964)

Heitz, C.: Vegetationsentwicklung und Waldgrenzschwankungen des Spät- und Postglazials im Oberhalbstein (Graub./Schweiz) mit bes. Berücksichtigung der Fichteneinwanderung. Beitr. z. Geobot. Landesaufn. der Schweiz, Nr. 55. Bern: Huber (1975)

Heuberger, H.: Gletschergeschichtliche Untersuchungen in den Zentralalpen zwischen Sellrain und Oetztal. Wiss. Alpenvereinsh. Innsbruck 20 (1966)

Hoinkes, H.: Ueber Beziehungen zwischen der Massenbilanz des Hintereisferners und Beobachtungen der Klimastation Vent. Ann. Meteorol. 5 (1971)

Holzhauser, H.: Zur Geschichte des Fieschergletschers. Diplomarbeit, Manuskr. Geogr. Inst. Univ. Zürich (1978)

Kägi, H.U.: Die traditionelle Kulturlandschaft im Urserental. Diss. Univ. Zürich (1973)

King, L.: Studien zur postglazialen Gletscher- und Vegetationsgeschichte des Sustenpassgebietes. Basler Beiträge zur Geogr., H. 18. Basel: Helbing und Lichtenhahn (1974)

Kinzl, H.: Formenkundliche Beobachtungen im Vorfeld der Alpengletscher. Veröff. Mus. Ferdinandeum 26/29 (1949)

Landolt, E.: Unsere Alpenflora. Verlag Schweizer Alpenclub (1969)

Le Roy Ladurie, E.: Histoire du climat depuis l'an mil. Paris (1967)

Mayr, F.: Untersuchungen über Ausmass und Folgen der Klima- und Gletscherschwankungen seit dem Beginn der postglazialen Wärmezeit. Z. Geomorphol. N.F. 8 (1964)

Mercanton, P.L.: Vermessungen am Rhonegletscher 1874 - 1915. Neue Denkschrift der Schweiz. Naturforsch. Ges. LII (1916)

Messerli, B. et al.: Die Schwankungen des Unteren Grindelwaldgletschers seit dem Mittelalter. Ein interdisziplinärer Beitrag zur Klimageschichte. Z. Gletscherk. Glazialgeol. 11 (1975)

Müller, F., Caflisch, T., Müller, G.: Firn und Eis der Schweizer Alpen. Gletscherinventar. Geogr. Inst. ETH, Publ. Nr. 57 (1976)

Müller, H.J.: Pollenanalytische Untersuchungen zum Eisrückzug und zur Vegetationsgeschichte im Vorderrhein- und Lukmaniergebiet. Flora 161 (1972)

Müller, H.N.: Untersuchungen ehemaliger Gletscherstände im Rossbodengebiet (Simplon, Wallis). Diplomarbeit, Manuskr. Geogr. Inst. Univ. Zürich (1975)

Oeschger, H., Röthlisberger, H.: Datierung eines ehemaligen Standes des Aletschgletschers durch Radioaktivitätsmessungen an Holzproben und Bemerkungen zu Holzfunden an weiteren Gletschern. Z. Gletscherk. Glazialgeol. 4 (1961)

Patzelt, G.: Die neuzeitlichen Gletscherschwankungen in der Venedigergruppe (Hohe Tauern, Ostalpen). Z. Gletscherk. Glazialgeol. IX (1973)

Patzelt, G.: Der zeitliche Ablauf und das Ausmass postglazialer Klimaschwankungen in den Alpen. In: Erdwissenschaftliche Forschung, Bd. 13. Dendrochronologie und postglaziale Klimaschwankungen in Europa. Frenzel, B. (Hrsg.) 13 (1977)

Radiocarbon: Z. Gesammelte ^{14}C-Daten.

Renner, F.: Ehemalige Gletscherstände im Witenwasseren- und Muttental (Urseren). Diplomarbeit, Manuskr. Geogr. Inst. Univ. Zürich (1977)

Röthlisberger, F.: Blümlisalpsagen und Gletscherpässe im Raume Zermatt-Ferpècle-Arolla. (Ein Beitrag zu Klimaschwankungen im Postglazial mit einem Anhang über Holzfunde aus Gletschern). Diplomarbeit, Manuskr. Geogr. Inst. Univ. Zürich (1973)

Röthlisberger, F.: Gletscher- und Klimaschwankungen im Raum Zermatt, Ferpècle und Arolla. Alpen 3/4 (1976)

Schneebeli, W.: Untersuchungen von Gletscherschwankungen im Val de Bagnes. Alpen 3/4 (1976)

Schollenberger, B.: Moränenwälle im hinteren Rosegtal. Diplomarbeit, Manuskr. Geogr. Inst. Univ. Zürich (1976)

Suter, J., Suter, U.: Glazialmorphologische Untersuchungen in der Val Bever. Diplomarbeit, Manuskr. Geogr. Inst. Univ. Zürich (1976)

Vuagneux, R.: Glazialmorphologische Untersuchungen spät- und nacheiszeitlicher Gletscherstände im Raume Flüelapass. Diss. Univ. Zürich (1980) (im Druck)

Wegmüller, H.P.: Vegetationsgeschichtliche Untersuchungen in den Thuralpen und im Faningebiet (Kantone Appenzell, St. Gallen, Graubünden/Schweiz). Bot. Jahrb. Syst. 97 (1976)

Willkomm, H.: Altersbestimmungen im Quartär. Verlag Karl Thiemig 1976

Zoller, H.: Pollenanalytische Untersuchungen zur Vegetationsgeschichte der insubrischen Schweiz. Denkschr. Schweiz. Naturforsch. Ges. 83, Abh. 2 (1960)

Zoller, H.: Pollenanalyse, Klimaschwankungen und Gletscherstände im ausgehenden Pleistozän und Holozän der östlichen Schweizer Alpen. Vortrag vom 7. Okt. 1977 an der 157. Jahresversammlung der SNG, Bern (1977)

Zoller, H., Schindler, C., Roethlisberger, H.: Postglaziale Gletscherstände und Klimaschwankungen im Gotthardmassiv und Vorderrheingebiet. Verh. Naturforsch. Ges. Basel 77 (1966)

Zumbühl, H.J.: Die Schwankungen des Unteren Grindelwaldgletschers in den historischen Bild- und Schriftquellen des 12. bis 19. Jahrhunderts. Z. Gletscherk. Glazialgeol. 11 (1975)

Einige Gedanken über das Wetter während der Eiszeiten

A. PIAGET[1]

1 Einführung

Die Klimaänderungen haben bisher und werden weiterhin die menschliche Tätigkeit beeinflussen. Das Maß der Beinflussung ist nicht immer nur eine Folge der Dauer dieser Änderungen, sondern oft auch ihrer Intensität. In den Beschreibungen dieser Klimaänderungen wird der Schwerpunkt auf die allgemeinen klimatologischen Parameter wie Temperatur, Feuchtigkeit, Trockenheit usw. gelegt. Nichts oder nur sehr wenig betrifft das tägliche Wetter. Bei einer langanhaltenden Schönwetterperiode wird zum Beispiel die Aufmerksamkeit auf das stabile Hoch gelenkt und nicht auf die Beständigkeit oder die Wiederholbarkeit der Kaltluftvorstöße und ihrer Wechselwirkungen mit der Warmluft beiderseits dieses Hochdruckgebietes.

Unter Klima verstehen wir den mittleren Zustand der Atmosphäre über einem bestimmten Gebiet, und für dieses Gebiet den charakteristischen, durchschnittlichen Ablauf der Witterung. Die Änderungen werden als Abweichungen vom mittleren Zustand erfasst. Beschreibungen der Eiszeiten, die davon ausgehen, werden nie befriedigend sein. Auch wenn ein Sinken der Temperatur zuerst als Ursache in Betracht gezogen wird, so kann dies nicht allein die Bildung der derart ausgedehnten Eiskalotten erklären, wie sie in höheren, sowie während jener Perioden auch in mittleren Breiten große kontinentale Flächen bedeckten. Die Niederschläge haben die vorherrschende Rolle gespielt. Im Unterschied zur immerwährenden Temperatur, bleiben die Niederschläge sporadisch, mit zeitlichen Unterbrechungen. Ihr Beitrag kann nur im Licht der Kenntnisse des täglichen Wetters erfasst werden. Das Wissen um die heute noch unbekannten Ursachen ihrer Veränderlichkeit, im Rahmen gegebener meteorologischer Bedingungen, wird erst abschließend zum Verständnis der Klimaänderungen, vielleicht sogar zum Versuch, deren Anfänge vorauszusehen, führen.

Obschon die folgenden Gedanken prinzipiell für die Gesamtheit der Quartäreiszeiten Gültigkeit haben, begrenzen sie sich vor allem auf die letzte Phase der Würm-Eiszeit, denn nur für diese Periode ist uns die Chronologie einigermaßen bekannt, obwohl sie in den Tropen immer noch ungenügend bleibt.

2 Die atmosphärische Zirkulation

War das tägliche Wetter am Anfang, während, oder am Ende einer Eiszeit grundsätzlich anders als heute? Diese Frage beantworten, bedingt auch die Beantwortung der folgenden Frage: War die atmosphärische Zirkulation damals wesentlich anders als heute?

[1] Schweizerische Meteorologische Anstalt, Krähbühlstr. 58, CH-8044 Zürich

Während der letzten Millionen Jahre, wenn nicht sogar während des ganzen geologischen Zeitalters, hat sich die Erddrehung nicht wesentlich geändert. Es deutet auch nichts auf eine bedeutsame Änderung der Solarkonstante in diesem Zeitraum hin. Daraus ergibt sich, daß die allgemeine Zirkulation in ihrer Gesamtheit die gleiche geblieben ist. Die Änderungen wären also nur sekundärer Art, wie zum Beispiel die "Qualität" der Sonnenbestrahlung, extraterrestrische Faktoren oder der Vulkanaschengehalt der Atmosphäre. Daraus folgt, daß die atmosphärische Zirkulation vor, während und nach den Eiszeiten über den polaren und gemäßigten Regionen gekennzeichnet war durch zwei Tiefdruckgürtel veränderlicher Ausdehnung, die sich laufend veränderten. Sie waren von der intertropischen Konvergenzzone getrennt durch zwei mehr oder weniger dürre Zonen, die sog. halbbeständigen Hochdruckgebiete.

Die beiden polaren Gebiete sind von einer Kaltluftkalotte bedeckt. Diese Kalotten sind aber nicht gleichmäßig über beiden Polen verteilt, sie zeigen veränderliche Asymmetrien, in der Art einiger Aufblähungen. Ihre Ausdehnung in Richtung tieferer Breiten ändert ständig, geht aber nur selten weiter als bis zum 50. Breitengrad. Entlang ihrer Westflanke strömt polare Luft stoßweise mit wechselnder Intensität. Diese Stoßkraft bestimmt das Maß ihres Vordringens Richtung gemäßigter, gelegentlich tropischer Breiten. Ab Beginn dieser Vorstöße wird ihr östlicher Teil mit der vorangegangenen Polarluft konfrontiert. Die dabei einsetzende Zyklogenese richtet sich nach der zur Verfügung stehenden potentiellen Energie. Das so geschaffene Wirbelsystem verlagert sich entlang der Grenze dieser nach Süden gerichteten Ausdehnung der Polarkalotte. Durch aufeinander folgende Verstärkungen, d.h. durch neue Zufuhr von Kaltluft, kann das Wirbelsystem von einer Buchtung zur anderen gelangen. Schließlich löst es sich innerhalb der Polarkappe auf.

Der südliche Teil (für die Südhalbkugel der nördliche Teil) der kräftigen Vorstöße kalter Luft endet oft isoliert außerhalb der Polarkalotte, weil durch neue Entwicklungen die Kaltluftzufuhr gestoppt wird. Dieser sogenannte Kaltlufttropfen verhält sich passiv. Er bleibt entweder stationär oder driftet langsam nach Osten. Die nachfolgende meteorologische Tätigkeit wird ihn schlußendlich wieder in die Polarkappe zurückführen.

Der westliche Teil dieser Vorstöße breitet sich aus. Für die kräftigsten erstreckt sich diese Ausdehnung bis in die Tropen: die Passatströmungen. Aus von geostationären meteorologischen Satelliten aufgenommenen Bildern wurden Zeitrafferfilme hergestellt. Diese zeigen, daß die Vorstöße die ganze Troposphäre und sogar den unteren Teil der Stratosphäre erfassen. Sie offenbaren auch, daß solche Vorstöße gleichzeitig mit Verstärkung der konvektiven Vorgänge in den Tropen gekoppelt sind. Die Advektion der Warmluft im oberen Teil der Troposphäre (und in der unteren Stratosphäre) gegen die höheren Breiten ist ebenfalls verstärkt.

Die allgemeine, vereinfachte Beschreibung der atmosphärischen Zirkulation ist auch gültig für das Wettergeschehen während der Eiszeiten. Welches sind denn die anscheinend sekundären Faktoren, die sich von der heutigen Zirkulation unterscheiden? Bis heute wurde auf diese Frage keine Antwort gefunden. Trotzdem erlauben die nachfolgenden Gedanken, das zu lösende Problem einzugrenzen.

3 Allgemeine Betrachtungen über die heutigen Theorien

Verschiedene Forscher nehmen an, daß die Atmosphäre mehrere stabile Zustände besitzen kann. Jeder Zustand hat seine eigene Zirkulation. Die Änderung von einem Klima zum anderen ist die Folge einer Zustandsänderung. Die geologischen Indizien lassen vermuten, daß oft (immer?)

dieser Übergang rasch vor sich geht. Heute nimmt die Mehrheit der Autoren an, daß nicht nur die Bildung der ausgedehnten Eiskuppen, sondern auch deren Abschmelzen, d.h. ihr Rückzug, rasch erfolgt ist.

Ist das plötzliche Verschwinden des Mammuts und des Wollnashorns eine Folge solcher raschen Zustandsänderungen? Einige von ihnen wurden – vollständig erhalten, mit nur zum Teil verdautem Mageninhalt – wieder aufgefunden. Dies bedeutet einen plötzlichen Tod, gefolgt von einer schnellen Einfrierung. Dies kann durch einen heftigen Sturm erklärt werden, abgelöst durch ein Eindringen arktischer Luft. Mysteriös bleibt die Tatsache, daß die Witterung in den Gebieten, wo die Kadaver gefunden wurden, bis heute nie mehr zum damaligen "Normalzustand" zurückgekehrt sind. Diese Klimaänderung widerspricht somit der hier behandelten.

Sowohl die heutigen wie die zukünftigen Theorien über klimatische Änderungen sind und bleiben durch eine schwere Hypothek belastet. Keine der hinterlassenen Spuren gibt einen Hinweis über eine annehmbare Schätzung des Albedo während den verschiedenen Perioden. Aber gerade eine zuverlässige Schätzung dieses Parameters wäre unentbehrlich (siehe Flohn 1978). Die Gegenüberstellung der Theorien von Milankovitch und Wilson erhellt dies. Die Erstere setzt eine Abnahme der empfangenen Sonnenenergie durch die Änderungen in der Lage des Perigäum und Neigung der Erdachse voraus. Diese Abnahme führt zu einem Temperaturrückgang. Die zweite Theorie geht vom Gegenteil aus, einer Zunahme der Sonnenenergie. Diese führt zu einer verstärkten Verdunstung und infolgedessen zur Bildung ausgedehnter Wolkenmassen. Das Albedo nimmt zu. Zum Schluß entsteht eine Temperaturabnahme wegen größeren Anteils an reflektierter Sonnenenergie. Während dieser Phase nehmen die Niederschläge zu.

Der Ausdruck "Eiszeiten" bezieht sich eigentlich nur auf das Klima der mittleren und polaren Breiten. Kann er auch auf die tropischen und äquatorialen Gebiete ausgedehnt werden? Nach den beiden erwähnten Theorien hat auch dort eine Temperaturabnahme stattgefunden. Leider erlaubt die mangelhafte Chronologie der Klimaänderungen dieser Gebiete keine genaue Fixierung der verschiedenen Klimaten. Vorstöße und Schrumpfungen der heutigen Gletscher in den tropischen und äquatorialen Breiten haben oft stattgefunden (siehe z.B. Messerli). Auch hier kann ein direkter Temperaturabfall durch eine Abnahme der empfangenen Solarenergie, ein indirekter Temperaturabfall durch eine fast beständige Wolkendecke erfolgt sein. In letzterem Fall wären die Niederschlagsmengen höher und das Firngebiet ausgedehnter. Als Folge würde die Höhe der Nullgradgrenze unter den Wolken im Vergleich zu derjenigen in der freien Atmosphäre sinken, d.h. die Firngebiete würden sich vergrößern und die Gletscher weiter vorstoßen.

4 Asymmetrie und Veränderlichkeit während der letzten Eiszeit

Drei wichtige Gründe sprechen gegen die Annahme einer einfachen Änderung der empfangenen Solarenergie während der letzten Periode der Würm-Eiszeit: die asymmetrische Verteilung der Eiskalotten, die schwachen Änderungen der Temperaturen der Meeresoberflächen in tropischen Zonen und die Veränderlichkeit des Klimas während der Würm-Phase.

In der CLIMAP-Untersuchung (z.B. CLIMAP Project Member, 1976) ist auf Grund der Arbeiten verschiedener Autoren eine Figur mit der wahrscheinlichsten Verteilung der Eisfelder während der letzten Phase der Würm-Eiszeit dargestellt. Was sofort überrascht, ist die Asymmetrie, die diese Verteilung charakterisiert. Wenn nicht ganz Sibirien, scheint doch mindestens seine östliche Hälfte zu diesen Zeiten frei von Eis gewesen zu sein. Bei einer Teilung der Nordhalbkugel in zwei Hälften bei den Längen 130°W/50°E würden sich mehr als 80% der Eisflächen in der Europa enthaltenden Hälfte befinden. Die größte Eiskalotte, die amerikanische, breitete sich südlich über die Gebiete der Großen Seen, bis über den 40°N aus. Merkwürdigerweise erstreckte sich die skandinavische Eiskappe südlich nicht einmal über den 50°N, auch nicht über Polen und über Rußland. Bis jetzt konnte keine befriedigende Erklärung für die Beständigkeit der grönländischen Eiskalotte gegeben werden. Ihre nördliche Lage allein kann dies nicht erklären. Diese Asymmetrie ist mit größter Wahrscheinlichkeit der Widerschein derjenigen, die die atmosphärische Zirkulation damals charakterisierte. Auch heute ist die Zirkulation im Mittel nicht zonal: Das mittlere Zentrum der Polarluftmassen auf der Nordhalbkugel deckt sich besser mit dem magnetischen Pol als mit dem eigentlichen Nordpol.

In der schon erwähnten CLIMAP-Untersuchung befindet sich auch eine Schätzung der Temperaturen der Wasseroberfläche der Ozeane. Sie stützt sich auf das dem Ozeanboden bei Probebohrungen entnommene Plankton (Mikrofauna). Die beiden Äquatorialströme waren kälter als heute. Verschiedene Autoren sind der Meinung, daß dies eine Folge von vermehrtem Aufsteigen von Wasser aus den Meeresbodenschichten sei und nicht von einer möglichen Temperaturabnhame der Luft herrühre. In der Tat hat sich zwischen ca. 30°N und 30°S – die äquatorialen Gebiete wie vorher vermerkt ausgenommen – die Temperatur des Wassers an der Oberfläche nicht oder nur wenig geändert. Diese Fläche stellt immerhin 50% der Gesamtfläche.

Je feiner die Meßdaten, auf die sich die Chronologie stützt (siehe Oeschger), desto zahlreicher (und natürlich kürzer) werden die Klimaänderungen, und das innerhalb einer vorher als homogen betrachteten Periode. Die Schwankungen der Änderungen können öfters das Klima der Eiszeit und das heutige erreicht haben. Wie bereits erwähnt, scheinen diese Änderungen rasch vor sich gegangen zu sein. Sie zeigen eine Veränderlichkeit des Spektrums, die durch die heute gültigen Theorien nicht erklärt werden kann.

Obwohl die Chronologie der Klimaänderungen in den Tropen ungenügend ist, ist es möglich, in Afrika in großen Zügen das vergangene Klima zu erfassen. In diesen Gebieten deutet alles auf eine Abhängigkeit nach Längengraden hin. Während des betrachteten Zeitintervals scheint es, daß die westliche Hälfte Afrikas ein trockenes Klima hatte, während die östliche Hälfte durch eine regnerische Periode charakterisiert wurde. Verschiedenen Autoren (z.B. Thiede 1978) schätzen, daß die Temperaturen des Wassers an der östlichen Mittelmeeroberfläche während der letzten Phase der Würm-Eiszeit ähnlich waren wie heute. Dagegen ist eine Abkühlung von cirka 8°C für den westlichen Teil errechnet worden.

Diese Betrachtungen zeigen, daß während dieser Phase der Würm-Eiszeit das Klima nicht homogen war: Neben Gebieten mit kälterem Klima als heute (z.B. die Alpen) befanden sich auch Gebiete, wo das Klima nicht sehr verschieden vom heutigen war oder, wie in Sibirien, wahrscheinlich sogar etwas wärmer.

5 Eine mögliche atmosphärische Zirkulation während der letzten Phase der Würm-Eiszeit

Die folgenden Betrachtungen gehen von der noch nicht erklärbaren Annahme aus, daß die kräftigen Kaltluftvorstöße, mindestens über der Nordhalbkugel, gleichzeitig erfolgt sind. Zugleich hat die Gewittertätigkeit zugenommen, und die Niederschläge wurden ergiebiger. Für eine Anzahl vom Autor untersuchter Fälle wurde diese Aktivität unmittelbar nach magnetischen Störungen beobachtet. Es scheint, daß das Einsetzen einer Klimaänderung durch eine relativ rasche Folge von kräftigen Kaltluftvorstößen gekennzeichnet ist, jeder von ihnen tief in die mittleren Breiten eindringend, und sogar bis in die Tropen noch aktiv wirkend. Die Teilbeständigkeit der Kaltluftvorstöße bewirkt fast eine Stagnierung der Tiefdruckrinne, d.h. der "Aufblähungen" der Polarluftkalotte. Die Niederschläge sind auf ihrer Ostflanke, entlang welcher die Warmluft gleitet, besonders ergiebig. Die Lage der Eiskappen über der Nordhalbkugel deuten auf mindestens zwei ausgeprägte Tiefdruckrinnen hin, eine über dem nordamerikanischen Kontinent, die andere über dem Ostatlantik und dem westlichen Teil von Europa und Afrika. Die hinterlassenen Spuren, insbesondere die Vergletscherung Alaskas, erlauben keine begründete Hypothese über die Anwesenheit einer solchen Tiefdruckrinne über dem Stillen Ozean. Die Ungleichheit zwischen den nordamerikanischen und den europäischen Eismassen kann so erklärt werden, daß durch die Rocky Mountains (Felsgebirge) die Vorstöße verstärkt wurden. Wegen dem großen Gegensatz zwischen der Polarluft – deren Erwärmung auf ihrem Weg über den Kontinent geringer ist als über dem Meer – und der Tropikluft (oder der stark modifizierten Polarluft nach ihrem Weg über den Golf von Mexiko oder den Atlantik), ist die Stärke der Störungen, d.h. der Wirbel, im allgemeinen ausgeprägter als über Europa oder sogar über Afrika. Die Niederschläge waren in der Folge dort auch am ergiebigsten. Dies kann mit den Blizzard-Wetterlagen von heute verglichen werden. Damals wie heute liegt das Zentrum der Polarluftmassen nicht am Nordpol, sondern eher irgendwo auf dem kanadischen Archipel. Diese Betrachtungen wären im Einklang mit dem Fehlen der Eismassen über Sibirien.

Die erhöhte Häufigkeit der Kaltluftvorstöße gegen die Tropen entspricht einer Erhöhung der Konvektion in der intertropischen Konvergenzzone (östlich des Kaltluftvorstoßes) und infolgedessen einer vermehrten Warmluftzufuhr entlang der östlichen Flanke der Kaltluftmassen. Die Abschnürung dieser Kaltluftmassen wird dadurch häufiger. Während dem Zurückführen solcher Kaltlufttropfen in die aktive Zirkulation, was durch Dehnung entlang der Frontalfläche erfolgt, wird die Gewittertätigkeit in den mittleren Breiten am häufigsten und aktivsten. Die verheerenden Niederschläge südlich der Alpen vom 7. und 8. August 1978 sind z.B. die Folge einer solchen Entwicklung.

Während dem Höhepunkt der Vergletscherung, als Folge des starken Temperaturgradients zwischen der Polarluft und der tropischen Luft (oder der modifizierten Polarluft) über dem nordamerikanischen Kontinent, waren die Wirbelstürme besonders häufig und sehr intensiv. Ebenso waren die Hurricanes oft stärker als die Kräftigsten und Verheerendsten von heute.

Die Verteilung der Temperaturen auf die Oberfläche des Mittelmeeres, die Vergletscherungen der Alpen und das afrikanische Klima während der letzten Phase der Würm-Eiszeit könnten durch die folgenden meteorologischen Bedingungen erklärt werden: Kaltluftvorstöße, ausgehend vom arktischen Ozean, bewegten sich entlang einer Achse Iberische Halbinsel - Westsahara. Die Vorherrschaft der Polarluftmassen über Westafrika führte zu einer Abnahme der Niederschläge, d.h. zu einem eher trokkenen Klima. Dagegen führte dies über Ostafrika zu einer Verstärkung der Konvektion, des Monsumes, d.h. zu einem feuchten Klima.

Während weniger aktiven Perioden, oder bei weniger kräftigen Kaltluftvorstößen, haben sich die Tiefdruckgebiete entlang der Tiefdruckrinne bewegt, d.h. die Zufuhr von Neuschnee über den amerikanischen und europäischen Eiskalotten wurde nicht unterbrochen.

Das Ende einer Eiszeit wäre dann eine Rückkehr zu den heutigen "normalen" Bedingungen, d.h. zu einem zeitlich größeren Abstand zwischen den sich folgenden kräftigen Kaltluftvorstößen.

Welcher Faktor beherrscht diese Kaltluftvorstöße und bestimmt ihre Intensität? Von den bekannten, bereits vorgebrachten Faktoren, bietet nur die "Qualität" der Sonneneinstrahlung ein Variabilitätsspektrum ähnlich demjenigen der klimatischen oder täglichen Änderungen der allgemeinen Zirkulation der Atmosphäre. Ein Aspekt dieses Problems ist im Beitrag von Willis behandelt.

Bis zu einem gewissen Punkt vermag ein Vergleich der meteorologischen Bedingungen der historischen Kälteperioden die vorhergehenden Betrachtungen zu stützen. Dies wird hier durch zwei ausgewählte Beispiele erläutert: das eine von kurzer Dauer, der strenge Winter von 1431/32, das andere die nassen Sommer, die dem Vorstoß der beiden Grindelwaldgletscher anfangs des 17. Jahrhunderts vorangegangen sind.

Der Winter 1431/32 zeigt Ähnlichkeiten mit demjenigen von 1962/63, während dem alle Seen des schweizerischen Mittellandes ganz oder zum größten Teil gefroren waren. Der Winter von 1431/32 war streng, mit einem Manko an Niederschlägen über West- und Zentraleuropa, aber sehr wahrscheinlich mit normalen Niederschlägen über der russischen Ebene. Zahlreiche, starke Stürme sind über dem Nordatlantik und dem westlichen Mittelmeer bekannt. Diese Aktivitäten hatten eine mindestens normale, wenn nicht überhohe Schneebedeckung der Karpathen und des Balkans zur Folge. Das rasche Abschmelzen im März führte zu Überschwemmungen in diesen Gebieten. Diese Merkmale wiederholten sich teilweise im Winter 1962/63. Das rasche Abschmelzen des Schnees (übernormale Höhen) in Amerika führte auch dort zu Überschwemmungen. Die allgemeine Zirkulation dieses Winters zeigt im ganzen gesehen keine eindeutigen Abweichungen von einem anderen Winter. Obwohl dieser Witterungstypus für sich allein nicht zu einer neuen Eiszeit führen kann, außer durch Wiederholungen, zeigt er doch, daß anormal kalte Gebiete an Gebiete mit normalen Bedingungen, sogar mit überhöhten Niederschlagsmengen, grenzen.

Kühle und nasse Sommer sind dem Vorstoß der beiden Grindelwaldgletscher (siehe Beitrag Pfister) anfangs des 17. Jahrhunderts vorangegangen und haben ihn begleitet. Das Stagnieren der Kaltlufttropfen über Europa stellt die ideale Bedingung für diesen Sommertypus dar. Die Höhe der Nullgradgrenze in der Kaltluftmasse bleibt im allgemeinen unterhalb 2500 m/M, zeitweise sinkt sie unter 2000 m/M. Als Folge davon erhöht sich in den Höhengebieten der Schneeanteil der Niederschläge. Die starke Bewölkung, die diese Kaltlufttropfen kennzeichnet, verunmöglicht oder bremst das Abschmelzen dieses Schnees. Letzterer kann sich anhäufen und vergrößert die Menge vom vorangegangenen Winter. Daraus folgt, wenn nicht eine Ausdehnung der Gletscher wie am Anfang des 17. Jahrhunderts, so doch mindestens ein Weiterbestehen ihrer bisherigen Ausdehnung.

Diese beiden Beispiele scheinen die vorher dargelegten Gedanken zu rechtfertigen. Aber auch sie vermögen die Frage nicht zu beantworten, sie wird nur auf einer anderen Ebene weiter geführt.

Literatur

CLIMAP Project Member: The surface of the ice-age earth. Science 191, 1131-1137 (1976)

Flohn, H.: Die Zukunft unseres Klimas: Faktor und Probleme. Promet 2/3, 1-21 (1978)

Thiede, J.: A glacial mediterranean. Nature (London) 276, 680-683 (1978)

Kleinräumige und kurzfristige Klimageschichte

Grundzüge der Zirkulation der mittleren Breiten und ihre Bedeutung für die Wetterlagenanalyse im Alpenraum

H. WANNER[1]

Von verschiedenen Wissenschaftszweigen außerhalb der Klimatologie (u.a. angewandte Physik, Biologie, Medizin) wird immer wieder eine allgemein verständliche Information über die atmosphärische Zirkulation im Bereich der mittleren Breiten sowie deren Erfassung mit Hilfe der Wetterlagenanalyse gefordert. Der vorliegende Beitrag soll (zum großen Teil nur auf Grund der zitierten Literatur) einen knappen Überblick über diesen Fragenkreis vermitteln. Der Schwerpunkt wird bewußt auf die Diskussion der Ziele, Methoden und Probleme der Wetterlagenanalyse gelegt. Deren Anwendung darf als ein Arbeitsmittel bezeichnet werden, das uns sowohl bei aktuellen klimatographischen Fragen als auch in der Klimageschichte wertvolle Hinweise auf die raumzeitliche Dynamik des Wettergeschehens liefert.

1 Einige markante Grundzüge der atmosphärischen Zirkulation im Bereich Mitteleuropas

Mitteleuropa liegt im Bereich der planetarischen Höhenwestwindzone. Diese in der höheren Troposphäre auftretende, starke Westwindströmung kann auf das polwärts gerichtete meridionale Temperatur- und Druckgefälle zurückgeführt werden, das in den mittleren Breiten zwischen 30° und 50° am größten ist. Auf eine genaue Beschreibung der wichtigsten dynamischen Vorgänge innerhalb dieser Zone muß hier verzichtet werden. Der erste Teil des Literaturverzeichnisses weist auf eine Anzahl wichtiger Übersichtsliteratur zu diesem Thema hin.

An dieser Stelle sei bloß auf einige Charakteristika der Zirkulation über Mitteleuropa hingewiesen:

A. Der für Europa wichtige "frontogenetische Punkt" (Weischet 1977: 236-237) befindet sich im Viererdruckfeld zwischen Kanadahoch, Islandtief, Mexikotief und Azorenhoch (Abb. 1). Die Konvergenz der Meridionalströmung führt in diesem Bereich zu einer markanten Verschärfung des meridionalen Temperaturgradienten und somit des Druckgefälles. Die aus diesen Gründen entstehenden Instabilitäten initialisieren zyklonale Wellen, welche mit der westlichen Höhenströmung gegen den europäischen Kontinent ziehen. Dabei muß zusätzlich auf die Wirkung des nordamerikanischen Felsengebirges hingewiesen werden, in dessen Lee die Strömung nach rechts (Südosten) abgelenkt wird, wodurch die genannten Wellenbildungen zusätzlich begünstigt werden. Oft bilden sich gleich 4 - 6 Wellen hintereinander, die sich in verschiedenen dynamischen Entwicklungsstadien befinden und als sogenannte "Zyklonenfamilie" dem Kontinent entgegendriften.

B. Die Zyklonen schlagen in der Regel bevorzugte Zugbahnen ein. Diese führen meistens vom Osten der vereinigten Staaten Richtung Island oder auch südlicher gegen die britischen Inseln, von wo sie bevorzugt Rich-

---

[1]Geographisches Institut der Universität Bern, Hallerstr. 12, CH-3012 Bern

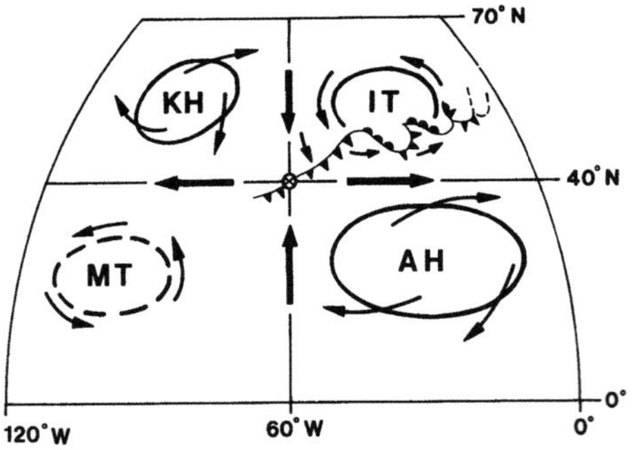

Abb. 1. Die für die Zyklogenese im nordatlantisch-europäischen Bereich wichtigen Aktionszentren des großräumigen Druck- und Strömungsfeldes (Winterhalbjahr); nach Weischet 1977:222). ⊗ frontogenetischer Punkt; *KH* Kanadahoch; *AH* Azorenhoch; *IT* Islandtief; *MT* Mexikotief

tung Nordsee - Ostsee ziehen. Besonders im Winterhalbjahr schwenken die Wirbel zeitweise nach Südosten über Frankreich ins Mittelmeer ab, von wo sie in einzelnen Fällen über den Balkan gegen Polen umbiegen (sogenannte V_b-Zyklonen). Ihr Alterungs- und Auffüllungsprozeß wird beim Übergreifen auf das europäische Festland auf Grund der Bodenreibung und der dadurch auftretenden Konvergenzeffekte maßgeblich verstärkt. Dabei zeichnen sich die Gebiete des Baltikums und NW-Rußlands als eigentliche "Zyklonenfriedhöfe" aus.

C. Die Zyklonentätigkeit wird immer wieder durch sogenannte "blocking actions" unterbrochen. Bei derartigen Situationen wird die Höhenwestwindströmung durch selbständige, abgeschnürte und relativ stationäre Kaltlufttropfen oder Warmluftinseln vorübergehend unterbunden.

D. Mitteleuropa liegt auf Grund der jahreszeitlichen Südverlagerung der Polarfront vor allem im Winter im Bereich der atlantischen Zyklonenaktivität. Im Sommer genießt es den vermehrten Einfluß des Azorenhochs.

E. Die Strömung wird durch den Alpenkörper ganz erheblich modifiziert. Zum ersten sind dabei die bekannten Luv- und Leeffekte in der Form von Stau oder Föhn zu erwähnen. Zum zweiten muß darauf hingewiesen werden, daß südlich der Alpen zeitweise eine orographisch begründete, leeseitige Zyklogenese auftreten kann ("Genuazyklone").

2 Ziele, Methoden und Probleme der Wetterlagenanalyse im Alpenraum

Mit Wetterlage bezeichnen wir den "Wetterzustand in Bezug auf die wichtigen meteorologischen Elemente über einem begrenzten Gebiet während eines kurzen, höchstens eintägigen Zeitintervalles" (Schüepp 1968:3),

Die sogenannte Wetterlagen- oder Witterungsklimatologie stellt als Teilgebiet der synoptischen Klimatologie eine wertvolle Ergänzung der traditionellen Mittelwertsklimatologie dar. Die Voraussetzung der witterungsklimatologischen Arbeitsweise bildet dabei ein Kalender mit tageweiser Aufzählung der Wetterlagen, wobei letztere nach einem bestimmten, vorgegebenen Schema klassiert worden sind.

Tabelle 1 zeigt uns mögliche Anwendungsziele der Wetterlagenanalyse. Die in der linken Tabellenhälfte genannten Zielsetzungen werden durch Hinweise auf das mögliche methodische Vorgehen ergänzt (rechte Tabellenhälfte).

Ein Großteil der bisher publizierten Arbeiten dürfte den beiden erstgenannten Zielsetzungen folgen. Klimaschwankungen können nur dann mit Hilfe der Wetterlagenanalyse erklärt werden, wenn der betreffende Kalender für einen längeren Zeitraum erstellt worden ist. Bei der Anwendung in der Kurzfristprognose lassen sich vor allem mit regional begrenzten Wetterlagensystemen Erfolge erzielen (Courvoisier 1970, 1975).

Tabelle 1. Mögliche Anwendungsziele und davon abgeleitete Methoden der Wetterlagenanalyse

Ziele	Davon abgeleitete Methoden
A. Erklärung dynamisch-meteorologischer Prozesse	- Raumzeitliche Analyse der Auswirkungen der wichtigsten Wetterlagen
B. Erklärung raumzeitlicher Klimadifferenzen	- Betrachtung der ablaufenden Mechanismen - Studium der typischen Abfolgen sowie der jahreszeitlichen Häufigkeit der Wetterlagen
C. Erklärung von Klimaschwankungen	- Bestimmung von Häufigkeit und Intensität der in bestimmten Zeitabschnitten auftretenden Wetterlagen
D. Aufstellung von Kurzfristprognosen	- Bestimmen der Wetterlage des Folgetages mit Hilfe des großräumigen numerischen Modells - Vorhersage ausgewählter Wetterelemente auf Grund vorher bestimmter empirischer Verteilungsfunktionen des betreffenden Elementes

Die in Tabelle 1 gezeigte, grobe Aufzählung der Anwendungsziele soll durch eine kurze Übersicht über die heute gebräuchlichen Klassifikationsmethoden ergänzt werden. Dabei wird auf den zweiten Teil des Literaturverzeichnisses verwiesen, welches eine Auswahl wichtiger Publikationen aus dem Bereich der synoptischen Klimatologie mit Schwerpunkt auf der Wetterlagenanalyse im Alpenraum enthält.

Bei der Klassifikation des täglichen Wetterzustandes sollen Druck- und Strömungsfelder mit ähnlicher Ausprägung gruppenweise zusammengefasst werden. Dabei stellt sich vorerst die Frage nach dem Raster ("scale") und somit nach der räumlichen Abgrenzung des Definitionsgebietes. Schüepp (165:407) schlägt eine Unterteilung in die vier Größenordnungen global, kontinental, regional und lokal vor, die hier übernommen werden soll. Tabelle 2 liefert eine Aufzählung bedeutender Klassifikationsmethoden der synoptischen Klimatologie. Im kontinentalen und regionalen Raster handelt es sich fast ausschließlich um Wetterlagensysteme.

In jedem der vier "scale"-Bereiche scheint eine Unterteilung in subjektive und objektive Systeme sinnvoll. Dazu muß betont werden, daß der Übergang meist fließend erfolgt, indem in der Regel auch die subjektiven Systeme mit Hilfe semiobjektiver Kriterien abgegrenzt werden.

Die im ersten Teil erwähnten Eigenheiten der Zirkulationsvorgänge in Mitteleuropa lassen sich vor allem mit Hilfe kontinentaler Systeme erfassen. Für die Anwendung im Alpenraum sei auf die Klassifikationsmethoden des regionalen Rasters verwiesen. Dabei stellt sich grundsätzlich das Problem, ob wir das Wetter einer bestimmten Region als Funktion des großräumigen Druck- und Strömungsfeldes ausdrücken können oder nicht. Ein System erweist sich nur dann als brauchbar, wenn sich damit eine begrenzte Anzahl synoptisch sinnvoller Wetterlagen abgrenzen läßt, mit deren Hilfe die einzelnen Wetterelemente in signifikant voneinander verschiedene Kollektive zusammengefasst werden können.

Bisher haben im Alpenraum die Systeme von Lauscher (1958, 1972) und Schüepp (1968) den breitesten Anwendungskreis gefunden. Das Lauscher'sche System ostalpiner Wetterlagen stellt eine Modifikation der Großwetterlagen von Baur (1948) dar. Es basiert ebenfalls auf der Festlegung der

Tabelle 2. Wichtige Klassifikationsmethoden der synoptischen Klimatologie

1 Globaler Raster

1.1 Subjektive Systeme

- Beschreibung jahreszeitlicher Änderungen des Druck- und Strömungsfeldes
- Charakterisierung typischer Zirkulationsmuster (zonal-meridional-Blockierung)

1.2 Objektive Systeme

- Berechnung von Zonal- und Meridionalindizes

2 Kontinentaler Raster

2.1 Subjektive Systeme

- Klassifikation des Druck- und Strömungsfeldes auf Grund der wichtigen Aktionszentren ("Großwetterlagen")
- Abgrenzung zonaler und meridionaler Zirkulationsmuster
- Erfassung von Wetterabläufen auf Grund der Zugbahnen der Hoch- und Tiefdruckgebiete
- Festlegung der häufigen Standorte der Hoch- und Tiefdruckgebiete
- Klassifikation der Luftmassen und der Fronten

2.2 Objektive Systeme

- Klassifikation auf Grund charakteristischer Parameter des Druck- und Strömungsfeldes (Druckgradienten, relative Vorticity, Strömungsrichtung usw.)
- Zusammenfassung von Wetterlagen anhand typischer Topographien einer Standarddruckfläche (meistens mit Hilfe von Druckfeldgitternetzen)
- Klassifikation mit Hilfe mathematischer oder mathematisch-statistischer Methoden (orthogonale Polynome, Hauptkomponentenanalyse usw.)

3 Regionaler Raster

3.1 Subjektive Systeme

- Gruppierung ähnlicher Druck- und Strömungsfelder auf Grund der wichtigen Aktionszentren ("Wetterlagen")
- Klassifikation der Luftmassen und der Fronten

3.2 Objektive Systeme

- Klassifikation auf Grund charakteristischer Parameter des Druck- und Strömungsfeldes (Druckgradienten, Strömungsrichtung, relative Topographie usw.)
- Klassifikation mit Hilfe der Höhenwinde ausgewählter Stationen
- Zusammenfassung von Wetterlagen anhand typischer Topographien einer Standarddruckfläche
- Klassifikation mit Hilfe mathematischer oder mathematisch-statistischer Methoden (z.B. Hauptkomponentenanalyse)

4 Lokaler Raster

4.1 Subjektive Systeme

- Definition von Wetterlagen auf Grund lokal gemessener Wetterparameter ("komplexe Klimatologie")

4.2 Objektive Systeme

- Korrelation diverser lokaler Wetterparameter und statistische Zusammenfassung derselben zu Lokalwetterlagen für den Untersuchungsraum entscheidenden Aktionszentren (3 Hochdrucklagen, 2 Hochdruck-Randlagen, 5 Strömungslagen, 3 Tiefdruck-Randlagen und 3 Tiefdrucklagen).

Der Schüepp'sche Wetterkalender wird täglich für 13.00 Uhr MEZ erstellt. Sein Gültigkeitsbereich wird durch einen Kreis mit dem Radius von zwei Breitengraden (222 km) abgegrenzt, dessen Zentrum im schweizerischen Rheinwaldgebiet liegt (Schüepp 1968:5). Mit Hilfe ausgewählter Stationsmessungen sowie der Sondagen von Payerne, München und Mailand werden im Definitionsgebiet zahlreiche, das Wetter charakterisierende Parameter ermittelt (u.a. Richtung der Boden- und Höhenströmung, Windgeschwindigkeit im 500 mb-Niveau, absolute Topographie der 500 mb-Fläche über dem Kreismittelpunkt). Da die Wetterlagen auf objektiver Basis ermittelt werden, kann das System leicht auf andere Räume übertragen werden.

Es ist nur wenig sinnvoll, wenn bestehende Wetterlagensysteme häufig modifiziert werden, weil dadurch die Vergleichbarkeit der Resultate nicht gewährleistet wird. Zum Schluß seien dennoch einige Anforderungen an die Entwicklung zukünftiger Wetterlagensysteme im Alpenraum aufgezählt:

A. Bei der Parameterauswahl muß von den Prinzipien der Anschaulichkeit, der Einfachheit und der Wirksamkeit ausgegangen werden. Erfahrungsgemäß lassen sich Luv- und Leeffekte, Luftmasseneigenschaften und advektive Vorgänge mit Hilfe des Druck- und Strömungsfeldes recht wirkungsvoll beschreiben. Problematisch bleibt nach wie vor die Erfassung der Vertikalbewegungen, auf deren Bedeutung speziell im Gebirgsraum hingewiesen werden muß.

B. Das System sollte auf objektiv ausgewählten Parametern basieren, damit der Anwender die Lagenauswahl ohne Schwierigkeiten nachvollziehen kann.

C. Das System muß den Möglichkeiten der numerischen Prognosemodelle angepasst werden. Da diese Modelle auf der Basis diskreter Druckfeldgitternetzpunkte ausgewählter Druckniveaus aufgebaut sind, drängt sich auch bei der Wetterlagenklassifikation eine Verwendung dieser Gitternetze auf (Kirchhofer 1974, 1976). Wenn die engmaschigeren Meso-scale-Gitternetze mit den daraus abgeleiteten Vertikalbewegungen konkrete Gestalt annehmen und ihre "Kinderkrankheiten" überwunden sind, dürften sich die daraus bestimmten Parameter für die Einteilung der Wetterlagen anbieten.

D. Die von Schüepp (1968:7) aufgestellte Forderung, wonach sowohl das Boden- als auch das Höhenniveau des Druckfeldes in ein Klassifikationsschema einzubauen sind, erhält im alpinen Gebirgsraum ein besonderes Gewicht. Mit dieser Maßnahme sollen namentlich die barotropen Lagen (parallele Strömung in den unteren und oberen Luftschichten) von den baroklinen Lagen (Linksdrehung mit der Höhe bei Kaltluftzufuhr, Rechtsdrehung bei Warmluftzufuhr) unterschieden werden. Bei barotropen Lagen befindet sich das Untersuchungsgebiet innerhalb einer einheitlichen Luftmasse, bei baroklinen im Gebiet der Fronten, also im Grenzbereich der Luftmassen. Dabei müßte womöglich versucht werden, die Grundsätze der alten norwegischen Meteorologenschule (Polarfrontmodell) in ein neues, verbessertes Modell einzubauen, welches speziell die Erkenntnisse aus der Satellitenmeteorologie berücksichtigt. Ansätze dazu finden sich bei Geb (1971).

Mit den genannten Anforderungen an zukünftige Wetterlagensysteme muß als übergeordnetes Ziel die Verbesserung der Korrelation zwischen der kontinentalen oder zumindest regionalen Wetterlage und dem Lokalwetter genannt werden. Neue Systeme müssen deshalb mit Hilfe geeigneter Parameter von ausgewählten Stationen auf ihre Signifikanz überprüft und mit den bisherigen Ansätzen verglichen werden. Dabei ist zu hoffen, daß die Untersuchungen im Rahmen des ALPEX (Richner 1978) zu einer Verbesserung der Kenntnisse über die Auswirkungen der Wetterlagen im alpinen Raum beitragen werden.

Literatur

Die zitierte Literatur wurde durch eine Auswahl wichtiger Publikationen zum behandelten Themenkreis ergänzt.

Ausgewählte Literatur zur planetarischen Zirkulation

Boucher, K.[1]: Global Climate. London: English Universities Press LTD 1975, 326 S.
Byers, H.R.: General Meteorology, 4. Aufl. New York: McGraw-Hill Book Company 1974, 461 S.
Corby, G.A.: The general circulation of the atmosphere. R. Meteorol. Soc. London, 257 S. (1969)
Flohn, H.: General Climatology, 2. World Survey of Climatology, Vol. 2. Amsterdam-London-New York 1969, 266 S.
Flohn, H.: Arbeiten zur allgemeinen Klimatologie. Darmstadt: Wissenschaftl. Buchgesellschaft 1971, 319 S.
Flohn, H.[1]: Vom Regenmacher zum Wettersatelliten. Frankfurt: Fischer Taschenbuch-Verlag 1974, 254 S.
Heyer, E.[1]: Witterung und Klima, 2. Aufl. Leipzig: Verlag Teubner 1972, 458 S.
Lamb, H.H.: Climate: Present, Past and Future. Vol. 1: Fundamentals and Climate Now. London: Methuen 1972, 613 S.
Lorenz, E.N.: The nature and theory of the general circulation of the atmosphere. WMO-Publikation Nr. 218, 161 (1967)
Petterssen, S.: Weather Analysis and Forecasting, 2. Aufl. New York: McGraw-Hill Book Company 1956, Vol. I, 428 S., Vol. II, 266 S.
Reiter, E.R.[1]: Strahlströme — Ihr Einfluss auf das Wetter. Verständliche Wissenschaft. Berlin-Heidelberg-New York: Springer 1970, 196 S.
Rex, D.F. (ed.): Climate of the Free Atmosphere. World Survey of Climatology, Vol. 4. Amsterdam-London-New York: Elsevier 1969, 420 S.
Stringer, E.T. Foundations of Climatology. San Francisco: W.H. Freeman & Co. 1972, 586 S.
Weischet, W.: Einführung in die Allgemeine Klimatologie. Stuttgart: Teubner Studienbücher 1977, 256 S.

Ausgewählte Literatur zur synoptischen Klimatologie (mit spezieller Berücksichtigung der Wetterlagenanalyse im Alpenraum)

Barry, R.G., Perry, A.H.: Synoptic Climatology. London: Methuen 1973, 555 S.
Baur, F.: Einführung in die Grosswetterkunde. Wiesbaden: Dietrich 1948, 165 S.
Baur, F.: Grosswetterkunde und langfristige Witterungsvorhersage. Akad. Verlagsges. Frankfurt a.M., 91 S. (1963)
Blanchet, G.: Masses d'air et types de temps dans le Couloir Rhodanien. Ber. Dtsch. Wetterdienstes 54, 197-202 (1959)
Bürger, K.: Zur Klimatologie der Grosswetterlagen. Ein witterungsklimatologischer Beitrag. Ber. Dtsch. Wetterdienstes 45, 79 (1958)
Cadez, M.: Sur une classification des types de temps. Météorologie 45-46, 317-323 (1957)
Cehak, K.: Die Verwendung von orthogonalen Polynomen zur objektiven Darstellung von Wetterlagen in Mitteleuropa. VI. Int. Tagung Alp. Meteorol. Bled, 93-97 (1960)

[1]Populäre Einführungen

Christensen, W.I., Jr., Bryson, R.A.: An investigation of the potential of component analysis for weather classification. Mon. Weather Rev. 92, 697-708 (1966)
Courvoisier, H.W.: Die quantitative Niederschlagsprognose winterlicher zyklonaler Witterungslagen auf der Alpennordseite der Schweiz. Veröff. Schweiz. Met. Zentralanst. 15, 14 (1970)
Courvoisier, H.W.: Katalog objektiv-statistischer Wetterprognosen für die Alpensüdseite und das Oberengadin. Veröff. Schweiz. Meteorol. Zentralanst. 29, 11 (1975)
Craddock, J.M., Flintoff, S.: Eigenvectors representations of northern hemispheric fields. Q. J. R. Met. Soc. 96, 124-129 (1970)
Craddock, J.M., Flood, C.R.: Eigenvectors for representing the 500 mb geopotential surface over the northern hemisphere. Q. J. R. Meteorol. Soc. 95, 576-593 (1969)
Dixon, R.: Orthogonal polynomials as a basis for objective analysis. Meteorol. Off. Bracknell Sci. Pap. 30, 20 (1969)
Dzerdzeevski, B.L., Monin, A.S.: Typical schemes of the general circulation of the atmosphere in the northern hemisphere and circulation indices. Izv. Akad. Nauk., Geogr. Inst. Moskau Geophys. Ser. 6, 562-574 (1954) (in russisch)
Fedorov, E.E.: Das Klima als Wettergesamtheit. Wetter 121-128, 145-157 (1927)
Fliri, F.: Wetterlagenkunde von Tirol. Tiroler Wirtsch. Studien, 13. Folge, Innsbruck, 1962, 436 S.
Fliri, F.: Niederschlag und Lufttemperatur im Alpenraum. Wissenschaftl. Alpenvereinshefte 24, 111 (1974)
Fliri, F.: Das Klima der Alpen im Raume von Tirol. Monogr. z. Landeskd. Tirols, Folge I. Innsbruck-München: Univ. Verlag Wagner 1975, 454 S.
Fliri, F.: Aufgaben und Methoden, Möglichkeiten und Grenzen einer synoptischen Klimatologie der Alpen. Beitr. zur Quartär- und Landschaftsforschung. Festschr. J. Fink 125-142 (1978)
Fliri, F., Feucht-Dimai, B.: Die Witterungslagen in Innsbruck. Wetter u. Leben 7-8, 133-150 (1970)
Fliri, F., Schüepp, M.: Witterungsklimatologie. Veröff. Schweiz. Met. Zentralanst. 4, 215-229 (1967)
Flohn, H.: Witterung und Klima in Mitteleuropa. Forsch. Dtsch. Landesk. 78, 214 (1954)
Fontaine, P.: Nouvelles données sur l'enneigement moyen d'hiver et de printemps dans les Alpes françaises: essai de schématisation des types de temps correspondants. Ber. Dtsch. Wetterdienstes 54, 203-208 (1959)
Geb, M.: Neue Aspekte und Interpretationen zum Luftmassen- und Fronten-Konzept. Meteorol. Abh. Inst. Meteorol. Freien Univ. Berlin 109, 121 (1971)
Gensler, G.A.: Die Klassifikation der Fronten. Météorologie 45-46, 301-303 (1957)
Gressel, W.: Zur Aufstellung eines synoptischen Kalendariums für den Alpenraum. Meteorol. Rundsch. 7, 170-174 (1954)
Hess, P., Brezowsky, H.: Katalog der Grosswetterlagen Europas. Ber. Dtsch. Wetterdienstes 113, 56 (1969)
Hoinkes, H.: Gletscherschwankungen und Wetter in den Alpen. Veröff. Schweiz. Meteorol. Zentralanst. 4, 9-24 (1967)
James, R.W.: Air mass climatology. Meteorol. Rundsch. 23, 65-70 /1970)
Kirchhofer, W.: Abgrenzung von Wetterlagen im zentralen Alpenraum. Veröff. Schweiz. Mereorol. Zentralanst. 23, 69 (1971)
Kirchhofer, W.: Classification of European 500 mb patterns. Arb. Ber. Schweiz. Meteorol. Zentralanst. 43, 16 (1974)
Kirchhofer, W.: Stationsbezogene Wetterlagenklassifikation. Veröff. Schweiz. Meteorol. Zentralanst. 34, 50 (1976)
Klein, W.H.: Principal tracks and mean frequencies of cyclones and anticyclones in the Northern Hemisphere. U.S. Weather Bur. Res. Pap. 40, 22 (1957)
Kletter, L.: Die Aufeinanderfolge charakteristischer Zirkulationstypen in mittleren Breiten der nördlichen Hemisphäre. Arch. Meteorol. Geophysik Bioklim. Ser. A, 13, 1-33 (1962)
Krska, K., Dostalova, H.: Synoptische Typen und komplexe Klimatologie der Stadt Brno. A.F.R.N. Univ. Comen. Meteorologia V, 89-107 (1972)
Lamb, H.H.: Types and spells of weather around the year in the British Isles: annual trends, seasonal structure of the year, singularities. Q. J. R. Meteorol. Soc. 76, 393-429 (1950)

Lauscher, F.: Dynamische Klimaskizze von Oesterreich. Forsch. Dtsch. Landesk. 78, 145-158 (1954)
Lauscher, F.: Studien zur Wetterlagenklimatologie der Ostalpenländer. Wetter u. Leben Jg. 10, 79-83 (1958)
Lauscher, F.: 25 Jahre mit täglicher Klassifikation der Wetterlage in den Ostalpenländern. Wetter u. Leben Jg. 24, 185-189 (1972)
Lauscher, F.: Synoptische Klimatologie und klimatologische Synoptik. Wetter u. Leben. Jg. 28, 158-165 (1976)
Maede, H.: Zur Frage der Abgrenzung des Wirkungsbereichs einer Wetterlage. Z. Meteorol. 5, 268-273 (1951)
Mertz, J.: Essai de classification des types de temps sur les Alpes d'après la disposition des isohypses à 500 mb. Météorologie 45-46, 305-315 (1957)
Mounier, J., o. J.: Les climats océanique des régions atlantiques de l'Espagne et du Portugal. Thèse de Doctorat d'Etat, Université Rennes II, 1148 S. (mit Atlas)
Namias, J.: The index cycle and its rôle in the general circulation. J. Meteorol. 7, 130-139 (1950)
Palmen, E., Newton, C.W.: Atmospheric circulation systems: their structure and physical interpretation. London-New York: Academic Press 1969, 603 S.
Perry, A.H.: Changes in duration and frequency of synoptic types over the British Isles. Weather 25, 123-126 (1970)
Petrovic, S.: Comparison of weather types at Strba Lake as a function of dynamic and complex climatic evaluation. Meteorol. Zpravy 21, 12-15 (1969) (Original tschechisch)
Reinel, H.: Die Zugbahnen der Hochdruckgebiete über Europa als klimatologisches Problem. Mitt. Fränk. Geogr. Ges. 6, 1-73 (1960)
Richner, H.: Zwischenbilanz der Planung des GARP MOUNTAIN SUB-PROGRAMME (ALPEX). Veröff. Schweiz. Meteorol. Zentralanst. 40, 329-332 (1978)
Scherhag, R.: Neue Methoden der Wetteranalyse und Wetterprognose. Berlin-Göttingen-Heidelberg: Springer 1948, 424 S.
Schneider, R.: Klassifikation der Wetterlagen in den Alpen nach Druckdifferenzen am Boden und im 500 mb-Niveau. Wetter u. Leben Jg. 5, 6-7 (1953)
Schüepp, M.: Wolken, Wind und Wetter. Zürich: Büchergilde Gutenberg 1950, 263 S.
Schüepp, M.: Ziele und Aufgaben der Witterungsklimatologie. Sonderabdruck aus: Vierteljahrschr. Naturforsch. Ges. Zürich Jg. 110, 405-418 (1965)
Schüepp, M.: Kalender der Wetter- und Witterungslagen von 1955 bis 1967 im zentralen Alpengebiet. Veröff. Schweiz. Meteorol. Zentralanst. 11, 43 (1968)
Vivian, H.: Averses extensives et crues concomitantes dans l'arc alpin. Thèse de Doctorat d'Etat, Université de Grenoble I, 1311 S. (1977) (mit Atlas)
Wakonigg, H.: Witterungsklimatologie der Steiermark. Diss. Univ. Graz. Wien: Notring 1970, 255 S.
Wanner, H.: Zur Bildung, Verteilung und Vorhersage winterlicher Nebel im Querschnitt Jura - Alpen. Geogr. Bernensia G 7, 225 (1979)
Wanner, H., Kunz, S.: Die Lokalwettertypen der Region Bern. Beitr. Klima Reg. Bern 9, 96 (1977)
Wilmers, F.: Wettertypen für mikroklimatische Untersuchungen. Arch. Meteorol. Geophysik Bioklm. Ser. B 16, 144-150 (1968)

Die Klima-Entwicklung in den letzten Jahrhunderten im mitteleuropäischen Raume (mit einem Rückblick auf die postglaziale Periode)

H. v. RUDLOFF[1]

1 Rückblick auf die postglaziale Periode bis zum Beginn der Instrumenten-Beobachtungen

Während des Höhepunktes der letzten Eiszeit, also vor ungefähr 22.000 bis 20.000 Jahren v.Chr. waren die Eismassen über dem Bottnischen Meerbusen rund 2000 m mächtig, an anderen Stellen bis zu 4000 m. Die Sommertemperaturen lagen um 10° bis 15°C unter den heutigen Werten. Die Vegetation im mitteleuropäischen Raume zeigte seit dieser Zeit alle Varianten zwischen arktischer Tundra und einer gegenüber heute noch größeren Vielfalt mit mediterranem Einschlag. Die Schneegrenzen befanden sich einerseits bis zu 1100 m niedriger, andererseits bis zu 300 m höher als heute. Gletscherbewegungen, Dendrochronologie, Warwen-Chronometer und Pollenanalysen liefern ein recht detailliertes Bild über den Klima-Ablauf seit der letzten Vereisung. Es seien hier nur einige Arbeiten von Flohn [1, 19], Mayr u.a. [2], Lamb [3, 4, 5, 6, 7], Schove [8, 9], Hoinkes [10, 11, 12, 13], Klaer [14], Manley [15], Kasser [16 u.a.], Röthlisberger [17, 18], Zoller et al. [20] erwähnt.

In Zentralengland, wo die Temperaturmessungen bis 1659 zurückgehen, herrschten im Eiszeitklima Sommertemperaturen zwischen 0 und 6°, heute zwischen 15 und 16°, während der günstigsten Epochen 16 bis 17°C (Manley [21]).

Vor 18.000 Jahren lag die Eisgrenze im Raume des heutigen Hamburg und Berlin, die Schneegrenze um 1100 m niedriger als heute. Während der "Alleröd-Warmphase" stiegen die Sommertemperaturen in Zentralengland auf etwa 7,5°C an. Zwischen 10.500 und 8500 v.Chr. traten in Mitteleuropa in mehrfachem Wechsel von jeweils nur 200 - 300jähriger Dauer Temperaturschwankungen bis zu 6° gegenüber den damals herrschenden Mittelwerten auf. In der Warmphase um 9000 v.Chr. stiegen die Temperaturen auf ca. 3° "unter heute" an. Die jüngere Dryas-Periode von 8800 bis 8100 v.Chr. brachte nochmals einen empfindlichen Rückfall in fast eiszeitliche Verhältnisse. Mit dem Beginn des Holozäns nach 8100 v.Chr. erwärmte sich das Klima bis zum postglazialen Klima-Optimum, welches etwa 5500 v.Chr. begann; die Gletscher zogen sich in Mitteleuropa auf ca. 2000 m NN zurück. Zwischen 4700 und 2500 v.Chr. lagen die Mitteltemperaturen um 1 bis 2°C über den heutigen Werten. Die Sommer waren um 2 bis 3°C wärmer. Sommer mit positiven Temperaturabweichungen von mindestens 2°C sind heute bei uns ziemlich selten (1781, 1826, 1834, 1859, 1947, in begrenzteren Gebieten auch 1959 und 1976). In Mittelengland dürften die Sommertemperaturen bei 17°C gelegen haben. Um 2500 bis 2000 trat eine nennenswerte Abkühlung um etwa 1 bis 1,5° ein, verbunden mit einer langsamen Austrocknung der westafrikanisch-arabisch-indischen Region. In dieser Zeit traten Gletschervorstöße und Gletscherneubildungen auf. Kleinere Gletscher wiesen in dieser relativ kühlen und niederschlagsreichen Phase zum Teil ein beachtliches Maximum auf,

[1]Bifänge 6, D-7800 Freiburg i.Br.

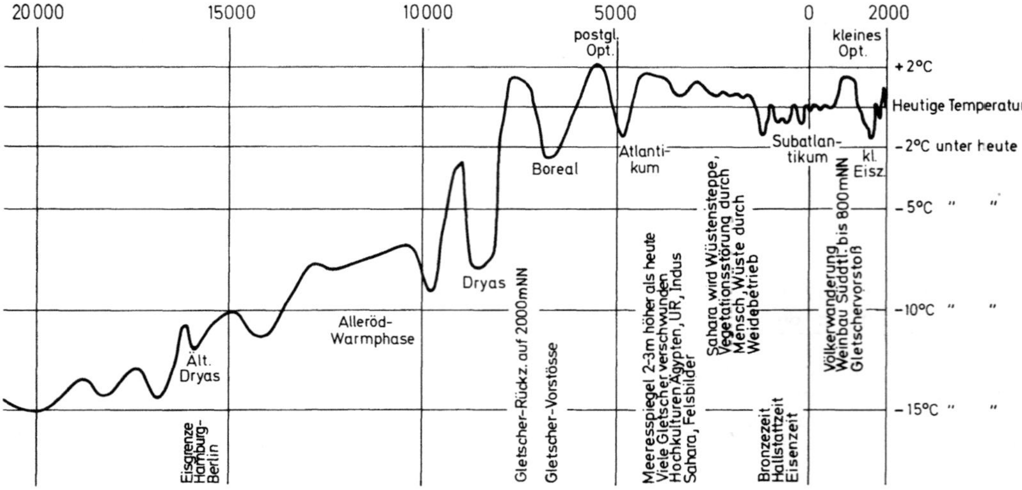

Abb. 1. Der Verlauf der Temperatur im zentraleuropäischen Bereich seit der letzten Eiszeit. Die Abweichungen geben die mutmaßlichen Temperaturdifferenzen gegenüber heute an

besonders etwa 1400 bis 1300 v.Chr. Das mitteleuropäische Klima war dem heutigen ziemlich ähnlich. Auch die letzten Jahrhunderte vor der Zeitenwende waren relativ kühl und feucht. In der Gotthardgruppe sind Vorstöße des Chelengletschers zwischen 320 und 310 v.Chr. bemerkenswert (Abb. 1).

Ein sekundäres Klima-Optimum (nach Lamb "little climatic optimum" [22]) begann zwischen 800 und 900 n.Chr. Es erreichte seinen Höhepunkt zwischen 1000 und 1200 n.Chr. Die Mitteltemperaturen stiegen um 1,2 bis 1,4° über die heutigen Werte an, die Niederschlagsmengen lagen bis zu 10% darunter. Das Klima war günstig für die Besiedlung bisher "unwirtlicher" Mittelgebirgslagen und Hochtäler. Eisvorstöße waren zwischen 800 bis 1200 n.Chr. selten. Der Weinbau weitete sich um ca. 4 bis 5 Breitengrade nordwärts und um ca. 200 m höher aus als heute. Die Winter waren in der Mehrzahl mild, wenn auch Strengwinter nicht ganz fehlten. Trocken-heiße Sommer traten häufiger auf. Die damaligen Wikingerfahrten wären unter heutigen Verhältnissen kaum möglich gewesen (vgl. hierzu auch Lamb [23]).

Etwa ab 1200 wurden aus dem arktischen Raum vermehrte Eisvorkommen gemeldet. Die Verschlechterung des Klimas vollzog sich etappenweise. Der erste Abschnitt trat 1200 - 1250, der zweite etwa 1430 - 1450 ein und die dritte Phase (1560 - 1600) führte in die "Kleine Eiszeit" ("little ice age" nach Lamb u.a. vgl. [3, 4, 23, 24, 25, 26, 27, 28, 29]), deren Höhepunkt den Zeitraum von ca. 1560 bis 1700 umfaßte und die mit der relativ kalten Phase zwischen 1812 und 1855 endete. Diese Periode gilt als die nachhaltigste Verschlechterung des Klimas seit mindestens 9000 Jahren. Die Gletscher stießen zum Teil weit in Gebiete vor, die unter Kultur standen. Steinijans [30] nennt im einzelnen die Winter, in welchen der Bodensee zugefroren war. Waren es bis zum 13. und vom 19. Jahrhundert an jeweils 1 bis 3 Winter pro Jahrhundert, so gab es vom 14. bis 18. Jahrhundert die große Seegfrörne 5, 8, 8, 6 und 6 mal pro Jahrhundert. Kalte, bisweilen strenge Winter und naßkalte Frühjahre, Sommer und Herbste wurden ungewöhnlich häufig. Die Gletschervorstöße umfaßten, von Unterbrechungen abgesehen (1725 - 1739, zwischen 1750 und 1770 sowie zwischen 1780 und 1811) den größten Teil dieser kühlen Periode. Um 1855 war das postglaziale Maximum der Gletscherstände erreicht. Häufigere Erdbeben und eine Zunahme großer Vulkanausbrüche begleitete diese Epoche [31]. Die Sonnenaktivität war während der "Kleinen Eiszeit" im allgemeinen gering [29]. Le Roy Ladurie [32, 33] beschreibt recht ausführlich die Verhältnisse während dieser ungünstigen Epoche. Die weit zurückreichenden Beobachtungen über Gletscherbewegungen geben guten Aufschluß über regionale Klimaunterschiede, besonders bezüglich der Niederschlagsverhältnisse. B. und P. Messerli et al. [34] beschreiben die Schwankungen des Grindelwaldgletschers bis 1600 zurück. Während etwa seit 1950 die sommerlichen Schneefallhäufigkeiten am Großen St. Bernhard wieder zunahmen, blieben sie in den Ostalpen (Sonnblick) bislang noch unternormal.

2 Der Klima-Ablauf seit der "Kleinen Eiszeit" bis heute

Der Beginn der Instrumenten-Beobachtungen [29] fällt in die Zeit des Höhepunktes der "Kleinen Eiszeit". Durch Manley [21], Craddock [35], Pfister [36, 37, 38, 39], Polli [40] und viele andere erhielten wir gute Aufschlüsse über Temperaturen, Niederschläge, Schneeverhältnisse und phänologische Beobachtungen seit Beginn der Messungen. Dendrochronologische Daten komplettieren diese Aufschlüsse (Schweingruber u.a. [41, 42]).

Nach Manley traten zu Beginn der Temperaturmessungen (Mitte des 17. Jahrhunderts) die niedrigsten Jahrestemperaturen, die kältesten Winter und kühlsten Sommer zumindest der letzten 700 Jahre, mit hoher Wahrscheinlichkeit sogar viel weiter zurück auf. Die Auswirkungen derartiger Schwankungen, die verglichen mit den großen Klimaschwankungen der letzten 25.000 Jahre jedoch in relativ bescheidenem Rahmen blieben, auf Tier- und Pflanzenwelt, auf die soziale und wirtschaftliche Struktur und Entwicklung der Menschheit sind in jüngster Zeit ausführlich untersucht worden. Von weitreichender Bedeutung neben solchen Klimaschwankungen wie der "Kleinen Eiszeit" oder der polaren Erwärmung 1920 - 1950 können auch kurzdauernde Abweichungen, sogenannte "Klima-Schocks" sein. Man denke an die Probleme der Sahel-Zone oder auch an kleinräumigere Vorkommnisse, beispielsweise den extrem frühen Wintereinbruch 1974, als im Schwarzwald Ende September und im Oktober die Kartoffeln unter hoher Schneedecke verfaulten, an den im nördlichen Mitteleuropa und Südengland gebietsweise trockensten und heißesten Sommer 1976, an die Maihochwasser 1978 im Neckargebiet, die Schneekatastrophe in Schleswig-Holstein 1978/79.

Die Ursachen der nachfolgend beschriebenen Schwankungen und Pendelungen des Klimas beruhen überwiegend auf Verlagerungen der steuernden Luftdruckgebilde und damit der Hauptzugbahnen von Hoch- und Tiefdruckgebieten, Verschiebungen in der Zonal- bzw. Meridionalzirkulation. Strahlungsschwankungen und unterschiedliche vulkanische Aktivität, Veränderungen der Albedo können additive oder sogar auslösende Faktoren sein, besonders, wenn sie sich gleichsinnig überlagern [28, 29]. In jüngster Zeit kamen vermehrt anthropogene Einflüsse hinzu, die über das Maß des längst bekannten Großstadt-Effektes (Glashaus-Wirkung = greenhouse effect) hinausgehen [1, 14, 48, 49, 50, 51, 52, 53, 54]. Änderungen verlaufen durchaus nicht überall gleichsinnig [29]. Negativen Abweichungen gewisser Regionen entsprechen positive in anderen Gebieten, gleichsam als Ausgleich (Meridionalzirkulation begünstigt West-Ost-Ausgleich bzw. Verschiebung der Gegensätze, Zonalzirkulation Nord-Süd-Ausgleich).

Der "Kleinen Eiszeit" folgten im 18. Jahrhundert zunächst relativ günstige Abschnitte mit wesentlich höheren Temperaturen. Etwa mit dem Extremjahr 1740 wurde es neuerlich kälter. In der zweiten Hälfte des

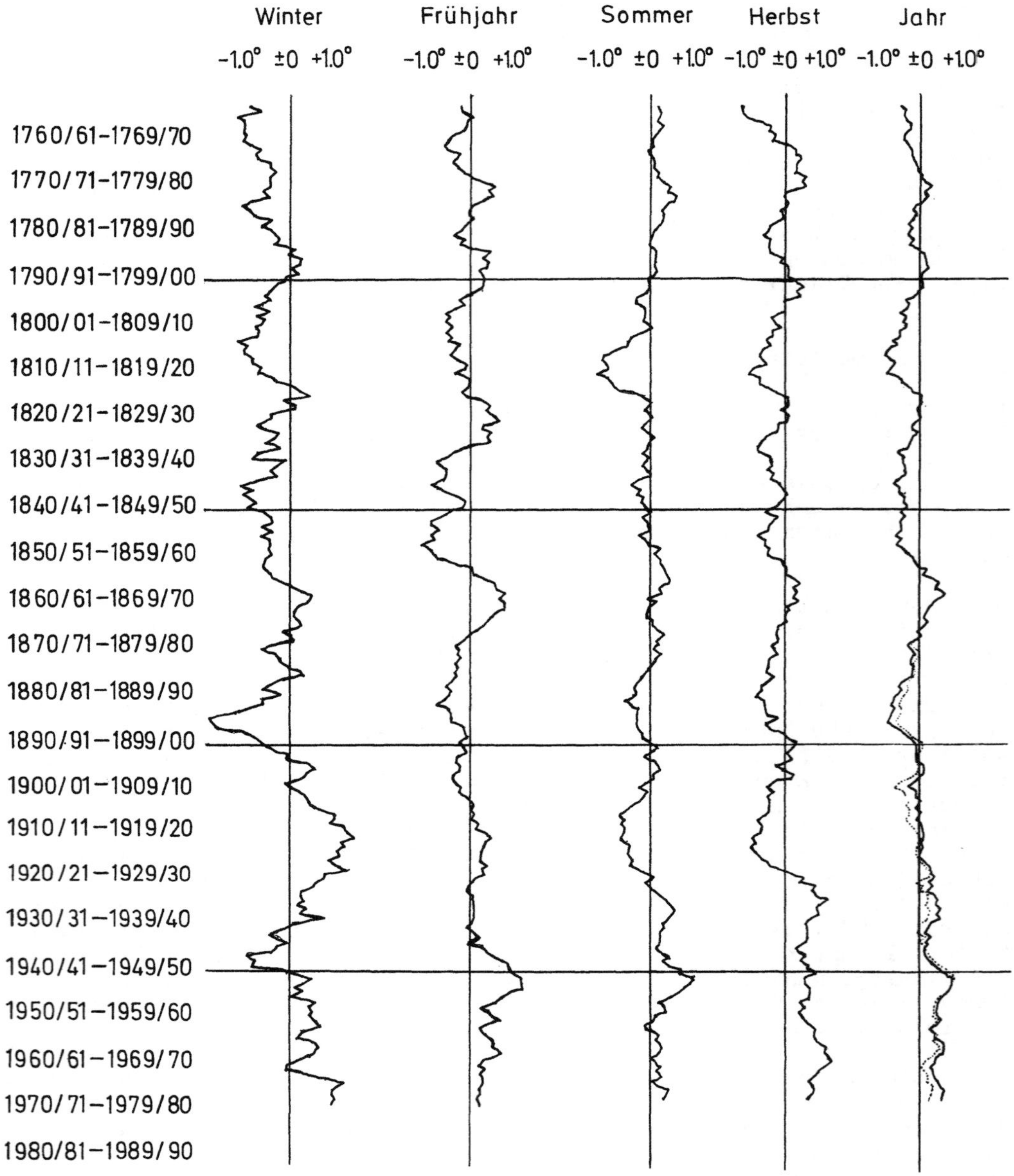

Abb. 2. Zehnjährige übergreifende Abweichungen der jahreszeitlichen und jährlichen Temperaturen im südlichen Oberrheingebiet vom Durchschnitt 1851 - 1950 (Basel-St.-Margarethen, Straßburg IPG, Karlsruhe-Flughafen, Stuttgart-Alexanderstraße). *punktiert* Zehnjährige übergreifende Abweichungen der Jahresmitteltemperaturen vom Durchschnitt in Höchenschwand (Schwarzwald)

18. Jahrhunderts überwogen wieder zu kalte Winter, wechselhafte Frühjahre, relativ warme Sommer und teils erheblich zu kalte, teils aber merklich zu warme Herbste. Die Verhältnisse im südöstlichen Mitteleuropa schildern Konček und Cehak [55] ausführlich. Den markanten Gletschervorstößen des 17. Jahrhunderts folgten 1740 - 1750 und um 1780

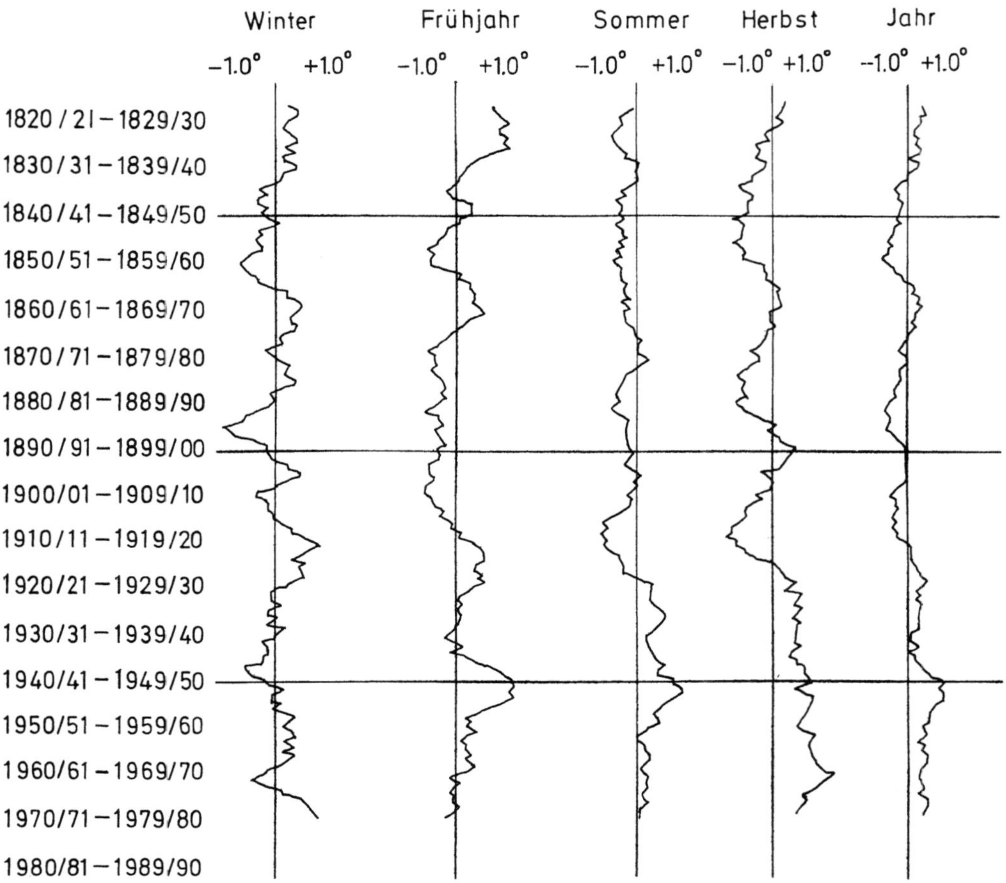

Abb. 3. Zehnjährige übergreifende Abweichungen der jahreszeitlichen und jährlichen Temperaturen in den alpinen Hochlagen vom Durchschnitt 1851 - 1950 (Großer St.Bernhard, Jungfraujoch, St.Gotthard, Säntis, Zugspitze, Sonnblick, Villacher Alpe)

weitere Vorstöße. Die Wende vom 18. zum 19. Jahrhundert brachte günstige Wärmeverhältnisse zu allen Jahreszeiten. Aber bereits gegen Ende des ersten Dezenniums folgten im 19. Jahrhundert merklich kältere Winter und Frühjahre. Die Periode 1812 - 1821 war der kälteste Abschnitt nach der "Kleinen Eiszeit". Die Gletscher stießen weiter vor, die Sommer 1813 und 1816 gehörten zu den schlechtesten seit Beginn der Messungen. 1817 - 1848 kam es zu Massenauswanderungen nach Amerika. Um 1848 wanderten allein aus Baden rund 200.000 Weinbauern aus. Bis 1855 dauerte dieser ungünstige Klima-Abschnitt, in welchem gute Jahre mit heißen Sommern wie 1826, 1834 oder 1846 Ausnahmen blieben. Der Gletscherhöchststand um 1855 war der bedeutendste seit mindestens 8000 Jahren. Mann kann etwa mit diesem Zeitpunkt - zumindest aus der Sicht der Gletscherbewegungen - das Ende der "Kleinen Eiszeit" datieren, deren "Zentrum" die Periode 1560 - 1700 umfaßte (Abb. 2 - 5).

Die späten 50er und die 60er Jahre, desgleichen noch die ersten 70er Jahre brachten eine merkliche Häufung warmer Jahreszeiten. Doch war diese Periode übernormal niederschlagsreich. Hervorzuheben sind die beiden extremen Strengwinter 1829/30 und 1879/80. Mit dem Jahre 1885

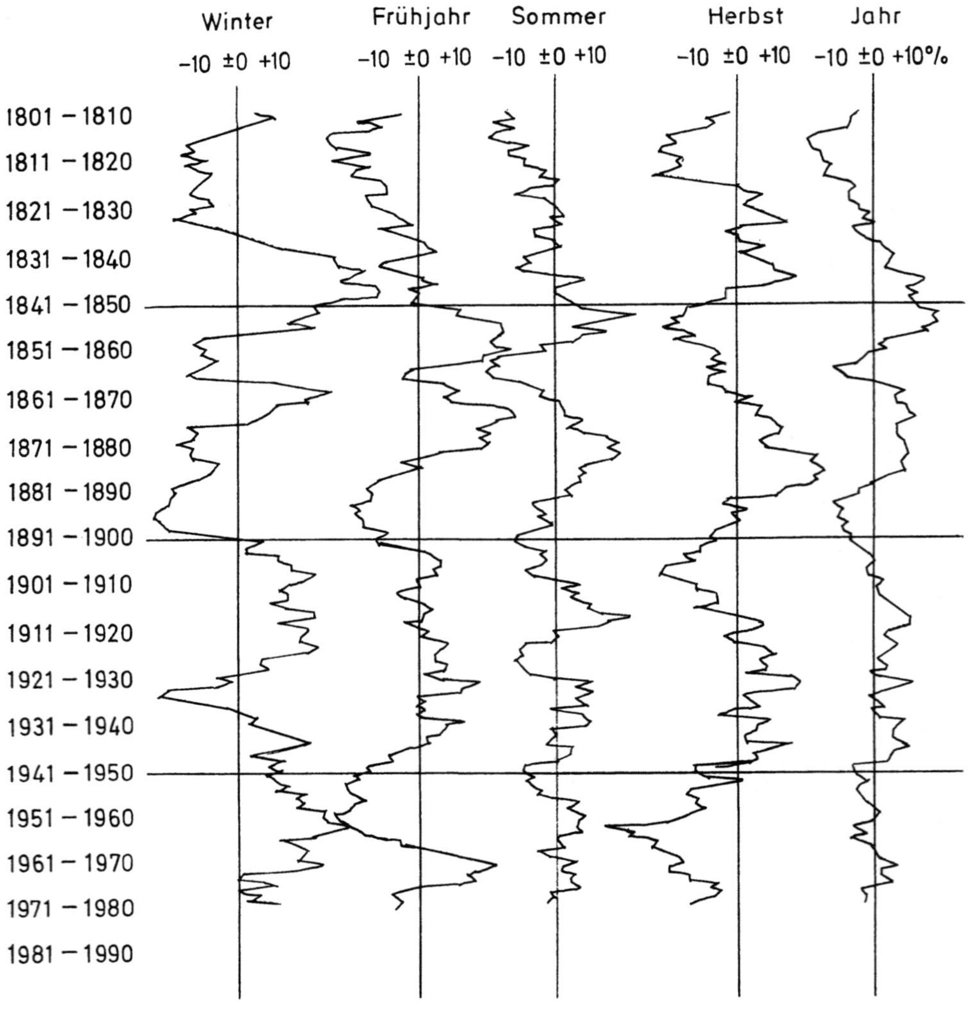

Abb. 4. Zehnjährige übergreifende Abweichungen der jahreszeitlichen und jährlichen Niederschlagsmengen im südlichen Oberrheingebiet vom Durchschnitt 1851 - 1950 (Basel 1871 - 1950). Mittel 1028 mm/Jahr. *Stationen:* Basel, Freudenstadt, Karlsruhe. Vor 1847 Straßburg und Karlsruhe

endete dieser relativ günstige Abschnitt. Möglicherweise begünstigte der Ausbruch des Krakatau (1883) mit seinen großen Auswürfen von Lokkermaterial bis in Höhen von über 30 km durch seine Dunstanreicherung der Atmosphäre in Verbindung mit der in diesem Abschnitt relativ geringen Sonnenaktivität den nun folgenden Rückfall in eine Kaltphase. Da die Niederschlagsmengen unter die Mittelwerte sanken, kam es nur zu unbedeutenden Gletschervorstößen, nachdem die Summe der warmen Jahre ab 1855 bereits am Gletschervolumen zehrten. Mit dem Winter 1896/97 endete diese Kaltphase plötzlich. Nach Flohn und Rodewald folgte nun eine "stabile" Klimaperiode mit geringen Schwankungen, insbesondere der Temperatur. Sie dauerte von 1897-1939. Dieser Zeitraum brachte mit 1928/29 nur einen einzigen Strengwinter mit negativen Temperaturabweichungen von mehr als 3°C. Erhöhte Westdrift kennzeichnete die Winter

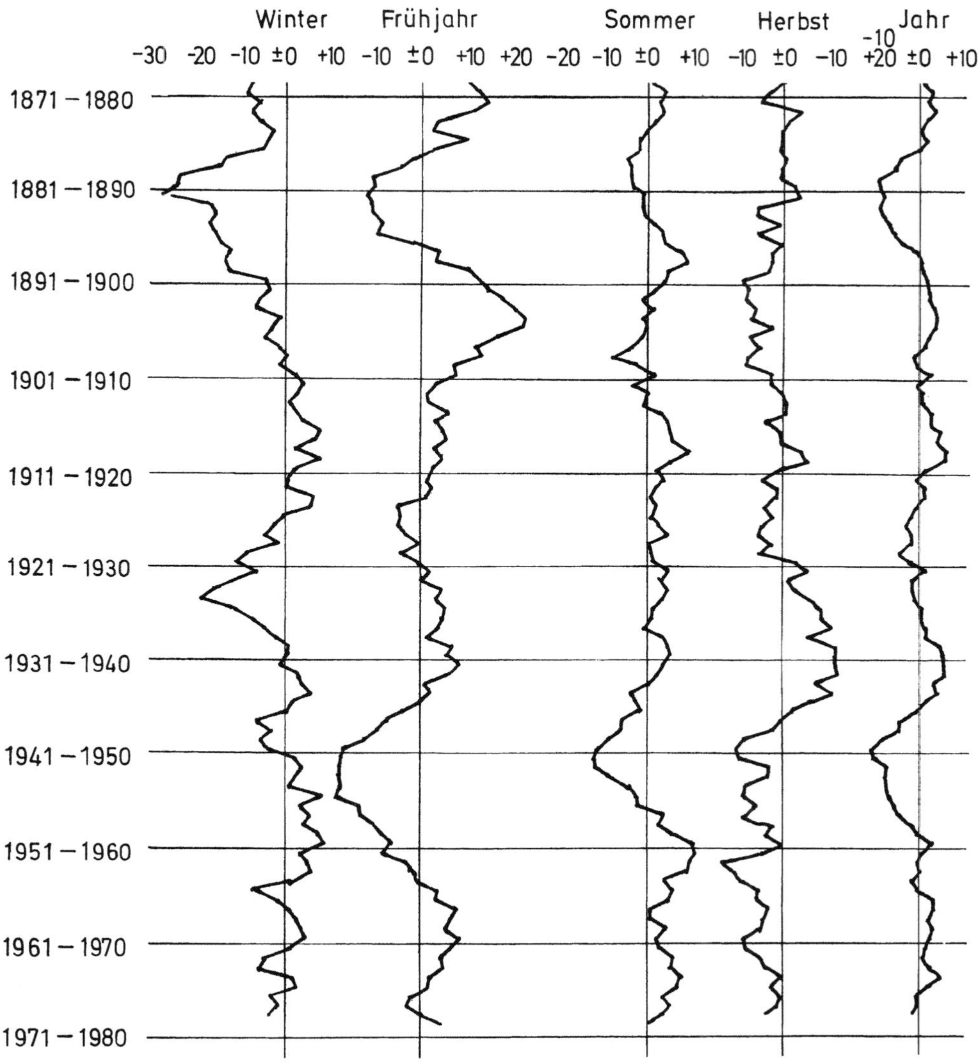

Abb. 5. Zehnjährige übergreifende Abweichungen der jahreszeitlichen und jährlichen Niederschlagsmengen in den alpinen Hochlagen vom Durchschnitt 1901 - 1950 (Großer St.Bernhard, St.Gotthard, Einsiedeln, Säntis, Zugspitze, Sonnblick, Villacher Alpe)

von 1909/10 bis 1938/39. Sie waren in der großen Mehrzahl sowohl in den Niederungen, wie in den Hochlagen zu mild. Daß trotzdem zwischen 1915 und 1926 die Gletscher nochmals geringfügig vorstießen, ist auf den Niederschlagsüberschuß und auf die kühlen Sommer und frühen Herbste sowie auf die große sommerliche Schneefallhäufigkeit in den Hochlagen zurückzuführen (Abb. 6, 7).

Der erste Kriegswinter 1939/40 brachte gebietsweise den kältesten Januar seit dem Beginn der Messungen. Er leitete eine Periode überdurchschnittlich großer Schwankungen ein mit zum Teil kalten Wintern und langen, warmen Sommern. Im "Klimaoptimum der Instrumenten-Periode" von 1942 bis 1953 brachte das Jahr 1947 mit seinem trockenen Strengwinter

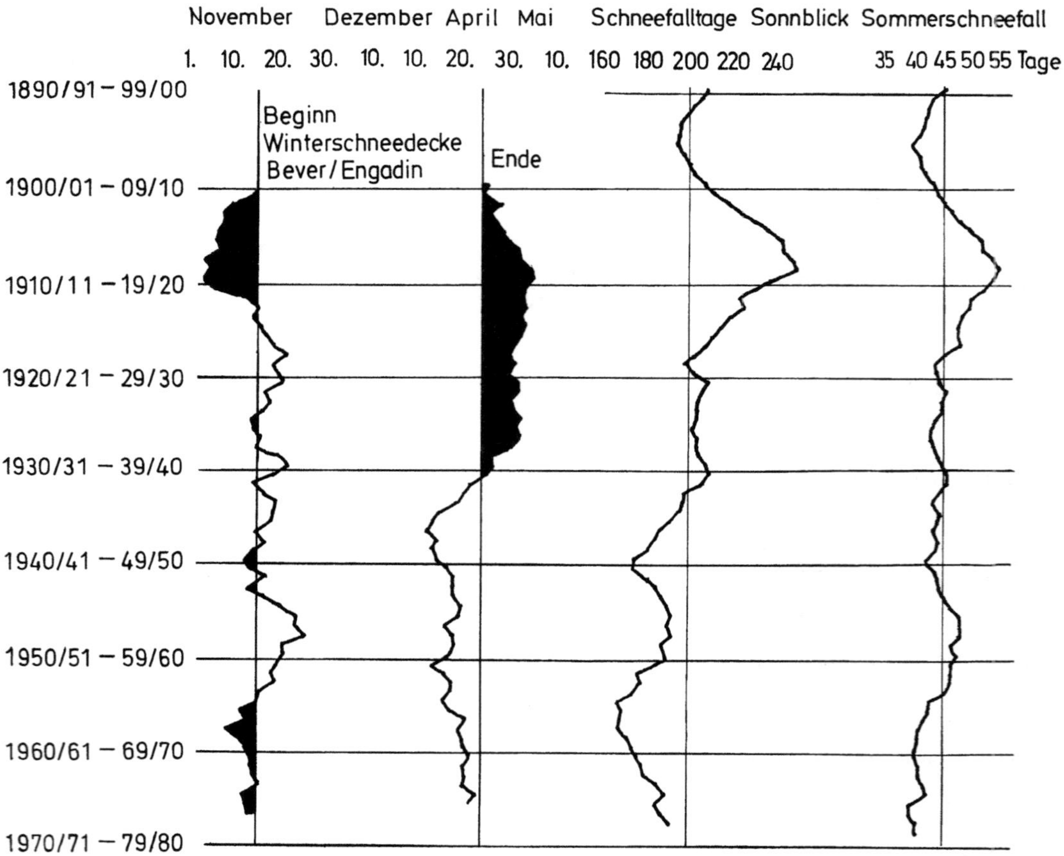

Abb. 6. Zehnjährige übergreifende Mittelwerte des Beginns und des Endes der Winterschneedecke in Bever (Engadin) sowie der Schneefalltage (Jahr und Sommer) auf dem Sonnblick (Hohe Tauern)

und dem Jahrhundertsommer den Höhepunkt. Die Zeit der kurzen und schneearmen Winter der 20er und 30er Jahre wich einem merklich schneereicheren Abschnitt. In den Mittelgebirgen war er durch eine frühere Schneebedeckung und höhere Schneedeckenmaxima gekennzeichnet. Frühe, sonnige Frühjahre, warme Sommer und Herbste mit übernormaler Besonnung und großenteils unternormalen Niederschlagsmengen sowie sommerlichen Schneefalltagen verhinderten eine lange Schneebedeckung und Gletschervorstöße. Eine Ausnahme bildete das extrem kalte Frühjahr 1941 (siehe Abb. 8).

Eine von Norden her einbrechende Verschlechterung, zunächst der Sommer, später auch der Frühjahre, wirkte sich nach der vorausgegangenen sonnig-warmen Periode mit ihrer überlangen Vegetationsdauer physiologisch stärker aus, als die Meßergebnisse darlegen. Verglichen mit früheren Abschnitten kann man lediglich von einer "Normalisierung" sprechen. Nur einzelne Winter brachten sehr kalte Monate. Der Februar 1956 war großenteils der kälteste Wintermonat seit Gründung der Stationen. Der Strengwinter 1962/63 verursachte erstmals seit 1829/30 wieder ein völliges Zufrieren des Bodensees (Große "Seegfrörne" mit Seeprozession). Der Zeitraum von 1960 bis 1970 war niederschlagsreich, was auch aus den bis 1821 zurückreichenden Abflußmengen des

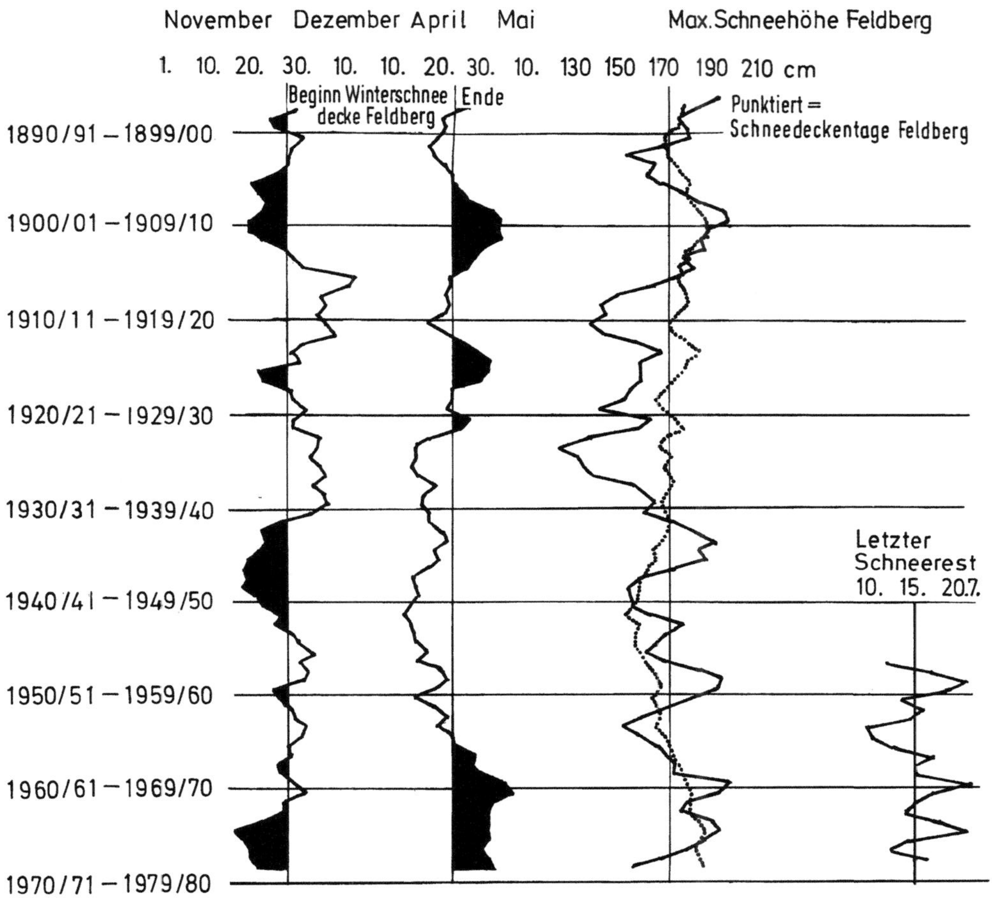

Abb. 7. Zehnjährige übergreifende Mittelwerte des Beginns und des Endes der Winterschneedecke auf dem Feldberg (Schwarzwald) sowie der Schneedeckentage und der maximalen winterlichen Schneehöhe (Feldberg/Schw.). Zehnjährige übergreifende Mittelwerte des Verschwindens des letzten Schneerestes am Feldberg im Schwarzwald

Rheins deutlich zum Ausdruck kommt. Besonders naß waren die Jahre 1965, 1966 und 1968. In den Bergen waren Schneedeckentage und Schneehöhen, desgleichen Schneefallhäufigkeiten übernormal. Der "Rekordwinter" 1969/70 übertraf an vielen Orten die bis dahin notierten absoluten Maxima der Schneehöhen und der Andauer der Schneedecke. Auf dem Schwarzwälder Feldberg lagen 350 cm, Berlin meldete 119 Schneedeckentage. Der Nordmeer-Raum war in diesem Abschnitt erheblich kälter als in den Jahrzehnten zuvor. Die Zahl der zu kalten Monate nahm dort, wie die Werte auf Jan Mayen zeigen, auffallend zu. Die Abkühlung betraf alle Monate des Jahres [57]. Da die Gletscherreservoire infolge der vielen warmen und sonnigen Jahre zuvor stark angegriffen waren, kam es in diesem Abschnitt nicht zu Vorstößen, sondern lediglich zu einer Verlangsamung der Rückzugsbewegung (vgl. Tab. 1).

Die letzte, im Norden sehr markante Abkühlung scheint überwunden oder zumindest unterbrochen zu sein. In Mitteleuropa folgte, eingeleitet durch den "Drei-Tage-Winter 1973/74" und den bisher frostärmsten und mildesten Winter 1974/75 eine Periode sehr milder Winter und warmer Jahre. Der extreme Mildwinter 1974/75 wies im Hochschwarzwald oberhalb von 1200 m NN kurioserweise die größte Zahl von Schneedeckentagen und

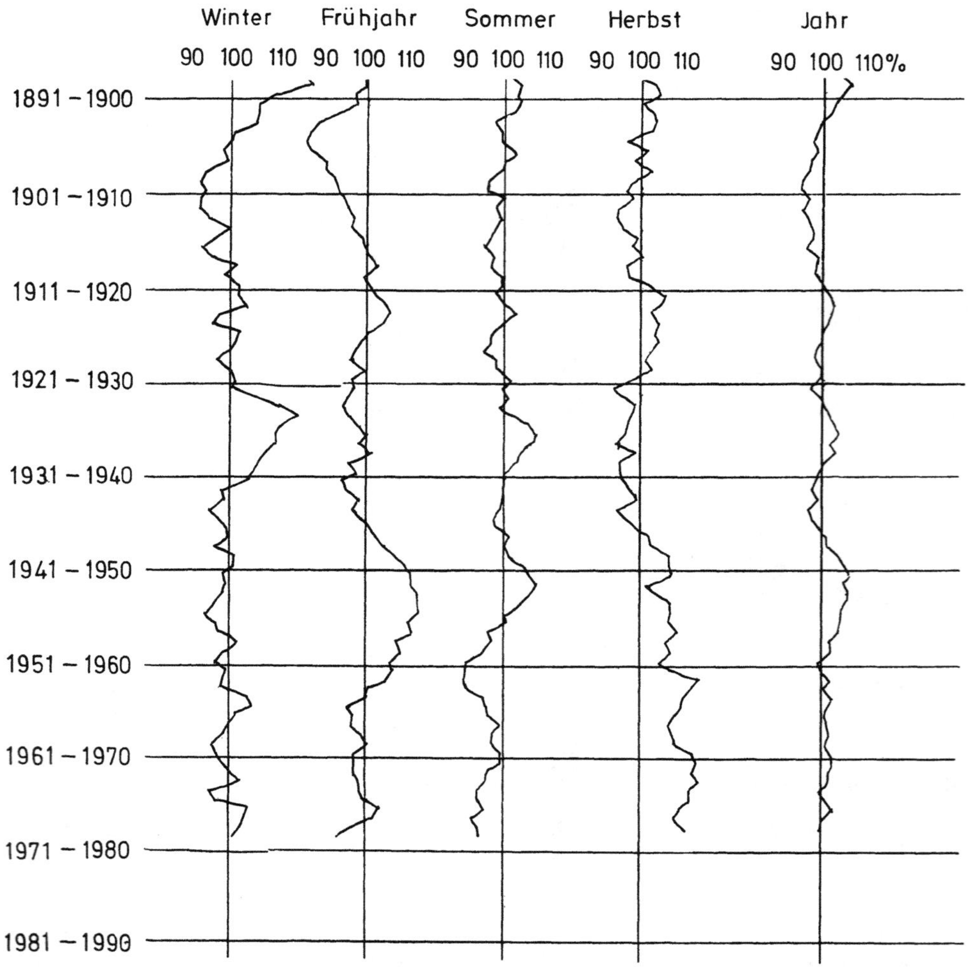

Abb. 8. Zehnjährige übergreifende Abweichungen der jahreszeitlichen und jährlichen Sonnenscheindauer in den alpinen Hochlagen vom Durchschnitt 1901 - 1950 (Jungfraujoch 1931 - 1960). *Stationen:* Jungfraujoch, Säntis, Sonnblick

solchen mit mindestens 100 cm Schnee auf. In den Niederungen bildete sich die erste Schneedecke erst nach der Märzmitte! Der Sommer 1975 war im nördlichen Mitteleuropa heiß. In Niedersachsen kam es während einer längeren trockenen Hitzeperiode zu ungeheuren Waldbränden. Noch heißer und trockener war im nördlichen Mitteleuropa und in England-Dänemark-Südskandinavien der Sommer 1976. Flächenmäßig erreichte jener Sommer allerdings nicht die großen positiven Temperaturanomalien der Sommer 1911 und 1947. Nach zwei kühlen und unbeständigen Sommern gab es 1979 in Norddeutschland erstmals seit 1969/70 wieder einen Strengwinter. Der Schneereichtum dort war ungewöhnlich. In Süddeutschland war der Winter 1978/79 dagegen nur unwesentlich zu kalt und besonders in Bayern ausgesprochen schneearm.

Das gletscherfeindlichste Jahr, zumindest seit dem Maximum von 1855 (vgl. Tab. 1) war 1947. Die Verlangsamung der seit 1965 beobachteten Gletscherrückgänge setzte sich in den 70er Jahren fort. Im Gletscherjahr 1974/75 war die Zahl der vorstoßenden Schweizer Gletscher erstmals

Tabelle 1. Abweichungen der Jahresmitteltemperaturen auf Jan Mayen (71°N) vom Durchschnitt 1851-1950 sowie Zahl der zu kalten Monate dort. Vorstoß und Rückzug in % aller beobachteten Schweizer Alpengletscher und Längenänderung der Gletscherzungen (nach Kasser und Renaud [58], und H. v. Rudloff [29, 59]). Die extremen Rückzugsjahre sind mit **, die sekundären Extremjahre mit * vor den Zahlenwerten, die extremen und sekundär-extremen Jahre mit Gletschervorstößen mit ** bzw. * nach den Zahlenwerten gekennzeichnet

	Jan Mayen		Schweizer Alpengletscher			
Jahr	Temp. Abweichg. (in °C)	zu kalte Monate	Vorstoß (in %)	Stationär (in %)	Rückzug (in %)	Längenänderung (in m/Jahr)
1913			33	8	59	
1914			36	10	54	
1915			46	4	50	
1916			68*	3	29*	
1917			50	6	44	
1918			46	14	40	
1919			70**	3	27**	
1920			59	7	34	
1921	-0,2	6	31	7	62	
1922	+0,7	3	35	15	50	
1923	+0,6	5,5	25	19	56	
1924	+1,3	1	23	17	60	
1925	+1,2	2	19	11	70	
1926	+1,0	3	52	8	40	
1927	+0,5	4	22	7	71	
1928	+1,0	3	14	5	81	
1929	+1,4	4	11	12	77	
1930	+1,9*	1	8	12	80	
1931	+1,0	1,5	22	18	60	
1932	+1,0	3	13	7	80	
1933	+1,8	2	15	4	81	
1934	+1,7	2	8	3	89	
1935	+0,9	3	12	4	84	
1936	+0,4	2	9	7	84	
1937	+1,2	2,5	12	12	76	
1938	+1,7	2	4	8	88	
1939	+1,5	2	14	5	81	
1940	+0,5	5	15	7	78	

Tabelle 1. Fortsetzung

Jahr	Jan Mayen Temp. Abweichg. (in °C)	zu kalte	Schweizer Alpengletscher Vorstoß (in %)	Stationär (in %)	Rückzug (in %)	Längenänderung (in m/Jahr)
1941	+0,0	6	24	4	72	
1942	-1,4	8	6	0	94	
1943	-0,5	8	7	4	89	
1944	+0,3	4	7	6	87	
1945	+0,8	4	6	5	89	
1946	+1,7	1	13	10	77	-10,4
1947	+1,2	3	** 0	2	*98	**-26,9
1948	-0,1	7	13	10	77	- 7,7
1949	+0,5	3	5	2	93	*-21,4
1950	+1,5	1	* 1	0	**99	-18,7
1951	-0,2	7	12	9	79	-10,0
1952	+0,6	3	2	4	94	-14,2
1953	+1,1	3	3	5	92	-17,8
1954	+0,6	3	7	4	89	-11,1
1955	-0,4	7	24	9	67	- 5,9
1956	+0,6	5	13	6	81	-12,1
1957	+1,2	5	10	5	85	-10,2
1958	+1,3	2	8	0	92	-16,2
1959	+0,4	6	9	0	91	-15,4
1960	+1,8	0*	11	0	89	-11,4
1961	+0,8	4	12,0	3,5	84,5	- 9,6
1962	+0,3	5	14,1	3,3	82,6	-11,2
1963	-0,1	5	10,8	6,4	82,8	-18,6
1964	-0,3	9	5,7	1,1	93,2	-14,4
1965	-0,6	8	24,4	11,1	64,5	-10,2
1966	-1,1	9	37,3	3,3	59,4	- 2,9
1967	-1,2	10	23,0	3.0	74,0	- 7,2
1968	-2,7*	11*	35,7	6,1	58,2	- 0,4
1969	-2,0	10	27,2	4,8	68,0	- 7,2
1970	-0,5	7	31,6	6,1	62,3	- 1,3

Tabelle 1. Fortsetzung

Jahr	Jan Mayen Temp. Abweichg. (in °C)	zu kalte Monate	Schweizer Alpengletscher Vorstoß (in %)	Stationär (in %)	Rückzug (in %)	Längenänderung (in m/Jahr
1971	-1,4	9	15,8	4,6	79,6	-10,2
1972	+0,7	4	39,0	7,0	54,0	- 2,7
1973	-1,3	10	25,3	8,4	66,3	-10,4
1974	+1,4	4	39,5	18,4	42,1	- 1,8
1975	-0,6	7,5	52,3	10,3	37,4	+ 5,6
1976	+1,1	3				
1977	-0,3	9				
1978	-0,5	5,5				
1979	-0,3	7				
1980						

seit 1962 wieder größer als die der zurückweichenden [58, 60]. Auch die Längenänderung war erstmals positiv. Beeler [61] erwähnt, daß im schweizerischen Nationalpark und im Berninagebiet ab 1957/58 der Gambrenagletscher, ab 1970 der Palügletscher vorstoßen, der Morteratschgletscher sich aber noch zurückzieht. Auch dort brachte das Jahr 1947 mit -47,5 m die größte negative Längenänderung. Der Scalettagletscher verlor nach W. Haeberli von 1847 - 1883 insgesamt 39%, seither nochmals 32% seiner Fläche. Wenn auch die Gletscherzungen sich noch verkürzen, so ist die Massenbilanz bei einigen großen Gletschern (Aletsch, Silvretta) seit 1965 wieder positiv [67]. Im Etsch- und Engadingebiet war der Schwund mit bis zu 56% der Fläche am größten, desgleichen im Tessin, wogegen im Raume der Adda und der Rhône nur 9,7 bis 14,8% schwanden [64].

Pfister [65] hebt das gute Übereinstimmen der bis 1480 zurückreichenden Weinlesedaten (Neuenburg, Erlach) mit den Bewegungen des Grindelwaldgletschers hervor. Auch im Val de Bagnes sind ab 1966 wieder kleine Gletschervorstöße aufgetreten [70]. Die Westalpen scheinen derzeit bezüglich der Massenbilanz der Gletscher gegenüber den Ostalpen bevorzugt zu sein. In den Ostalpen hat sich die starke Ablation der Zeit von 1943 - 1959 seither lediglich verringert [67].

3 Nachweisbare anthropogene Einflüsse auf das Klima in Mitteleuropa während der jüngsten Epoche

In der vorindustriellen Geschichte wurden klimatische Veränderungen durch große Waldabholzungen und das Abweiden ausgedehnter Grasflächen verursacht, sowohl im regionalen, wie auch im subkontinentalen Bereich. Im Industriezeitalter kommen intensive Beeinflussungen lokal begrenzter Gebiete durch Schadstoff-Emissionen, Abwärme bei der Energie-Erzeugung und beim Energie-Verbrauch und durch Veränderung der chemischen Zusammensetzung der Luft hinzu. Sie bewirken Veränderungen der Strahlungsverhältnisse, wirken sich aber auch auf Temperatur- und Niederschlag aus (vgl [68]. Eine Gesamt-Tendenz läßt sich aus dem Ver-

Tabelle 2. SO_2-Jahresmittel in Ballungsgebieten und an Reinluftstationen* 1967 und 1974 (nach Jänicke [71])

Station	1967	1974
Gelsenkirchen	98	98 Mikrogramm SO_2 pro m^3 Luft
Mannheim	86	56 Mikrogramm SO_2 pro m^3 Luft
Waldhof-Langenberg*	15	15 Mikrogramm SO_2 pro m^3 Luft
Deuselbach*	5	12 Mikrogramm SO_2 pro m^3 Luft
Brotjacklriegel*	7	8 Mikrogramm SO_2 pro m^3 Luft
Schauinsland*	6,7	10 Mikrogramm SO_2 pro m^3 Luft

gleich des Istzustandes zwischen freier, unbeeinflußter und anthropogen veränderter, belasteter Landschaft aber nur dort erbringen, wo an homogenen Stationen ausreichend lange Meßreihen vorliegen. Die anthropogenen Einflüsse auf unser Klima basieren auf Veränderungen der Emission an Schadstoffen, an Abwärme, der Zunahme des CO_2-Gehaltes der Luft, der etwa mit der Bevölkerungszunahme Schritt hält, ferner auf der Veränderung der Strahlungsintensitäten und der Verdunstung. Neuerdings kommen noch mögliche anthropogene Beeinflussungen der Ozonschicht z.B. durch Transport der Spurengase (NO_x bzw. $C1O_x$-Injektionen) hinzu (vgl. Dütsch u.a. [19, 70]).

Während die Emissionen in Großstädten und Industriegebieten des westlichen Mitteleuropas dank konkreter Umweltschutzmaßnahmen und wirtschaftlicher Rezessionen etwa ab 1973 teilweise rückläufig wurden, nahmen sie über Reinluftgebieten zu. Insgesamt kann man also nicht von einer Besserung, sondern nur von einer "besseren Umverteilung" [71] der Schadstoffe sprechen. In Ballungsräumen zeigen sich Rezessionen vornehmlich bei SO_2-Emissionen [72]. Der CO_2-Gehalt der Luft erhöhte sich von 1880 - 1975 von 295 ppm auf 330 ppm [50, 73]. Auf dem 3398 m hohen Mauna Loa Gipfel (Hawaii) stieg die CO_2-Zunahme allein im kurzen Zeitraum von 1958 - 1971 von 312 auf 322 ppm an. Gegenüber 1850 betrug die Zunahme bis 1974/75 rund 13% [22].

Die klimatische Bedeutung des CO_2 liegt nach Flohn [50] u.a. darin, daß es im langwelligen Infrarotbereich stark absorbiert. Die Sonnenstrahlung gelangt ungehindert zum Erdboden, doch die abgegebene Wärmestrahlung der Erdoberfläche und der Wolken werden durch das CO_2 absorbiert. Damit erwärmt sich die Troposphäre. Diese Erwärmung nimmt mit zunehmender Höhe ab und geht in der Stratosphäre in eine Abkühlung über. Somit wird die Erdatmosphäre labiler. Naturgemäß kann sich dadurch die Niederschlagstätigkeit und die Unbeständigkeit des Wettergeschehens verstärken.

Die Abgase aus Raketen und hochfliegenden Luftfahrzeugen bestehen überwiegend aus CO_2 und Wasserdampf [30]. Die winzigen Partikel benötigen etwa 1/2 Jahr, um aus dem Weltenraum in die obere Stratosphäre zu gelangen. Erst nach einigen hundert Jahren erreichen feinste Partikel, die aus 50 km Höhe absinken, die untere Stratosphäre bzw. die obere Troposphärengrenze in 20 - 12 km Höhe. Durch Flugzeuge ergibt sich eine Zunahme der Cirrusbildung. Über Denver (Colorado) stieg sie von 1960 - 1975 von 10% auf 23% an. Die absolute Feuchte nimmt mit wachsendem CO_2-Gehalt deutlich zu und verstärkt ihrerseits wiederum den CO_2-Effekt [73]. Verdampfung und Niederschlagstätigkeit steigen als Folge der Temperatur-Erhöhung in den meisten Bereichen um Beträge bis zu 10% an.

Tabelle 3. Wachstumsraten (Steigerungsraten fossiler Energie) in % und zu erwartender Temperaturanstieg (nach Degens und Kempe [53])

Jahr	2% (°)	3% (°)	4% (°)
2000	0,7	0,7	0,8
2020	1,2	1,4	1,7
2040	1,8	2,5	3,3
2060	2,7	4,0	5,8
2080	3,8	5,9	8,0 und mehr

Tabelle 4. Auswirkungen der Zunahme des CO_2-Gehaltes der Luft auf die Temperatur- und Klimaverhältnisse der Erde (nach Flohn [50])

CO_2-Gehalt	Zeitpunkt	Erwärmung Mittel Erde (°C)	Erwärmung Polarzone (°C)	Klimazustand vergleichbar mit Periode:
450 ppm	ca. 2005-2015	1,5	3-4,5	wärmste Nacheiszeitperiode vor rund 6000 Jahren
550 ppm	2025-2030	2,5	6-8	wärmste Periode der Zwischeneiszeit
750 ppm	2040-2075	4,0	8-12	Abschmelzen großer Eismengen Landfläche wird verringert

Der "Treibhaus-Effekt" (greenhouse effect) wird ein Ansteigen des Meeresspiegels und damit eine Verringerung der Landflächen auslösen, weil das Eisareal stark angegriffen würde [74]. Bei wachsender Bevölkerungszahl vermindert sich zugleich die Anbaufläche für Nutz- und Nährpflanzen, desgleichen die natürliche Oberfläche. Die Welt-Kohleproduktion lag 1975 bei 2,6 Milliarden Tonnen Steinkohle (2,6 Mia SKE) im Jahre 2020 erwartet man bei einer Steigerungsrate von 2,7% eine Welt-Kohleproduktion von ca. 8,8 Mia Steinkohle-Einheiten.

Die bauliche Veränderung unserer Naturlandschaft wirkt sich klimatisch im "Großstadt-Effekt" aus. Städte sind im Mittel um 0,7 bis 1,5°C wärmer als die freie Umgebung [29, 75, 76]. Dronia [75] ermittelte aus 27 Städten eine Temperaturerhöhung von 0,83°C. Gleichzeitig liegen die Werte der relativen Feuchte in den Städten vor allem nachts, wenn der größte Erwärmungseffekt gegenüber dem Freiland auftritt, erheblich tiefer. Taubildung ist im Stadtbereich seltener und schwächer als in der freien Landschaft. Die Abbildung 9 zeigt den mittleren Tagesgang der relativen Feuchte im extrem heißen, trockenen und sonnigen Juni/ Juli 1976 (Periode 6. Juni bis 6. Juli) im Stadtbereich von Freiburg, an einer locker bebauten Station und in freier Naturlandschaft. Die nächtlichen Feuchtwerte lagen – und das gilt besonders für Strahlungstage – in der freien Landschaft um 25 bis 30% über jenen des Stadtbereiches (Abb. 9).

Im westlichen Deutschland nahm die Naturfläche von 95% (1938) auf etwas unter 90% (1977) ab. Von der Gesamt-Fläche Baden-Württembergs

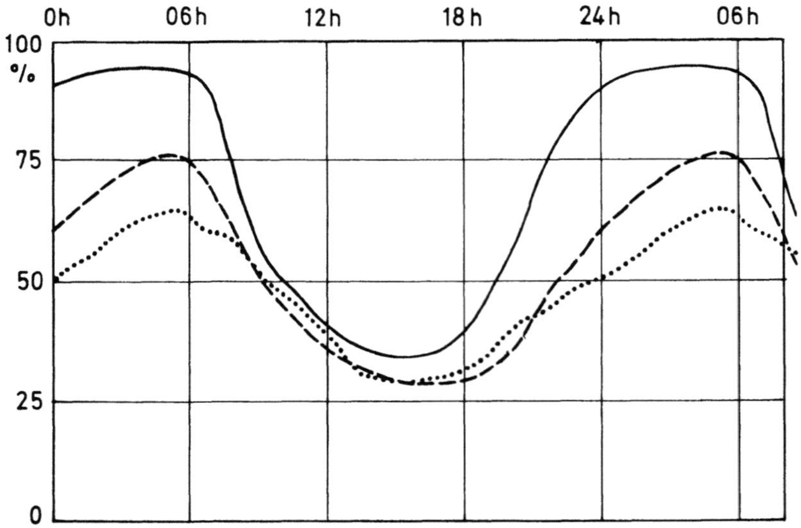

Abb. 9. Der Tagesgang der relativen Feuchte in einer natürlichen Umgebung (Weisweil) sowie auf einem Flugplatz mit lockerer Bauweise und Grünflächen (Bremgarten) und in einem Stadtgebiet, stark verbaut und 1 km vom Zentrum (Freiburg-WA.). Im Stadtbereich nächtliche Taubildung infolge geringer Feuchte stark gestört. *Meßperiode:* 6. Juni - 6. Juli 1976. Extrem heiße und niederschlagsfreie Sommer-Wetterlage mit ungewöhnlich großer Sonnenscheindauer. Weisweil (Naturraum) ——— ; Bremgarten (Flugplatz) -----; Freiburg-Stadt ········

(34.000 qmk) sind allein von 1950 bis 1978 insgesamt 1600 qkm (=4,7%) der Natur entzogen worden.

3.1 Auswirkungen auf die Temperatur

Anthropogene Einflüsse auf die Temperaturverhältnisse lassen sich am besten dort nachweisen, wo langjährige Vergleichsreihen zwischen einer nahezu unbelasteten und einer zunehmend belasteten Station vorliegen. Selbst kleine Ortschaften weisen einen gewissen anthropogenen Effekt auf. In Zentren engbebauter Kleinstädte und Dörfer kann er dem Großstadt-Effekt ziemlich nahe kommen. Ortschaften und vor allem die Städte bilden Wärmeinseln in der Landschaft. Am größten sind die Temperaturunterschiede zwischen Stadt und Freiland abends zwischen ca. 20 Uhr und morgens um 06 Uhr (Winter bis ca. 08 Uhr). Die Temperaturen können in Strahlungsnächten in den Städten in dieser Zeit um 5 bis 10° über jenen des Freilandes liegen, bei entsprechend geringer Feuchte. Reichenbächer untersucht die Temperaturunterschiede im Großraum Berlin anhand zahlreicher Meßstellen zu verschiedenen Jahreszeiten. Vergleicht man wachsende Großstädte mit zunehmendem Industriepotential gegenüber nahezu unbeeinflußtem Freiland, so zeigt sich im allgemeinen eine Zunahme der Temperaturdifferenzen. Börngen und Dobierzin [78] vergleichen die Differenzen der Jahresmitteltemperaturen zwischen Schwerin als relativ kleiner und industriearmer Stadt und Leipzig als industriereicher Großstadt. Im Abschnitt 1860 - 1880 ergaben sich kaum Änderungen in den Differenzen. Ab 1890 jedoch wurde Leipzig gegenüber Schwerin um rund 0,7°C "zu warm" bis heute.

Auf ähnliche Weise wurden Vergleiche der Differenzen der Jahresmitteltemperaturen zwischen den Freiland-Stationen Feldberg (Bergstation, 1489 m NN), Höchenschwand (heilklimatischer Kurort, 1008 m) einerseits

Tabelle 5. Änderung der Differenzen der Jahresmitteltemperaturen zwischen Städten und Freilandstationen. * = 1939-43 und 1972-76; ** = 1939-43 und 1968-72. (Halle/Jena/Brocken vgl. [79, 80])

Vergleich zwischen Stadt- und	Freilandstation	Temperatur-Differenz 1946-50 (°C)	1974-78 (°C)	Änderung von 46/50 bis 74/78
Mannheim	Höchenschwand	+3,9	+4,5	+0,6
Mannheim	Feldberg/Schw.	+6,9	+7,3	+0,4
Karlsruhe	Höchenschwand	+3,3	+4,4	+1,1
Karlsruhe	Feldberg	+6,3	+7,2	+0,9
Straßburg	Höchenschwand	+4,0	+4,9	+0,9
Straßburg	Feldberg	+7,0	+7,7	+0,7
Freiburg-Herdern	Höchenschwand	+3,8	+4,4	+0,6
Freiburg-Herdern	Feldberg	+6,8	+7,2	+0,4
Basel-Venusberg	Höchenschwand	+3,3	+3,8	+0,5
Basel-Venusberg	Feldberg	+6,3	+6,6	+0,3
München-Riem	Hohenpeißenberg	+1,5	+1,3	-0,2
Wien-Hohe Warte	Kremsmünster	+1,1	+1,6	+0,5
Jena	Brocken	+6,1	+6,4*	+0,3
Halle/Saale	Brocken	+6,7	+6,6**	-0,1

und den Stadtstationen Mannheim, Karlsruhe, Straßburg, Freiburg und Basel andererseits durchgeführt für den Zeitraum von 1946 bis 1978. Weitere Vergleiche dieser Art erfolgten zwischen München-Riehm (Stadtrand-Flughafen) und dem "etwas verbauten" Hohenpeißenberg, zwischen Wien (Hohe Warte) und Kremsmünster sowie zwischen Jena und Halle gegenüber dem Brocken (1143 m NN). Die größten Temperaturzunahmen (vgl. Tab. 5) zeigten sich in Karlsruhe (starke Industriezunahme) und Straßburg.

3.2 Strahlungsprobleme

Aerosole beeinträchtigen die einfallende Strahlungsmenge. In Industriezonen und Ballungsräumen kann sich ein meßbarer Verlust an Sonnenschein gegenüber der freien Umgebung einstellen. Auch hinsichtlich der Sonnenscheindauer zeigt ein Vergleich zwischen Städten und Freilandstationen eine Abnahme der Sonnenscheinstunden in Städten gegenüber dem Freiland. Wolkenbildungen über Industriestädten und Industrieansammlungen, Rekondensationswolken durch Kühltürme etc. konnten wiederholt nachgewiesen werden. Für einige Gebiete sind solche Erscheinungen sogar typisch: Wesseling bei Bonn, Weisweiler bei Düren, Ruhrgebiet, Mannheim u.a. Es wurden die Sonnenscheinstunden der Städte Karlsruhe, Straßburg und Freiburg mit jenen des Feldberges im Schwarzwald verglichen. Dabei zeigte sich eine Abnahme der Differenzen zuungunsten der Städte (Tab. 6).

Von Basel liegen seit 1954 Messungen der Zirkumglobalstrahlung vor. Insgesamt ergibt sich für den Zeitraum 1954 - 1978 ein Mittelwert der täglichen Strahlungsmenge von 569 Joule/cm^2. Während in den fünfjährigen

Tabelle 6. Differenzen der Sonnenscheindauer zwischen Städten der Rheinebene und dem Feldberg sowie die Änderung vom Dezennium 1941-1950 bis zum Dezennium 1969-1978 (Jahreswerte)

Zeitraum	Differenzen zwischen Karlsruhe u. Feldberg	Straßburg u. Feldberg	Freiburg u. Feldberg
1941-50	+96,3 Std./a	+83,9 Std./a	+153,3 Std./a
1969-78	+ 6,7 Std./a	+20,1 Std./a	+ 93,2 Std./a
Änderung	-89,6 Std./a	-63,8 Std./a	- 60,1 Std./a

übergreifenden Mittelwerten bis 1965 noch ein Überschreiten dieses Mittelwertes zu beobachten war, lagen die Fünfjahresmittel seither darunter (vgl. [81, 82]), obwohl einzelne strahlungsgünstige Jahre wie 1971 und 1976 noch mittlere Überschüsse bis zu 27 J/cm^2 brachten. Während im Fünfjahresmittel 1954 - 1958 der mittlere tägliche Überschuß 24 J/cm^2 betrug, im Dezennium 1954 - 63 noch 21,4 J/cm^2, sind im Mittel 1974 - 78 15 J/cm^2 zu wenig, im Dezennium 1961 - 70 bereits 7,3 J/cm^2 zu wenig und im Dezennium 1969 - 78 schließlich 12,6 J/cm^2 pro Tag zu wenig registriert worden. Basel gilt in der Schweiz derzeit als die Stadt mit der größten Belastung.

3.3 Niederschlag

Im Lee der Städte sind die Niederschlagsmengen und die Häufigkeit von Starkniederschlägen und Gewittern größer als über dem freien Land. Reidat [83] konnte dies anhand zahlreicher Meßstellen in einer 16jährigen Vergleichsperiode im Großraum Hamburg eindrucksvoll nachweisen. Besonders anfällig sind Industriegebiete und Ballungsräume, ferner Städte, die eine große Abwärmemenge und Schadstoffe (air pollution) freisetzen. Uhlig [84] führte aus, daß Niederschlagsmengen von mindestens 50 mm im Ruhrgebiet wesentlich häufiger auftreten als in der unbeeinflußten Umgebung. Über einen Fall eines durch Abwärme erzeugten, länger andauernden mittelstarken Niederschlages, verursacht durch die STEAG-Kraftwerke, wird aus Recklinghausen vom 17. Januar 1977 berichtet [85]. Thüne [86] erwähnt eine Gewitterbildung am 17.6.1974 im Raume Frimmersdorf im Rheinland, die durch Abwärme aus Kühltürmen ausgelöst wurde. Schüepp [87] erwähnt zusätzliche Niederschläge im Stadtgebiet von Basel. Häufigkeit und Menge der Niederschläge werden nachweisbar verändert.

In den letzten Jahren häuften sich die Nachrichten über Fälle von besonders großen Niederschlagsmengen oder Unwettern über industriereichen Stadtkomplexen mit erhöhter Abwärmeabgabe (Stuttgart, Heilbronn-Neckarsulm, Bremen, Berlin, München, Mannheim). Emmrich [88] beschreibt eingehend das Stuttgarter Hagelunwetter vom 15.8.1972. Freuer und Wehry [89] berichten über die Starkregenfälle vom 7./8. August 1978, die im Stadtgebiet von München 110 mm und über Berlin bis zu 115 mm in 24 bzw. 36 Stunden erbrachten, bis zu 186 mm in 48 Stunden. Wie so oft, war auch dort feuchtlabile Warmluft an den ergiebigen Regenfällen beteiligt. Zusätzlich eingebrachte Abwärme kann dabei zu einer Verstärkung des Niederschlages führen. v. Rudloff [90] fand, daß im Bereich der Städte Mannheim und Karlsruhe die Zahl der Tage mit großen Niederschlagsmengen (40 mm und mehr) im Zeitraum 1954 - 1978 größer war als in einiger Entfernung von diesen Großstädten.

Tabelle 7. Differenzen von Temperatur und Gewittertagen (Zunahme in den Industrie-Großstädten) (nach Havlik [91]). [a] = Stationsverlegung

Periode	Vergleich Bochum-Arnsberg Temp. (°C)	Vergleich Bochum-Arnsberg Gewitter (Tg.)	Periode	Vergleich Frankf.-Nauheim Temp. (°C)	Vergleich Frankf.-Nauheim Gewitter (Tg.)	Vergleich Karlsr.-B.Baden Temp. (°C)	Vergleich Karlsr.-B.Baden Gewitter (Tg.)	Vergleich Stgt-Heidenheim Temp. (°C)	Vergleich Stgt-Heidenheim Gewitter (Tg.)
1926-30	+0,2	- 0,6	1891-00			+0,1		+0,9	-1,9
1931-35	+0,4	- 1,2	1901-10		-7,6	+0,1		+1,0	-0,2
1936-40	+0,3	- 0,2	1911-20	+0,3	-5,8	+0,3	-5,1	+1,5	+3,5
1941-45	+0,7	+ 1,6	1921-30	+0,6	-3,8	+0,4	-0,6	[a]	
1946-50	+1,0	+ 5,2	1931-40	+0,9	+1,3	+0,6	-1,7	[a]	
1951-55	+1,1	+ 5,2	1941-50	+0,9	+3,0	+0,4	+2,9	+0,8	
1956-60	+1,1	+10,2	1951-60	+1,1	+1,6	+0,8	+2,6	+1,0	+5,8
1961-65			1961-70	+1,0[a]	+2,5	+0,8	+5,6	+1,7	+7,2
1966-70			1971-80						
1971-75									
1976-80									

Tabelle 8. Vergleich der Niederschlagsmengen bei Gewitterregen in großen Industriestädten gegenüber kleinen Städten (nach Havlik [91])

Periode	Vergleich zwischen Stuttgart u. Heidenheim (%)	Bochum u. Arnsberg (%)	Frankfurt u. Bad Nauheim (%)
1939-1944			-3,4
1940-1944		+ 2,6	
1951-1955	+11,1		
1956-1960	+13,9	+26,7	
1961-1965	+16,1		
1966-1970	+20,7		+7,3
1971-1973	+21,3		

Havlik [91] verglich die Temperaturen und Gewitterhäufigkeiten zwischen mehreren Groß- und Industriestädten mit jenen benachbarter kleinerer Städte, unter anderen Bochum – Arnsberg, Frankfurt – Bad-Nauheim, Karlsruhe – Baden-Baden und Stuttgart – Heidenheim (Tab. 7). Natürlich sind die kleineren Städte nicht frei von "Stadtklima" und anthropogenen Einflüssen, doch bleiben sie im Vergleich zu den großen Industriestädten gering. Auch Havlik fand in Übereinstimmung mit Reidat |83| eine größere Ergiebigkeit der Gewitterregen über Großstädten (Tab. 8). Aufgleitniederschläge im Stadtbereich Köln fielen bis zu 30% ergiebiger aus als in der Umgebung.

Tabelle 9. Die Jahresniederschlagsmengen in Mannheim in 30jährigen Perioden

Periode 30 J.	Mittlerer Jahresniederschlag Mannheim
1869-1898	578,4 mm
1879-1908	555,1 mm
1889-1918	517,8 mm
1899-1928	539,0 mm
1909-1938	554,9 mm
1919-1948	570,1 mm
1929-1958	604,1 mm
1939-1968	619,4 mm
1949-1978	628,8 mm

Bei stabiler winterlicher Hochdruck- und Inversionslage mit Temperaturen zwischen -3 und -8°C in den Niederungen und Temperaturumkehr auf den Höhen mit positiven Temperaturen im Schwarzwald kam es im Winter 1972/73 in Freiburg/Br. an mindestens 8 Tagen zu "Stadtschneefällen". Es bildete sich in einem 3 x 7 km großen Areal eine Schneedecke bis zu 7 cm Höhe aus. Als Ursache wurde ein Wasserdampf emittierendes Industrieunternehmen festgestellt. Die vertikale Mächtigkeit der Nebel- bzw. Hochnebelschicht lag zwischen 300 und 900 m (vgl. [90, 92]).

Die Jahresniederschlagsmengen sind in Ballungsräumen gegenüber der freien Umgebung zum Teil deutlich angestiegen. Ein Vergleich über lange Zeiträume ist jedoch meist schwierig wegen der zu geringen Dichte des Stationsnetzes. Die Tabelle 9 zeigt das Verhalten der Jahres-Niederschlagsmengen in Mannheim in dreißigjährigen Mittelwerten. Dazu ist zu bemerken, daß bis 1886/87 ein anderes Modell des Niederschlagsmeßgerätes aufgestellt war, welches nach Vergleichsmessungen allgemein zu hohe Niederschlagsmengen wiedergab. Immerhin zeigt die Meßreihe deutlich einen Anstieg der Niederschlagsmengen, der in den 30jährigen Mittelwerten von 1949 - 1978 um mehr als 21% über jenem von 1889 - 1918 lag.

Bei der Betrachtung des Klima-Ablaufes dürfen heute die anthropogenen Effekte nicht mehr vernachlässigt werden. Sie zeigen sich vor allem dort, wo Industrie-Anreicherungen, Abwärme und Aerosolkonzentrationen eine Rolle spielen. Zunehmende Verbauung beeinträchtigt den Wasserhaushalt. Beeinträchtigungen des Grundwasserpegels und eine Verminderung der relativen Feuchte über verbauten Gebieten sind die Folge. Ungeklärt sind bis jetzt noch die Probleme bezüglich möglicher Verdunstungs-Veränderungen durch vermehrte oberflächliche Verseuchung der Meeresoberfläche mit Ölfilmen bei großen Tanker-Katastrophen. Oberflächliche Ölteppiche hemmen die Verdunstung, sie breiten sich rasch auf große Meeresareale aus.

Bei den Haupt-Klima-Elementen sind anthropogene Veränderungen bereits in den Rahmen des Meß- und Nachweisbaren gerückt. Insgesamt verzeichnet man derzeit noch eine Zunahme der Gesamt-Belastung, verursacht durch Wachstum der Bevölkerung, wirtschaftliche Entwicklung, steigenden Konsum und vermehrte Abwärmeabgabe sowie Verbrennungsprozesse. Möglicherweise kommt durch die Entwicklungsländer und deren wirtschaftlichen Aufschwung diese "Lawine" nochmals ins Rollen, sofern nicht von vornherein durch vorsorgliche Maßnahmen vorgebeugt wird. Nach Flohn [51] sollten die im unkontrollierten Wachstum verborgenen Gefahren allgemein erkannt werden. Im Interesse der nächsten Generationen muß dieses tiefwurzelnde Problem "jetzt und heute" in Angriff genommen werden.

Literatur

1. Flohn, H.: Stehen wir vor einer Klima-Katastrophe? Umschau 77, 561-569 (1977)
2. May, F., Heuberger, H., Metz, F., Nolzen, H.: Gletscherstände und Schneegrenzendepressionen in den Alpen während der Würmeiszeit und im Postglazial. Manuskript H. Nolzen, Freiburg (1974)
3. Lamb, H.H.: On the nature of certain climatic epochs which differed from the modern (1900-1939) normal. Proc. WMO/UNESCO Rome 1961, Symp. Climatic Changes. Paris: Unesco 1963, pp. 125-150
4. Lamb, H.H.: The early medieval warm epoch and its sequel. Palaeogr. Palaeoclimatol., Palaeoecol. 1, 13-37 (1965)
5. Lamb, H.H.: The new look of climatology. Nature (London) 223, 1209-1215 (1969)
6. Lamb, H.H.: Our changing climate. The flora of a changing Britain, Perring, F.H. (ed.). London 1970. Bot. Soc. Brit. Isles Conf. Rep. 11, 11-24 (1970)
7. Lamb, H.H.: Climate, vegetation and forest limits in the early civilized times. Philos. Trans. R. Soc. London Ser. A 276, 195-230 (1974)
8. Schove, D.J.: The reduction of annual winds in northwestern Europe, A.D. 1635-1960. Geogr. Ann. XLIV, 303-327 (1962)
9. Schove, D.J.: World climatic chronology and Lake Biwa. Palaeolimnol. Lake Biwa Jpn, Pleistocene 3, 429-437 (1975)
10. Hoinkes, H.: Ältere Eisstände – der heutige Massenhaushalt. Umschau 60, 627-630 (1960)
11. Hoinkes, H.: Internationale Antarktisforschung 1957-1962. Sonderdruck Jahrb. TH. München, 1962, S. 67-77
12. Hoinkes, H.: Die großen Eis-Schelfe – Das Bild des antarktischen Kontinents. Umschau 60, 596-598 (1960)
13. Hoinkes, H.: Neue Ergebnisse der glaziologischen Erforschung der Antarktis. Umschau 60, 549-553 (1960)
14. Klaer, W.: Kommt das Eis zurück? Bild Wiss. 16, 38-51 (1979)
15. Manley, G.: Problems of the climatic optimum: The contribution of glaciology. R. Meteorol. Soc. Proc. Int. Symp. World Climate from 8000 to 0 B.C., 34-39
16. Kasser, P.: Der Einfluß von Gletscherrückgang und Gletschervorstoß auf den Wasserhaushalt. Wasser- Energiewirtschaft 3-15 (1959)
17. Röthlisberger, F.: Gletscher- und Klimaschwankungen im Raume Zermatt, Ferpècle und Arolla. Alpen 52, 59-152 (1976)
18. Röthlisberger, F.: Dendroclimatological Chronologies in the Holocene Period. Vortrag 12.7.1979 Int. Conf. Climat. History. Norwich: East Anglia University 1979
19. Flohn, H.: Klimaschwankungen in historischer Zeit. (vgl. 33), S. 81-90
20. Zoller, H., Schindler, C., Röthlisberger, H.: Postglaziale Gletscherstände und Klimaschwankungen im Gotthardmassiv und Vorderrheingebiet. Verh. Naturforsch. Ges. Basel 77, 97-164 (1966)
21. Manley, G.: Central England temperatures: Monthly means 1659-1973. Q. J. R. Meteorol. Soc. 100, 389-405 (1974)
22. Lamb, H.H.: Climate, Present, Past and Future, 2. London: Methuen & Co. 1977
23. Lamb, H.H.: Atmospheric Circulation and Climatic Changes in Europe since 800 A.D. Rep. VIth Int. Congr. Quat., Warsaw 1961, Vol. II, Palaeoclimatol. Sect., Lódź 1964
24. Lamb, H.H., Johnson, A.I.: Climatic variation and observed changes in the general circulation (I, II). Geogr. Ann. XLI, 94-134 (1959) und (III), Geogr. Ann. XLIII, 363-400 (1961) (vgl. 31)
25. Lamb, H.H.: Climatic changes within historical time as seen in circulation maps and diagrams. Ann. N.Y. Acad. Sci. 95, 124-161 (1961)

26. Lamb, H.H.: Klimatische Tendenzen und Untersuchungen zur allgemeinen Zirkulation. Arch. Meteorol. Geophys. Bioklimatol. B 13, 531-557 (1964)
27. Lamb, H.H.: Climate, Present, Past and Future, 1. London: Methuen & Co. 1972
28. Lamb, H.H.: Volcanic dust in the atmosphere; with a chronology and assessment of its meteorological significance. Philos. Trans. R. Soc. London Ser. A, Math. Phys. Sci. 266, 425-533 (1970)
29. Rudloff, H.v.: Die Schwankungen und Pendelungen des Klimas in Europa seit dem Beginn der regelmäßigen Instrumenten-Beobachtungen (1670) "Die Wissenschaft", Bd. 122. Braunschweig: Vieweg & Sohn 1967
30. Steinijans, V.W.: A stochastic point-process model for the occurence of major freezes in Lake Constance. J. R. Stat. Soc. Ser. C Appl. Stat. 25, 58-61 (1976)
31. Lamb, H.H., Johnson, A.I.: vgl. 24 (I, II)
32. Le Roy Ladurie, E.: Histoire du climat depuis l'an mil. Nouv. Bibl. Sci. Paris: Flammarion 1967
33. Le Roy Ladurie, E.: Times of Feast, Times of Famine. A History of Climate since the Year 1000. New York 1971
34. Messerli, B., Messerli, P., Pfister, C., Zumbühl, H.T.: Fluctuations of Climate and Glaciers in the Bernese Oberland, Switzerland, and their geological Significance, 1600 to 1975. Arct. Alp. Res. 10, 247-260 (1978)
35. Craddock, J.M.: Annual rainfall in England since 1725. Q. J. R. Meteorol. Soc. 102, 823-840 (1976)
36. Pfister, C.: Climate and economy in eighteenth-century Switzerland. J. Interdisc. Hist. IX, 223-243 (1978)
37. Pfister, C.: Die älteste Niederschlagsreihe Mitteleuropas: Zürich 1708-1754. Meteor. Rundschau 31, 56-65 (1978)
38. Pfister, C.: Getreide-Erntebeginn und Frühsommertemperaturen im schweizerischen Mittelland seit dem 17. Jahrhundert. Geogr. Helv. 1979, 23-35 (1979)
39. Pfister, C.: Phänologische Beobachtungen in der Schweiz der Aufklärung. Inf. Beitr. Klimaforsch. 8, 15-30 (1972) (Geogr. Inst. Univ. Bern)
40. Polli, S.: Analisi periodale di una serie pluviometrica bisecolare (Padova 1727-1940). Riv. Meteorol. XXI (1943)
41. Schweingruber, F.H., Ruoff, U. u.a.: Stand und Anwendung der Dendrochronologie in der Schweiz. Z. Schweiz. Archäol. Kunstgeschichte 36, 69-90 (1979)
42. Schweingruber, F.H., Bräker, O.U., Schär, E.: X-Ray Densitometric Results for subalpine Conifers and their Relationship to Climate. Dendrochronology in Europe, Symp. Greenwich July 1977. Natl. Maritime Museum Greenwich. Archaeol. Ser. No. 4, Oxford University, Publ. No. 2 (1977)
43. Manley, G.: Possible climatic agencies in the development of post glacial habitats. Proc. R. Soc. London Ser. B. 161, 363-375 (1965)
44. Flohn, H.: Man's activity as a factor in climatic change. Ann. N.Y. Acad. Sci. 95, 271-282 (1961)
45. Lamb, H.H.: Frequency of weather types. Weather XX, 9-12 (1965)
46. Flohn, H.: Klimaschwankungen und großräumige Klimabeeinflussung. Bonn. Meteorol. Abh. H. 2 (1963) Meteor. Inst. Univ. Bonn
47. Lamb, H.H.: Activité volcanique et climat. Rev. Géogr. Phys. Géol. Dyn. XI, 363-380 (1969)
48. Lamb, H.H.: Climatic variations and our environment today and in the coming years. Weather 25, 447-455 (1970)
49. Flohn, H.: Eine Wiederholung der Dürreperiode der 30er Jahre heute. (vgl. 1)
50. Flohn, H.: Die Zukunft unseres Klimas, Faktoren und Problem. PROMET 1978, 1-21 (1978)
51. Flohn, H.: Gefährden Klima-Anomalien die Welternährung? Bild Wissenschaft 1978, 132-139 (1978)
52. Flohn, H.: A scenario of possible future climates — natural and man-made. WMO World Climate Conf. Overview Pap. 10, Genf, 12.-23. Feb. 1979
53. Degens, E.T., Kempe, S.: Wird die Erde zum Treibhaus? Bild Wissenschaft 16, 52-58 (1979)
54. Miles, M.K.: Predicting temperature trend in the northern hemisphere to the year 2000. Nature, Climatol. Suppl. 23, 30-33 (1978)
55. Konček, M., Cehak, K.: Säkulare Temperaturschwankungen in Mitteleuropa während der letzten 190 Jahre. Arch. Meteorol. Geophys. Bioklimatol. B 16, 1-17 (1968)

56. Flohn, H., Rodewald, M.: Beiträge zum Problem der aktuellen Klimavariationen. Beil. Berl. Wetterkarte 89/75, 17.7.1975, SO 25/75 (1975)
57. Rudloff, H.v.: Die jüngste Entwicklung des Klimas in Mitteleuropa und im Nordmeer. Fachl. Mitt. Geophys. BDBw 183, BAUR-Heft, 47-75 (1975)
58. Kasser, P., Aellen, M.: Les variations des glaciers suisses en 1974/75 et quelques indications sur les résultats récoltés pendant la Décennie Hydrologique Internationale de 1964/65 à 1973/74. Houille Blanche 6/7, 467-481 (1976)
59. Rudloff, H.v.: Die Auswirkungen der jüngsten großräumigen Abkühlung in der Arktis auf die langfristigen Witterungsvorhersagen in Mitteleuropa. Beil. Berl. Wetterkarte 14/71, 18.1.1971, SO 4/71 (1971)
60. Kasser, P., Aellen, M.: Die Gletscher der Schweizer Alpen 1971/72 und 1972/73. Publ. Gletscherkomm. Schweizer. Naturforsch. Ges. 93, 94, Bericht (1973)
61. Beeler, F.: Geomorphologische Untersuchungen am Spät- und Postglazial im schweizerischen Nationalpark und im Berninapaßgebiet (Südrätische Alpen). Ergeb. Wiss. Unters. Schweiz. Nationalpark. Komm. Schweiz. Naturforsch. Ges. Wiss. Erforsch. Nationalpark XV, 131-276 (1977)
62. Haeberli, W.: Untersuchung zur Verbreitung von Permafrost zwischen Flüelapaß und Pitz Grialetsch (Graubünden). Mitt. Versuchsanst. Wasserbau Hydrol. Glaziol. 17 (1975)
63. Kasser, P.: Gletscherbeobachtungen in der Schweiz. Schweiz. Bauz. 86, H. 31 (1968)
64. Mercanton, P.L.: Aires englacées et cotes frontales des glaciers suisses. Cours Eau Energ. 12, 1-18 (1958)
65. Pfister, C.: Die Schwankungen des unteren Grindelwaldgletschers im Vergleich mit historischen Witterungsbeobachtungen und Messungen. Z. Gletscherk. Glazialgeol. XI, 74 (1975)
66. Schneebeli, W.: Untersuchungen von Gletscherschwankungen im Val de Bagnes. Alpen 52, 5-57 (1976)
67. Tollner, H.: Die meteorologisch-klimatischen Ursachen der Gletscherschwankungen in den Ostalpen während der letzten zwei Jahrhunderte. Mitt. Geogr. Ges. 96, 31-72 (1954)
68. Fortak, H., Wippermann, F., Nester, K., Weyer, W.: Abwärmeprojekt Oberrhein; 1. Halbjahr 1977, APO 1/1977; Laboratorium für Aerosolphysik und Filtertechnik I, D-7500 Karlsruhe, Postfach 340 (1977) (vgl. Teilprojekt 4, S. 59-60)
69. Dütsch, H.U.: Ozonschicht und stratosphärisches Spurengassystem. Gefährdet der Mensch die Ozonschicht? Chimia 32, 149-163 (1978)
70. Dütsch, H.U.: The search for solar cycle-ozone relationship. J. of Atmos. Terr. Phys. 41, 771-785 (1979)
71. Jänicke, M.: Versuch einer Leistungsbilanz; VDI-Umwelt 1976, 315-318 (1976)
72. Löblich, H.J.: Schwefeldioxid Immissionen in Stadt- und Landkreisen. Messungen und Prognosen bis 1980. Bundesminist. Wirtsch. (1977)
73. Junge, C.: Die CO_2-Zunahme und ihre mögliche Klimaauswirkung. PROMET 8, 21-32 (1978)
74. Seeliger, J., Zimmermann, G.: Energiepolitik und das CO_2 Problem. Umwelt 1979, 126-129 (1979)
75. Dronia, H.: Der Stadteinfluß auf den weltweiten Temperaturtrend. Inst. Meteorol. Geophys. Fr. Univ. Berlin. Meteorol. Abh. LXXIV. Berlin: Reimer 1967
76. Kratzer, A.: Das Stadtklima. Die Wissenschaft, Bd. 90. Braunschweig: Vieweg 1937
77. Reichenbächer, W.: Zeitlich-räumliche Entwicklung der städtischen Wärmeinsel im Berliner Raum am 6./7. August 1974 und am 26./27. Februar 1975 (Untersuchung im Rahmen des Projektes: "Wärmeinseln über Städten"). Beil. Berl. Wetterkarte 98/78, 30.10.1978, SO 23/78 /1978)
78. Börngen, M., Doberzien, O.: Beitrag zur Kenntnis des anthropogenen Effekts auf die mittlere Lufttemperatur — dargestellt anhand eines Vergleichs zwischen den Stationen Leipzig und Schwerin. Z. Meteorol. 26, 146-151 (1976)
79. Hoelscher, L.: Beiträge zur Kenntnis des Klimas von Halle/S. 1851-1950 bzw. 1901-1950. Abh. Meteorol. Hydrol. Dienste DDR 24, Bd. III. Berlin: Akademie-Verlag 1954
80. Meteorol. Hydrol. Dienst DDR: Klimatologische Normalwerte für das Gebiet der Deutschen Demokratischen Republik (1901-1950). Berlin: Akademie-Verlag 1955

81. Ambrosetti, F.: Strahlung 1. Teil; Klimatologie der Schweiz, H. 17/1. Schweiz. Meteorol. Zentralanst. Zürich (1978)
82. Abt. Meteor. Obs. Binningen: Meteorolog. Beobachtungen. Basel (monatlich)
83. Reidat, R.: Über den Einfluß der Stadt auf die Niederschlagsverteilung bei starken Regenfällen in Hamburg. Wetter und Leben. Z. Angew. Meteorol. 23, 1-6 (1971)
84. Uhlig, S.: Vortrag Meteorologische Fortbildungstagung Fürstenfeldbruck, 31.5.1979
85. Westdeutsche Allg. Zeitung: Ausgabe 18.1.1977. Artikel über Niederschlag STEAG am 17.1.1977
86. Thüne, W.: Briefliche Mitt. vom 13.1.1978
87. Schüepp, W.: Mögliche meteorologische Auswirkungen der Wärmelast (Abwärme, Thermal Pollution). Basel 22.4.1975. Abt. Meteorol. Lufthyg. Gesundheitsamtes Basel-Stadt/Baselland (1975)
88. Emmrich, P.: Die Ursachen für das Gewitterunwetter im Raum Stuttgart am 15. August 1972. Ber. Dtsch. Wetterdienstes 17, 73-84 (1975)
89. Freuer, C., Wehry, W.: Der ungewöhnliche Starkregen vom 8. August 1978. Beil. Berl. Wetterkarte 80/78, 10.8.1978, SO 20/78 (1978)
90. Rudloff, H.v.: Klimatische Verhältnisse und Besonderheiten, sowie anthropogene Klimaeinflüsse im Oberrheingraben. Fraunhofer-Ges. zur Förderung der angew. Forschung e.V. ISI Inst. Systemtech. Innovationsforsch. Karlsruhe, 10. Nov. 1978
91. Havlik, D.: Städtische Agglomerationen und Gewitterbildung, ein Beitrag zur Frage anthropogener Klimamodifikation. Antrittsvorlesung Geowiss. Fak. Univ. Freiburg, 7. Mai 1975
92. Harlfinger, O., Jäneke, M.: Industrieschneefälle – ein Problem der Zukunft? Medizin-Meteorologische Forschungsstelle Deutscher Wetterdienst, Freiburg, Juli 1978

Weather and Climate Patterns of the Little Ice Age

H. H. LAMB[1]

Zusammenfassung. *In West- und Zentraleuropa sowie im östlichen Teil des Atlantiks sank die mittlere Jahrestemperatur vom ausgehenden Mittelalter (1300) an langsam um 1°C bis 1,5°C, um in der zweiten Hälfte des 17. Jahrhunderts einen Tiefstand zu erreichen. Seither ist die Temperatur wieder um rund 0,8°C angestiegen. Die Kälteperiode wird als kleine Eiszeit bezeichnet. Um die Klimamechanismen dieser Periode zu verstehen, müssen die damals vorherrschenden Winde und Meeresströmungen untersucht werden. Systematische Instrumentenbeobachtungen meteorologischer Parameter liegen aber nur aus der späten Phase dieser Epoche vor. Einzelne überlieferte Messungen des Barometerdruckes gestatten es, vom Ende des 18. Jahrhunderts an für Jahrzehnte mittlere Karten der Druckverteilung über West- und Zentraleuropa zu konstruieren. Für frühere Zeiten werden solche Druckverteilungen aufgrund überlieferter Windbeobachtungen rekonstruiert. Glücklicherweise existieren für die Region der Britischen Inseln lange Reihen täglicher Windbeobachtungen, zurück bis 1669. Für frühere Zeiten liegen wiederum nur bruchstückhafte Beobachtungen vor. Die Winter der kleinen Eiszeit sind durch stagnante Luftmassen über Europa und durch Zufuhr arktischer Luft gekennzeichnet. In den Sommern scheint sich die Zyklonenaktivität hauptsächlich auf Westeuropa konzentriert zu haben.*

Die auffälligste Meeresströmung im Atlantik ist der Golfstrom. Der kleinere Ostgrönlandstrom, der arktisches salzarmes Wasser nach Süden führt, ist auch in jüngster Zeit großen Schwankungen hinsichtlich des Wassertransportes unterworfen. Ein Ast des Ostgrönlandstromes ist während der kleinen Eiszeit öfters weit nach Süden vorgestoßen.

Pfister (1975) has demonstrated the effect of some of the severest years of the Little Ice Age climate on agriculture in Switzerland. Other effects may be seen in the history of abandoned tillage and deserted villages in many parts of northern and central Europe (Lamb 1977, Chapt. 12, 17). It is reasonable also to ask ourselves how much, and in what ways, the climatic stress affected the health and happiness, the hopes, pleasures and fears, – indeed the whole thought-world – of the people of those times.

We may quote, as one suggestive example, a local historical study in England (Wrigley 1966). Changes in the average age at first marriage of women in the Parish of Colyton, Devon from 27 in the first decades[2] to 30 around 1700, to 23 in the 1830s, and back to 26 in the 1880s produce a curve which, if inverted, runs parallel to the curve of overall (yearly mean) prevailing temperatures independently derived for England. Other examples from population and social history are given in Lamb (1977, e.g. pp. 258-65, 455-61).

To understand the "mechanism" of the climatic regime, one must investigate the prevailing wind and ocean current patterns of the Little Ice Age and the weather distributions in space and time that they produced. It is these aspects that this lecture is about.

---

[1]Climatic Research Unit, University of East Anglia, Norwich/GB

[2]From 1538

1 Prevailing Wind Patterns

1.1 Investigation by Mean Atmospheric Pressure Maps

Barometers were being used for accurate experimental measurements of gas pressures as early as the mid seventeenth century. By the mid eighteenth century many were in reliable service for regular measurements of the pressure of the atmosphere. Their exposure to obtain representative readings is not difficult. And, when the measurements have been adjusted to sea level and to standard gravity, the distribution of the resultant pressure values reveals the flow of the winds just as in the synoptic weather maps and monthly (or other period) mean maps of the present day.

By means of careful testing of one's capacity to draw correct pressure distribution maps for modern years using only the sparse observation networks available in the last two centuries, Lamb and Johnson (1959, 1961, 1966) found it possible to delineate the 40-year mean pressure maps for January and July over the regions between eastern North America and Europe, within acceptable limits of error, from 1750 to our own times. 10-year mean pressure maps could span the Atlantic with similar reliability over a limited range of latitudes between about 40 and 50°N from about 1790. For the individual years this was only possible from 1865, when the Azores observations were first available, though it may become possible to extend this to ten or more years earlier when present programmes of computerizing all the ships' observations in national meteorological archives are completed.

Figure 1 shows the comparison between the mean January situations for 1790-1829 and 1900-39. The weakness of the mean pressure gradients in the earlier period is striking, and implies much less net transport of oceanic air from the west – and presumably less frequent westerly winds (as will be demonstrated) – across Europe in the winters at that time.

Differences in the series of summer maps are less marked, but indicate prevailing W to WNW winds over Europe and a one to two-degrees-of-latitude southward shift of the mean position of the Iceland low pressure in the runs of cool summers about 1815-20, in the 1840s and in the 1870s.

Figure 2a and b indicates the probable nature of the more extreme departures from modern normal conditions prevailing in the Januarys and Julys of the 1690s. This is believed to have been the most extreme phase of the Little Ice Age temperature regime in this part of the world. These maps have been derived by averaging the isobar patterns suggested by the available observations of prevailing winds and weather in the Januarys and Julys of the individual years. In the mostly cold winters of that decade, the air appears to have stagnated over the continent though with some significant supply from the Arctic. In the summers, which produced a succession of harvest failures in Scotland and Scandianvia, the cyclonic activity was concentrated close to Europe and the prevalent WNW winds were again partly supplied with Arctic air.

1.2 Investigation by Series of Daily Wind Observations

It is not satisfactory to confine our attention to the changes registered in the mean circulation, and particularly when for so much of the history we have so far only had opportunity to reconstruct the record for January and July.

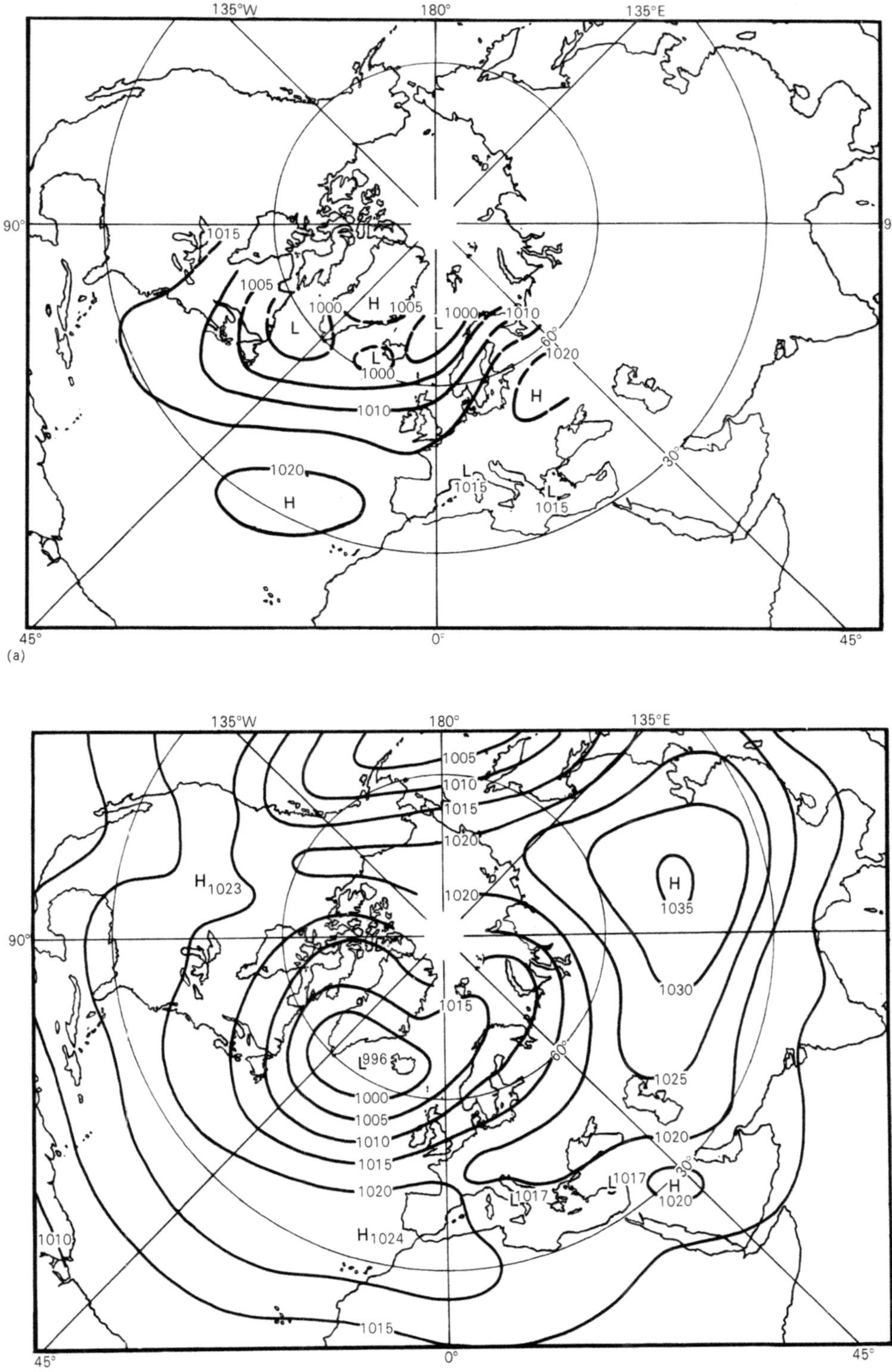

Fig. 1. Monthly mean sea level atmospheric pressure for January: a) 1790-1829; b) 1900-1939

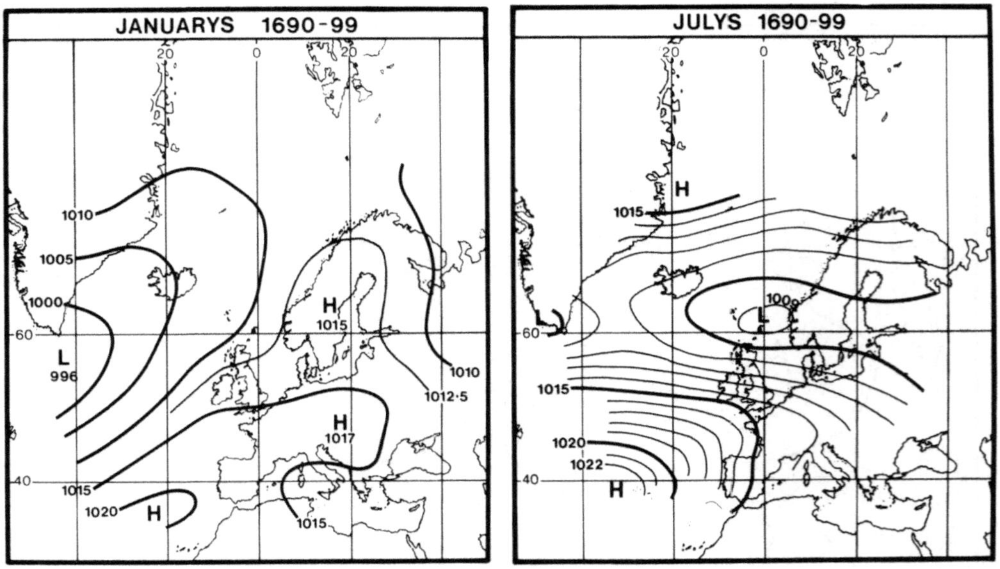

Fig. 2. Monthly mean sea level atmospheric pressure distributions, derived as described in Lamb (1977, p. 490) for: a) January 1690-1699; b) July 1690-1699

Fortunately there are very long records of daily wind observations in the region about the British Isles. Daily synoptic weather maps from 1781-86 and 1861 to 1978 have been classified according to the windflow pattern types defined by Lamb (1972), and Figure 3 shows the variations in frequency of the prevailing westerly type since 1861. Figure 4 shows the variations of the NW'ly type, which is liable to introduce colder and more unsettled weather to continental Europe and occasionally, at times of storminess, produces North Sea floods on the low-lying coasts. Figure 3 also shows how these frequency variations compare with those of the frequency of SW or W gradient wind over London and the frequency of observation of SW'ly surface wind at London. For the last-named we have a very much longer history, seen in Figure 5. (This diagram is based on actual daily wind observations in London from 1669; before that the evidence is indirect, mainly from analysis of the weather reported in individual seasons but including a few runs of daily wind observations in widely scattered places (eastern England in the 1340s, Zürich in the 1550s-70s, Denmark in the 1580s and '90s). The most notable features of these diagrams are the reduction by 30 to 50% in the frequency of westerly situations at certain times – particularly around 1430, between 1550 and 1700 and around 1770 to 1820 – and the compensating increase of other patterns, including NW'ly. The fact that we have entered another such period of decline of the westerlies in these latitudes since the 1950s stresses the urgency of improving knowledge and attempting to reach understanding of these matters.

The increased frequency of NW'ly and N'ly winds observed in the British Isles sector in the Little Ice Age period is thought – on the basis of recent years – to have been associated with a similar (or possibly greater) increase of these winds over the Norwegian Sea and East Greenland Sea, where it doubtless contributed to the advance of the sea ice.

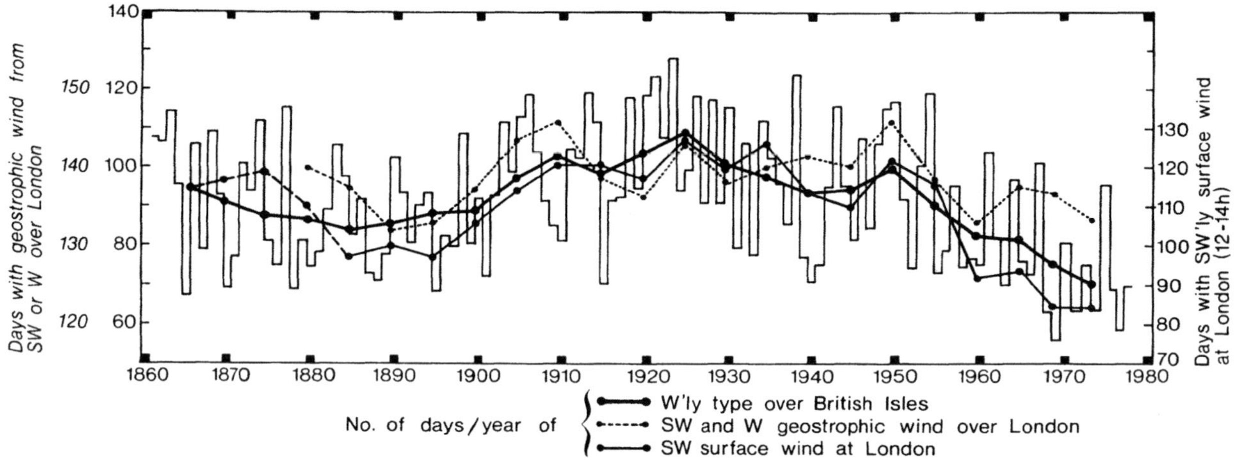

Fig. 3. Variations from 1861 to 1977 in the frequency of: ●——● general W'ly winds over the British Isles — each year and 10-year means plotted at 5-year intervals; ● - - ● geostrophic wind from SW or W over London; ●——● surface SW'ly winds observed at London

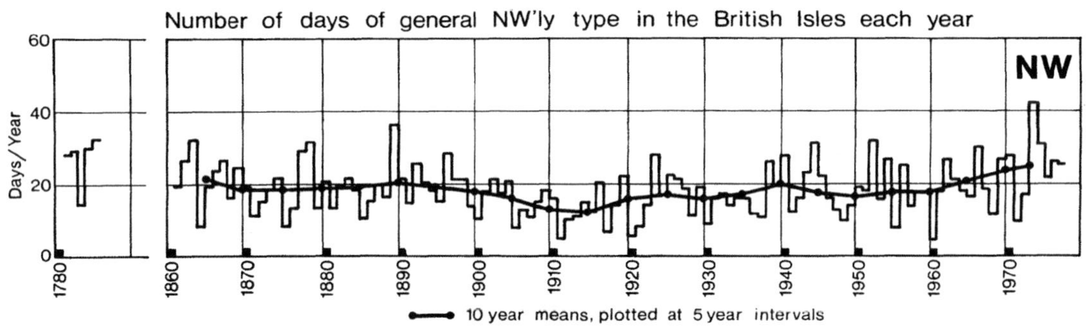

Fig. 4. Variations from 1781 to 1785 and from 1861 to 1977 in the frequency of general NW'ly winds over the British Isles

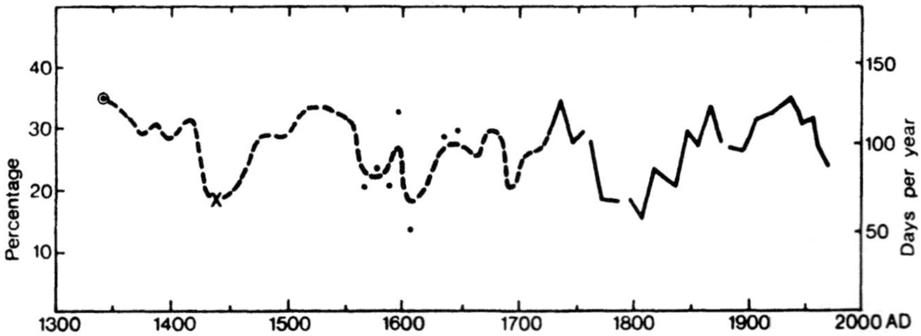

Fig. 5. Frequency of SW'ly surface winds in eastern England. (From 1669 to 1977 10-year means from daily observations in London. Earlier points: indirect estimates based on character of the seasons in England and occasional daily registers of wind observations at widely scattered places in Europe)

2 Prevailing Air Temperatures

The reports available of the nature of individual seasons and years in England seem ample to indicate every season of any kind of severity of weather since about AD 1100. Counts of the number of cases per decade of seasons of unambiguously strong character in terms of either extreme of temperature or rainfall provided numerical indices which show useful statistical relationships with the measured values of these elements after about 1700. This made it possible to calculate the estimates of prevailing temperature levels in successive half centuries seen in Figure 6 (with a tentative extension, based on similar handling of the available data, back to AD 800).

The trends shown seem to be obliquely verified by very strong positive correlation coefficients linking the changes derived in England with the history of tree-growth near the upper tree line in California and with a series of oxygen isotope measurements in New Zealand. Nevertheless, it is clear that the variations of prevailing temperatures over the same centuries have not been so closely in phase in some other parts of the world (e.g., China and north Greenland).

We conclude from Figure 6 that in England the general (50-year-mean) temperature level fell by between 1.0 and 1.5°C from medieval times around 1150 to 1300 to the climax of the Little Ice Age in the latter half of the seventeenth century and since then it rose by about 0.8°C to the first half of the present century. These figures probably apply equally to western and central Europe and to the eastern part of the Atlantic Ocean near 50°N.

3 Changes in the Ocean

The modern world map of prevailing ocean surface currents shows the channel between Scotland and Iceland occupied by the main arm of the warm, saline Gulf Stream-North Atlantic Drift water heading towards the Norwegian Sea and the Arctic. But observations since about 1961 show that the southward flow of low-salinity polar water in the East Greenland Current varies greatly (by a factor of 10) in volume: when the polar water flow is most abundant, a branch of it, the East Iceland Current, brings this watermass forward so that on 9 April 1968 it was observed near the Faeroe Islands while over a period of some weeks the polar ice itself reached the southeast coast of Iceland.

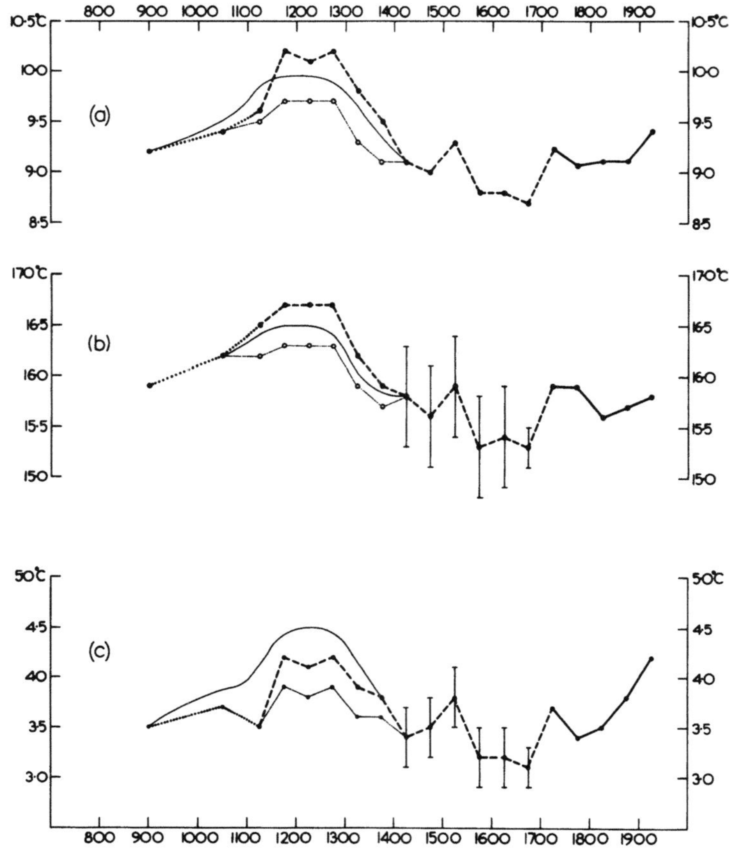

Fig. 6. Estimates of successive 50-year mean air temperatures in central England: a) year's mean; b) high summer (July, August); c) winter (December, January, February). From 1680 based on actual thermometer readings (see Manley 1974). Before 1680 derived from counts of the incidence of extreme seasons and statistical relationships to temperature. The *error bars* represent ± 3 standard errors of the estimates based on these statistical relationships. ●——● observed values; o···o unadjusted values based on purely meteorological evidence; ●---● preferred values including temperatures adjusted to fit botanical indications; ●···● connects points corresponding to 100 - 200 year means indicated by sparse data; —— analyst's opinion

Figure 7 uses the earliest available survey of sea surface temperature measurements, made by a small scientific expedition (see Lamb 1977, p. 507 for details) in the summer of 1789, to obtain an indication of the anomalies in the ocean current pattern as well as the temperature departures from modern values. The summer was a little warmer than the average of its time over much of the land surface of the regions surveyed. We thus derive a picture of the ocean current changes in a relatively mild situation during the Little Ice Age period.

This region of the fluctuating boundary between surface watermasses of tropical and polar origin turns out to be a peculiarly sensitive region of the ocean surface. Within the past 100 years the warmest and coldest 5-year periods there showed a range of mean temperature twice as great as the variations observed in England or central Europe. From a study of the records of the cod fishery and of sea ice over the region, it seems that at the culminating phase of the Little Ice Age the polar water dominated the northern half of the Scotland-Iceland channel for

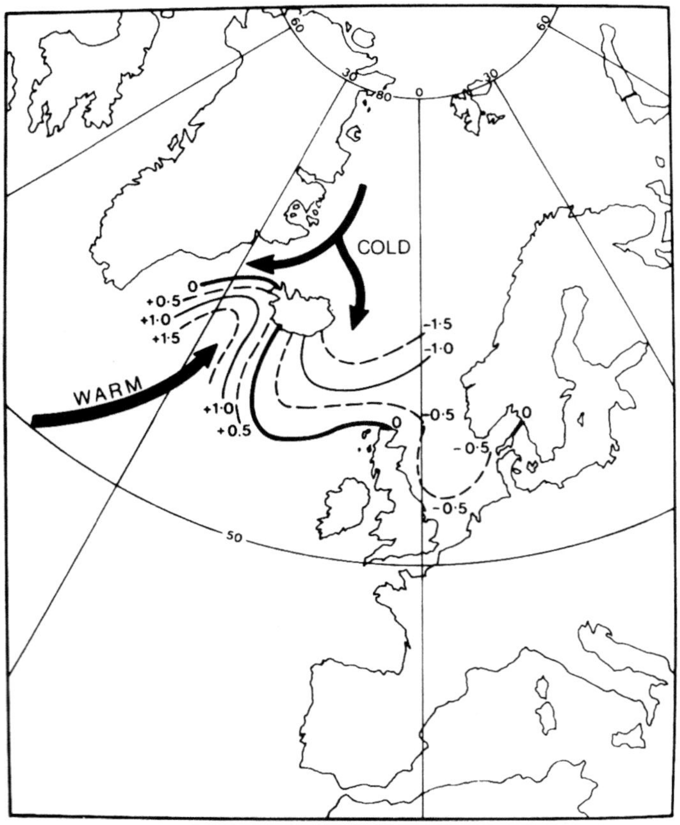

Fig. 7. Sea surface temperatures observed in the summer of 1789 (expressed as departures from twentieth century averages)

30 years, from 1675 to 1704, as far south as the Faeroe Islands. Thus, the ocean surface between the Faeroes and Iceland in those years was probably rather more than 5°C colder than its twentieth century average.

Research carried out under the CLIMAP progam in the United States in recent years indicates (McIntyre et al. 1972) that the same polar water-mass from the East Greenland Sea advanced south over the eastern Atlantic to 42° to 46°N in the major glaciations of the Quaternary.

At the Little Ice Age climax in 1695 the Arctic Sea ice surrounded Iceland for some months and disappearance of the cod indicates that the polar water had spread across the surface of the entire Norwegian Sea to Norway and south almost to Shetland (60°N).

These changes in the ocean surface in the Little Ice Age indicate (1) a colder surface than now providing a source region for colder airmasses, and subjecting Arctic windstreams to much less heating than now on the way to Europe. (2) a much stronger thermal gradient than now between latitudes 50 and 60°N.

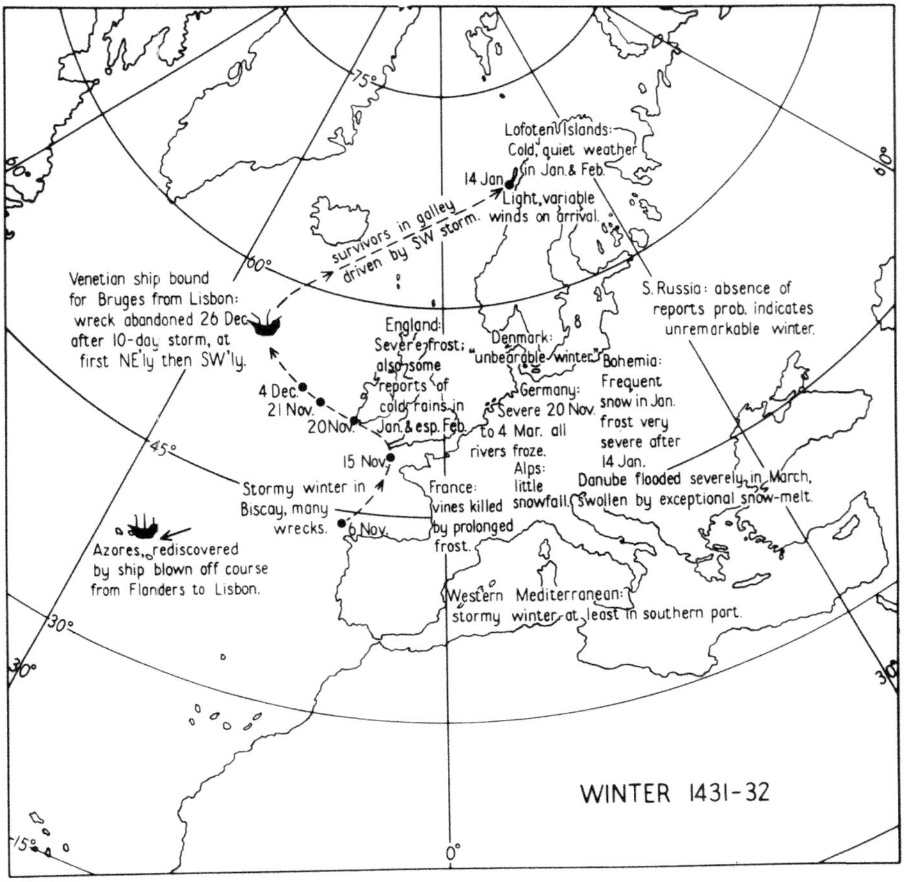

Fig. 8a. Winter 1431-32: reported weather mapped over Europe and the eastern Atlantic

A consequence of (1) was the permanent snow reported on the tops of the 1200 to 1300 metres-high mountains in eastern and northern Scotland. Some parallel effects may have reached as far as central Europe, just as some new glaciers formed on the Hardanger Vidda (plateau) in south Norway. (These glaciers exist only as "dead ice" today.) A consequence of (2) seems to have been occasional windstorms of a greater violence than any experienced in our own century: these storms had dire effects on the coasts of northwest Europe (see Lamb 1977, Chap. 17).

4 Examples of Wind, Weather and Climate Patterns of the Little Ice Age

Summary weather maps have been constructed for a number of notable seasons during the Little Ice Age period.

Figure 8a maps the known reports of weather in the winter of AD 1431-32, a classic case of a persistent anticyclone centred about south Norway with dry, freezing E'ly winds over central Europe. The wind-flow around the fringe of the high pressure system is confirmed by the experiences of two ships.

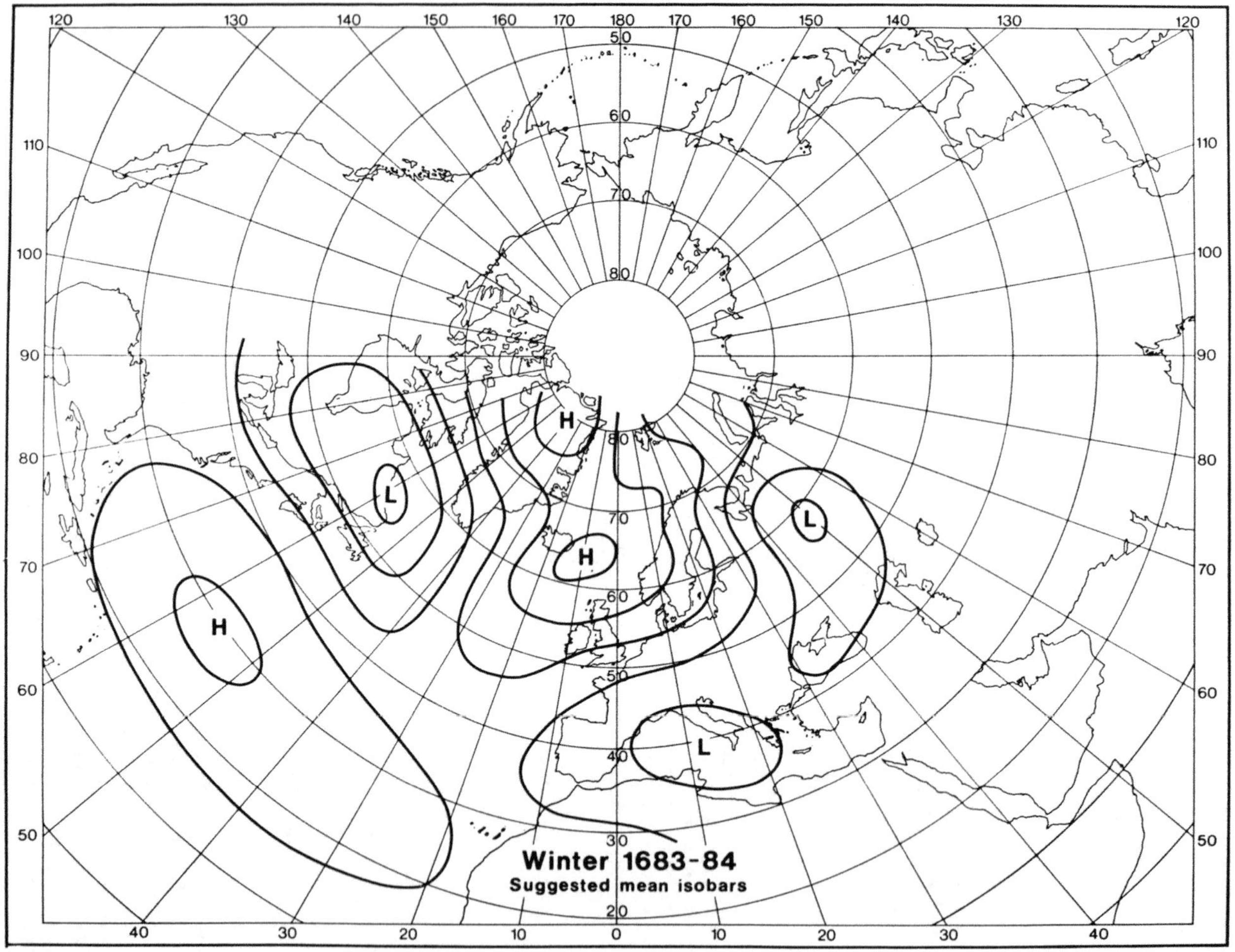

Fig. 8b. Winter 1683-84: suggested mean atmospheric pressure distribution based on a similar collection of reports of the weather and wind observations

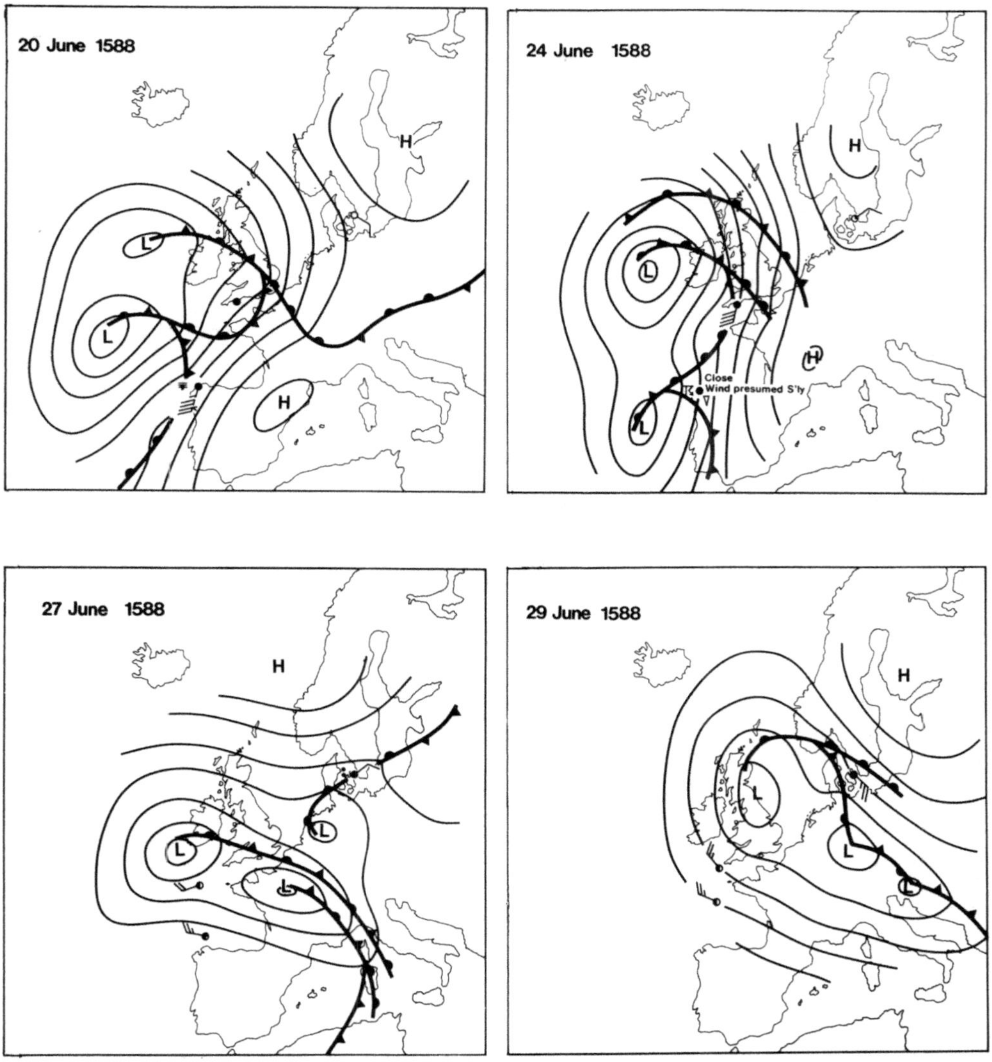

Fig. 9. Synoptic weather maps, based largely on ships' observation reports and the observations of the astronomer TYCHO BRAHE in Denmark: a) 20 June 1588; b) 24 June 1588; c) 27 June 1588; d) 29 June 1588

The map of the winter of 1683-84 in Figure 8b, showing suggested isobars (which approximate to mean windflow lines), is based on a much greater abundance of similar reports, including some complete series of daily wind observations. This winter produced the greatest ever reported extent of sea ice in the English Channel and southern North Sea, extending several kilometres out from either coast (up to 25 km off the coast of Holland), so that no ships could use the ports for 2 months.

Similar maps have been prepared for a number of summers. A long-term project in the Climatic Research Unit at the University of East Anglia, funded by the Rockefeller Foundation, is expected to produce an unbroken sequence of such seasonal weather maps from about 1500 and of many well reported seasons in earlier times.

Recently, the numerous weather reports in the logs of the ships of the Spanish Armada have been used, together with other reports, to produce over 60 synoptic weather maps for individual days in the late spring, summer and early autumn of 1588 (Douglas et al. 1978). These are the earliest series of daily weather maps so far available. A sample sequence is shown in Figure 9a-d: note the cyclonic storms in latitudes between 40 and 50°N and the penetration of Arctic air to those latitudes at midsummer (and after) in that year. This and the oceanic factors mentioned in the previous section probably account for the severity of the storms in that sample Little Ice Age summer. Analysis of the distance travelled by the cyclone centres from day to day shows that at least six times during that one summer the speeds of travel indicated jetstream strengths at, or somewhat beyond, the probable twentieth century limit for the same months.

Figure 9d suggests that the pattern in the rear of the cyclones over Germany was entraining Arctic cold air and driving it into central Europe on 29th June 1588. Later in the summer, and in September, there were some interludes of calm anticyclonic weather over England and the continent, but the storminess continued over the ocean with cyclonic systems continually being generated in subtropical latitudes and associated with further penetrations of air from the far north to near latitude 40°. Repeatedly a "nose" of the polar anticyclone appeared in the northern part of the map near Iceland and the Faeroe Islands while the N'ly winds over Scandinavia reasserted themselves against every promising advance of air from the south.

References

Douglas, K.S., Lamb, H.H.: Weather observations and a tentative meteorological analysis of the period May to July 1588. Res. Publ. (CRU RP 6a). Norwich: University of East Anglia, Climatic Research Unit, 1978

Douglas, K.S., Lamb, H.H., Loader, C.: A meteorological study of July to October 1588: the Spanish Armada storms. Res. Publ. (CRU RP 6). Norwich: University of East Anglia, Climatic Research Unit, 1978, 87 pp.

Lamb, H.H.: British Isles weather types and a register of the daily sequence of circulation patterns 1861-1971. Geophys. Mem. 116. London: Her Majesty's Stationery Office for Meteorological Office, 1972

Lamb, H.H.: Climate: Present, Past and Future, Vol. 2. Climatic History and the Future. London: Methuen 1977, 835 pp.

Lamb, H.H., Johnson, A.I.: Climatic variation and observed changes in the general wind circulation: Parts I and II. Geogr. Ann. 41, 94-134 (1959)

Lamb, H.H., Johnson, A.I.: Ibid, Part III. Geogr. Ann. 43, 363-400 (1961)

Lamb, H.H., Johnson, A.I.: Secular variations of the atmospheric circulation since 1750. Geophys. Mem. 110. London: Her Majesty's Stationery Office for Meteorological Office, 1966

Manley, G.: Central England temperatures: monthly means 1659 to 1973. Q. J. R. Meteorol. Soc. 100, 389-405 (1974)

McIntyre, A., Ruddiman, W.F., Jantzen, R.: Southward penetration of the North Atlantic polar front: Faunal and floral evidence of large-scale surface water mass movements over the last 225,000 years. Deep-Sea Res. 19, 61-77 (1972)

Pfister, C.: Agrarkonjunktur und Witterungsverlauf im westlichen Schweizer Mittelland 1755-1797. Bern: Geographica Bernensia G2: Geographisches Inst. der Universität, 229 pp. + Appendix Tables, 1975

Wrigley, E.A.: Marriage and fertility in pre-industrial England. Listener. London, February 10, 1966, pp. 199-201

Gletscherschwankungen und Temperaturverlauf Beispiel einer Korrelationsanalyse von indirekten und direkten Klimazeugen am Beispiel der Grindelwaldgletscher und der 210jährigen Basler Temperaturreihe

H. ZUMBÜHL und P. MESSERLI[1]

1 Einleitung

Die Bedeutung verschiedener Datentypen zur Rekonstruktion des Klima- und Witterungsverlaufes ist aus Abbildung 1 ersichtlich. Nach dem Bezug der Daten zu Wetter und Klima unterscheiden wir zwischen direkten und indirekten Klimazeugen. Zu der Gruppe der indirekten Klimazeugen zählen einerseits die Felddaten, womit jene Vielfalt von Spuren vergangener Klimate bezeichnet wird, die in verschiedenen Elementen der Natur gespeichert sind wie z.B. in Moränen, Pollenprofilen, Baumringen und Isotopenverhältnissen. Andererseits sind aber auch jene historischen Dokumente dazuzuzählen, welche die Auswirkungen von Klimaschwankungen und extreme Witterungsverhältnisse dokumentieren, so z.B. Berichte und Bilder von Gletscherständen, phänologische Beobachtungen, Angaben über das Datum des Weinlesebeginnes und den Zeitpunkt der Getreide-Zehntsteigerung sowie Angaben zur Qualität und Quantität der Weinernten (vgl. auch Beitrag Pfister in diesem Band).

In der Gruppe der direkten Klimazeugen kommt den instrumentellen Messdaten, vor allem den langjährigen Aufzeichnungen, eine zentrale Stellung zu, kann doch der klimatologische Aussagewert der übrigen Indikatoren nur aus einem synchronen Vergleich der verschiedenen Informationen abgeleitet werden.

Die mittels der instrumentellen Messdaten vorgenommene Kalibrierung historischer Daten und Dokumente (vgl. Abb. 1) ermöglicht bereits wesentliche Aussagen zum Klimaverlauf während der bedeutungsvollsten Periode der Nacheiszeit, des "Little Ice Age".

Im folgenden Beitrag wird anhand von zwei Datentypen das in Abbildung 1 generell angedeutete Wechselspiel zwischen direkten und indirekten Klimazeugen demonstriert. Ausgangspunkt sind die aus historischen Bild- und Schriftdokumenten sowie detaillierten Moränenkartierungen rekonstruierten Schwankungen der beiden Grindelwaldgletscher, die außerordentlich gut dokumentiert sind und zu den bekanntesten Gletschern der Alpennordseite zählen.

Aus dem charakteristischen Verlauf der Gletscherkurve (Abb. 2) werden Hypothesen über die thermischen Verhältnisse im Verlauf des "Little Ice Age" abgeleitet und anhand der 210jährigen Basler Temperaturreihe, der längsten homogenen Schweizerreihe, überprüft. Daraus ergeben sich interessante Hinweise auf die thermische Signifikanz von Gletscherschwankungen.

---

[1]Geographisches Institut der Universität Bern, Hallerstr. 12, CH-3012 Bern

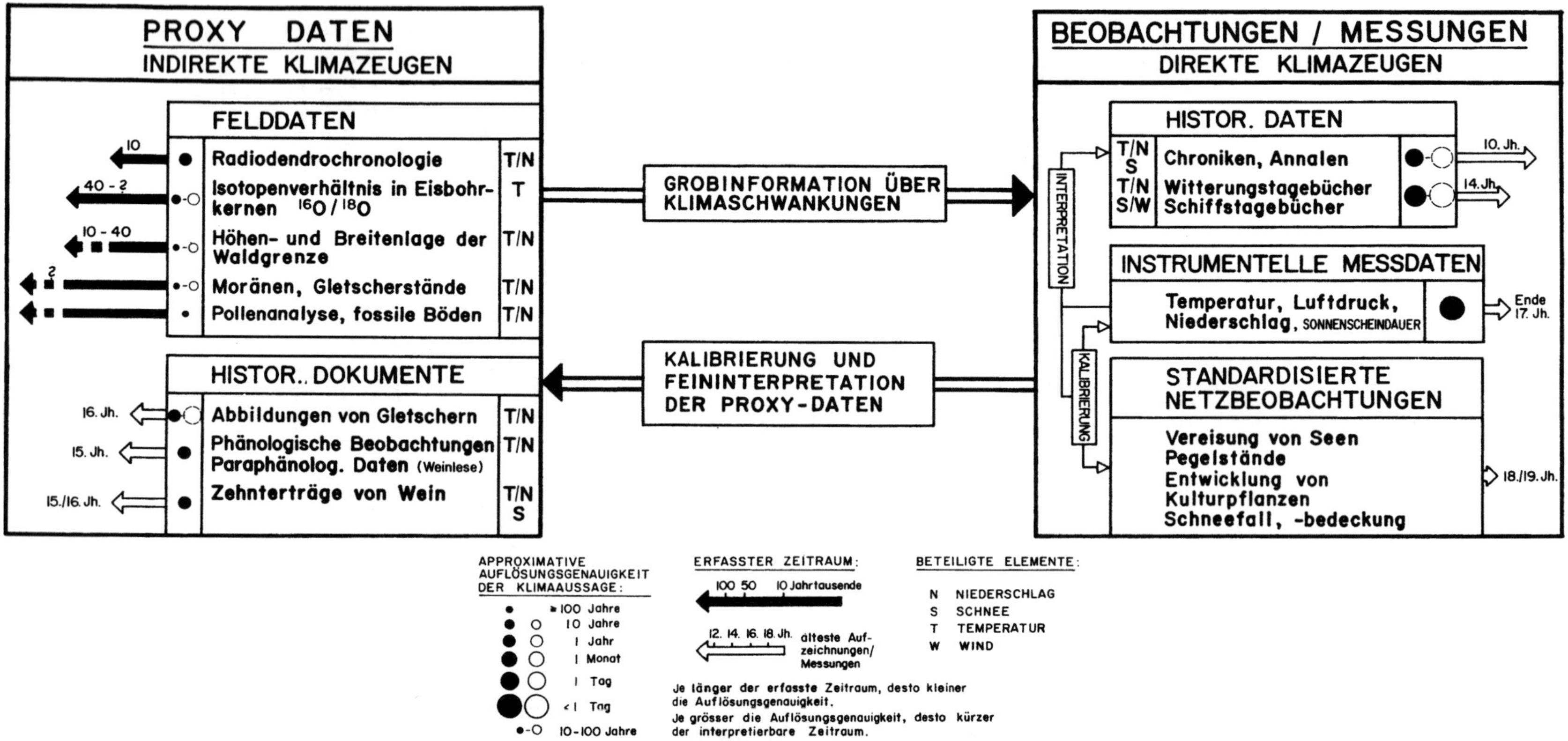

PROBLEME DER VERSCHIEDENEN DATENTYPEN		
Felddaten (indirekte Klimazeugen)	Hist. Dokumente + Daten (dir. + indir. Klimazeugen)	instrumentelle Messdaten (direkte Klimazeugen)
· relativ geringe zeitliche Auflösung · Reaktion auf mehrere Witterungselemente (z.B. Temperatur und Niederschlag) · unpräzise Datierung (verschieden je nach Methode)	· Beobachtungslücken · nur letzte 5-8 Jahrhunderte aussagekräftig · Subjektivität der Beobachtungen	· nur letzte 2-3 Jahrhunderte erfasst · geringe Stationsdichte (vor Mitte 19. Jh.) · Inhomogenität der Messreihen
ERST DURCH EINE ZUSAMMENSCHAU (SYNTHESE) UND GEGENSEITIGE KONTROLLE VIELER DATENTYPEN WIRD ES MOEGLICH, EIN WIRKLICHKEITSGETREUES, WEIT ZURUECKREICHENDES UND DETAILLIERTES BILD DES VERGANGENEN KLIMAS ZU ENTWERFEN. DIE KENNTNIS DES KLIMAVERLAUFS IN DER VERGANGENHEIT HILFT UNS, ZUSAMMENHAENGE IM HINBLICK AUF EINE KLIMAPROGNOSE ZU ERKENNEN, UND DEN EINFLUSS MENSCHLICHER AKTIVITAETEN AUF DAS KLIMA REALISTISCHER ZU BEURTEILEN.		

Abb. 1. Die Bedeutung verschiedener Datentypen zur Rekonstruktion des Klima- und Witterungsverlaufes (Pfister et al. 1980)

2 Die Schwankungen der Grindelwaldgletscher von 1600 bis 1978

Bei den Grindelwaldgletschern handelt es sich um zwei N bis NW exponierte, teilweise steil abfallende Talgletscher in den Berner Alpen (Unterer Gletscher 1973: Länge 9,0 km, Fläche 21,7 km^2; Oberer Gletscher 1973: Länge 5,5 km, Fläche 10,7 km^2). Im Gegensatz zum nur eine Eiszunge umfassenden Oberen Gletscher besteht der Untere Gletscher in den höheren Partien aus zwei Hauptteilen, dem Fieschergletscher (SW-Teil) und dem Ischmeer (SE-Teil).

Die Rekonstruktion der Geschichte der beiden Gletscher erfolgte mit Hilfe von Felddaten (Moränen, Pollenprofile, pedologische Analysen, C-14-Daten etc.), sowie vor allem mit einer großen Zahl von historischen Bild- und Schriftquellen (vom Unteren Gletscher sind beispielsweise bis jetzt mehr als 320 Bilddarstellungen aus der Zeit vor 1900 bekannt).

Um wichtige Felddaten, z.B. die Moränen, möglichst genau zu erfassen, wurde 1974 ein Orthophotoplan (Maßstab 1 : 2000, 2 m-Isohypsen) des Vorfeldes des Unteren Gletschers angefertigt. Die Kartierung der zumeist mit dichter Vegetation überdeckten Moränen erfolgte mit dem Meßtisch (vgl. Zumbühl und Zurbuchen in Messerli et al. 1976, Planbeilage). Vor allem dank den historischen Bild- und Schriftquellen war es möglich, verschiedene Gletscherstände auf dem Plan einzutragen. Die Abgrenzung der Eisrandlagen erfolgte mit maximalen und minimalen Linien, wobei die Werte auf dem Unteren und Oberen Schopf zuverlässiger sind als im Bereich des Talbodens (bei Ausbildung des Schweifes). Die entsprechenden Felddaten des Vorfeldes des Oberen Gletschers (Plan mit Maßstab 1 : 5000, 5m-Isohypsen) kommen von den 1919 durchgeführten Vermessungsarbeiten von E. Schnitter (vgl. Lütschg-Loetscher 1944, Taf. 7, abgebildet in Zumbühl 1980).

Die historischen Bild- und Schriftquellen stammen aus Bibliotheken, Museen und Privatsammlungen zumeist der Schweiz, teilweise aber auch aus dem Ausland (Deutschland, England, Norwegen, Österreich und Polen). Das Aufsuchen und Analysieren der Quellen gestaltete sich zeitlich sehr aufwendig, wurde aber durch glückliche Zufälle gefördert. Die qualitative Skala der Gletscheransichten (Ölgemälde, Zeichnungen, Graphische Blätter etc.) reicht von der großen Landschaftsmalerei (z.B. C. Wolf 1735 - 1783, J.A. Koch 1768 - 1839, F. Hodler 1853 - 1918) über detaillierte Ansichten von Kleinmeistern (z.B. J.J. Biedermann 1763 - 1830, S. Birmann 1793 - 1847) bis hinab zu bescheidenen Souvenirbildchen und umfaßt seit etwa 1860 auch Photographien und topographische Karten.

Eine Zusammenfassung der Geschichte der beiden Grindelwaldgletscher ergibt stark vereinfacht die folgenden Resultate (vgl. Unterer Gletscher Abb. 2: Horizontale Zeitachse = Quellenhinweise; Vertikale = Zungenlängenänderungen in Metern vor 1970. Oberer Gletscher Abb. 6: Vertikale Jahrespfeile, Angabe ob vorstoßend, abschmelzend oder stationär).

a) Beide Eisströme waren während der Hochphase des "Little Ice Age" (1580 - 1860/70) langfristig in Bezug auf Fläche und Länge (tiefe Tallage) bedeutend ausgedehnter als heute. Auch wenn der Untere Gletscher stark abgeschmolzen war (vgl. Abb. 1), so endete während dieser Zeit die Eisstirn auf den Schopffelsterrassen, zirka 1200 m vor dem Zungenende von 1977 (Eisrandlagen z.B. 1748/49, 1762, 1794, 1813/14, 1868/69). Der Obere Gletscher bedeckte in dieser Zeit (1600 - 1869) ununterbrochen mehr oder weniger große Partien des Gletschersandes, d.h. des Gletschervorfeldes im Talboden.

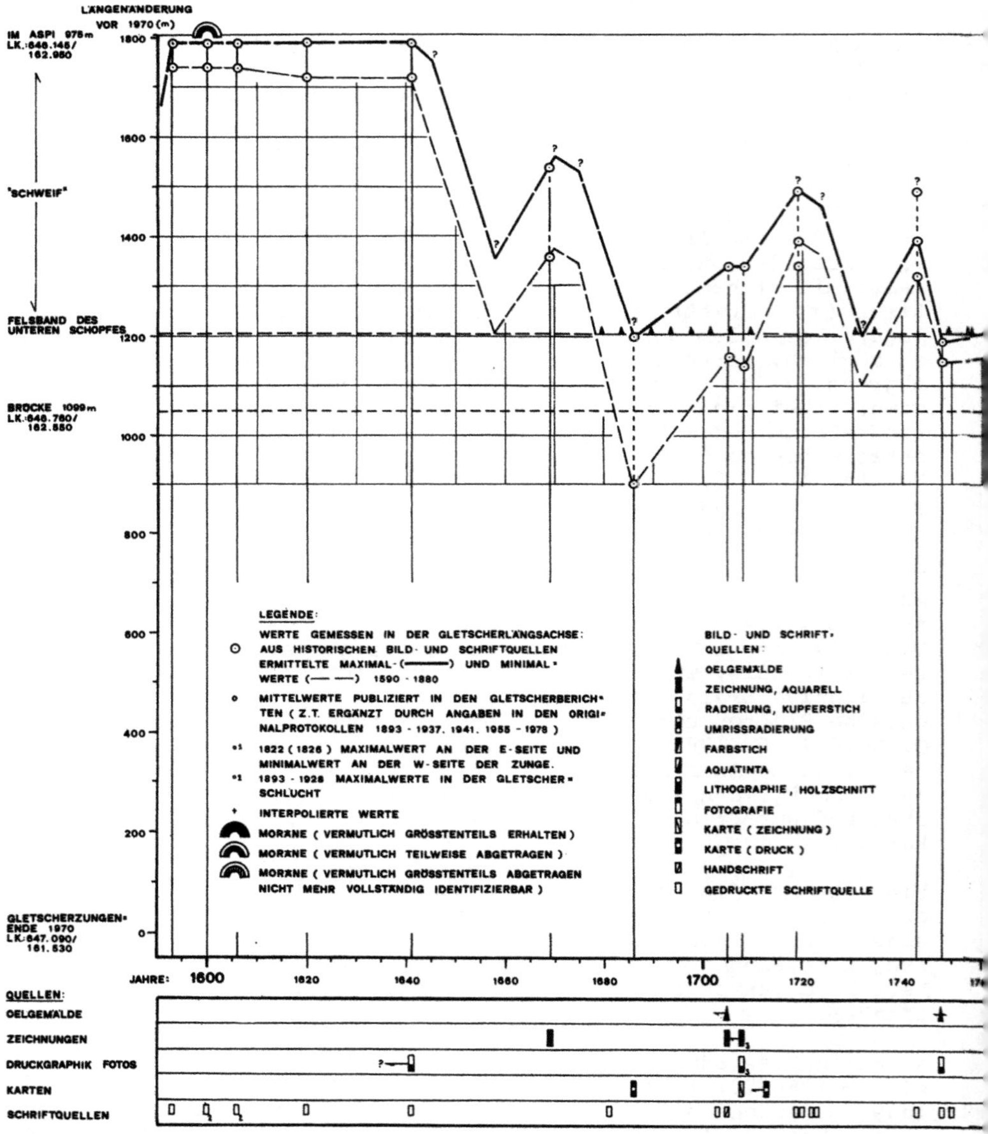

Abb. 2. Die Zungenlängenänderungen des Unteren Grindelwaldgletschers 1590-1978 (Aus: Denkschriften der Schweizerischen Naturforschenden Gesellschaft, Bd. XCII, 1980, Fig. 1)

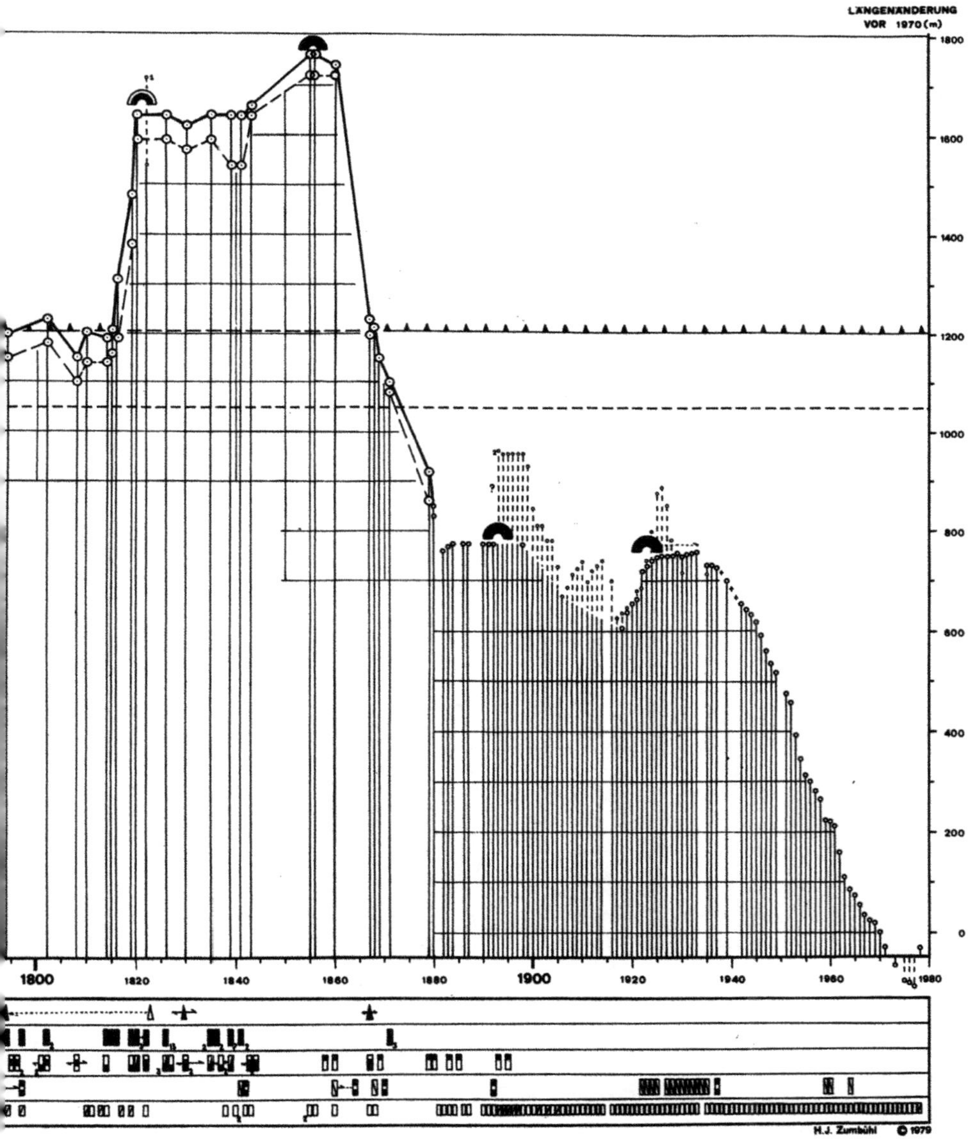
LÄNGENÄNDERUNG
VOR 1970 (m)
1800
1600
1400
1200
1000
800
600
400
200
0
1800
1820
1840
1860
1880
1900
1920
1940
1960
1980
H.J. Zumbühl
© 1979

Abb. 3. Der untere Gletscher zwischen Mettenberg (links), Fiescherhörnern (im Hintergrund) und Hörnligrat (rechts) endet um 1808 zweigeteilt und stark abgeschmolzen im Bereich der Oberen und Unteren Schopffelsterrasse, zirka 600-700 m hinter den maximalen Ständen von 1600 und 1855/56. (Ausschnitt aus einer kolorierten Umrißradierung von J.J. Biedermann (1763-1830), Privatbesitz Mels, Foto H. Zumbühl)

Abb. 5. Gegenüber 1808 ist die Zunge des Unteren Gletschers heute (1977) zirka 1200 m in die Schlucht zurückgeschmolzen (gegenüber den Maximalstadien rund 1900 m). Das Vorfeld des Gletschers, 1860 letztmals vollständig von Eis bedeckt, ist heute teilweise mit dichter Vegetation überwachsen oder wird landwirtschaftlich genutzt (Foto 24.7.1974 H. Zumbühl)

b) Während des langandauernden Hochstandes von 1580 - 1860/70 kam es zu mindestens fünf (wenn wir die Zeitspanne bis 1978 ausdehnen mindestens acht) relativ kurzfristigen Hauptvorstößen. Der Untere Gletscher stieß jeweils – ausgehend von den Schopffelsen – in den Talboden vor (vgl. Abb. 4) und bildete den Schweif (Vorstoßbetrag zirka 400 - 600 m). Die Vorstöße des Oberen Gletschers – topographisch weniger genau erfaßbar als beim Unteren Gletscher – führten jeweils zu einer markanten Zunahme der Eismächtigkeit innerhalb des muschelartig geformten Gletschersandes (Vorstoßbetrag zirka 400 - 500 m). Deutlicher differenzierbar sind diese Vorstöße besonders an der W bis N-Seite des Vorfeldes.

Beim Unteren Gletscher konnten die folgenden Vorstöße rekonstruiert werden, wobei die entsprechenden Daten für den Oberen Gletscher in Klammern angegeben sind: Um 1600 (1593 - 1600?) erreichte der Gletscher wahrscheinlich in historischer Zeit zum ersten Mal einen langandauernden Stand von maximaler Ausdehnung. Weder topographisch noch zeitlich eindeutig abgrenzbar ist ein nur gerade 1669 erfaßter Vorstoß des Unteren Gletschers.

Abb. 4. Der Untere Gletscher mit dem Schweif gesehen von der Kirche von Grindelwald im September 1826. Die ausgeaperte Gletscherzunge endet im Talboden hinter einem älteren Moränensystem. Der Wald auf der rechten Seite beweist, daß der Gletscher bei dem Vorstoß 1814 bis 1820/22 nicht die maximale Länge erreichte (Vorstoß gegenüber 1808 zirka 500-550 m). (Ausschnitt aus einem zum Teil gouachierten Aquarell von S. Birmann (1793-1847), Kupferstichkabinet des Kunstmuseums Basel, Foto H. Zumbühl)

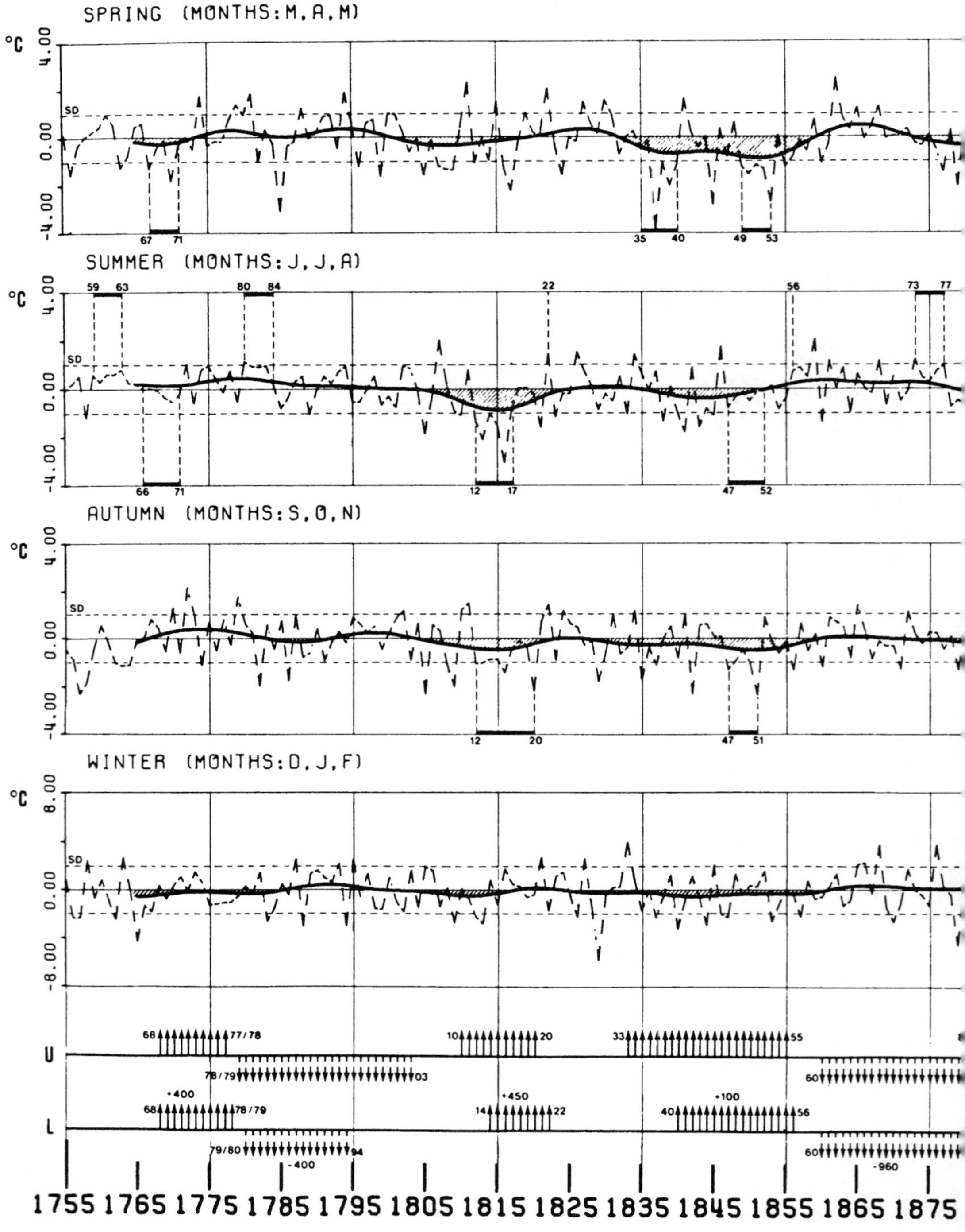

Abb. 6. Die Abweichungen der Frühlings-, Sommer-, Herbst- und Wintertemperaturen von ihrem langjährigen Mittel (1755-1965) im Vergleich mit der Dynamik der beiden Grindelwaldgletscher (kurzfristiges Verhalten) (Messerli, P., Zumbühl, H.J. in: Arctic and Alpine Research, Vol. 10, Nr. 2 1978)

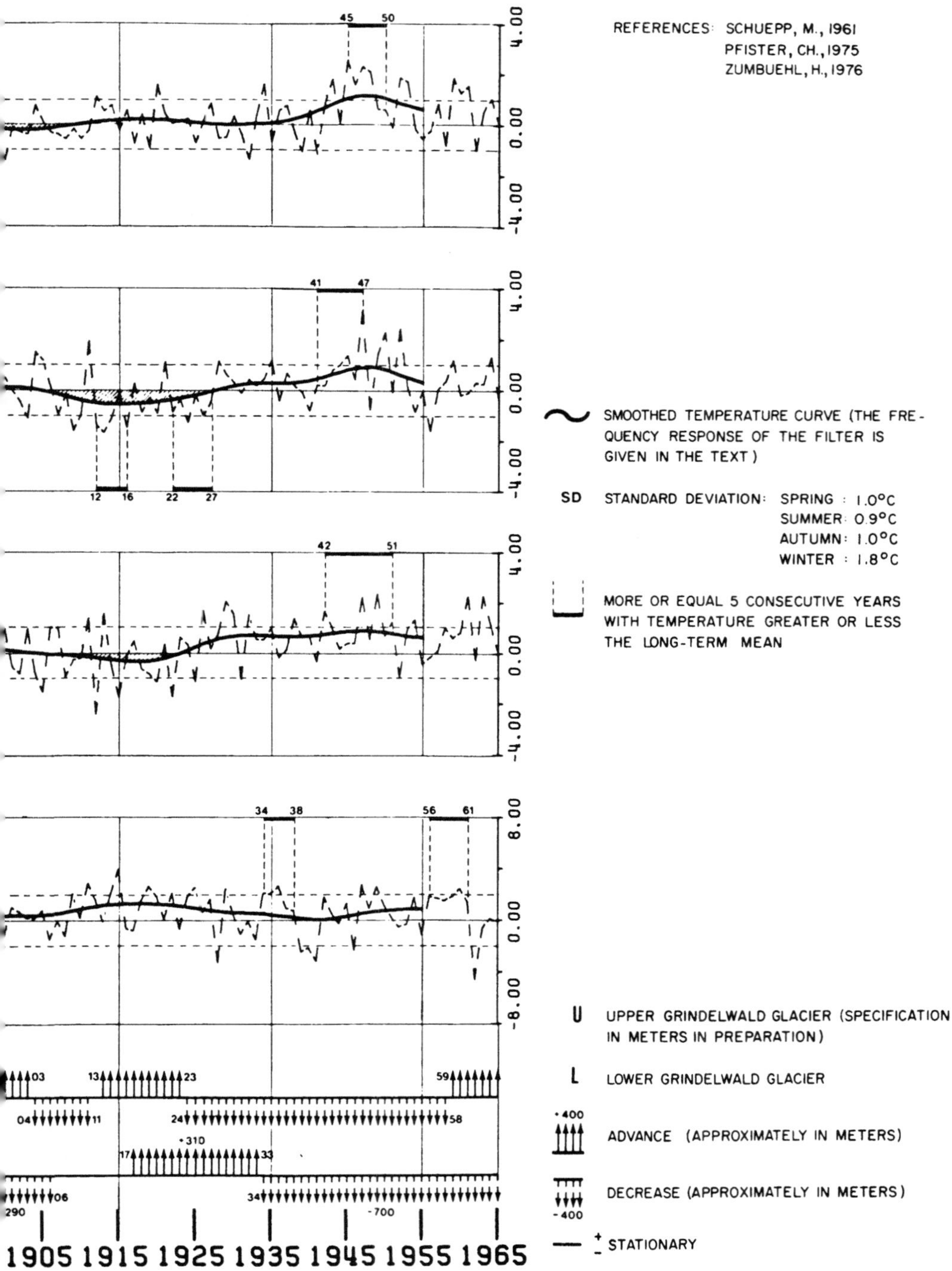
REFERENCES: SCHUEPP, M., 1961
PFISTER, CH., 1975
ZUMBUEHL, H., 1976
SMOOTHED TEMPERATURE CURVE (THE FREQUENCY RESPONSE OF THE FILTER IS GIVEN IN THE TEXT)
SD STANDARD DEVIATION: SPRING : 1.0°C
SUMMER: 0.9°C
AUTUMN: 1.0°C
WINTER : 1.8°C
MORE OR EQUAL 5 CONSECUTIVE YEARS WITH TEMPERATURE GREATER OR LESS THE LONG-TERM MEAN
U UPPER GRINDELWALD GLACIER (SPECIFICATION IN METERS IN PREPARATION)
L LOWER GRINDELWALD GLACIER
ADVANCE (APPROXIMATELY IN METERS)
DECREASE (APPROXIMATELY IN METERS)
STATIONARY
1905 1915 1925 1935 1945 1955 1965

Ein weiterer Vorstoß begann um 1705 (vor 1703) und erreichte seine Kulmination um 1719/20 (um 1720).

Nicht gesichert ist ein Vorstoß vor/um 1743.

Reich dokumentiert ist der Vorstoß von 1768 bis 1778/79 (1777/78), wobei der Talboden erst nach 1793 eisfrei wurde, d.h. erst in diesem Jahr die Eiszunge auf den nun wieder sichtbaren Schopffelsen endete.

Der langandauernde Eishochstand im 19. Jahrhundert begann um 1814 (zwischen 1803 und 1810) und erreichte eine erste Kulmination um 1820/22 (1820). Bei diesem Vorstoß wurde mehr Talboden von Eis überdeckt als beim letzten Vorstoß im 18. Jahrhundert (das gleiche gilt für den Oberen Gletscher).

Vermutlich zum zweiten Mal in historischer Zeit wurde 1855/56 (1854/55) ein Maximalstand beobachtet. Der Gletscher erreichte dabei nicht überall die Moränen von 1600. Dieser Vorstoß setzte 1840 (bereits 1832) ein.

c) Seit den Maximalständen von 1856/57 (1855/56) schmolzen die beiden Grindelwaldgletscher langfristig stark zurück (vgl. Abb. 5). Dieser Prozeß wurde zweimal von Vorstößen unterbrochen, zuerst durch den Vorstoß zwischen 1882 und 1898 (1881 - 1897/1903) und in stärkerem Ausmaß durch den Vorstoß nach 1917 mit einer späten Kulmination um 1933 (1911/13 - 1923). Diese Schwankungen vollzogen sich aber in einem weit innerhalb der Moränen des "Little Ice Age" liegenden Bereich. Trotzdem war der Vorstoß des Oberen Gletschers zwischen 1911/13 und 1923 sehr eindrücklich.

Währenddem der in seinen Dimensionen stark reduzierte Untere Gletscher in der tiefen, schmalen Gletscherschlucht erstmals seit 44 Jahren 1977/78 wieder eine positive Reaktion am Zungenende zeigte (Vorstoß um zirka + 75 m, briefliche Mitteilung von M. Aellen, VAW, ETH Zürich), stößt der Obere Gletscher bereits seit 1959 vor (bis 1978 um zirka + 389 m, allerdings in den letzten drei Jahren verlangsamt und in der Stoßrichtung unterschiedlich).

In der gesamten Zeitspanne von 1600 bis 1978 verläuft die Geschichte der beiden Gletscher parallel (vgl. Abb. 6), wobei die Vorstöße des Oberen Gletschers meist vor denjenigen des Unteren Gletschers einsetzen. Zurückzuführen ist diese unterschiedliche Reaktionsgeschwindigkeit unter anderem auf die verschiedenen großen Einzugsgebiete der beiden Gletscher.

Die Resultate der Schwankungen der Grindelwaldgletscher ergeben trotz der Einschränkung, daß nur die Zungenlängenänderungen erfaßt worden sind, und trotz der Komplexität der Zusammenhänge Klima - Gletscher, interessante Hinweise für die Klimageschichte.

3 Die 210jährige Temperaturreihe von Basel im Vergleich mit den Säkularschwankungen der beiden Grindelwaldgletscher

Die Temperaturreihe von Basel gehört zu den wenigen mitteleuropäischen Klimareihen, die auf einer instrumentellen Beobachtungsperiode von mehr als 200 Jahren beruhen. Sie ermöglicht deshalb einen Korrelationsversuch mit den historischen Gletschervorstößen im schweizerischen Nordalpenraum und gestattet unter Umständen Aussagen über die thermischen Voraussetzungen dieser Ereignisse.

Eine detaillierte Untersuchung ausgewählter Stationen des schweizerischen klimatologischen Netzes für den Zeitraum 1901 bis 1970 (Messerli, P. 1979) hat gezeigt, daß zwischen Höhen- und Tieflandstationen eine hohe Korrelation nur für die Sommer- und Frühlingstemperaturen besteht. Der Temperaturverlauf in Basel kann deshalb nur bedingt auch als repräsentativ für Hochlagen in den übrigen Jahreszeiten betrachtet werden.

Die 210jährige Basler-Reihe setzt sich aus sechs verschiedenen Beobachtungsperioden zusammen (1755 - 1804, 1800 - 1825, 1802 - 1832, 1826 - 1874, 1874 - 1941, 1929 - 1965). Die schrittweise Reduktion auf die Periode 1929 - 1965 unter Ausschaltung eines Stadteinflusses erfolgte in einer äußerst sorgfältigen Bearbeitung durch Bider et al. (1958). Die publizierten Werte repräsentieren somit die klimatisch bedingten Säkularvariationen der Monatsmitteltemperatur.

Mit der Gletscherkurve von Zumbühl (Abb. 2) wird das dynamische Verhalten der beiden Grindelwaldgletscher über die letzten 470 Jahre außerordentlich detailliert dokumentiert. Damit ergibt sich die einzigartige Möglichkeit abzuklären, in welchem Ausmaß sich der Übergang vom "Little Ice Age" mit einem gewaltigen Rückzug der Alpengletscher zwischen 1860 und 1880 zum mittleren Stand des letzten Jahrhunderts im Temperaturverlauf abzeichnet.

In den Schwankungen der beiden Grindelwaldgletscher im Zeitraum 1750 - 1970 läßt sich unschwer ein langfristiges Verhalten (Hochstand während des "Little Ice Age" mit generellem Rückzug in der zweiten Hälfte des Zeitabschnittes) von einem kurzfristigen Verhalten in Form von Oszillationen (Vorstoß- und Rückschmelzphasen) unterscheiden. Daraus können die folgenden Fragen über das Temperaturverhalten abgeleitet werden:

1. Unterscheidet sich die Temperatur des "Little Ice Age" signifikant von der Mitteltemperatur nach dem großen Gletscherrückzug in der Mitte des Beobachtungszeitraumes?

2. Zeichnet sich der allgemeine Gletscherzerfall nach 1850 in einem Temperaturanstieg ab?

3. Sind die kurzfristigen Oszillationen im Temperaturverlauf erkennbar?

Tabelle 1 und Abbildung 6 zeigen die Ergebnisse der statistischen und graphischen Analyse zur Überprüfung dieser Fragen.

Aus dem Vergleich des saisonalen Temperaturverlaufes, dokumentiert durch die homogenisierte 210jährige Basler Temperaturreihe mit den detailliert aufgearbeiteten Zungenlängenänderungen der beiden Grindelwaldgletscher ergeben sich folgende Resultate:

1. Die extreme Tallage der Gletscher während des "Little Ice Age" ist mit einer signifikant tieferen Mitteltemperatur im Frühling und Winter korreliert.

2. Der markante Gletscherzerfall nach 1850 wird im Frühlung und Herbst von einem positiven Temperaturtrend begleitet.

3. Die saisonalen Temperaturschwankungen (insbesondere Sommer, Herbst und Frühling) korrelieren recht deutlich mit den Gletscheroszillationen und geben Hinweise auf die Bedeutung persistenter, gleichsinniger Temperaturabweichungen weniger Jahre zur Einleitung von Vorstößen oder Rückschmelzphasen, weitgehend unabhängig vom allgemeinen Trendverhalten der Gletscher.
Den Einfluß der Temperaturverhältnisse vor allem der Ablationsperiode vom Mai bis September auf die Gletscherzungenlage haben neben Hoinkes (1971) und Vivian (1975) in jüngster Zeit auch Gamper und Suter (1978) nachgewiesen.

Tabelle 1. Mittelwertsdifferenzen und Trendverhalten zwischen den Perioden 1755 - 1859 und 1860 - 1965 (langfristiges Verhalten)

Periode	Jahreszeit	Mittelwertsdifferenz (1860-1965)-(1755-1859) °C	Standardabweichung °C	Regressionskoeffizient	F-Wert des Reg. koeffizienten	t-Wert der Mittelwertsdifferenz	Signifikanz $F_{0.95} = 3.95$ $t_{0.95} = 1.65$ Trend	Signifikanz ΔMittelwert
1755-1859	Frühling (M,A,M)	0.3	1.14	-0.006	3.16	2.30	-	+
1860-1965			0.96	0.008	7.59		+	
1755-1859	Sommer (J,J,A)	0.1	0.91	-0.004	1.85	0.66	-	-
1860-1965			0.94	0.005	3.05		-	
1755-1859	Herbst (S,O,N)	0.4	1.01	-0.002	0.41	2.90	-	+
1860-1965			1.03	0.011	12.31		+	
1755-1859	Winter (D,J,F)	0.6	1.73	-0.001	0.06	2.62	-	+
1860-1955			1.82	0.007	1.38		-	

Filtercharakteristik

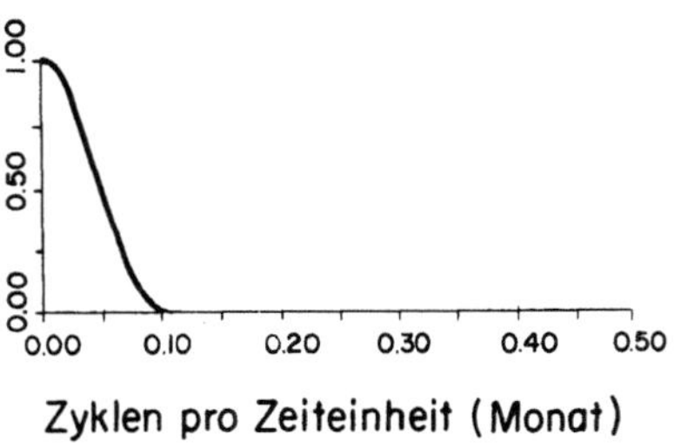

Filtergewichte

g_0	=	0.094
g_1	=	0.093
g_2	=	86
g_3	=	76
g_4	=	64
g_5	=	50
g_6	=	36
g_7	=	24
g_8	=	14
g_9	=	07
g_{10}	=	03

Abb. 7. Durchlaßcharakteristik und Filtergewichte des verwendeten Tiefpaßfilters. Die Durchlaßcharakteristik zeigt das Verhältnis der Amplituden vor und nach der Filterung

Diese Feststellungen werden durch die laufenden Arbeiten von Pfister (vgl. Beitrag in diesem Band) über den Zeitraum 1525 - 1825 weitgehend bestätigt und durch Angaben über das Niederschlagsregime als weiteren wesentlichen Steuerungsfaktor ergänzt. Damit gelangt er zu einer allgemeinen Charakterisierung "gletscherfreundlicher" bzw. "gletscherfeindlicher" Klimaperioden.

Zur Frage der thermischen Signifikanz der Gletscherschwankungen während des "Little Ice Age" und seither läßt sich aufgrund dieser Untersuchung zusammenfassend feststellen, daß kleine Gletscher auf relativ geringe und kurzfristige, aber gleichsinnige Temperaturabweichungen äußerst sensibel reagieren (vgl. auch Gamper und Suter 1978), und die Gefahr einer Überschätzung der klimatischen Voraussetzungen auch der säkularen Gletscherschwankungen besteht. Auf die ökologische Signifikanz dieser Ereignisse wurde in Messerli et al. (1978) hingewiesen; gerade die kurzfristigen Schwankungen hatten z.T. katastrophale Auswirkungen auf Mensch und Umwelt.

Literatur

Bider, M., Schüepp, M., Rudloff, v., H.: Die Reduktion der 200jährigen Basler Temperaturreihe. Arch. Meteorol. Geophys. Bioklimatol. Ser. B 9, 360-412 (1958)

Gamper, M., Suter, J.: Der Einfluss von Temperaturänderungen auf die Länge von Gletscherzungen. Geographica Helvetica 33 (4), 183-186 (1978)

Hoinkes, H.: Über Beziehungen zwischen Massenbilanz des Hintereisferners und Beobachtungen der Klimastation Vent. Ann. Meteorol. 5 (1971)

Le Roy Ladurie, E.: Times of Feast Times of Famine. A History of Climate since the Year 1000, 1971

Lütschg-Lötscher, O.: Beobachtungen über das Verhalten des vorstossenden Obern Grindelwaldgletschers im Berner Oberland. Beitr. Geol. Schweiz. — Geotech. Ser. — Hydrol. 4. Lg.: Wasserhaushalt Schweiz. Hochgebirg. 1, T. 1, K. 5 : 75-101 (1944)

Messerli, B., Zumbühl, H., Ammann, K., Kienholz, H., Oeschger, H., Pfister, C., Zurbuchen, M.: Die Schwankungen des Unteren Grindwaldgletschers seit dem Mittelalter. Ein interdisziplinärer Beitrag zur Klimageschichte. Z. Gletscherk. XI, 3-110 (1976)

Messerli, B., Messerli P., Pfister, C., Zumbühl, H.: Fluctuations of climate and glaciers in the Bernese Oberland, Switzerland, and their geoecological significance. Arct. Alp. Res. X/2, 247-260 (1978)

Messerli, P.: Beitrag zur statistischen Analyse klimatologischer Zeitreihen. Geogr. Bernensia G 10. Bern: Geogr. Inst. Univ., 1979

Pfister, C.: Agrarkonjunktur und Witterungsverlauf im westlichen Schweizer Mittelland. Geogr. Bernensia G 2. Bern: Geogr. Inst. Univ., 1975, S. 1-229
Pfister, C., Messerli, B., Messerli, P., Zumbühl, H.: Die Bedeutung verschiedener Datentypen für die Rekonstruktion des Klima- und Witterungsverlaufes der letzten Jahrhunderte. Gletscher und Klima, Jahrbuch 1978 der Schweiz. Naturforsch. Ges. Wiss. Teil. Briger Gletschersymposium (1980)
Vivian, R.: Les glaciers des Alpes Occidentales. Etude Géogr. Grenoble (1975)
Zumbühl, H.: Die Schwankungen der Grindelwaldgletscher in den historischen Bild- und Schriftquellen des 12. bis 19. Jahrhunderts. Ein Beitrag zur Gletschergeschichte und Erforschung des Alpenraumes. Denkschr. Schweiz. Naturforsch. Ges. XCII, 1980

Klimaschwankungen und Witterungsverhältnisse im schweizerischen Mittelland und Alpenvorland zur Zeit des "Little Ice Age". Die Aussage der historischen Quellen

CH. PFISTER[1]

1 Einleitung

Daß in Archiven und Bibliotheken eine Fülle von aussagekräftigem Material für die Witterungsgeschichte des letzten Jahrtausends steckt, haben Klimatologen (Brooks 1926; Easton 1928) schon vor längerer Zeit erkannt. Doch ist bisher nur ein Bruchteil der weltweit verfügbaren Daten transkribiert, aufgearbeitet und interpretiert worden (z.B. Flohn 1949; Manley 1952; Lamb 1977; Titow 1960; Le Roy Ladurie 1978; Pfister 1975; Alexandre 1977).

Eine systematische Suche nach dokumentatorischen Klimadaten in den wichtigsten Archiven der Schweiz hat für die drei Jahrhunderte von 1525 - 1825 eine überraschende Fülle von Witterungsbeschreibungen und Messungen aus Chroniken, Tagebüchern, Kalendern und Zeitschriften zu Tage gefördert. In Amtsrechnungen und Protokollen, die zum Teil fast Jahr für Jahr bis zurück ins frühe 16. Jahrhundert erhalten sind, haben sich bisher weitgehend unbekannte und aussagekräftige indirekte Klimazeugen in Form von homogenen Säkularreihen gefunden, wie die Versteigerunsdaten der Getreidezehnten und die Erträge von Weinbergen (Pfister 1979, 1981).

Im folgenden Beitrag wird es darum gehen, einige dieser Datentypen vorzustellen, Probleme der Interpretation, Verarbeitung und Synthese des Materials zu diskutieren und abzuklären, inwieweit sich daraus eine Feingliederung des "Little Ice Age" im zentralen Alpen- und Voralpenraum gewinnen läßt. Die ausführliche Präsentation und Diskussion des gesamten Materials bleibt einer "Klimageschichte der Schweiz" vorbehalten.

2 Methodische Probleme

Die Berichte über bemerkenswerte Witterungsereignisse aus früheren Zeiten, wie sie uns fleißige Chronisten in handschriftlicher oder gedruckter Form überliefert haben, stammen lange nicht alle aus erster Hand. Wird ihre Genese kritisch überprüft, so zeigt sich, daß viele von ihnen aus anderen Quellen abgeschrieben worden sind. Verstümmelungen von Namen, unzulässige Kürzungen und vor allem Fehldatierungen ließen sich dabei nicht vollständig vermeiden. Weil die Chronisten in der Regel ihre Quellen nicht oder nur unvollständig zitieren, sind diese Fehler kaum nachweisbar. Mit diesen Argumenten begründen Ingram und Underhill (1979) ihre Forderung, es sollten nur noch authentische Beobachtungen, möglichst in der Originalfassung, ausgewertet werden.

---

[1]Diese Arbeit wurde ermöglicht durch einen Beitrag des Schweizerischen Nationalfonds zur Förderung der wissenschaftlichen Forschung

[2]Geographisches Institut der Universität Bern, Hallerstr. 12, CH-3012 Bern

Ihre Untersuchungen haben gezeigt, daß bei manchen bekannten europäischen Kompilationen wie etwa Hennig (1904) der Anteil der ungesicherten Information stellenweise fast 75% erreicht.

Ungesicherte Berichte, von Kompilation zu Kompilation weiter kolportiert, vervielfachen sich und verfilzen sich mit der Zeit zu einem schwer entwirrbaren Knäuel, wie das folgende Beispiel zeigt.

Die "Annales" des Neuenburger Jonas Boive (1654 - 1739), eine der bekanntesten Kompilationen der Westschweiz (Kopp 1861), sind für die Zeit vor 1650 weitgehend eine Übersetzung der Solothurner Chronik von Haffner (1666), aber ohne Quellenangabe. Haffner seinerseits beruht vor 1610 teilweise auf den Basler Chroniken von Gross (1624) und Wurstisen (1578). Ein neuerer Autor, Schaller (1937), zitiert Haffner und die "Annales de Boive" für die erste Hälfte des 17. Jahrhunderts als unabhängige Zeugen. Dies erweckt den Eindruck, die Ereignisse seien jeweils gleichzeitig in Neuenburg und Solothurn beobachtet worden, was ihre anscheinende Glaubwürdigkeit natürlich unterstreicht.

Die Übereinstimmung von Witterungsbeschreibungen aus verschiedenen Landesteilen ist also nicht in jedem Falle ein Beweis ihrer Echtheit. Aber auch das Umgekehrte gilt: Widersprüche in der Beschreibung ein und desselben Monats durch verschiedene Chronisten sind nicht notwendigerweise das Resultat unsorgfältiger und oberflächlicher Beobachtung. Manche dieser Ungereimtheiten beruhen darauf, daß der eine nach dem julianischen und der andere nach dem gregorianischen Kalender datiert, womit sich die Monate zeitlich nicht mehr ganz entsprechen. Die meisten protestantischen Kantone nahmen den gregorianischen Kalender 1701 an, die Nachzügler im Verlaufe des 18. Jahrhunderts, entlegene Talschaften Graubündens sogar erst im frühen 19. Jahrhundert.

3 Die thematische, räumliche und zeitliche Gliederung des Datenmaterials

Wer klimageschichtliche Information aus schriftlichen Quellen gewinnen will, steht vor der Aufgabe, Zehntausende von verschiedenartigen Einzelbeobachtungen auszuwerten. Diese stammen aus verschiedenen Landesteilen, beziehen sich auf verschiedene Klimaelemente, Witterungserscheinungen und klimatisch induzierte Erscheinungen; ferner auf verschieden lange Zeiträume, auf Stunden, Tage, Wochen, Monate und ganze Jahreszeiten. Diese Vielzahl von Bruchstücken läßt sich wie ein Puzzle zu einem aussagekräftigen Bild des vergangenen Witterungs- und Klimageschehens zusammenfügen.

Aus den drei Jahrhunderten 1525 - 1825 haben sich in den Archiven und Bibliotheken von Basel, Bern, Chur, Einsiedeln, Fribourg, St. Gallen, Genève, Lausanne, Luzern, Neuchâtel, Schaffhausen, Solothurn, Winterthur und Zürich mehr als 110 handschriftliche und über 120 gedruckte Quellen gefunden, die mehr als 27.000 "Records" (Angaben) in einem zeitlichen Raster von Dekaden (Zehntagesabschnitten) bis zu Jahreszeiten geliefert haben. Die Häufigkeitsangaben (Regen-, Schnee-, Gewitter-, Nebel-, Sonnentage) basieren auf der Auswertung von mehr als 70.000 täglichen Witterungsbeobachtungen mit und ohne Instrumente aus allen Teilen des schweizerischen Mittellandes und Voralpengebietes. Niederschlagsmessungen der Jahre 1708 - 12, 1717 - 31, 1740 - 46, 1750 - 54 und ab 1760 sind einbezogen worden, ferner die Basler Temperaturreihe ab 1755. Für die Einschätzung der Temperaturverhältnisse vor diesem Zeitpunkt haben sich die fast 3000 Pflanzenbeobachtungen und die mehr als 3000 Schneebeobachtungen als besonders wertvoll erwiesen (Abb. 1).

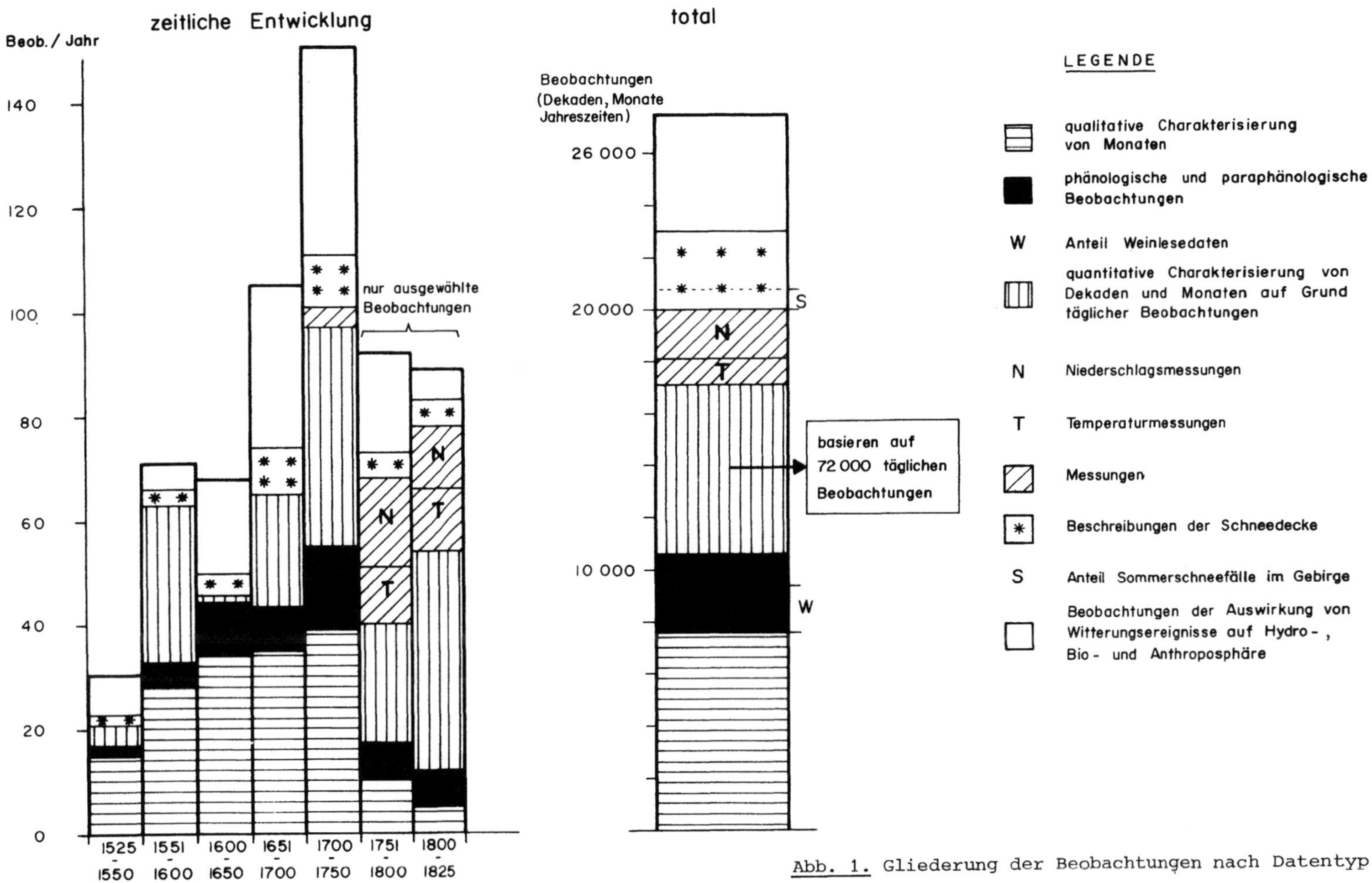

Abb. 1. Gliederung der Beobachtungen nach Datentyp

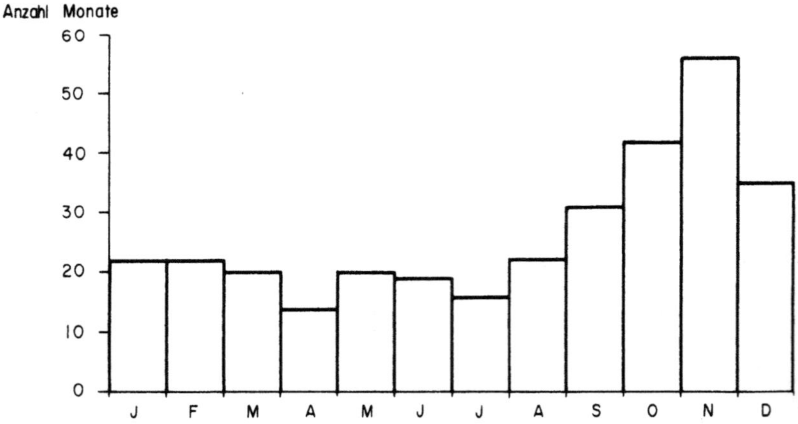

Abb. 2. Häufigkeitsverteilung der fehlenden Monate

Die Datendichte nimmt vom 16. bis ins 18. Jahrhundert stark zu: Im zweiten Viertel des 16. Jahrhunderts fallen ungefähr 30 Beobachtungen pro Jahr an, mehrheitlich summarische Beschreibungen des Witterungscharakters. Dann verbessern sich Dichte und Qualität der Beobachtungen erheblich, was wir vor allem dem Eifer des Zürcher Pfarrers Wolfgang Haller (1525 - 1601) und des Luzerner Wissenschafters Renward Cysat (1545 - 1614) verdanken. In der zweiten Hälfte des 17. Jahrhunderts steigt die Zahl der jährlichen Beobachtungen über 100 – von 1658 an liegt für jeden Monat mindestens eine Beobachtung vor – und klettert in der ersten Hälfte des 18. Jahrhunderts mit dem Erwachen eines größeren Interesses für die Naturwissenschaften im Zuge der Frühaufklärung auf mehr als 150.

Bis zum Beginn der regelmäßigen Temperaturmessungen (1755) wurden alle gesichteten Berichte zeitgenössischer Beobachter erfaßt, in den letzten sieben Jahrzehnten bis 1825 jedoch nur noch die Ergebnisse von Messungen, täglichen Beobachtungen und sorgfältigen Schnee- und Pflanzenbeobachtungen.

Auffallend ist die unregelmäßige Verteilung der Beobachtungslücken über das Jahr: Nach der Ernte der wichtigsten Kulturpflanzen im Herbst, namentlich in den nebelreichen und witterungsmäßig oft unauffälligen Monaten Oktober und November, wurden die Beobachtungen fast doppelt so häufig außer acht gelassen wie in den übrigen Jahreszeiten (Abb. 2).

Aus Abbildung 3 können wir entnehmen, welcher Prozentsatz der gesamten Beobachtungen in jedem Jahrhundert auf eine bestimmte Region entfällt: der westliche Alpennordhang, das Wallis, das Engadin und der Jura fehlen fast vollständig, das Tessin wurde von der Untersuchung ausgeklammert.

Innerhalb des Mittellandes dominieren Daten aus der Nordost- und Zentralschweiz im 16. und 17. Jahrhundert, solche aus dem westlichen Mittelland und dem Raum Genf im 18. und 19. Jahrhundert.

4 Die Datenbank "Dokumentation Klimageschichte der Schweiz" (CLIMHIST) (Abb. 4)

Angesichts der anfallenden Datenmenge erwies sich die von Anfang an vorgesehene Verarbeitung mit EDV als zweckmäßig. Die deskriptiven Be-

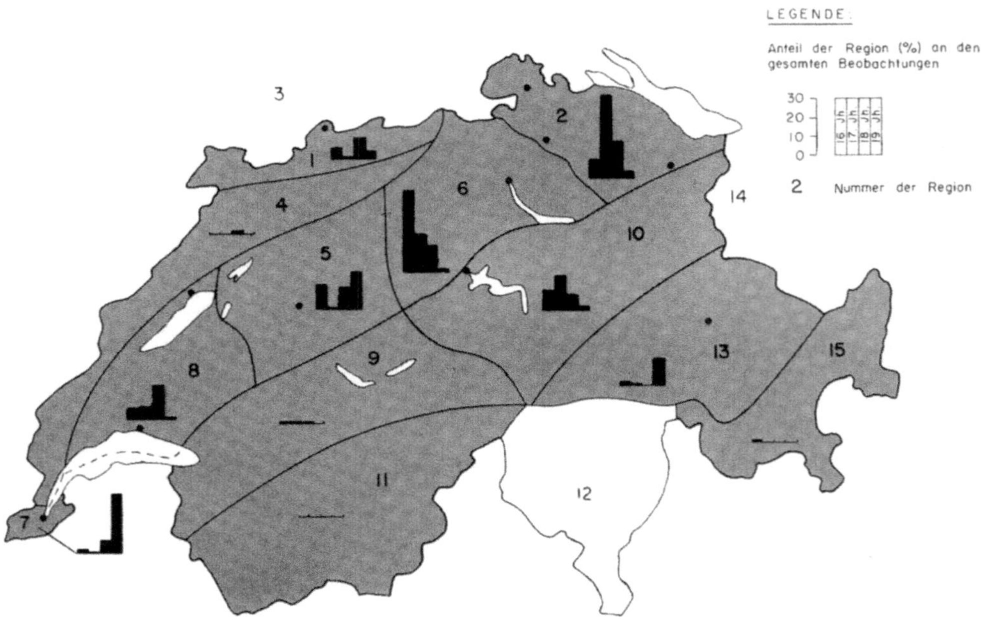

Abb. 3. Regionale Verteilung der Beobachtungen

obachtungen wurden über einen mehr als 400 Positionen umfassenden Zahlencode in numerische Form umgesetzt, chronologisch und thematisch sortiert, teilweise interpretiert, in lesbare Formen umgesetzt und mit den nötigen Attributen (Beobachtername, Beobachtungsort, Höhenlage, Quellenverweis) versehen. Das Ergebnis ist eine Witterungschronologie von mehr als 1100 Seiten Umfang, welche das Witterungsgeschehen und seine Auswirkungen auf Bio-, Hydro- und Anthroposphäre (Lebensmittelpreise, Epidemien) in einem zeitlichen Raster von Dekaden (Zehntagesabschnitten) bis zu ganzen Jahreszeiten beinhaltet. Abbildung 4 zeigt als Beispiel alle für den Monat April 1576 vorliegenden Berichte.

Die Dokumentation ist wie folgt aufgebaut: Zuerst erscheinen die Angaben innerhalb der Zehntagesabschnitte (Dekade), wobei unter Umständen sogar ein zeitliches Auflösungsvermögen von fünf Tagen erreicht werden kann (vgl. die Legende zu Abb. 4). Dann folgen die monatlichen und im Anschluß an den letzten Monat jeder Jahreszeit jeweils die jahreszeitlichen Beobachtungen (Charakterisierungen des gesamten Frühjahrs schließen also beispielsweise an die Beobachtungen des Monats Mai an). Quantitative Angaben wie etwa die Zahl der Regen- und Schneetage eines Monats oder Temperatur- und Niederschlagsmessungen werden mit den entsprechenden Angaben der Periode 1901-60 verglichen. Wo dies nicht möglich ist, wie etwa bei den aus den Tagebüchern von Wolfang Hallers ausgezählten Niederschlagstagen, deren Mittelwerte erheblich tiefer liegen als diejenigen des 20. Jahrhunderts, wird die Position des einzelnen Monats innerhalb der Rangfolge aller entsprechenden Monate der Hallerschen Beobachtungsreihe als Kriterium genommen. Ein Beispiel: der Monat April 1576 liegt mit 9 Niederschlagstagen etwa in der Mitte der Rangfolge sämtlicher Aprilmonate von 1551 bis 1576 und wird deshalb als "veränderlich" (also normal) qualifiziert. Manche Berichte lassen sich durch den Zahlencode nur unzureichend umsetzen. In diesen Fällen ist die Wiedergabe der Originaltexte in Form von Anmerkungen vorgesehen.

DOKUMENTATION KLIMAGESCHICHTE DER SCHWEIZ 16. JAHRHUNDERT

1576

APRIL

1. DEKADE

WARM/KUEHL. VORW.SONNIG (VEREINZELT REGEN). REG: 6, ZUERICH: 430 M (W.HALLER, 170)
WARM. REG: 6, ZUERICH: 430 M (W.HALLER, 125)
1. ROGGENAEHRE 8. 4. (99) REG: 6, ZUERICH: 430 M (W.HALLER, 125)
KIRSCHE VOLLBLUETE 6. 4. (97) REG: 6, ZUERICH: 430 M (W.HALLER, 170)

2. DEKADE

KALT/WARM. REG: 6, ZUERICH: 430 M (BULLINGER, 11)
VORW.SONNIG (VEREINZELT SCHNEE OD.SCHNEE+REGEN). REG: 6, ZUERICH: 430 M (W.HALLER, 170)

3. DEKADE

UNBEKANNT/BISE (NE/E -WIND). HEISS/KALT. UNBEKANNT (KUERZERE SCHNEEPERIODE). REG: 6, ZUERICH: 430 M (BULLINGER, 11)
UNBEKANNT/BISE (NE/E -WIND). UNBEKANNT/KALT. REG: 6, ZUERICH: 430 M (W.HALLER, 125)
WARM/KALT. VORW.SONNIG (VEREINZELTE SCHNEE OD.SCHNEE+REGEN). REG: 6, ZUERICH: 430 M (W.HALLER, 170)
FROSTSCHAEDEN. REG: 1, THANN (ELSASS): 337 M (73) REG: 5, BERN: 540 M (HALLER-MUSCULUS, 19)
FROSTSCHAEDEN REBEN. REG: 6, ZUERICH: 430 M (W.HALLER, 125), ZUERICH: 430 M (BULLINGER, 11)
HAGELSCHADEN. REG: 10, LUZERN: 436 M (CYSAT, 156)

GESAMTER MONAT

VERAENDERLICH 9 NIEDERSCHLAGSTAGE. REG: 6, ZUERICH: 430 M (W. HALLER, 170)#

Beschreibungen von *Dekaden:*

Windbeobachtungen: können nach zwei Fünftageabschnitten untergliedert werden. Sind nur Angaben über einen Fünftagesabschnitt vorhanden, wird der andere mit *"UNBEKANNT"* gekennzeichnet;
thermische Verhältnisse: können nach zwei Fünftagesabschnitten untergliedert werden: *"WARM/KUEHL"*;
Himmelsbedeckung und Niederschläge: zuerst der dominante Witterungscharakter *"VORW(iegend)SONNIG"*, in Klammer der sekundäre Witterungscharakter *"(VEREINZELT REGEN)"*;
phänologische Beobachtungen: neben dem Datum des Ereignisses *"1.ROGGENAEHRE 8.4."* erscheint die Datumszahl *"(99)"* (= 99.Tag seit dem 1.1).

Beschreibung von *Monaten:* die Niederschlagstage sind aus Witterungstagebüchern ausgezählt worden. Die Qualifizierung *"VERAENDERLICH"* erfolgte auf Grund des Rangs des Aprils 1576 innerhalb sämtlicher Aprilmonate von 1551-1576.

Beobachtungsattribute:
"REG: 6": Verweis auf die Klimaregion, was vor allem bei unbekannten Ortschaften von Vorteil ist;
"ZUERICH, 430 M": Beobachtungsort und Höhenlage;
"W(olfgang) HALLER": Name des Beobachters. Fehlt dieser, so handelt es sich um eine nicht-authentische Beobachtung;
"170": Verweis auf den im Verzeichnis aufgeführten Standort der Quelle

Abb. 4. Ausschnitt aus der "Dokumentation Klimageschichte der Schweiz" (CLIMHIST)

Die Speicherung der Beobachtungen auf elektronischen Datenträgern bietet mancherlei Vorteile. Weitere zum Vorschein kommende Daten lassen sich problemlos in den Text integrieren, ohne daß das Ganze neu gesetzt werden muß. Im weiteren ist nicht auszuschließen, daß in absehbarer Zeit eine europäische oder gar nordhemisphärische klimageschichtliche Datenbank aufgebaut wird, um typische Wetterlagen des "Little Ice Age" zu analysieren. In diese könnte das schweizerische Material dann ohne größeren Aufwand einbezogen werden.

5 Die Interpretation einzelner indirekter Datentypen

Einige der verwendeten indirekten Daten sind bereits in anderen Arbeiten vorgestellt worden (Pfister 1979, 1981). Wir beschränken uns hier nur gerade auf zwei Winter- und einen Sommerindikator.

5.1 Die Vereisung von Seen und Flüssen (Abb. 5)

Die Vereisung eines Sees ist eine in den meisten Fällen längerfristige, relativ einfach zu beobachtende und augenfällige Erscheinung. Häufig verzeichnen Chronisten den genauen Zeitpunkt des Beginns und des Endes sowie die Ausdehnung der Vereisung und geben an, ob das Eis für Fußgänger oder Schlitten mit schweren Lasten tragfähig war.

Abbildung 5 gliedert die Vereisungsmeldungen nach drei Stufen, wobei die Intensität mit der Länge der Säulen zunimmt: (a) nur *Totalvereisung* von Untersee und/oder Murtensee und/oder Bielersee und/oder *Teilvereisung* des Zürichsees; (b) *vollständige Vereisung* des Zürichsees bis zur Stadt und/oder *Teilvereisung* größerer Seen (Boden-, Neuenburger-, Genfersee), aber kein Hinweis auf Tragfähigkeit für Menschen; (c) Zürichsee und/oder Bodensee und/oder Neuenburgersee, und/oder Thunersee *vollständig vereist und mindestens für Fußgänger tragfähig*.
Die gestrichelten Säulen bezeichnen Vereisungen, die auf nicht zeitgenössischen Quellen basieren, aber auf Grund von anderen Witterungsbeschreibungen wahrscheinlich sind. Die meteorologischen und limnologischen Bedingungen, die zu Vereisungen führen, sind vor allem für den Zürichsee gut erforscht. Eine längere Zürichseegfrörni trat immer dann ein, wenn die Summe der negativen Tagestemperaturmittel einen Betrag von 300° überschritt (Müller 1963).

Anhand des Vergleichs der 21 erfaßten teilweisen und den 14 vollständigen Vereisungen des Zürichsees seit 1755 mit den Monatstemperaturen der Basler Reihe (vgl. Beitrag P. Messerli) hat sich ergeben, daß sich der See erst nach mindestens zwei nach heutigen Kriterien sehr kalten bis extrem kalten Wintermonaten mit einer geschlossenen Eisdecke überzog. Ein einziger Kältemonat, selbst ein so außerordentlicher wie der Februar 1956, genügte nicht, um den See vollständig zum Gefrieren zu bringen. Ferner können starke Winde die Bildung einer geschlossenen Eisdecke verhindern, wie dies beim Neuenburgersee im extrem kalten Winter 1709 der Fall war. Im weiteren erheben die vorliegenden Beobachtungen auch keinen Anspruch auf absolute Lückenlosigkeit. Unter diesen Vorbehalten lassen sich anhand von Abbildung 5 Hinweise auf die Häufigkeit von Strengwintern während des "Little Ice Age" gewinnen.

Eine tragfähige Vereisung von Zürichsee und Bodensee finden wir in unserem Jahrhundert nur gerade in den Wintern 1928/29 und 1962/63. In früheren Jahrhunderten waren kalte und sehr kalte Wintermonate wesentlich häufiger. Auffallend ist das Auftreten in Gruppen: 1560 - 73, 1675 - 1697, 1755 - 76. Zwischen 1676 und 1697 gefror der Zürichsee nicht weniger als sechsmal bis zu Stadt, obschon die Meteorologen aus den Daten unseres Jahrhunderts geschlossen haben, daß ein solches Ereignis

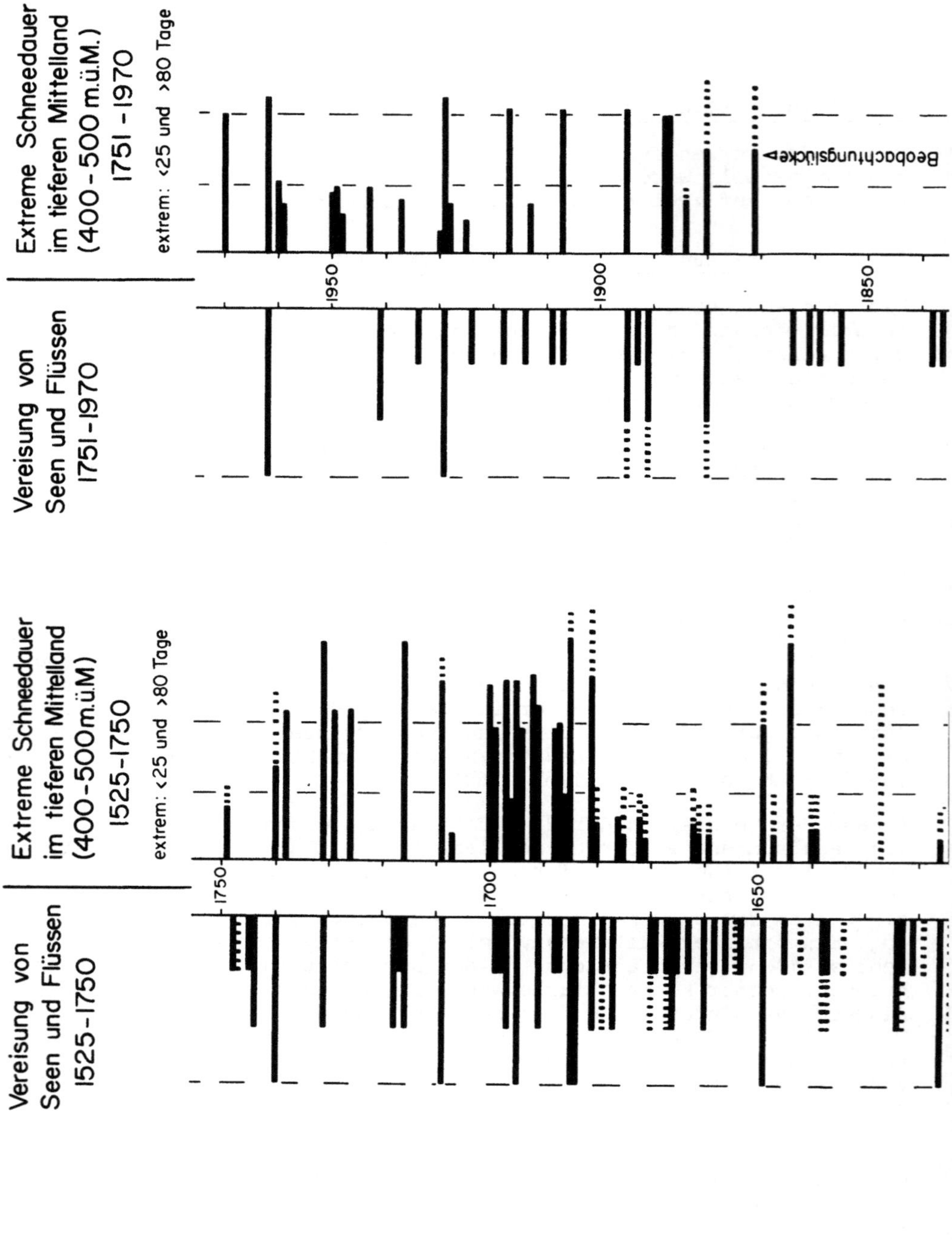
Extreme Schneedauer im tieferen Mittelland (400-500 m.ü.M.) 1751 - 1970
extrem: <25 und >80 Tage
Beobachtungslücke
1950
1900
1850
Vereisung von Seen und Flüssen 1751-1970
Extreme Schneedauer im tieferen Mittelland (400-500m.ü.M) 1525-1750
extrem: <25 und >80 Tage
1750
1700
1650
Vereisung von Seen und Flüssen 1525-1750

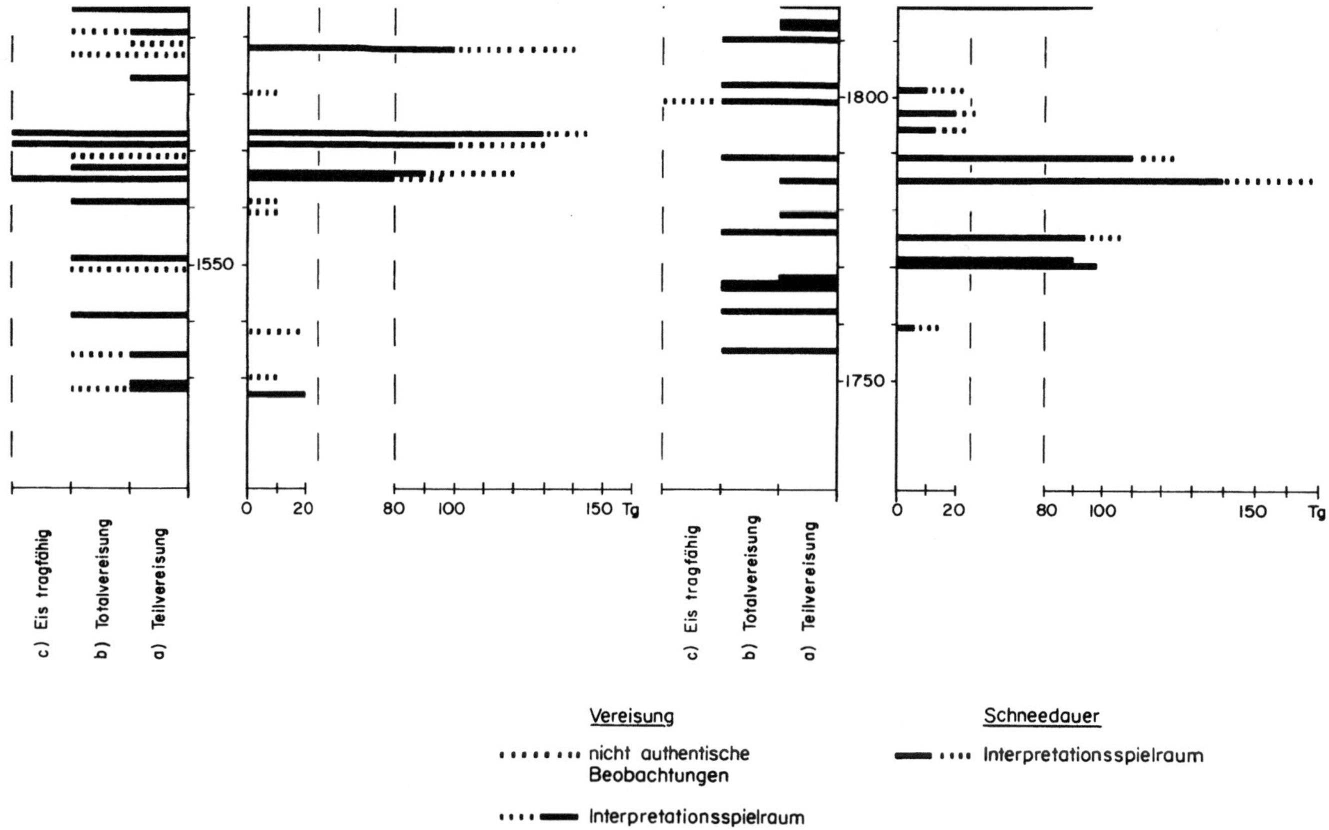

Abb. 5. Vereisung von Seen und Flüssen sowie Extreme der Schneedauer im tieferen Mittelland 1525-1970

langfristig in höchstens 5% aller Jahre zu erwarten ist (Müller 1963). Anhand von Angaben der Schneebedeckung ist errechnet worden, daß die Wintertemperaturen in den letzten zwei Dezennien des 17. Jahrhunderts, die mit einer Phase geringerer Sonnenaktivität, dem Maunder Minimum, einhergehen, um mindestens 1,5° unter den heutigen gelegen haben dürften (Pfister 1977).

Strenge Winter waren nicht nur häufiger, manche von ihnen waren auch extremer als die kältesten Winter unseres Jahrhunderts. 1572/73 konnte selbst der Vierwaldstättersee in seiner ganzen Länge von Luzern nach Flüelen mit Roß und Schlitten befahren werden; 1694/95 waren Thuner- und Neuenburgersee vollständig zugefroren und für Menschen und Lasten tragfähig.

5.2 Extreme der Schneedauer im tieferen Mittelland (Abb. 5)

Kaum eine Veränderung in der Natur ist so augenfällig und wirkt sich so einschneidend auf den wirtschaftenden Menschen aus, wie das erste Auftreten der winterlichen Schneedecke. Kein Wunder, daß die Wetterchronisten der Schneebedeckung große Beachtung geschenkt und sie zum Teil ausführlich beschrieben haben. In der Regel beschränken sich diese Berichte aber auf Extremfälle, namentlich schneelose Winter, solche mit sehr tiefem Schnee oder außerordentlich langer Schneedauer. Die ersten regelmäßigen Beschreibungen von Dauer, Mächtigkeit und Zustand der Schneedecke verdanken wir dem Zürcher Pfarrer Johann Heinrich Fries (1634 - 1718), dessen sorgfältiges und nahezu vollständiges Witterungstagebuch den außerordentlich langen Zeitraum von 1683 bis zu seinem Tode umfaßt. Noch ausführlicher verfolgte der Winterthurer Magistrat Hans Rudolf Rieter (1665 - 1748) zwischen 1721 und 1738 den Gang der Witterung, häufig sogar während der Nacht. Aus den Angaben von Fries und Rieter läßt sich die Schneedauer der Winter zwischen 1683 und 1738 recht zuverlässig ermitteln (Pfister 1977).

Abbildung 5 bringt die Extreme der Schneedauer im tieferen Mittelland zur Darstellung, wobei als "extrem" all jene Winter eingestuft worden sind, in welchen die geschätzte Schneedauer 25 Tage unterschritten oder 80 Tage überschritten hat. Der schwarze Teil der Säulen kennzeichnet die gesicherten Werte, der gestrichelte den Interpretationsspielraum oder die nicht zeitgenössischen Beobachtungen. Zwischen 1830 und 1865 besteht eine Beobachtungslücke. Die horizontale Linie markiert die Maxima, die innerhalb der letzten 100 Jahre aufgetreten sind (85 Tage). Eine extrem lange Schneedauer gibt vor allem Hinweise auf sehr tiefe Temperaturen in den winterlichen Randmonaten November und Dezember sowie im März und April. Schneearme oder schneelose Winter treten bei großen Temperaturüberschüssen im Hochwinter (Januar, Februar) auf.

Betrachten wir die Häufigkeitsverteilung der winterlichen Schneedauer im 16. Jahrhundert, so fällt auf, daß wir von 1525 bis 1564 nur schneearme Winter finden. Dann folgen innerhalb eines Jahrzehntes vier große Winter, wobei der Schnee 1570/71 und 1572/73 länger gelegen haben dürfte als irgendjemals in den letzten hundert Jahren. Diese brüske Änderung der winterlichen Witterungsverhältnisse ist schon von Flohn (1949) festgestellt worden und illustriert, mit welcher Plötzlichkeit und Heftigkeit sich unser Klima wandeln kann. In einem weiteren bemerkenswerten Abschnitt (1600 - 1620) treten sowohl extrem schneearme als auch sehr lange Winter auf und folgen oft unmittelbar aufeinander, ein deutlicher Hinweis auf die im "Little Ice Age" gesteigerte Variabilität der Witterung (Lamb 1977). Die plötzliche Zunahme von Wintern mit einer Schneedauer von 80 - 100 Tagen gegen das Ende des 17. Jahrhunderts geht mit der größeren Häufigkeit von Vereisungen einher und unterstreicht

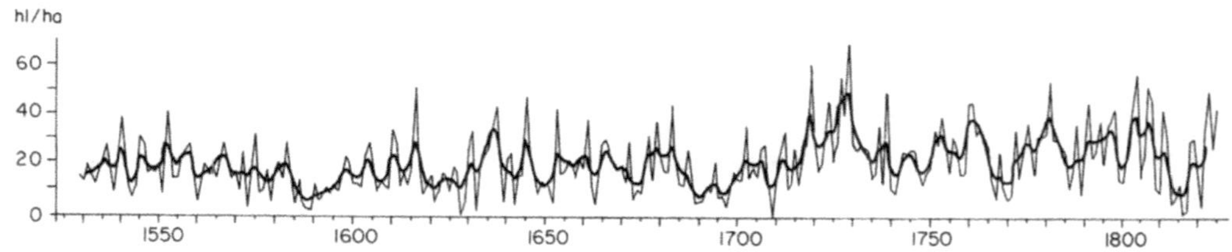

Abb. 6. Fluktuationen der Wein-Flächenerträge im schweizerischen Mittelland (Zürichsee, Bielersee, Genfersee). Mittelwert mehrerer Serien. Die dicke Linie markiert fünfjährige gleitende Mittel

die extrem tiefen Winter- und Frühjahrs-(März)Temperaturen jenes Abschnittes. Insgesamt haben zwischen 1565 und 1830 20 - 24 Winter die in den letzten hundert Jahren beobachteten Maxima der Schneedauer übertroffen, diejenigen von 1613/14 und 1784/85 um mehr als 50 Tage!

5.3 Die Fluktuationen der Hochsommertemperaturen im Spiegel der Weinerträge (Abb. 6)

Die Rebe verfügt als Klimaindikator über drei große Vorteile:

1. Die Rebstöcke bleiben während 20 - 50 Jahren produktionsfähig und müssen somit nicht alle Jahre neu angepflanzt werden.

2. Das Wachstum der Trauben zieht sich über die ganze Länge der Vegetationsperiode von März/April bis Oktober hin.

3. Aus den in der Vergangenheit beobachteten Parametern – Lesedatum, Flächenertrag und Qualität – lassen sich Hinweise auf die Witterung im Früh-, Hoch- und Spätsommer gewinnen (Pfister 1980a).

In diesem Rahmen soll nur gerade von den Flächenerträgen die Rede sein. Langfristig gesehen entwickeln sich diese je nach Sorte, Schnitt, Düngung, Schädlingsbekämpfung, Frostschutzmaßnahmen und weiteren Anbaumethoden. Vom Klima abhängig sind die jährlichen positiven oder negativen Abweichungen von langjährigen Mittelwerten. Betrachten wir nicht die kurzfristigen Ertragsschwankungen einzelner Weinberge und Rebgebiete, sondern Mittelwerte größerer Räume, so ist in erster Linie die Sommerwitterung, namentlich die Julitemperaturen, für den Umfang der Ernten ausschlaggebend. Warme, nicht zu trockene Sommer bringen die größten Erträge. Nasskaltes Wetter schädigt die Blüte, führt zum Abfallen der Traubenbeeren und leistet Pilzkrankheiten Vorschub. Von Frostschäden können sich Reben stets einigermaßen erholen, sofern nicht weitere Schadfaktoren dazukommen (Primault 1969). Über Weinerträge in geschichtlicher Zeit ist wenig bekannt. Umso überraschender ist es, daß sich in schweizerischen Archiven eine ganze Anzahl langer Ertragsreihen gefunden haben. Die Einkünfte der bernischen und zürcherischen Klöster flossen nach der Reformation den Landvögten zu und werden damit in den jährlichen Amtsrechnungen aktenkundig. Die meisten Einnahmen in Form von Wein stammen aus Rebgütern, die von Pächtern um die Hälfte oder ein Drittel des Ertrags bewirtschaftet wurden. In einigen Fällen ist sogar die Fläche der Rebberge Jahr für Jahr über Jahrhunderte weg verzeichnet.

Werden die Erträge mehrerer Weinberge eines Rebgebietes gemittelt und die nicht witterungsbedingten Faktoren durch einen linearen Trend ausgeschaltet, so zeigen die Residuen, welche die jährlichen witterungsbedingten Ertragsschwankungen verkörpern, signifikante Übereinstimmungen zwischen Weinbaugebieten vom Genfersee bis in die Ostschweiz. Eine multiple lineare Regression der über alle Gebiete gemittelten Kurve (Abb. 6) mit den Monatswerten der Basler Reihe hat signifikante Korrelationen mit den Juli-, Juni- und Augusttemperaturen (in dieser Reihenfolge) ergeben. Wir können somit die in Abbildung 6 gezeigte mittlere Ertragskurve als brauchbaren Indikator der Hochsommertemperaturen heranziehen.

Bei der Betrachtung der dick ausgezogenen fünfjährig gleitenden Mittel fällt auf, daß gute und schlechte Jahre häufig gruppenweise auftreten. Innerhalb des 16. Jahrhunderts ist ein Rückgang der Flächenerträge in Form einer größeren Häufigkeit, Länge und Intensität von mehrjährigen Produktionseinbrüchen feststellbar, was auf eine schubartige progressive Abkühlung der Sommer hindeutet. In den drei Sommermonaten des Jahres 1588, welches den unteren Wendepunkt dieser Entwicklung markiert, regnete es nach dem Zeugnis des Luzerner Naturforschers Renward Cysat an 75 von 93 Tagen. Die um 1600 kulminierenden Vorstöße der beiden Grindelwaldgletscher, soweit wir sie anhand der Quellen rekonstruieren können, sind weitgehend synchron zu dieser Entwicklung verlaufen, wenn wir die zeitliche Verzögerung bei der Reaktion der Gletscherzungen in Rechnung bringen: 1586 ein Vorstoß in die Talebene (wohl als Reaktion auf die kühlen Sommer der 1570er Jahre), dann in den 1590er Jahren, infolge der außerordentlichen Gletschergunst der Sommer 1585 bis 1589, die rasche Ausbreitung im Talboden. Nach 1602 wird der Vorstoß des Unteren Gletschers durch die in allen Jahreszeiten feststellbare Erwärmung zum Stehen gebracht (vgl. Zumbühl). Wie die beiden Gletscher auf die sommerliche Kühlphase zwischen 1620 und 1630 reagiert haben, welche in der folgenden größeren Gruppe von schlechten Weinjahren zum Ausdruck kommt, kann angesichts der schlechten Quellenlage nicht ausgemacht werden; denkbar wäre ein erneuter Vorstoß nach dem extrem kalten Sommer 1628, in welchem der Schnee auf den Alpen und Voralpen so häufig und so weit herabfiel wie 1816 (Messerli et al. 1976).

In den folgenden fünf Jahrzehnten oszillieren die Erträge um den Trend, wobei sich der Abschnitt 1635 - 40 und derjenige von 1676 - 1686, der wahrscheinlich mit einer größeren Rückschmelzphase der Grindelwaldgletscher einhergeht, durch übernormale Erträge auszeichnen. Nach 1688 folgt eine dritte größere Gruppe von unterdurchschnittlichen Weinerträgen, in welchen sich die Klimaschwankung der 1690er Jahre äußert, auf welche beide Gletscher nach 1700 mit Vorstößen reagierten. Um 1715 nimmt die Flächenproduktivität rasch zu, stimuliert durch heiße Frühsommer- und warmfeuchte, gewitterhafte Hochsommer, die häufig paarweise auftreten (1718/19; 1722/23; 1726/27; 1728/29). In der zweiten Hälfte der 1720er Jahre übersteigt die durchschnittliche Flächenproduktion 40 hl/ha, was die Fässer zum Überlaufen bringt. Gute Erträge werden auch in den Jahren 1750 - 65, um 1780 und in den 1790er Jahren erzielt, während in den 1740er Jahren und um 1770 eher kleine Ernten gekeltert werden. Der Produktionseinbruch zwischen 1813 und 1817, an Intensität nur mit demjenigen am Ende des 16. Jahrhunderts vergleichbar, ist das Resultat einer ununterbrochenen Abfolge von sehr nassen, kühlen und im Gebirge schneereichen Sommern und Herbsten, welche in den Alpen einen weitreichenden Gletschervorstoß ausgelöst haben (Messerli et al. 1976; Post 1977).

Im Ganzen gesehen ist eine Übereinstimmung zwischen Gletscherverhalten und Weinerträgen nicht von der Hand zu weisen, was die Bedeutung der letzteren als Indikatoren der Sommerwitterung unterstreicht.

6 Die Indexierung der direkten und indirekten Daten

Das in der CLIMHIST-Datenbank und den Serien von indirekten Zeugen vorliegende, zum Teil lückenhafte und inhomogene Material kann am geeignetsten über einen numerischen Index in eine interpretierbare Form umgesetzt werden. Brooks (1928) und später Lamb (1977) haben saisonale Indizes für Winterstrenge und Sommerfeuchtigkeit entwickelt. Die Dichte und Vielfalt des Materials hat eine größere zeitliche Auflösung ermöglicht: Es sind zwei Typen von Indizes, *ein gewichteter und ein ungewichteter Index je für den thermischen und hygrischen Charakter eines jeden Monats* synthetisiert worden. Der gewichtete Index beruht auf der Interpretation der komplementären Information von synchronen direkten und indirekten Daten; indirekte Daten erlauben bekanntlich die Schätzung von Temperaturstufen, in unserem Fall nur für eine Zeit von mehreren Monaten, und geben zudem keine Hinweise auf die Art des Zusammenspiels der beteiligten Klimaelemente. Direkte Daten wie Witterungsbeobachtungen wiederum sind zwar genau datiert und schildern den Ablauf der Witterung, liefern aber zuwenig brauchbare Anhaltspunkte für die Schätzung von Temperaturen. Aufgrund dieser Ergänzung der beiden Datentypen liegt es nahe, die Größenordnung einer Temperaturabweichung von den Durchschnittswerten des 20. Jahrhunderts anhand indirekter Daten und den Zeitpunkt und die Art der zugehörigen Witterungsphase (z.B. längere Kaltluftzufuhr oder warmes, sonniges Wetter unter Hochdruckeinfluß) anhand der Witterungsbeschreibungen zu rekonstruieren. Ein Beispiel: Auf Grund einer signifikanten Korrelation mit Temperaturmessungen hat es sich gezeigt, daß das Datum der Versteigerung der Getreidezehnten (und damit der Reife des Wintergetreides) zu einem guten Teil von den Temperaturen im Mai und Juni abhängig ist (Pfister 1979). Wenn nun das Versteigerungsdatum auf einen Temperaturüberschuß in der Mai-Juni Periode in der Größenordnung von 1,5° hindeutet und wir aus den Berichten der Chronisten wissen, daß der Mai sehr warm und sonnig, der Juni eher normal und veränderlich war, dann dürfen wir daraus schließen, daß der für die frühe Reife des Wintergetreides ausschlaggebende Temperaturüberschuß von 1,5° vermutlich in den Monat Mai fiel.

Die Gewichtung des Niederschlagsindexes beruht soweit als möglich auf Messungen und der Zahl der Niederschlagstage; für die übrigen Fälle erwies sich die Analyse von Überschwemmungen der größeren Mittellandflüsse als geeignet. Bei beiden Indizes wurden Monate, die nach den Klimastatistiken der Periode 1901 - 60 extremen Charakter trugen, mit +3 bzw. -3 bezeichnet, solche, die etwa zwischen das obere bzw. untere Quartil und Maximum bzw. Minimum gehören, mit +2 bzw. -2 und alle übrigen Monate mit eindeutigen positiven oder negativen Abweichungen vom "Normalzustand" mit +1 bzw. -1. Monate ohne besondere Kennzeichnung und solche ohne Beobachtungen wurden mit 0 klassiert.

Beim ungewichteten thermischen und hygrischen Index wurde nur zwischen eindeutig nassen (M) und trockenen (D) sowie zwischen eindeutig warmen (W) und kalten (C) Monaten unterschieden. Der ungewichtete thermische Index bringt die Differenz W-C, der ungewichtete hygrische Index M-D innerhalb eines Dezenniums zur Darstellung. Beide Indizes werden vollumfänglich im Rahmen der "Klimageschichte der Schweiz" publiziert werden, Teile davon außerdem in Pfister (1980a).

7 Zusammenfassung einiger Ergebnisse

7.1 Gliederung des "Little Ice Age" im schweizerischen Raum

Über die zeitliche Abgrenzung des erstmals von Matthes (1939) geprägten Begriffs "Little Ice Age" besteht keine Übereinstimmung. Entsprechend den gesicherten Daten über Ausmaß und Zeitpunkt von Gletschervorstößen muß er für die Schweiz vorläufig den drei Jahrhunderten 1560 - 1860 zugeordnet werden. Diese Periode läßt sich, stark vereinfacht, in die folgenden fünf Abschnitte gliedern.

Tabelle 1. Anzahl der anhand von direkten und indirekten Daten als "kalt", "warm", "nass" und "trocken" eingestuften Sommermonate (J,J,A), 1525-1825

Periode	Anzahl der Monate mit besonderen Charakteristika							
	warm	%	kalt	%	trocken	%	nass	%
1570-1600	26	28	44	47	11	12	35	38
1525-1569	48	36	23	17	24	18	30	22
Differenz	-22	-8	+21	+30	-13	-6	+5	+16

1. Hochphase 1565 - 1630: Hauptmerkmale sind kühle und vor allem nasse Sommer, kalte, überwiegend trockene Winter und Frühjahre; warme, eher trockene Herbste. Bei den Frühjahrsmonaten zeigt der Mai, im Sommer der August, die beide überwiegend warm und trocken waren, ein eher atypisches Verhalten. Die sommerliche Klimaverschlechterung läßt sich anhand der obenstehenden Zahlen eindrücklich belegen (Tab. 1).

Bemerkenswert ist, daß die Zunahme der kalten und nassen Monate stärker ins Gewicht fällt als der Rückgang der warmen und trockenen.

Über alle Monate des Jahres hinweg ging die Temperatur im Dezennium 1570 - 79 mit -25 Indexpunkten am stärksten zurück; gleichzeitig stieg die Niederschlagstätigkeit (+22 Indexpunkte) fast ebenso stark an.

2. Die Periode von 1630 - 1690: Gesamthaft gesehen war diese Periode trockener als die vorangehende und wahrscheinlich auch trockener als unser Jahrhundert. Dies ist vor allem den Herbst- und Wintermonaten zuzuschreiben. Hervorzuheben ist eine deutliche Zunahme der Winterstrenge nach 1670, eine Häufung von extrem kalten Frühjahren in den 1640er Jahren und ein schwach ausgeprägter Überschuß warmer Sommermonate zwischen 1640 und 1670, dann wieder im Jahrzehnt 1680 - 89.

3. Das kalte Herzstück des "Little Ice Age", die 1690er Jahre: Die 1690er Jahre, weltweit eine der kältesten Perioden des letzten Jahrtausends (Wigley et al. 1980), sind über alle Monate des Jahres hinweg kalt, wobei die Bedingungen in den Übergangsjahreszeiten Frühjahr und Herbst am extremsten sind, was für eine fühlbare Verkürzung der Vegetationsperiode spricht. Die Sommer dagegen scheinen weniger kalt und feucht gewesen zu sein als diejenigen am Ende des 16. Jahrhunderts oder um 1816.

4. Die Zeit von 1700 - 1810: Die Jahresmittel zeigen eine deutliche Gliederung in eine von zwei feuchten Phasen flankierte Trockenphase in der Jahrhundertmitte. Hervorzuheben ist die Tendenz zu kalten Herbsten, zu nassen, aber nicht besonders kalten Sommern, die Fortdauer von Trockenheit und Kälte im Frühjahr und ein lebhaftes Wechselspiel von mild, kalt, feucht und trocken in den Wintermonaten. In Erinnerung zu rufen sind in diesem Zusammenhang die in Kap. 5 erwähnten Kurzfristschwankungen der Sommertemperaturen, denen die Gletscherschwankungen zugeordnet werden können.

5. Die zweite Hochphase 1810 - 1860: Die auslösende Klimaschwankung (1812 - 17) ist kürzer, aber etwas heftiger als diejenige am Ende des 16. Jahrhunderts; dies gilt vor allem für die Sommertemperaturen, die zwischen 1810 und 1819 ihren tiefsten Wert erreichten. Beim gletschergeschicht-

Tabelle 2. Zeitpunkt des Roggenerntebeginns in Winterthur und Unter-Hallau (Kt. Schaffhausen) (Quelle: Pfister 1980b)

Beobachtungsort	Periode	N	Mittel	s.
Winterthur (445 m)	1611-1644	24	12. Juli	11.4
Unter-Hallau (430 m)	1888-1950	57	12. Juli	5.9

N: Anzahl Beobachtungen; s.: Standardabweichung

lichen Vergleich der beiden Ereignisse darf man allerdings nicht von der Position der Moränen ausgehen, sondern müßte eher den gesamten Vorstoßbetrag in beiden Fällen kennen, was für das 16. Jahrhundert bei der derzeitigen Quellenlage nicht möglich ist.

7.2 Die klimatische Variabilität

Wenn wir nach den Auswirkungen von Klimaveränderungen auf den Menschen fragen, steht das Problem der Variabilität im Vordergrund. Bio- und Ökosysteme und letztlich auch unsere Wirtschaft sind relativ unempfindlich auf geringfügige Differenzen von Mittelwerten, reagieren aber äußerst sensibel auf Extremwerte. Eine Persistenz desselben Witterungstyps, sei es in Form einer Trockenperiode, einer Zeit ausgedehnter Regenfälle und Überschwemmungen, einer Kältewelle oder anhaltender Schneefälle, vermag, wie verschiedene Beispiele aus den letzten Jahren belegen, den Lebensrhythmus ganzer Nationen empfindlich zu stören. Lamb (1977) betrachtet die große Variabilität (Verhältnis von Standardabweichung und Mittelwert) der Temperatur von Jahreszeit zu Jahreszeit, von Jahr zu Jahr und zwischen Gruppen von Jahren als eines der charakteristischen Merkmale des "Little Ice Age". In dieser Hinsicht ist der Vergleich von Beobachtungen des Beginns der Roggenernte aus dem 17. und dem 19./20. Jahrhundert aufschlußreich (Tab. 2).

Bei identischen Mittelwerten ist die Standardabweichung im 17. Jahrhundert fast doppelt so groß wie in der Gegenwart.

Es gibt Hinweise dafür, daß sich das Klima gegen Ende des 16. Jahrhunderts auch in diesem Sinne verschlechtert hat. Relativ gesehen nimmt die Zahl der als "extrem" klassierten Monate zwischen 1525 - 1569 und 1570 - 1600 von 6% auf 11% zu; zugleich mit der Häufigkeit erhöhte sich auch die Amplitude der Extremwerte, wie anhand der Seevereisungen, der Schneedauer und der Niederschlagshäufigkeit des Sommers 1588 gezeigt worden ist. Daß auch aufmerksame Zeitgenossen wie der Luzerner Naturforscher Renward Cysat gegen Ende des 16. Jahrhunderts eine Veränderung in diesem Sinne wahrgenommen haben, klingt in seinen einleitenden Worten zu den "Stationes Annorum" an: "Es wölle sich der läser nit an mir stossen oder die verzeichnuss ettlicher stationum oder jargängen unsrer zytten für ein verlorne, unnütze oder kindtliche arbeit schetzen; *dann diewyl die nächsten (= letzten) jar so seltzame, wunderbarliche löuff der witterungen...und so ungwonliche verenderungen ghebt*, hab jch nit minder thuon können, den nachkommenden ze dienst...dieselbigen zu observieren..." (Cysat 1969).

Literatur

Alexandre, P.: Les variations climatiques au Moyen Age (Belgique, Rhénanie, Nord de la France). Ann. E.S.C. XXXII, 183-197 (1977)

Brooks, C.E.P.: Climate through the Ages. London, 1926

Cysat, R.: Collectanea pro Chronica Lucernensi et Helvetiae. J. Schmid (Hrsg.), Bd. I. Luzern, 1969

Easton, C.: Les hivers dans l'Europe occidentale. Leyden, 1928

Flohn, H.: Klima und Witterungsablauf in Zürich im 16. Jahrhundert. Vierteljahresschr. Naturforsch. Ges. Zürich 94, 28-41 (1949)

Gross, J.: Kurtze Bassler Chronik.... Basel, 1624

Haffner, F.: Der klein Solothurner allgemeine Schaw Plaz Historischer Geist- auch Weltlicher vornembsten Geschichten und Händlen. Solothurn, 1666

Hennig, R.: Katalog bemerkenswerter Witterungsereignisse von den ältesten Zeiten bis zum Jahre 1800. Abh. Preuss. Meteorol. Inst. II (1904)

Ingram, M.J., Underhill, D.J.: The Use of Documentatory Sources for the Study of Past Climate. Int. Conf. on Climate and History, 8.-14. Juli 1979. Norwich: University of East Anglia, Rev. Pap. 1979, pp. 91-109

Kopp, Ch.: Résumé des phénomènes les plus remarquables qui se sont passés à Neuchâtel. Bull. Soc. neuch. Sci. Nat. 5 (1859-1861), 103-124, 266-284 (1861)

Lamb, H.H.: Climate. Present, Past and Future, Vol. 2. Climatic History and the Future, 1977

Le Roy Ladurie, E.: Times of Feast, Times of Famine. A History of climate since the year 1000. London, 1971

Le Roy Ladurie, E.: Une synthèse provisoire: les vendanges du XV au XIX siècle. Annales E.S.C., Bd. 33, H. 4: 763-771 (1978)

Manley, G.: Thomas Barker's meteorological journals, 1748-1763 and 1777-1789. Q. J. R. Meteorol. Soc. 78, 255-259 (1952)

Matthes, F.E.: Report of Committee on Glaciers. Am. Geophys. Union Trans. 20, 518-523 (1939)

Messerli, B. et al.: Die Schwankungen des Unteren Grindelwaldgletschers seit dem Mittelalter. Ein interdisziplinärer Beitrag zur Klimageschichte. Z. Gletscherk. 11, 3-110 (1976)

Müller, W.: "Seegfrörni" in Zürich. Wetter u. Leben 15, 107-109 (1963)

Pfister, Ch.: Agrarkonjunktur und Witterungsverlauf im westlichen Schweizer Mittelland. Geogr. Bernensia G 2. Bern, 1975

Pfister, Ch.: Getreide-Erntebeginn und Frühsommertemperaturen im schweizerischen Mittelland seit dem frühen 17. Jahrhundert. Geogr. Helv. XXXIV, 23-35 (1979)

Pfister, Ch.: The Little Ice Age: thermal and wetness indices for Central Europe. J. Interdisc. Hist. X, 4, 665-696 (1980a)

Pfister, Ch.: The impact of the "Little Ice Age" upon the agricultural production of Switzerland, 1525-1825. Climate and History. Farmer, M., Ingram, M., Wigley, T. (eds.). Cambridge, 1980b

Pfister, Ch.: Die Fluktuationen der Weinproduktion im schweizerischen Mittelland vom 16. bis ins frühe 19. Jahrhundert in ihrer wirtschafts- und klimageschichtlichen Bedeutung. Vorauss. Schweiz. Z. Geschichte, 1981

Post, J.D.: The last great subsistence crisis in the western world. Baltimore, 1977

Primault, B.: Le climat et la viticulture. Int. J. Biometeorol. XIII, 1, 7-24 (1969)

Schaller, A.: Chronik der Naturereignisse im Urnerland 1000-1800. Altdorf, 1937

Titow, J.: Evidence of weather in the account rolls of the bisphoric of Winchester 1209-1350. Econ. Hist. Rev., 2nd Ser. XII, 3, 360-407 (1960)

Wigley, T. et al.: Geographical patterns of climate change: 1000 BC - 1700 AD. Quat. Res. in press (1980)

Wurstisen, Ch.: Bassler Chronik. Basel, 1578

Methoden und Probleme der Bearbeitung langjähriger meteorologischer Beobachtungsreihen

M. SCHÜEPP[1]

1 Einleitung

Eines der bedeutenden Probleme der Klimaforschung ist immer noch die Erklärung der Ursachen der Eiszeit, das plötzliche Abfallen der Temperaturen vor etwa 70 - 75.000 Jahren im Laufe weniger Jahrtausende und der sogar noch etwas raschere Anstieg mit dem Gletscherrückgang, der nach der Würm-Eiszeit vor etwa 15.000 Jahren einsetzte. Er entsprach offenbar – wenn wir den Angaben von Lamb (1977:333) in seiner Übersicht "Climatic History and the Future" folgen – der Erwärmung nach der Riss-Eiszeit vor etwa 120 - 130.000 Jahren. Es gab zwar beim Anstieg nach dem Würm Rückschläge (Dryas nach der Alleröd-Warmzeit und seither weitere kleinere Eisvorstöße), aber gesamthaft leben wir doch trotz der sogenannten "kleinen Eiszeit" zwischen 1600 und 1850 seit Jahrtausenden in einer Nach- oder Zwischeneiszeit. Es ist nicht verwunderlich, daß der heutige Mensch mit seinem Forschungsdrang gerne den Schleier lüften möchte, ob es sich um die eine oder die andere der beiden Varianten handelt: Sind die Vorbedingungen einer Kälteperiode endgültig ausgeschaltet, oder müssen wir in der Schweiz uns darauf vorbereiten, den Kampf mit den vorstoßenden Gletschern aufzunehmen, statt der schwindenden Pracht der weißen Ströme angesichts der grauen Moränenwälle nachzutrauern?

Sicher ist, daß die Probleme der Klimaschwankungen nicht von einer einzelnen Fachrichtung allein gelöst werden können, sondern nur durch ein geduldiges Sammeln und Sichten der vielen Mosaiksteinchen, welche in mühsamer Arbeit in den verschiedenen Disziplinen zusammengetragen werden! Die letzten Jahre haben gezeigt, daß – auch wenn noch keineswegs ein vollständiges Bild vorliegt – doch schon viel bessere Einblicke gewonnen werden konnten durch gemeinsame Arbeit.

Die nachfolgende Skizze der meteorologischen Probleme aus der Zeitperiode instrumenteller Messungen möchte einen Überblick der bisherigen und der geplanten Arbeiten vermitteln, wobei nicht die Resultate, sondern die Probleme und Methoden im Vordergrund stehen. Im Verhältnis zu eiszeitlichen Zeitspannen sind 2 Jahrhunderte mit gemessenen Temperaturen nur ein winziger Bruchteil. Da aber die eine Hälfte in der verhältnismäßig kalten kleinen Eiszeit lag (1750 - 1850), dann ein Übergang in der zweiten Hälfte des 19. Jahrhunderts erfolgte und im 20. Jahrhundert bisher außer geringen Rückschlägen (z.B. während des Gletschervorstoßes von 1915 - 1920) warme Perioden vorherrschten, sollten sich die für Abkühlung und Erwärmung maßgebenden Faktoren feststellen lassen. Zur Vermeidung von Fehlschlüssen ist aber eine Kenntnis der bei der Bearbeitung der meteorologischen Unterlagen möglichen Fehlerquellen unbedingt notwendig.

[1]Schweizerische Meteorologische Zentralanstalt, CH-8000 Zürich

2 Die Entwicklung des schweizerischen klimatologischen Beobachtungsnetzes

Wenn wir in der Überschrift vom klimatologischen und nicht vom meteorologischen Netz sprechen, soll angedeutet werden, daß Spezialnetze für synoptische und andere Zwecke, z.B. Sturmwarnnetz- und Frostbeobachtungsstationen, Flugwetterstationen usw. außer Betracht gelassen werden.

Wir können seit dem Beginn der brauchbaren Reihen (1753 Genf, 1755 Basel) zwei etwa gleich lange Perioden unterscheiden: bis 1863 Einzelbeobachtungsstationen, gewissermaßen "spot lights" mit nur lokaler Aufhellung des Raumes, seither aber, nach der Gründung des allgemeinen Beobachtungsnetzes durch die Naturforschende Gesellschaft im Jahr 1864, eine allgemeine "Raumbeleuchtung".

Innerhalb der letzten 115 Jahre zeigen sich Unterabschnitte mit Modifikationen in der Beobachtungsart, wobei wir hier speziell das für Gletscherschwankungen wichtige Element Temperatur berücksichtigen. Der Übergang der Verarbeitung der dreimal täglich durchgeführten Ablesungen in einem Netz von 70 - 120 Stationen von einem kleinen Team an der Sternwarte Zürich an die 1880/81 neu gegründete Meteorologische Zentralanstalt brachte keine einschneidenden Änderungen. Wichtiger war die Einführung der freistehenden Hütten für die Temperaturmessung an Stelle der anfangs üblichen sogenannten Hausaufstellung an der N oder NW-Seite eines Gebäudes. Für die Hauptstationen wurde von den 1890iger Jahren an die vom berühmten Schweizer Meteorologen Wild entworfene Wild'sche Hütte verwendet. Wild stand als Direktor des russischen meteorologischen Dienstes in St. Petersburg, dem heutigen Leningrad, von 1868 - 1898 im Dienste des Zaren. Die Hütte, welche nach Norden und gegen den Erdboden offen war, besaß eine einfache Jalousie zur Abschirmung der Strahlung. Sie war solid aus Eisen gebaut, welches einen – wenigstens anfänglich – weißen Anstrich erhielt.

Mit der Zeit ergraute die Hütte, doch hatte das nur einen geringen Einfluß auf die Temperaturen. Schwerwiegender waren die Strahlungsfehler, z.B. bei Reflexion durch frisch gefallenen Schnee von unten her. Andrerseits gewährte die Hütte eine gute Durchlüftung, so daß sich die Temperaturen im Gegensatz zum später verwendeten internationalen Hüttenmodell rasch an neue Verhältnisse anpassen konnten. Die Wild'sche Hütte gibt bei Sonnenschein etwas überhöhte Temperaturmaxima, teilweise bis zu einigen Graden bei Schneedecke, während die Minimalwerte gut sind. Die Tagesschwankung wird also vergrößert. Im Gegensatz dazu werden die Extremwerte bei der Hausaufstellung der Instrumente auf der schattigen N oder NW-Seite des Hauses, wo höchstens abends, eventuell noch frühmorgens im Sommer die Sonne die Wand bescheinen kann, deutlich gedämpft. Sie ergibt daher einen kleinen Tagesgang.

Als nach dem zweiten Weltkrieg an eine Neubearbeitung der Klimawerte gedacht wurde, stieß man auf diese Unterschiede zwischen den beiden Aufstellungen. Zudem stellte man fest, daß entsprechend dem föderalistischen Aufbau des Netzes in der Schweiz in der Gründerzeit wesentliche kantonale Varianten existierten. In der Zwischenzeit hatten sich die Bedürfnisse des Wetterdienstes vergrößert, ein zusätzliches Netz mit 8 täglichen Beobachtungen statt nur 3 Ablesungen konnte 1953/54 in Betrieb genommen werden. Dies war der geeignete Moment, die international gebräuchliche Holzhütte, den sog. Stevenson Screen, einzuführen, mit Doppeljalousie nach allen Seiten und dementsprechend besserem Strahlungsschutz. Die neue Hütte war besser mit den noch verbliebenen Hausaufstellungen vergleichbar und vermittelte zugleich den internationalen Anschluß. Sie ist aber auch nicht ohne Fehler. Wohl gibt sie gute

Tagesmittelwerte, hinkt aber im täglichen Gang infolge verhältnismäßig geringer Durchlüftung oft etwa eine halbe Stunde hintennach und gibt zugleich Temperatursprünge nicht unverzögert wieder.

Die Einführung der neuen Hütte konnte aus finanziellen und arbeitstechnischen Gründen nur langsam, schrittweise durchgeführt werden, was zur Folge hatte, daß zwar gesamthaft die Messungen einheitlicher wurden, aber für längere Zeit statt 2 nun 3 Varianten vorhanden waren. Jede Umstellung im Netz ist für den Klimatologen mit einer tüchtigen Dosis Mehrarbeit verbunden, kein Wunder, daß er zu konservativem Denken neigt!

Die Umstellung auf den Stevenson Screen konnte bis heute (1978/79) noch nicht überall durchgeführt werden, da die neue Messart für den Beobachter arbeitsaufwendiger ist und ihn die Meteorologische Anstalt besser bezahlen muß. So sind zwar die Wild'schen Hütten seit diesem Jahrzehnt ausgeschaltet, aber bereits bahnen sich neue Umstellungen an. 1971 mußten die Beobachtungstermine gewechselt werden. Der Abendtermin von 21.30 Uhr – sehr praktisch für die Berechnung der Tagesmittel – paßte nicht mehr ins Abendprogramm der Beobachter vor dem Fernsehschirm. Er mußte auf 19.30 Uhr verlegt werden. Da viele Klimastationen auch für den Wetterdienst gebraucht werden, dieser aber 3/4 Stunden vor den neuen Klimaterminen 07.30, 13.30 und 19.30 Uhr beobachtet (nach internationaler Vorschrift), wurden die Termine für einen Teil des Klimanetzes ebenfalls vorverlegt auf 06.45, 12.45 und 18.45 Uhr. Daß speziell der Frühtermin an Wochenendtagen nicht eitel Freude auslöst, braucht wohl nicht näher begründet zu werden. Einhaltung der Ablesezeiten ist aber ein Erfordernis für eine gute Reihe, und da sowohl Kontrollmöglichkeiten als auch Druckmittel ungenügend sind, ist der meteorologische Dienst stark auf den "Goodwill" angewiesen. Zugleich ergaben sich natürlich Schwierigkeiten bei der Berechnung des Tagesmittels, das früher bei doppeltem Gewicht der Abendbeobachtung sehr einfach als Mittelwert zu erhalten war, nun aber mit komplizierten Formeln auf Grund von wenigen Registriergeräten an den Hauptstationen mit dem Computer ausgerechnet werden muß. Eine gewisse Unsicherheit verblieb, ob alt und neu wirklich miteinander übereinstimmen. Die Erfahrungen der vergangenen Jahre haben gezeigt, daß offenbar kein bedeutender Bruch in den Reihen auftrat.

Eine neue wesentliche Umstellung bringen die Jahre 1978 - 1980: Ausbau eines Netzes von zirka 60 automatischen Stationen, welche einen Teil des bisherigen Beobachtungsnetzes ersetzen werden. Das neue Netz bringt weitgehende Veränderungen in den Beobachtungsmethoden und -instrumenten. Die Temperatur z.B. wird mit einem aspirierten Thermometer ohne Hütte gemessen. Auch bei den übrigen Wetterelementen sind bedeutende Umstellungen vorhanden: Neue Instrumente für die Sonnenscheindauer mit anderem Meßprinzip; korrigierte Werte des Haarhygrometers, weil das nicht ventilierte Gehäuse eine Überwärmung zeigt; beim Niederschlag geheiztes Auffanggefäß und Registrierung mit Wippe statt mit Schwimmer; beim Luftdruck Aneroid- statt Quecksilberbarometer.

Nur die beiden Sorgenkinder Bewölkung und Sichtweite, bei denen man eine Inhomogenität in der Reihe am besten verschmerzen könnte, weil ihre Bestimmung einerseits schwierig ist und andrerseits bei der Sichtweite erst kurze Reihen vorliegen, bleiben in der bisherigen Form erhalten. Sie werden weiterhin vom Beobachter geschätzt, da man mit Ausnahme der Transmissometer an den Flughäfen für die Sichtweite zur Zeit noch keine entsprechenden finanziell erschwinglichen Meßinstrumente gefunden hat. Bei der Bewölkung ist ein Ersatz durch die Sonnenscheindauer infolge des engen Zusammenhanges der beiden Elemente möglich. Die entsprechenden Umrechnungsfaktoren müssen aber jeweils zuerst erarbeitet werden. Die Klimatologen werden somit in nächster Zeit kaum arbeitslos werden.

Dieser summarische Überblick der Entwicklung seit 1864 vermittelt eine Vorstellung von den Schwierigkeiten, die sich zeigen, wenn wir aus den rohen, zum Teil ungenauen Meßdaten mit Aufstellungs- und Beobachterwechseln homogenisierte Reihen herstellen wollen. Diese sind notwendig, wenn es darum geht, reelle Klimaveränderungen von apparativ und aufstellungsmäßig vorgetäuschten zu unterscheiden. Wir untersuchen im folgenden Abschnitt die Kontrollmethoden, welche in der klimatologischen Praxis in Gebrauch sind.

3 Die Bearbeitung der Reihen des klimatologischen Netzes: Untersuchung der Homogenität

3.1 Die Zeit seit 1864

Grundvoraussetzung für eine sichere Beurteilung ist ein genügend dichtes Beobachtungsnetz. Genügend heißt in diesem Fall, daß etwa doppelt so viele Beobachtungsposten vorliegen, als für eine klimatologische Landesübersicht notwendig sind. Dies ist in der Schweiz seit 1864 der Fall. Mit über 100, seit längerer Zeit meist etwa 125 Stationen des klimatologischen Netzes ist normalerweise in den Einzelregionen eine zweite Station vorhanden, welche zur Kontrolle dienen und bei Ausfall an deren Stelle treten kann. Allerdings gibt es Ausnahmen mit dünner oder sogar fehlender Bestückung, z.B. in der Ajoie. Reservestationen sind notwendig zur Beurteilung der Veränderungen bei Stationsverlegungen. Die Beobachter sind keine Beamten, sondern freiwillige Mitarbeiter. Früher waren es vielfach Mitglieder der Familie, welche die Station auch bei Todesfällen weiterführten. Heute fehlt auch bei Lebzeiten vielfach die nötige Zeit und Geduld für den anspruchsvollen, aber nicht sehr lukrativen Dienst. Für ein "Vergelts Gott" ist niemand mehr zu haben. Die neuen automatischen Stationen sind zwar im Prinzip unsterblich, müssen aber trotzdem sicher gelegentlich verlegt werden, weil eine Veränderung in der Umgebung eintritt oder weil sie durch wichtige Neubauten von ihrem Platz verdrängt werden. Wir hoffen allerdings, daß die Verlegungen seltener werden und gezielter als bisher erfolgen können, daß man nicht z.B. vom sonnenbeschienenen Abhang ins schattige, im Winter kalte Tal wechseln muß, weil der einzige in Frage kommende Beobachter dort wohnt oder umgekehrt.

Die lokalen Unterschiede zwischen Sonnen- und Schattenhang sind leider immer noch zu wenig bekannt, weil im großklimatischen Netz keine regionale Häufung der Stationen möglich ist und die dazu als Ergänzung notwendigen mesoklimatischen Netze erst im Entstehen oder in der Planung begriffen sind. Glücklicherweise sind jetzt bereits an einigen Orten Messungen vorhanden: in der Nordwestschweiz im Rahmen der "Climod"-Untersuchungen, im Simplongebiet durch die Universität Zürich, im Reusstal durch die ETH, im Berner Raum durch das Geographische Institut, in Grindelwald im Rahmen des MAB-Projektes. Wir können daher hoffen, daß es für die 1980iger Jahre gelingen wird, ein gutes, stabiles Netz zu schaffen und zu halten.

Vergleichsstationen, wie wir sie für die Homogenisierung benötigen, sind auch notwendig für die Interpolation fehlender Werte bei Pannen, wie sie im automatischen Netz immer wieder sporadisch auftreten können. Dabei tritt jetzt gegenüber früher die Erschwerung ein, daß häufig nicht Einzelstationen, sondern ganze Netzteile betroffen sind, daß somit auch die nahegelegene Vergleichsstation ausfällt und wir nicht mehr mit Hilfe der räumlichen Interpolation, sondern mit zeitlicher

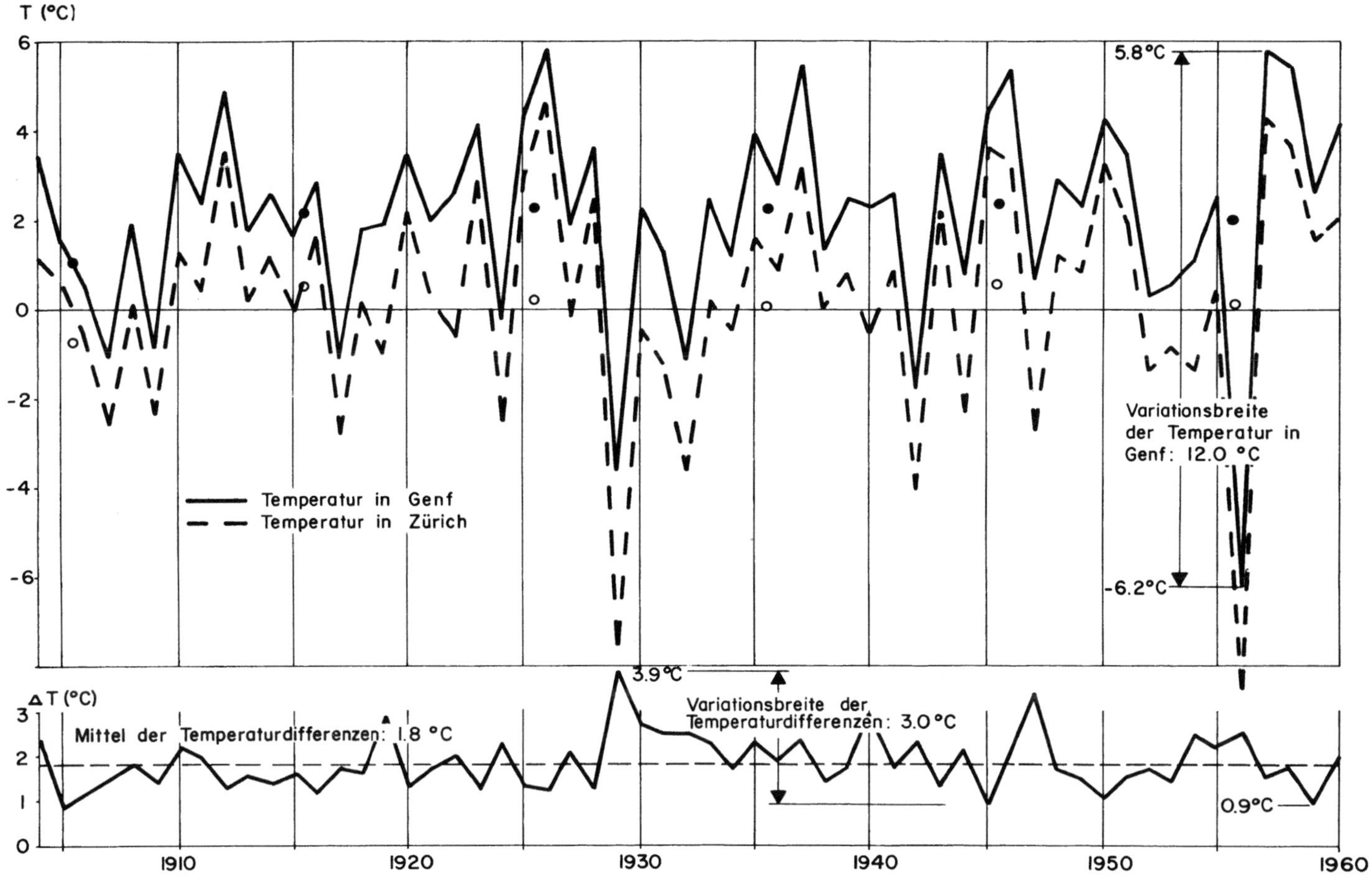

<u>Abb. 1.</u> Möglichkeiten der Temperaturreduktion: Allfällig fehlende mittlere Februartemperaturen der Station Genf (G : 405 m ü.Meer) können mit Hilfe jener der Stadt Zürich (Z : 569 m ü.Meer) ergänzt werden. Die mittlere Differenz aller ΔT zwischen den beiden Stationen beträgt für die Jahre 1904-1960 1,8°C (bei einer Variationsbreite der ΔT von 3,0°C). Die Distanz zwischen den beiden Stationen beläuft sich auf 275 km. Mit *Punkten* (für Genf) und *Kreisen* (für Zürich) wurden zudem die Zehnjahresmittel eingetragen

Einordnung fehlender Werte arbeiten müssen. Doch lassen wir diese Zukunftsperspektiven beiseite und befassen uns wieder mit der Vergangenheit, mit der Reduktion von abweichenden Standorten auf eine bestimmte Stationslage, wie sie für die Homogenisierung der Reihe nötig ist. In der Klimatologie ist bisher hauptsächlich ein einfaches Verfahren angewendet worden: Bildung der Differenzen zwischen zwei oder wenn möglich mehreren Stationen desselben Klimagebietes. Bei den Niederschlägen, welche eine schiefe Häufigkeitsverteilung aufweisen, müssen an Stelle der Differenzen die Quotienten treten. Zudem ist bei diesem Element infolge der starken räumlichen Variabilität ein wesentlich dichteres Beobachtungsnetz nötig. Dementsprechend ist in der Schweiz die Zahl der Regenmeßstationen etwa 4 mal höher als diejenige der Meßstellen für die übrigen Elemente.

Das Reduktionsverfahren, das am Beispiel der Temperaturreihen von Genf (G) und Zürich (Z) in Abbildung 1 erläutert sei, ist einfach: Bildung der Differenzen $\Delta T = T(G) - T(Z)$ (Alisson et al. 1956). Wir sehen sofort, wieviel kleiner die Schwankung von ΔT im Laufe der Jahre gegenüber der Variationsbreite der Temperaturmittel ist: $3{,}0^{\circ}$ gegenüber $12{,}0^{\circ}$!

An Stelle des mittleren ΔT-Wertes können wir das Verfahren entsprechend Abbildung 2 etwas verfeinern: Wir sehen, daß der ΔT-Wert des Februars, welcher in Abbildung 2 aufgetragen wurde, eine Funktion der Mitteltemperatur der Orte im Beispiel von Zürich darstellt. Die Figur zeigt ΔT in Funktion von $T(Z)$, wobei sich zeigt, daß bei hohen Wintertemperaturen (vorherrschend Westwind) ΔT klein ist ($\sim 1{,}3^{\circ}$), dagegen große Werte annimmt bei Kälte (Bise = Nordostwind), weil die Kälteeinbrüche sowohl von Rußland her als auch aus dem Polarbecken hauptsächlich die Nordostschweiz beeinflussen ($\Delta T \sim 3{,}3^{\circ}$).

Heute, im Zeitalter der Computer, läßt sich die Reduktion auch ohne großen Aufwand mit der Regressionsrechnung durchführen. Eine weitere Verbesserung wäre sicher möglich, wenn wir nicht mit Monatsmitteln, sondern mit einer geeigneten Wetterlageneinteilung arbeiten würden, also statt des Monatskollektivs ein Kollektiv der Wetterlagenklasse aus der betreffenden Jahreszeit für jeden Einzeltag verwenden könnten. Der Arbeitsaufwand wäre aber selbst mit Computerhilfe sehr groß und zudem wäre es nicht leicht, für die alten Beobachtungsreihen, bei denen ein solches Verfahren erwünscht wäre, aus den wenigen vorhandenen Unterlagen eine geeignete Klassifikation aufzubauen.

Die einfache Berechnungsart nach Abbildung 1, wie sie meistens angewandt wird, hat den Vorteil der Einfachheit und ist meist genügend genau, speziell, wenn es sich um nahegelegene Orte handelt und es nicht darum geht, die Werte für einen einzelnen Zeitpunkt zu bestimmen, sondern Klimatrends festgestellt werden sollen. Beim Beispiel Genf - Zürich haben wir bewußt zwei verhältnismäßig weit voneinander entfernte Stationen gewählt, um zu zeigen, daß das Verfahren auch mit 275 km Distanz noch gut anwendbar ist – unter günstigen Umständen! Das zweite Beispiel (Abb.3 und 4) zeigt mit Meiringen und Beatenberg zwei Stationen aus dem Berner Oberland, welche nur 30 km auseinander liegen, aber einen Höhenunterschied von 575 m aufweisen. Es liefert zwar auch brauchbare, aber doch wesentlich schlechtere Resultate. Die Variationsbreite ΔT ist in Abbildung 3 auf $4{,}3^{\circ}$ gestiegen und auch bei der Korrelation mit dem Temperaturniveau ist keine Verbesserung zu erzielen, wie Abbildung 4 beweist. Dieser Fall zeigt, daß die Vergleichbarkeit von zwei Stationen von verschiedenen Faktoren (nicht nur von der Distanz) abhängt. In derartigen Fällen sollten unbedingt eine oder mehrere andere Stationen für die Reduktion beigezogen werden.

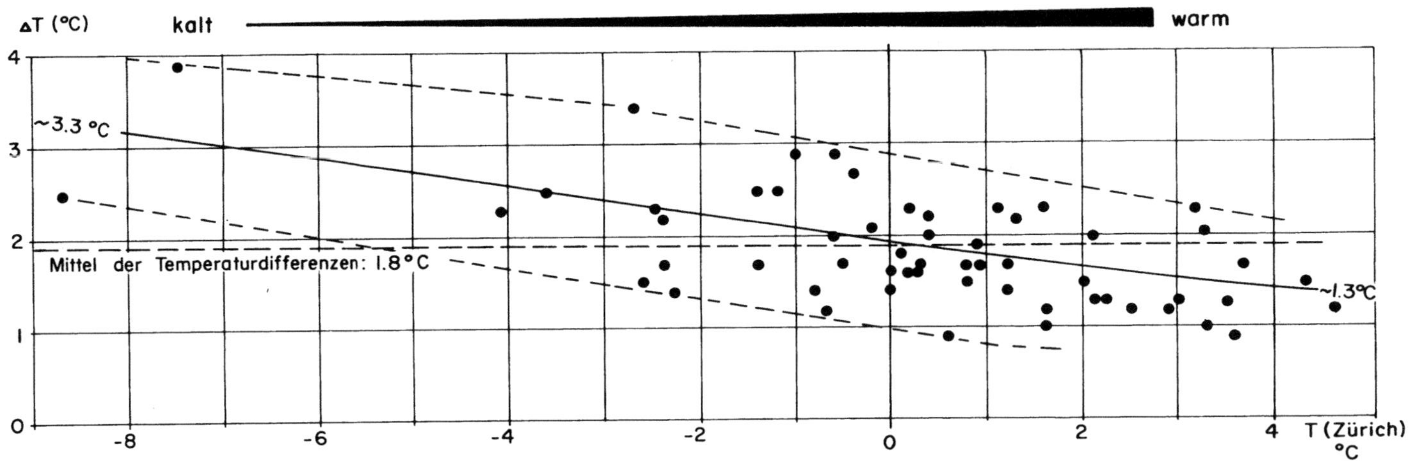

Abb. 2. Verfeinerte Form der Temperaturreduktion: Die Differenzen der Februarmitteltemperaturen von Genf und Zürich (ΔT) werden in Funktion von T(Z), also des entsprechenden Februarmittels von Zürich aufgetragen (Jahre 1904-1960). Die durch das gezeigte Verfahren ermittelten Differenzen T(G) - T(Z) schwanken zwischen zirka 1,3° und 3,3°C

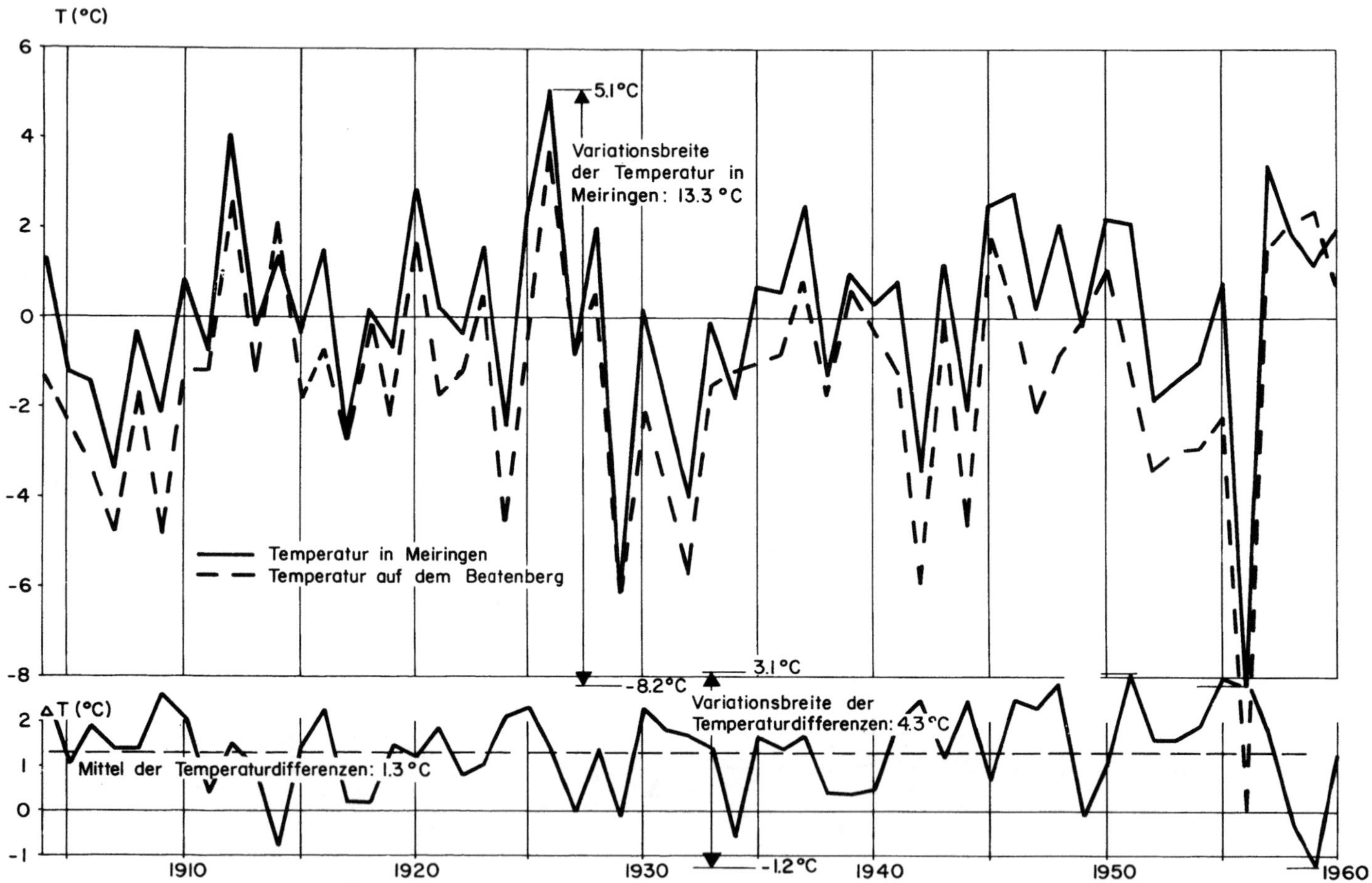

Abb. 3. Mittlere Februartemperaturen der Stationen Meiringen (M : 605 m ü.Meer) und Beatenberg (B : 1180 m ü. Meer) sowie Verlauf der Temperaturdifferenzen ΔT in den Jahren 1904-1960. Die mittlere Differenz aller ΔT zwischen den beiden Stationen beträgt 1,3°C (bei einer Variationsbreite der ΔT von 4,3°C). Die Distanz zwischen den beiden Stationen beträgt nur 30 km, trotzdem ist die Variationsbreite der ΔT größer als in Abb. 1 infolge des bedeutenden Höhenunterschiedes

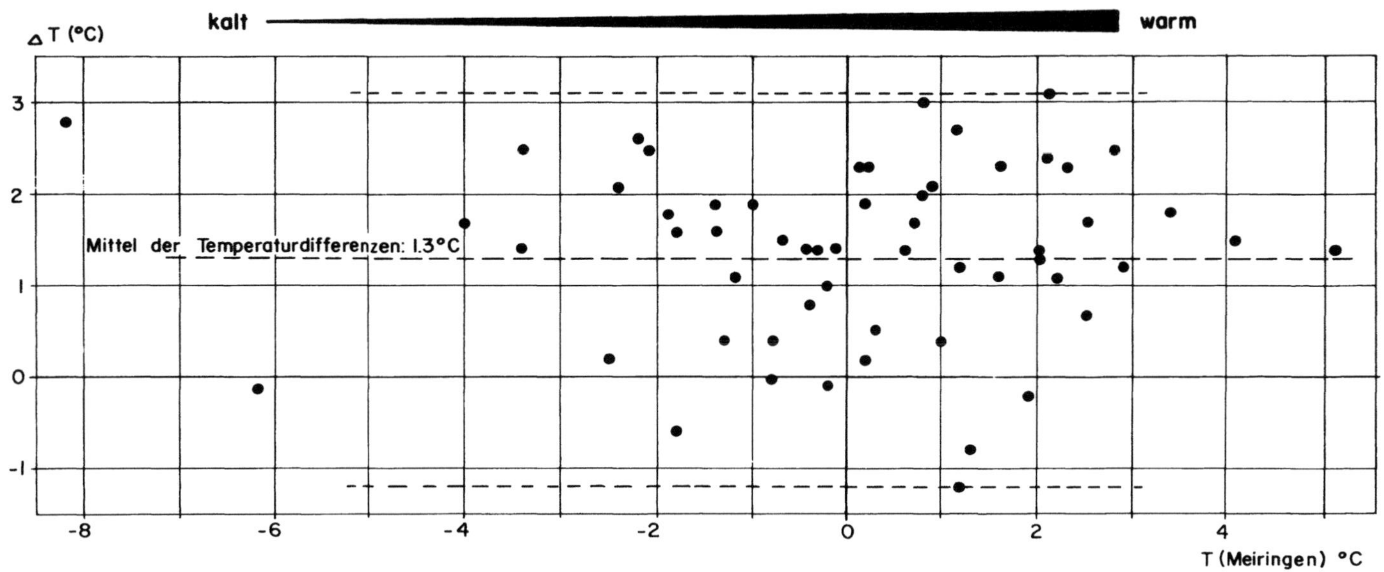

Abb. 4. Differenzen der Februarmitteltemperaturen von Meiringen und Beatenberg (ΔT) in Funktion der entsprechenden Februarmittel von Meiringen (Jahre 1904-1960). Die Differenzen T(M) - T(B) weisen keine Abhängigkeit von T(M) auf

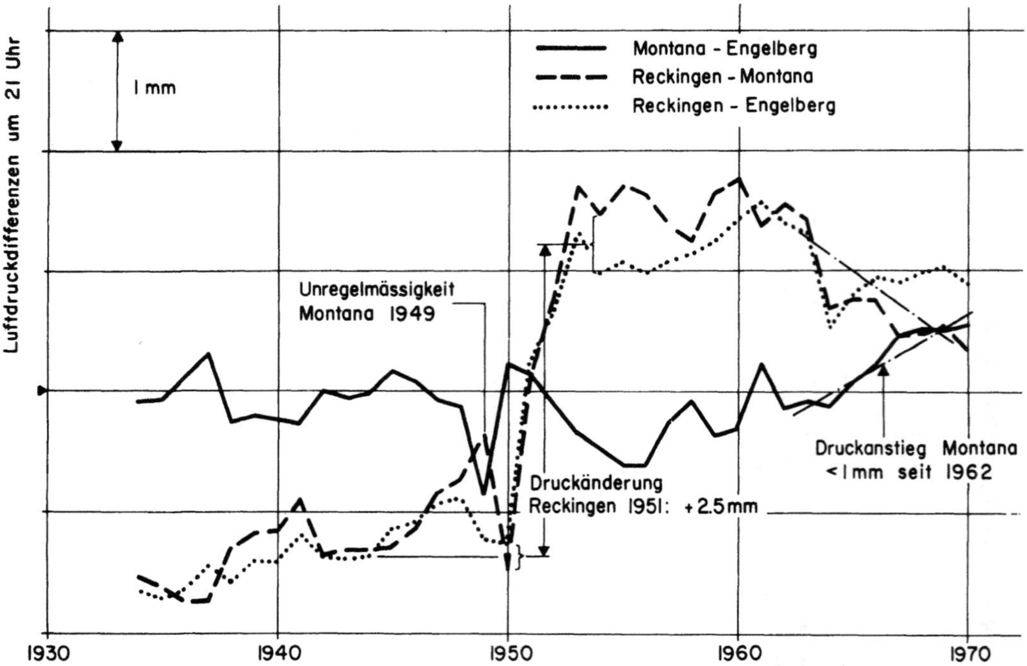

Abb. 5. Luftdruckdifferenzen ΔP zwischen den drei Stationen Reckingen, Montana und Engelberg um 21 h im Zeitraum 1930-1970. Die *Kurvenzüge* geben die Abweichungen der ΔP für jedes Stationspaar in Bezug auf die mittlere Druckdifferenz, welche der Marke ▶ auf der Ordinate entspricht. Aus dem Kurvenverlauf ergeben sich die im Text erwähnten Schlußfolgerungen

Die ΔT-Werte, welche bei den Niederschlägen durch die Quotienten Q aus den beiden Meßreihen ersetzt werden, geben uns die Möglichkeit, einerseits Interpolationen durchzuführen, andrerseits Inhomogenitäten zu erkennen und zu eliminieren, sowie Reduktionen alter Meßreihen auf neue Standorte vorzunehmen. Um die Korrekturen sicher bestimmen zu können, muß bekannt sein, welche der beiden Stationen bei einem Bruch in der Reihe eine Änderung der ΔT- bzw. Q-Werte bewirkte. Bei Stationsverlegungen ist diese Entscheidung normalerweise eindeutig, wenn nicht unglücklicherweise beide Stationen ungefähr zu gleicher Zeit wechselten. Es wird sich aber auch bei eindeutigen Verhältnissen empfehlen, eine dritte Kontrollstation zu verwenden, falls diese Möglichkeit besteht. Die dritte Station erlaubt – speziell für die Prüfung der Reihe – den "Sünder" beim Auftreten von Sprüngen festzustellen. Schwieriger ist es häufig, den Grund der Unregelmäßigkeit herauszufinden. Dazu braucht es eine Spürnase und womöglich eine gute Kenntnis der Stationslage und des Beobachters, bzw. in neuerer Zeit ein technisches Verständnis des automatischen Netzes. Es braucht ja nicht immer ein Wechsel des Beobachtungsstandortes der Grund für Änderungen zu sein: Ein anderes Meßinstrument, ein Wechsel in der Beobachtungszeit, Änderungen in der Aufstellung während Ferienstellvertretungen usw; es gibt der Möglichkeiten viele für Inhomogenitäten! Dazu kommen offenbar gewisse periodische Schwankungen wettermäßiger Natur, welche speziell bei den Niederschlagsreihen eine genaue Abklärung verunmöglichen. Die Q-Werte können je nach der Verteilung der einzelnen Witterungslagen in den einzelnen Jahrzehnten etwas größere oder kleinere Werte für ein einzelnes Stationspaar annehmen. Zudem ergibt sich eine ziemlich große Variationsbreite der Q. Bei den Niederschlagsreihen sollten daher womöglich nicht nur drei, sondern möglichst viele Kontrollstationen beigezogen werden.

Auch bei den Bewölkungsreihen bringt die Unsicherheit in der Schätzung dem Klimatologen manche Knacknuß. Dort treten Sprünge nicht nur bei Stationsverlegungen, sondern auch beim Beobachterwechsel auf, manchmal auch nach einer entsprechenden Instruktion durch den Inspektor des meteorologischen Beobachtungsnetzes, besonders, wenn mehrere Betreuer vorhanden sind.

In der Praxis stellt sich die Frage, wie weit man die Untersuchung ausdehnen will und kann. Eindeutige Brüche müssen eliminert, d.h. die Werte auf gleiche Stationslage reduziert werden, während in anderen Fällen, wo es um einzelne Zehntelsgrade geht, es keinen Wert hat, allen kleinen Schwankungen nachzuspüren. Computerauswertungen bilden heute eine wesentliche Entscheidungshilfe (Abb. 5). Die Auswertung der drei Luftdruckdifferenzkurven ergibt mit der Stationsgeschichte zusammen folgendes Bild:
Engelberg, welches keine Stationsverlegung aufweist, dient als Referenzkurve (geringfügige Inhomogenität durch Verlegung der Abendbeobachtung von 20.30 h auf 21.30 h von 1961 auf 1962).
Eine Unregelmäßigkeit tritt bei Montana 1949/50 auf: 1949 zwei gegenläufige Kurvenzacken: tiefer Druck, dessen Ursache nicht aus der Stationsgeschichte hervorgeht (falsche Einstellung durch Stellvertretung bei Abendbeobachtung?). Der umgekehrte Ausschlag von 1950 ist durch ein fehlerhaftes Monatsmittel bedingt, welches aus den Tabellenwerten hervorgeht.
Klar ersichtlich ist eine ca. 2 1/2 mm Hg-Druckänderung in Reckingen anfangs der 1950iger Jahre (Beobachterwechsel). Ursache: Neues Barometer 1951.
In den 1960iger Jahren tritt bei den beiden Montana enthaltenden Differenzkurven eine allmähliche gegenläufige Änderung auf, welche auf einen Druckanstieg in Montana hindeutet. Ein solcher Anstieg ist zwar möglich (allmähliche Verschmutzung mit Abnahme der Kapillardepression und somit höherer Stand nach Skala), doch ist die Erhöhung verhältnismäßig rasch. Die Stationsgeschichte zeigt sowohl bei Montana als auch bei Reckingen Stationswechsel, welche mit Höhenänderungen und Wechsel des Beobachters verbunden waren. Die Auswertung legt eine nochmalige Überprüfung der vorgenommenen Reduktionen auf gleiches Niveau nahe.

In vielen Fällen können mehr als drei Stationen für den Vergleich herangezogen werden, was auch bei häufigen Verlegungen eine Homogenisierung der Reihen erlaubt.

3.2 Die Zeitperiode vor 1864

Nach dieser ausführlichen Darstellung der Freuden und Leiden eines Klimabearbeiters der neueren Meßreihen wenden wir unseren Blick zurück in die Zeit vor 1864. Nun wird vieles anders: Kein regelmäßig verteiltes Beobachtungsnetz, vielfach keine gut geeichten und kontrollierten Instrumente, wenig Vergleichsstationen, viele Unterbrüche in den Reihen, kurz eine ganze Palette zusätzlicher Schwierigkeiten. Dafür allerdings zum Teil außerordentliche persönliche Einsätze und verhältnismäßig große Kontinuität durch seltene Wohnungswechsel und speziell vor der französischen Revolution durch eine konservative Grundeinstellung.

D'Annone, der Basler Professor für Eloquenz, hat in den 50 Jahren von 1755 bis 1804 dreimal täglich mit einer bewundernswerten Regelmäßigkeit Wetterbeobachtungen durchgeführt, ohne Ferienunterbrüche, ohne Wohnungswechsel. Eine Leistung, welche heute selbst mit einem großen finanziellen Anreiz undenkbar ist. Es gab in dieser Frühzeit naturwissenschaftlicher Entdeckerfreude aber auch noch andere Pioniere, in Genf z.B. de Luc, der von 1768 bis 1800 mit je einer täglichen Morgenbeobachtung meteorologisch Buch führte. Damals wurden auch körperlich noch große Leistungen vollbracht. In einer Anmerkung wird z.B. von seinem Sohn berichtet, der eine Erkundung am Mont Blanc durchführte und nachher in einem Zug den Heimweg nach Genf unter die Füsse nahm (85 km). "Quel marcheur" ist dort vermerkt. Die beiden erwähnten Forscher, zusammen mit vielen anderen, erlaubten es, die beiden Temperaturreihen von Basel und Genf seit 1755 bzw. 1768 zusammenzustellen, wobei bei Genf noch eine Neuenburgerreihe von 1753 - 1767 angeschlossen werden konnte. Basel ist im 18. Jahrhundert durch die dreimaligen täglichen Beobachtungen natürlich besser belegt und hat größeres Gewicht als Genf, das dafür im 19. Jahrhundert (seit 1826) fast unveränderte Verhältnisse aufwies, bis zur Aufgabe der Beobachtungen im Jahre 1962. Ein leicht zunehmender Stadteinfluß ist dabei zu berücksichtigen, die Station wanderte mit der baulichen Entwicklung gewissermaßen vom Stadtrand ins Stadtinnere (Schüpp 1957) . Die Monatsmittelwerte der Temperatur von Basel und Genf finden sich (bis zum Jahr 1960) im Beiheft zu den Annalen der MZA, 1960: Klimatologie der Schweiz (Lufttemperatur, 2. Teil).

Wir können hier nicht im einzelnen auf alle Probleme der alten Serien eingehen, möchten aber doch die wichtigsten Punkte kurz skizzieren. Da sind zunächst die instrumentellen Schwierigkeiten: Damals gab es kein Jenaer Glas. Der Nullpunkt der Thermometer und Barometer verschob sich im Laufe der Zeiten. Der Strahlungsschutz war zum großen Teil ungenügend oder fehlend: Rückstrahlung von benachbarten Gebäuden wirkten sich aus. Es wurden andere, heute nicht mehr gebräuchliche Skalen verwendet (nach Micheli du Crest bei der Temperatur, Pariser Zoll beim Barometer). Die Kapillaren waren wohl nicht immer linear in ihrer Weite und es gab Luftblasen im Barometer, wie sie auch in neuerer Zeit noch zu beobachten waren.

1780 wurde in der Meteorologischen Gesellschaft Palatina durch Johann Jacob Hemmer aus der Pfalz sogar ein erstes kontinentales Beobachtungsnetz von 38 Stationen über ganz Europa mit geeichten Instrumenten errichtet. So findet man vor 1789 nicht nur die beiden Hauptreihen von Basel und Genf, sondern zeitweise auch kürzere Parallelreihen.

Auch Bern wies seit 1760 Beobachtungen auf, welche in den vergangenen Jahren durch Pfister (1975) mit Hilfe vieler historischer Unterlagen eingehend bearbeitet wurden. Nach der französischen Revolution folgt eine kritische Zeit bis in die 1820iger Jahre, in denen sich die Welt nach dem Wiener Kongress wieder allmählich von den Kriegswirren erholte. Revolutionen und Kriegszeiten sind keine guten Nährböden für homogene Beobachtungsreihen. Die zusammengestückelten Werte aus dieser Periode sind daher unsicher. Meteorologisch war das Jahrzehnt 1811 - 1820 mit seiner Serie kalter Sommer (1812 - 1816) und dem Gletscherhochstand interessant. Das "Jahr ohne Sommer" (1816) brachte Hungersnot, weckte aber zusammen mit der politischen Beruhigung zugleich das Interesse an Wetterbeobachtungen, wobei nun zuerst von Genf aus Impulse gingen für eingehende naturwissenschaftliche Grundlagen nicht nur in den Niederungen, sondern auch auf den Bergen. Es gelang ab Dezember 1817, auf dem Großen St. Bernhard in fast 2500 m Meereshöhe eine Station bei den dort hausenden Mönchen des Hospizes zu errichten, welche – allerdings unter zunehmenden Schwierigkeiten und mit Reduktion des Pensums – bis auf den heutigen Tag erhalten werden konnte. Ein Vorläufer, der im alten Netz der Gesellschaft Palatina errichtete Posten auf dem St. Gotthardpaß von 1781 - 1792 mit je 3 täglichen Beobachtungen, hatte in der Kriegszeit seine Tätigkeit eingestellt. Von 1793 bis 1817 klafft daher in der Höhe eine Lücke. Der mit 1000 m Meereshöhe viel tiefer und nicht auf dem Alpenkamm, sondern im bayrischen Alpenvorland gelegene Hohenpeissenberg bietet nur eine kleine Überbrückungshilfe. Somit ist noch viel Arbeit notwendig, bis auch für das höhere Alpengebiet wenigstens bis 1781 zurück in groben Zügen (z.B. mit Hilfe der dendrochronologischen Methoden und historischen Quellen) eine vollständige Reihe vorliegt.

Für die Erforschung der Zusammenhänge zwischen Gletscherwachstum und Witterung wäre es aber sehr wertvoll, die heutige Zeit mit dem 18. Jahrhundert und dem beginnenden 19. Jahrhundert vergleichen zu können. Nach den Untersuchungen von Messerli et al. (1976) am Unteren Grindelwaldgletscher war ja nach dem Hochstand von 1777 die Zeit von 1794 - 1814 eine Stagnationsperiode, ebenso 1820 - 1847, die zweite aber mit einer stärker vorgestoßenen Gletscherstirn.

Eine wichtige Aufgabe der Bearbeitung der alten klimatologischen Reihen besteht heute in der Verbindung Talstationen - Bergstationen. Im Tal besitzen wir mit Basel - Genf - Mailand ein Dreieck mit durchgehenden Reihen ab 1763. Die bisher erhaltenen Resultate können mit Hilfe ausgedehnter Serien in Bern und vor allem Schaffhausen (1794 - 1846) überprüft und vielleicht verbessert werden. Daneben sollte es möglich sein, für die Höhenlagen aus dem Zusammenhang der Luftdruckdifferenzen zwischen Berg und Tal mit der Temperatur der dazwischen liegenden Luftschicht, d.h. aus der sogenannten relativen Topographie der entsprechenden Druckflächen, sowohl Druck- als auch Temperaturverhältnisse sowie die Häufigkeit der Witterungslagen wenigstens in groben Zügen herauszuschälen. Wir möchten ja nicht nur die eingetretenen Änderungen in den Gletscherständen feststellen, sondern womöglich auch die Ursachen ergründen. Dabei sind wir uns klar, das die Temperatur, welche wir in unserm Überblick in den Vordergrund gestellt haben, nur einen einzelnen, wenn auch wichtigen Faktor im Gletscherhaushalt darstellt.

Die Niederschlagsverhältnisse sind naturgemäß ebenfalls von großer Bedeutung. Die Schwierigkeit liegt bei diesem Element darin, daß aus dem 18. Jahrhundert sehr wenige gute Meßreihen vorliegen. Die Mailänder Reihe reicht bis in jene Zeit zurück, gibt aber im 18. Jahrhundert zu geringe Mengen. Wir müssen daher, wie es Pfister (1975) für Bern gemacht hat, auf die Notierung der Niederschlagshäufigkeit in den Beobachtungsprotokollen zurückgreifen. So gilt es, Steinchen um Steinchen zusammenzutragen zum Mosaik, um ein möglichst zuverlässiges Bild zu gewinnen.

Sicher wirken bei der Frage nach Gletschervorstößen oder Rückzügen außer der Temperatur und den Niederschlägen noch weitere Elemente mit: Die Strahlung, welche durch die Bewölkungsmenge gesteuert wird, daneben auch die Luftverschmutzung. Daß bei diesen beiden Einflüssen nicht nur naturbedingte Schwankungen vorliegen, sondern in der heutigen Zeit auch anthropogene Einflüsse auftreten, wird uns beim Betrachten der häufigen "Contrails" im Bereich der Luftstraßen bewußt.

Leider besitzen wir keine Angaben über die Albedo der Schnee- und Eisflächen der Firne und Gletscher sowohl in neuer als auch in früherer Zeit. Es gibt einzelne längere Reihen der Alpensicht vom Mittelland aus, z.B. von Freiburg und Zürich, welche zeigen, daß die Sichtweite in den vergangenen Jahrzehnten abgenommen hat (vgl. Abb. 6 und Maurer 1924). Damit geht natürlich auch eine stärkere Verschmutzung der Schneedecke einher, welche sich wahrscheinlich bis in die Gletscherregion hinauf erstreckt, wo früher nur der gelegentliche Saharastaub eine wesentliche Herabsetzung der Albedo bewirkte. Bei gleichen Temperatur- und Niederschlagsverhältnissen ist durch die Verschmutzung ein verstärktes Abschmelzen gegenüber früher zu erwarten, während die ver-

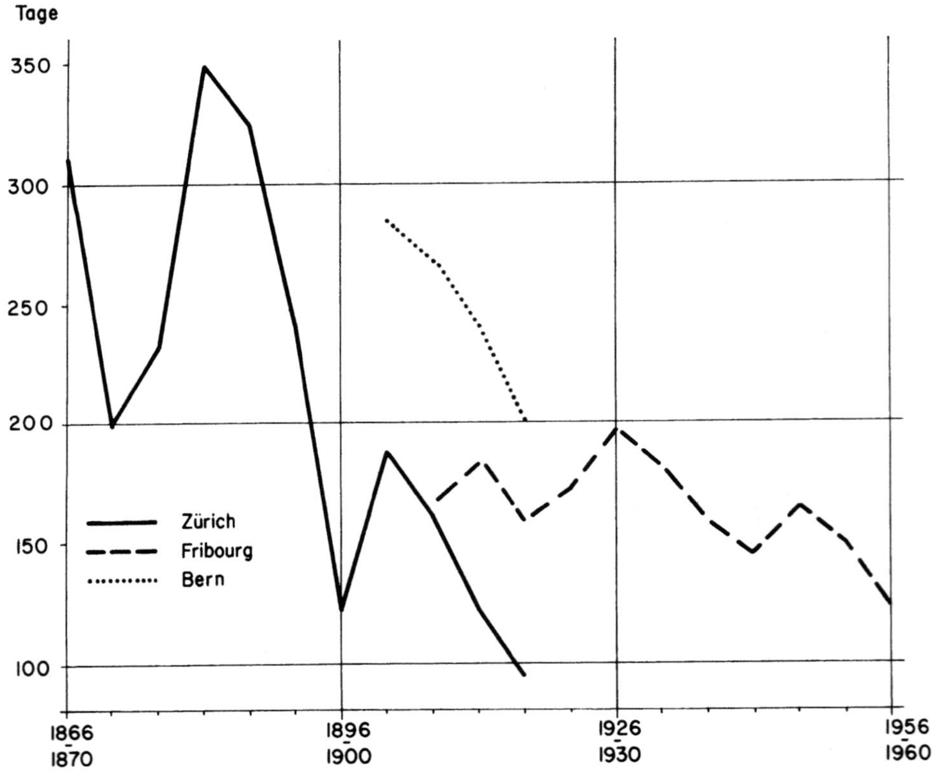

Abb. 6. Zahl der Tage mit guter Alpensicht pro Fünfjahresintervall im Zeitraum 1866-1960 in Zürich, Bern und Fribourg

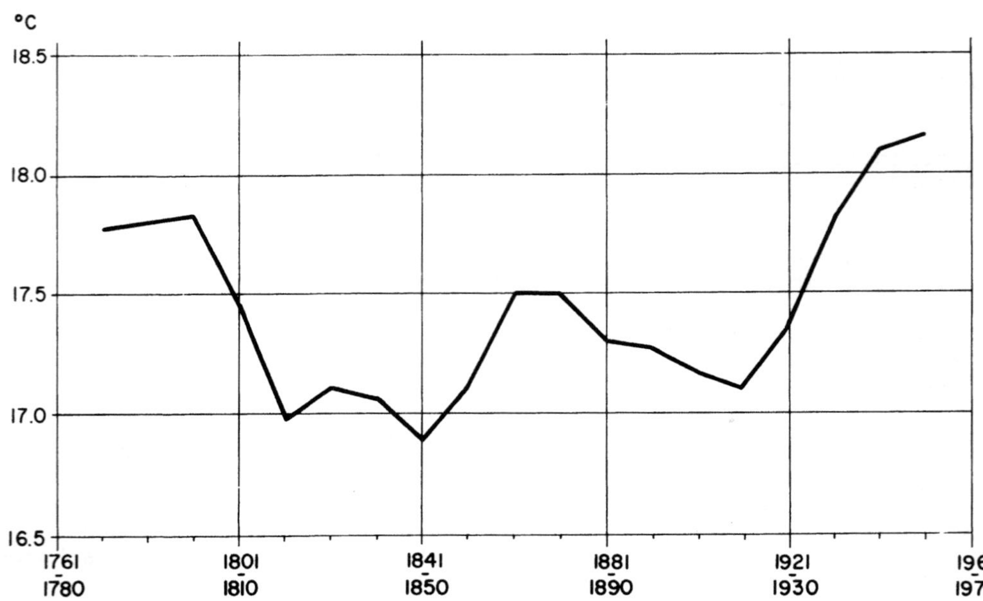

Abb. 7. Spätsommertemperaturen (Juli + 2 x Aug. + Sept.) auf der Alpennordseite (Mittel aus Basel und Genf) im Zeitraum 1761-1970. Zu Beginn der Messungen im Intervall 1761-1800 hohe Temperaturen und trotzdem hohe Gletscherstände

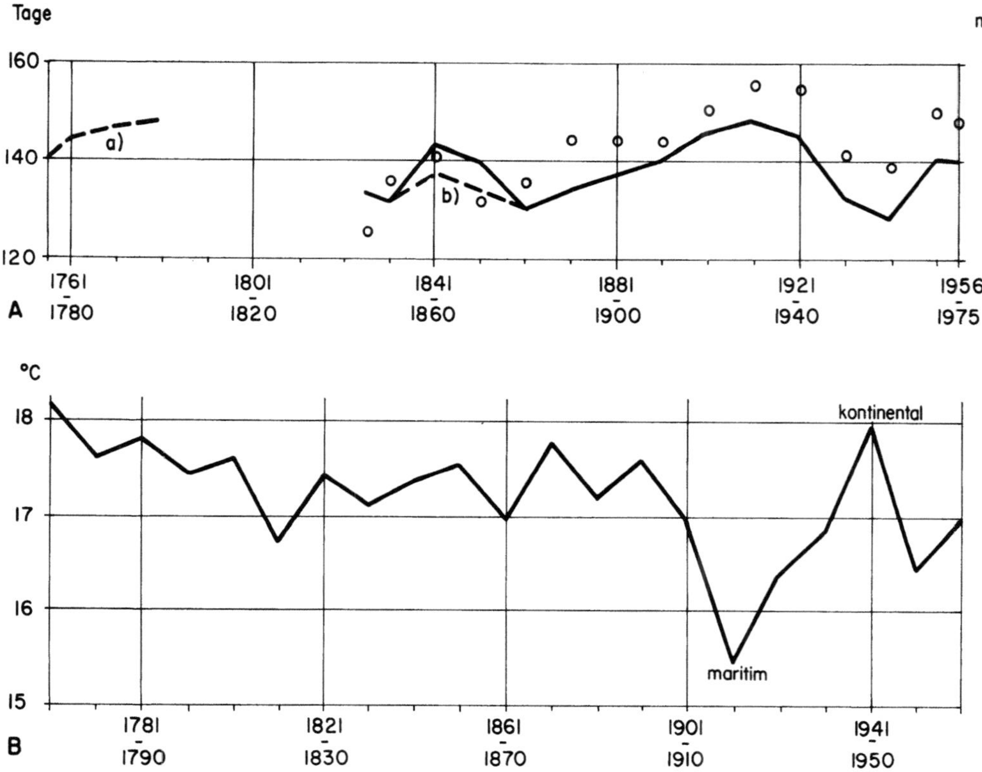

Abb. 8. Klimaverlauf seit 1756.(A)Zahl der Tage mit Niederschlag (Tagesmenge > 0,3 mm) im Zeitraum 1756-1975 (*Kurvenzug* 20jährige Mittel) sowie der Niederschlagsmengen ab 1826 *(Kreise)*. *a* Werte von Basel allein, reduziert auf das Mittel von Basel und Genf (Periode 1756-1800); *b* Genf allein *(gestrichelter Kurvenzug)*, reduziert auf das Mittel von Basel und Genf. (Werte von Basel 1851-1860 verhältnismäßig hoch).(B)Temperaturdifferenz zwischen Sommer (Juni - Aug.) und Winter (Dez. - Febr.) als Mittelwert aus den Beobachtungsreihen von Basel und Genf (10jährige Mittel)

mehrte Bewölkung über den Luftstraßen eher eine Begünstigung des Gletscherwachstums bedingen kann.

Mit einer Zunahme der Lufttrübung läßt sich vielleich erklären, daß trotz hoher Spätsommertemperaturen im Zeitraum 1771 - 1780 im Grindelwaldner Gebiet wie auch in anderen Regionen ein Gletscherhochstand von 1768 bis 1779 eintreten konnte (Messerli et al. 1976, 1978). Viele Sommerniederschläge bei tiefen Temperaturen mögen mitgeholfen haben, die Albedo in jener Zeitperiode hoch zu halten (Abb. 7 u. 8).

Besonders groß sind bei der Kontinentalität die Schwankungen im 20. Jahrhundert (Abb. 8). Einer maritimen Periode mit häufigen Niederschlägen (Abb. 8A) und geringer Jahresamplitude der Temperatur (Abb. 8B). Zu Beginn des Jahrhunderts steht eine kontinentale Periode mit Trockenheit und großer jährlicher Schwankung der Temperatur kurz vor der Jahrhundertmitte gegenüber.

Was bisher erst in den Anfängen vorhanden ist, sind Untersuchungen über die Schwankungen der Häufigkeiten der "Bausteine" des Klimas, der einzelnen Witterungslagen. Es bleibt also noch ein großes Arbeitsfeld für die Zukunft. Der offizielle Wetter- und Klimadienst ist besonders heute, im Zeitalter der Umstellung von der Handauswertung zur Computerberechnung, so stark mit dem laufenden Dienst beschäftigt, daß viele Arbeiten, speziell auf dem schwierigen Gebiet der Paläoklimatologie, liegen bleiben müssen. Es ist daher zu hoffen, daß auch in Zukunft die Hochschule durch die Betreuung von Sondernetzen und der wissenschaftlichen Auswertung des großen, anfallenden Materials mithelfen kann, etwas Licht in das Dunkel der vielen, noch ungelösten Fragen zu bringen. Daß dies im Zeichen der wachsenden anthropogenen Störfaktoren eine zunehmend wichtige Aufgabe ist, muß wohl kaum speziell betont werden.

Literatur

Alissow, B.P., Drosdow, O.A., Rubinstein, E.S.: Lehrbuch der Klimatologie mit Kartenbeilagen. Berlin: Deutscher Verlag der Wissenschaften 1956, 536 S.

Annalen der Schweizerischen Meteorologischen Zentralanstalt (MZA). Beihefte zu den Jahrgängen 1959 ff.: Klimatologie der Schweiz, Bd. 1. Klimatische Grundlagen für die Periode 1901-1960 (1959)

Lamb, H.H.: Climate: present, past and future. Climatic History and the Future, Vol. II. London: Methuen 1977, 835 S.

Maurer, J.: Alpensicht und Stadtlufttrübung. Neue Zürcher Zg. 432 (1924)

Messerli, B., Zumbühl, H., Ammann, K., Kienholz, H., Oeschger, H., Pfister, C., Zurbuchen, M.: Die Schwankungen des Unteren Grindelwaldgletschers seit dem Mittelalter. Ein interdisziplinärer Beitrag zur Klimageschichte. Z. Gletscherkd. Glazialgeol. XI, 1/1975, 3-110 (1976)

Messerli, B., Messerli, P., Pfister, C., Zumbühl, H.: Fluctuations of Climate and Glaciers in the Bernese Oberland, Switzerland, and their geological significance, 1600 to 1975. Arct. Alp. Res. 10, 247-260 (1978)

Pfister, C.: Agrarkonjunktur und Witterungsverlauf im westlichen Schweizer Mittelland 1755-1797. Geogr. Bernensia G 2. Bern: Geogr. Inst. Univ. 1975, 229 S.

Schüpp, M.: Der Temperaturverlauf in der Schweiz seit dem Beginn der meteorologischen Beobachtungen auf Grund der Jahresmittel von 12 Stationen seit 1864 sowie älteren Beobachtungsreihen von Basel, Genf, dem Gr. St. Bernhard u. St. Gotthard. Anhang Nr. 11 zu den Ann. d. schweiz. meteorol. Zentralanst. (MZA). 11 S. (1975)

Zumbühl, H.: Die Schwankungen der Grindelwaldgletscher in den historischen Bild- und Schriftquellen des 12. bis 19. Jahrhunderts. Ein Beitrag zur Gletschergeschichte und Erforschung des Alpenraumes. Diss. Univ. Bern. Denkschr. Schweiz. Naturforsch. Ges. XIIC (92), 187 (1979)

Geschichte von Klimaparametern

In der Natur gespeicherte Geschichte von Umweltsvorgängen

H. OESCHGER[1]

1 Einleitung

Von der Klimaforschung erwarten wir Auskunft über Klimamechanismen, u.a. im Hinblick auf die Beurteilung menschlicher Eingriffe in das Naturgeschehen. Den theoretischen Bemühungen, in immer detaillierteren mathematisch-physikalischen Modellen die Klimaprozesse immer realistischer zu beschreiben, stehen die experimentellen Anstrengungen gegenüber, u.a. durch Entzifferung der Aufzeichnungen von Klimaparametern in Baumringen, Torfmooren, See- und Ozeansedimenten, Gletschern und polaren Eiskappen, die Geschichte der Klimaprozesse zu rekonstruieren. Diese liefert u.a. Informationen über die Geschichte der Oberflächengestalt und der Temperaturverhältnisse der Erde, der Zusammensetzung der Atmosphäre, der Sonnenaktivität, der Intensität des Erdmagnetfeldes. Einige der rekonstruierten Parameter gehen direkt in die Klimamodelle ein, andere gestatten es, zu prüfen, inwieweit Klimamodelle mit an früheren Zeiten angepassten Parametern in der Lage sind, die damaligen klimatischen Bedingungen wiederzugeben.

Das Studium der Geschichte von Parametern des Naturgeschehens führt oftmals zu unerwarteten Ergebnissen, die auf neuartige Zusammenhänge hinweisen und die Verflechtungen im System Atmosphäre - Biosphäre - Ozean, aber auch die Beziehung Erde - Sonne - Kosmos vor Augen führen. Auf Studien von Klimaparametern wird in einigen Arbeiten in diesem Buch eingegangen. Ziel dieser Arbeit ist es, einen Eindruck von den Möglichkeiten der Isotopenmessungen und anderer analytischer Methoden zu vermitteln. Aus der Sicht dieser Studien ergibt sich die Vorstellung eines Umweltsystems, das die Gesamtheit der Naturvorgänge beinhaltet.

Durch Aufzeigen von Zusammenhängen zwischen Parametern von Klimamodellen und aufgezeichneten Parametern des Umweltsystems wird versucht, eine gewisse Ordnung in die mannigfaltige Information zu bringen.

Am Beispiel der im Eis gespeicherten Information werden die grundsätzlichen Möglichkeiten des Studiums von Naturparametern gezeigt. Dabei wird größtenteils auf Beispiele abgestützt, die anläßlich des Gletschersymposiums der Schweiz. Naturforschenden Gesellschaft 1978 zum selben Thema zitiert wurden (Oeschger und Schotterer 1980). Ein spezielles Gewicht wird sodann dem CO_2-Kreislauf und seiner Geschichte zugemessen, der heute durch den Menschen beeinflußt wird. Als Folge der Verbrennung von Erdöl, Kohle und Erdgas, sowie des Rodens tropischer Regenwälder ist der CO_2-Gehalt der Atmosphäre seit 1850 um etwa 15% angestiegen.

---

[1]Physikalisches Institut der Universität Bern, Sidlerstrasse 5, CH-3012 Bern

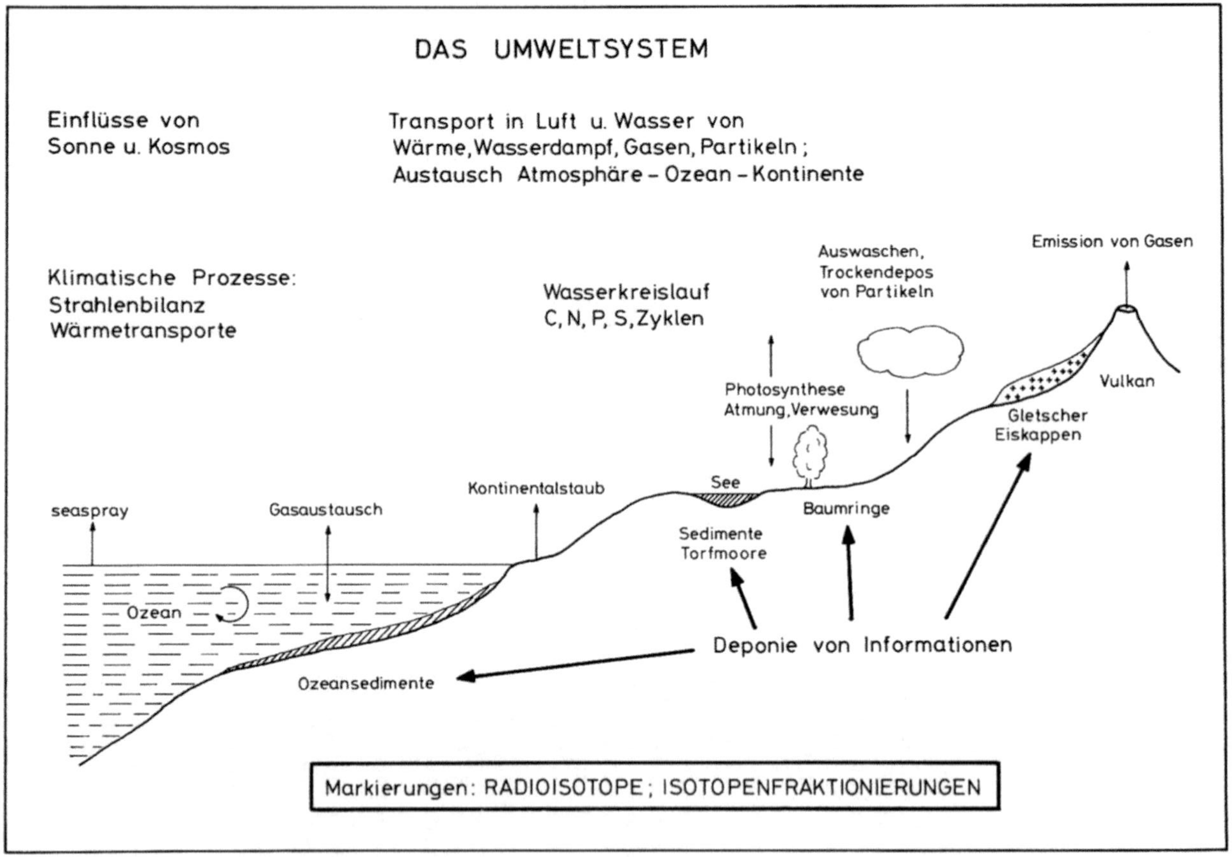

Abb. 1. Das Umweltsystem

1.1 Das Umweltsystem

Aus der Sicht der analytischen Umweltstudien ergibt sich eine Vorstellung der Umweltvorgänge, wie sie schematisch in Abbildung 1 dargestellt sind. Ihr liegt das Ineinanderspielen der verschiedensten Prozesse zugrunde. Das Umweltsystem besteht aus Atmosphäre, Ozean, mariner und kontinentaler Biosphäre, Oberflächengewässer, Gletscher, Eiskappen, etc. Angetrieben durch Sonnenenergie läuft der Wasserkreislauf, und es spielen sich Durchmischungs- und Zirkulationsprozesse in der Atmosphäre und im Ozean ab. Atmosphärisches CO_2 wird durch die Biosphäre rezykliert und tauscht mit dem im Ozean gelösten CO_2, HCO_3^- und CO_3^- aus In der Atmosphäre werden Partikel verschiedensten Ursprungs transportiert und auf der Erdoberfläche trocken und durch Auswaschen deponiert.

Durch die kosmische Strahlung werden in der Atmosphäre radioaktive Isotope produziert, die sich je nach ihren chemischen Eigenschaften gasförmig verhalten (^{81}Kr, ^{39}Ar, $^{14}C(CO_2)$), oder an Partikel anlagern (^{10}Be, ^{32}Si, ^{36}Cl) und ausgewaschen oder trocken deponiert werden. Tritium, ebenfalls ein wichtiger Produktkern der Wechselwirkung der kosmischen Strahlung mit der Atmosphäre wird zu Wasser oxydiert, vermischt sich mit dem Wasserdampf und verhält sich wie dieser.

Bei Phasenübergängen, Diffusionsvorgängen und chemischen Reaktionen spielen sich Isotopenfraktionierungsprozesse ab, die z.B. über die Temperaturen, bei denen sich Phasenübergänge abgespielt haben, Auskunft geben.

Für die Rekonstruktion früherer Zustände des Umweltsystems ist die Speicherung von atmosphärischen Spurenstoffen und von Isotopenverhältnissen (z.B. der Elemente H, O und C) von Bedeutung. Wohl die direkteste Information über die Geschichte der atmosphärischen Zusammensetzung ist im Eis der Gletscher und der Polarkappen enthalten. Wichtig sind sodann Ozean- und Seesedimente, Baumringe und Torfmoore.

2 Die im Eis gespeicherte Information

2.1 Die Speicherung der Information

Die Speicherung der Information im Gletscher erfolgt in mehreren Stufen. Bei der Wolkenbildung dienen Aerosolteilchen als Kondensationskerne. In den unterkühlten Flüssigkeitströpfchen werden Gase gelöst, die beim plötzlichen Gefrieren nicht vollständig entweichen können. Gasmoleküle und Aerosol werden auch beim Wachsen der Schneekristalle eingebaut und Anlagerung von Aerosol erfolgt beim Schneefall. An der Schneeoberfläche wird Aerosol und Staub auch trocken deponiert. Bei Temperaturen über dem Gefrierpunkt bilden sich Wasserschichten, in denen Gase gelöst und beim Gefrieren in anderer als der atmosphärischen Zusammensetzung zurückgehalten werden. Der Einschluß von Luft in Blasen erfolgt erst in Tiefen von etwa 30 m (Alpengletscher) bis 100 m (Grönland, Westantarktis) beim Firn - Eisübergang (Bucher 1977). Die Zeitskala für die Partikel, chemischen Spuren und die Isotopenverhältnisse des Wassers beginnt somit an der Firnoberfläche, diejenige für die in den Blasen enthaltenen Gase beim Firn - Eisübergang; letzterer ist zeitlich um Jahrzehnte bis Jahrhunderte verschoben und nicht mehr scharf aufgelöst.

In sogenannt kalten Gletschern mit Temperaturen unter dem Gefrierpunkt bleiben die charakteristischen Merkmale des Eises weitgehend lokalisert, obschon Diffusions- und Rekristallisationsprozesse zu kleineren Umlagerungen führen. In den für das Alpengebiet typischen temperierten

Gletschern sorgen kleine Mengen fließenden Wassers für ein Umlagern, resp. Auswaschen von Gasen, Ionen und kleinsten Partikeln. Die Information wird somit verwischt und geht allmählich verloren, doch liefern in diesem Fall Bohrkernanalysen wertvolle Auskunft über die sich im Gletscher abspielenden Prozesse (Berner et al. 1977). Geeignet für das Studium der Aufzeichnung von Umweltvorgängen sind daher in erste Linie die "kalten" polaren Eiskappen, die wegen der über große Firnflächen homogenen Verhältnisse sehr gute Kollektoren atmosphärischer Parameter sind. Daneben sind Studien in mittleren Breiten von besonderem Interesse, da hier der Einfluß der Industrialisierung direkt spür- und meßbar ist.

In den letzten Jahren wurde man darauf aufmerksam, daß auch Alpengletscher mit sehr hoch gelegenem Akkumulationsgebiet kalte Gletscher sind (Haeberli 1976). Aus diesem Grund wurde für ein schweizerisches Bohrprojekt, eine Zusammenarbeit der Versuchsanstalt für Wasserbau, Hydrologie und Glaziologie der ETHZ und des Physikalischen Instituts der Universität Bern, das 4500 m hoch gelegene Akkumulationsgebiet des Grenzgletschers auf dem Colle Gnifetti am Monte Rosa gewählt (Oeschger et al. 1977a).

2.2 Kernbohrungen und in situ-Extraktionstechnik in Bohrlöchern

Es existieren Bohrtechniken, die es in Gebieten mit Temperaturen $>-35^{\circ}C$ grundsätzlich gestatten, Bohrkerne aus beliebigen Tiefen zutage zu fördern (Splettstoesser 1976). Bei Tiefen über 400 m bereitet das Schliessen die Bohrlöcher durch plastische Verformung unter dem hohen Eisdruck Probleme. Bei den Tiefbohrungen in Grönland und in der Antarktis wurden daher die Bohrlöcher zur Kompensation des Druckes mit einer bei den dort herrschenden Temperaturen nicht gefrierenden Flüssigkeit gefüllt, deren Dichte nahe bei derjenigen des Eises liegt. Für Bohrungen bis ca. 100 m Tiefe wurde in der Schweiz eine ca. 90 kg schwere elektromechanische Bohrausrüstung entwickelt (Rufli et al. in Splettstoesser 1976), die in den Alpen, aber auch in Grönland und in der Antarktis zum Einsatz gelangte. Die Bohrkerne vom Monte Rosa überdecken ca. die letzten 170 Jahre und damit das industrielle Zeitalter, mehrere 400 m Bohrkerne aus Grönland die letzten 1000 Jahre, d.h. die relative warme Wikingerzeit, wie auch die in der Mitte dieses Jahrtausends einsetzende kleine Eiszeit. Die Kerne der Tiefbohrungen überdecken die ganze letzte Eiszeit (55.000 Jahre) und im Falle der grönländischen Bohrung auch wesentliche Abschnitte des letzten Interstadials.

Für die meisten Analysen liefern die Bohrkerne genügend Material. Dies galt jedoch bisher nicht für die Messung der durch die kosmische Strahlung in der Atmosphäre produzierten Radioisotope ^{14}C, ^{32}Si und ^{39}Ar. Selbst bei empfindlichster Meßtechnik müßten für diese Radioisotope mehrere Tonnen Eis aufgeschlossen werden. Zu diesem Zweck wurde eine Vakuumextraktionstechnik entwickelt, die es gestattet, in Bohrlöchern bis zu 400 m Tiefe an der gewünschten Stelle unter Vakuumbedingungen mehrere Tonnen Eis zu schmelzen und die enhaltenen Gase zu extrahieren (Oeschger et al. 1976). Die gelösten und ungelösten Stoffe können entweder im Bohrloch oder an der Oberfläche aus dem Probenwasser extrahiert werden. Basierend auf dieser Technik wurden in einem Eistunnel und in Bohrlöchern in Grönland und in der Antarktis ^{14}C,^{39}Ar- und ^{32}Si-Altersprofile gemessen (Oeschger et al. 1977a; Paterson et al. 1977). Dank neuer analytischer Entwicklungen können in Zukunft derart mühevolle, mit Kontaminationsproblemen behaftete Feldarbeiten größtenteils umgangen werden.

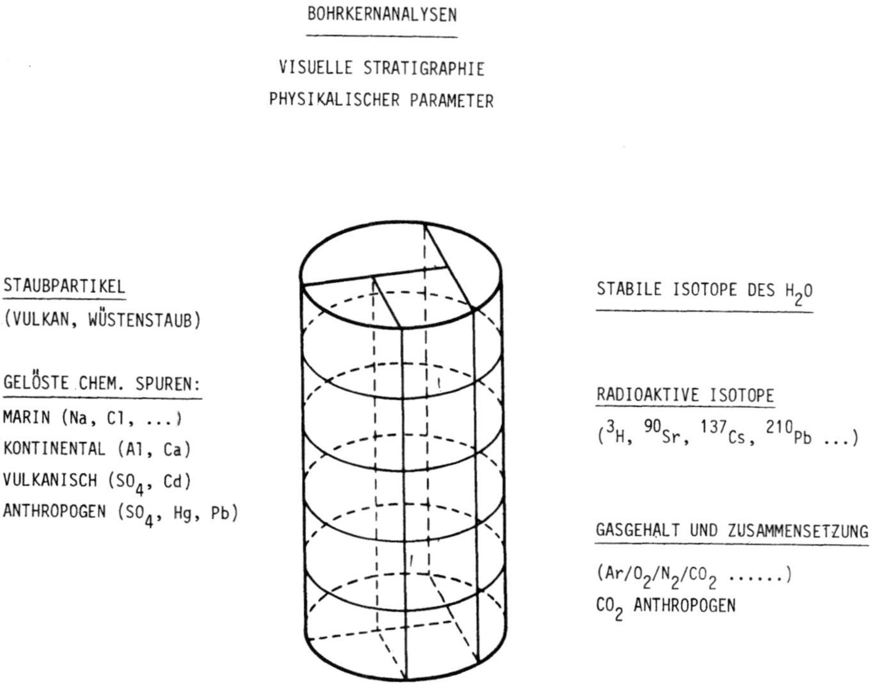

Abb. 2. Zerteilungsschema eines Eisbohrkernes

2.3 Bohrkernanalysen und Datierung

Im Rahmen dieses Artikels kann natürlich nicht die gesamte im Eis enthaltene Information mit der gleichen Ausführlichkeit behandelt werden. Die Analysen von Klimaindikatoren, die am Physikalischen Institut in Bern durchgeführt werden, sollen im Vordergrund stehen. Eine Vorstellung der Fülle von Information aus einem Eisstück von wenigen cm Durchmesser vermittelt die Abbildung 2. Die Bohrkerne werden zuerst visuell auf vom Durchschnitt abweichende Eigenschaften untersucht, wie Staubhorizonte (Vulkan- und Wüstenstaub), Schichten mit relativ wenig Gasblasen (blaues Eis, Schmelzhorizonte). Zur Messung physikalischer und chemischer Eigenschaften an den gleichen Bohrkernabschnitten werden die Kerne dann längs- und zur Untersuchung jahreszeitlicher Variationen, in ca. 8 Proben pro geschätztes Jahr, quergeteilt. Die bisher eindrücklichsten Resultate erzielten die Analysen der Isotope des Wassermoleküls (siehe Tab. 1). Das $\delta^{18}O$-Profil (Abb. 3) skizziert den Klimaverlauf der letzten 120.000 Jahre in Grönland. Deutlich sichtbar sind die tiefen $\delta^{18}O$-Werte während der letzten Eiszeit, gefolgt von einem raschen Anstieg an deren Ende. Abbildung 4 zeigt $\delta^{18}O$- und ^3H-Profile der Station Carrefour in Grönland. Mit der beinahe idealen Übereinstimmung zweier verschiedener Datierungsmethoden kann in den Alpen aufgrund kleinräumiger und komplizierter meteorologischer Verhältnisse nur in den seltensten Fällen gerechnet werden.

In Abbildung 5 sind räumlich verteilte Einzelproben von 3 Schneefällen aus einem 18 km^2 großen Untersuchungsgebiet im $\delta^{18}O$-δ^2H Diagramm dargestellt. Proben des selben Niederschlages, der jeweils durch bestimmte Luftmassen charakterisiert wird, liegen auf einer Geraden. Der Deuteriumexzess im Ereignis Nr. 4 läßt auf Tropikluft schließen, da diese

Abb. 3a-c. (a) $\delta^{18}O$-Profil durch die Eiskappe von Grönland bei Camp Century und (b) Ausschnitt aus demselben Profil (Dansgaard et al. 1971). Im Ausschnitt (c) wird dem Allerød ein anderer Bereich im Profil (Pfeil) zugeordnet (Hammer et al. 1978)

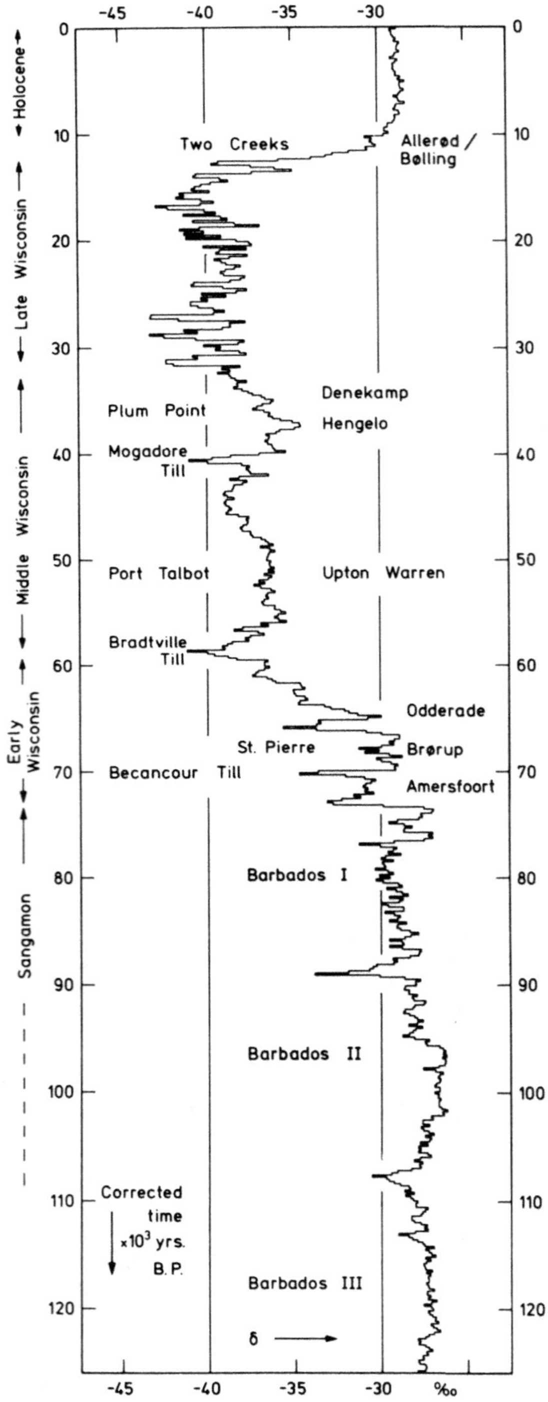

Abb. 3a

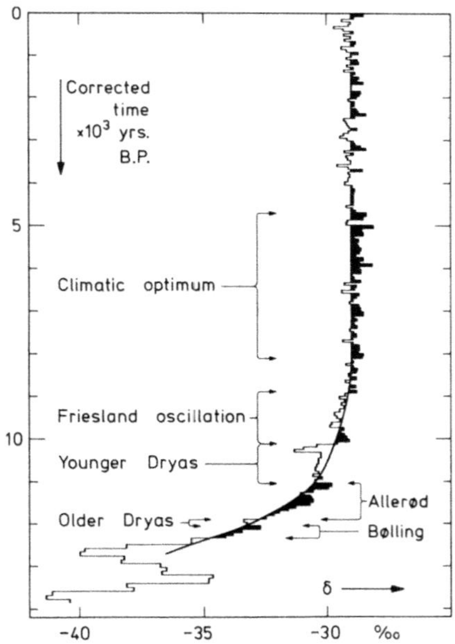

Abb. 3b

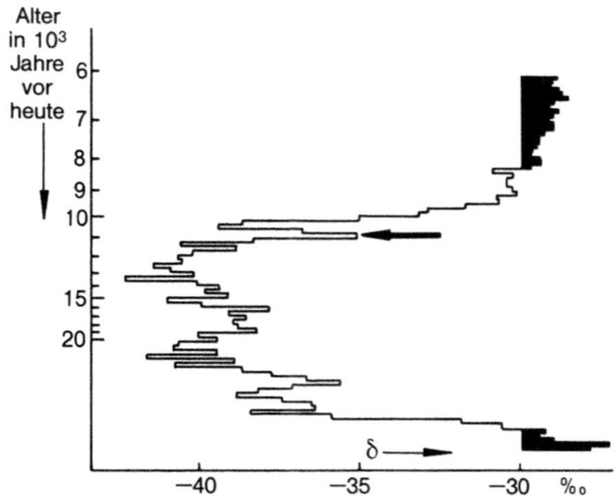

Abb. 3c

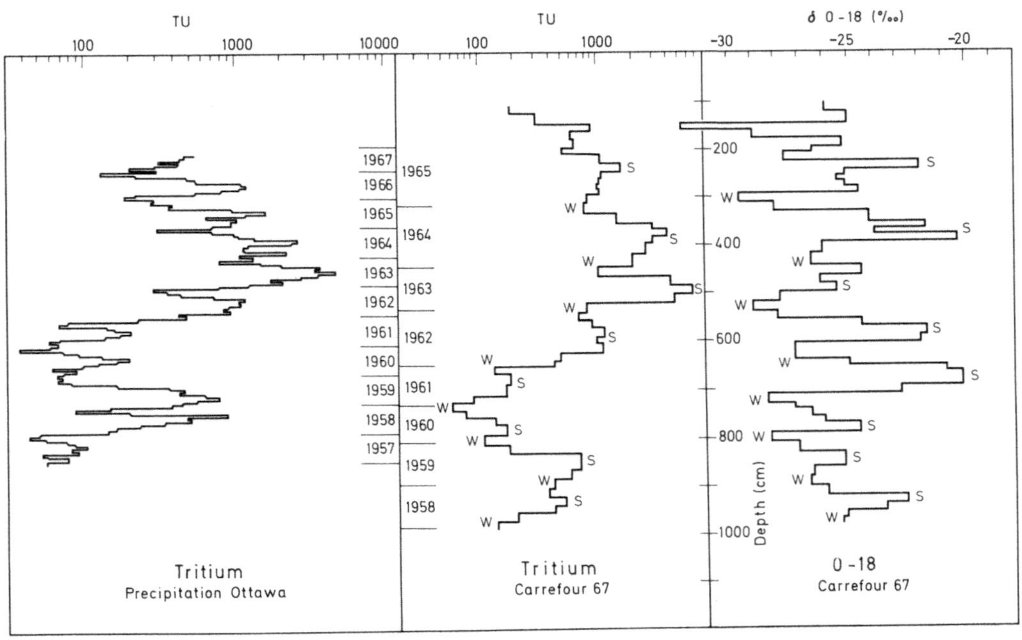

Abb. 4. *Linker Abschnitt* Tritiumkonzentration im Niederschlag von Ottawa. *Mitte* und *rechter Abschnitt* Tritium und δ^{18}O-Profil aus Carrefour/Grönland. Mit W und S sind die Winter-, resp. Sommerhorizonte gekennzeichnet (Ambach und Dansgaard 1970)

Tabelle 1. Isotope des Wasserstoffmoleküls

	Sauerstoffisotope			Wasserstoffisotope		
	^{16}O	^{17}O	^{18}O	^{1}H	^{2}H	^{3}H
		stabil		stabil		radioaktiv, Halbwertzeit 12,12 Jahre, Produktion natürlich und künstlich
Häufigkeit (Ozean) %	99,759	0,0374	0,2039	99,985	0,0149	10^{-17} - 10^{-19}
Einheiten	Die stabilen Isotopenverhältnisse werden in δ-Werten, Promilleabweichungen vom SMOW (Standard Mean Ocean Water), ^{3}H oder Tritium in TU (Tritium Unit) ≙ $^{3}H/^{1}H = 10^{-18}$ ausgedrückt.					
Veränderung	der Isotopenverhältnisse im Wasserkreislauf werden durch Verdunstung oder Kondensation hervorgerufen: Bei Gleichgewicht zwischen Wasser und Wasserdampf ist der Wasserdampf isotopisch leichter, d.h. an schweren Isotopen (^{3}H, ^{2}H, ^{18}O) abgereichert. Bei Tritium sind diese Phänomene durch Variationen räumlicher und zeitlicher Art, bedingt durch Produktion und Zerfall, überdeckt.					

Beobachtete Phänomene und ihre Ursachen:	$\delta^{18}O$		δD	^{3}H
Saisoneffekt	ja	Bei all diesen Effekten spielt die Temperatur eine wesentliche Rolle. Empirischer Zusammenhang mit der Jahrestemperatur (T_A) °C $\delta^{18}O=(0{,}170\ T_A-13{,}6)$ ‰ $\delta D=(5{,}6\ T_A-99)$ ‰	ja	ja, Entleerung des stratosph. Reservoirs im Frühsommer
Höheneffekt	ja		ja	?, theoret. mögl. für nat. prod. Tritium
Breiteneffekt	ja		ja	ja, bei künstl. prod. Tritium; bedingt durch Verteilung von Wasser und
Kontinentaleffekt	ja		ja	ja, Landmassen
Klimaeffekt	ja		ja	?, natürl. Produktionsschwankungen in Verbindung mit Sonnenaktivität (Abb. 5) wegen der geringen Halbwertzeit über etwa 50 Jahren nachweisbar

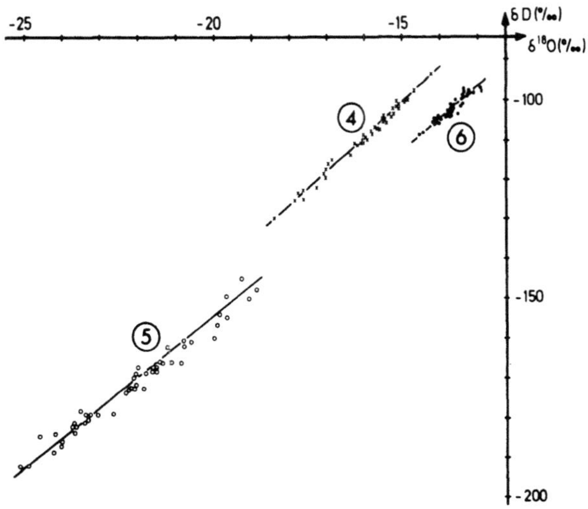

Abb. 5. δD-$\delta^{18}O$-Relationen räumlich verteilter Einzelproben von 3 Schneeniederschlägen (Stichler und Herrmann 1978). *4* Schneefall, Tropikluft; *5* Schneefall, polare Luftmasse; *6* Schneefall, maritime Polarluft

zu raschem Verdunsten mit kinetischen Effekten führt, die ^{18}O und ^{2}H ungleich beeinflussen (Stichler und Herrmann 1978). "Anomale" $^{18}O/^{2}H$-Verhältnisse in Eisbohrkernen aus den Alpen lassen sich daher möglicherweise als Niederschläge aus dem Mittelmeergebiet deuten.

Abbildung 6 zeigt ^{3}H an einem Eisbohrkern vom Colle Gnifetti am Monte Rosa. Bei einer Tiefe von ca. 720 cm nimmt in Richtung jüngerer Niederschläge der ^{3}H-Gehalt des Eises stark zu, da große Mengen ^{3}H bei Wasserstoffbombentests produziert wurden. Aber auch vor 1953 sind starke ^{3}H-Ausschläge zu beobachten, die in den entsprechenden Altersbereichen ebenfalls an Eisbohrkernen aus Grönland gemessen wurden. Eine mögliche Erklärung wäre starke zusätzliche ^{3}H-Produktion in der Atmosphäre durch solare Protonenflüsse im Zusammenhang mit Sonneneruptionen.

Auch gelöste, chemische Stoffe (Na, Mg, Ca, Al) zeigen jahreszeitlich Schwankungen (Herron und Langway 1978). Das gleiche gilt, wie Abbildung 7a (Hammer et al. 1978) zeigt, für die Mikropartikel, die in dieser Abbildung mit gemessenem $\delta^{18}O$ verglichen werden. Die jahreszeitlichen Schwankungen sind bei den Mikropartikeln wegen der kaum vorhandenen Diffusion viel weniger verwischt. Durch ein für die Diffusion korrigierendes Entfaltungsverfahren können die ursprünglichen ^{18}O-Schwankungen in gewissen Grenzen rekonstruiert werden (Profil rechts). Der Vergleich mit den Partikelgehalten gestattet es, im Zweifelsfall zu entscheiden, ob ein oder zwei ^{18}O-Zyklen vorliegen.

Eine große Bedeutung für das Klimageschehen wird der Belastung der Atmosphäre mit *Vulkanstaub* zugemessen. C. Hammer (Hammer et al. 1978) verglich in der Zeitspanne 1870-1972 historische Angaben über Vulkanausbrüche mit Konzentrationen von Verunreinigungen in einem Eisbohrkern von der Station Crête in Grönland. In Abbildung 7b wird ein Index für vulkanische Verunreinigungen in hohen Breiten, hergeleitet aus dem Vulkanstaubproduktionsindex von Lamb (Lamb 1970) verglichen mit der spezifischen Leitfähigkeit der geschmolzenen Proben und der Konzentration unlöslicher Mikropartikel. Überzeugend ist die Korrelation mit der spezifischen Leitfähigkeit, die wohl durch große Anteile von Schwefelverbindungen in Perioden starker vulkanischer Aktivität erhöht ist; die Mikropartikel zeigen kaum eine Korrelation.

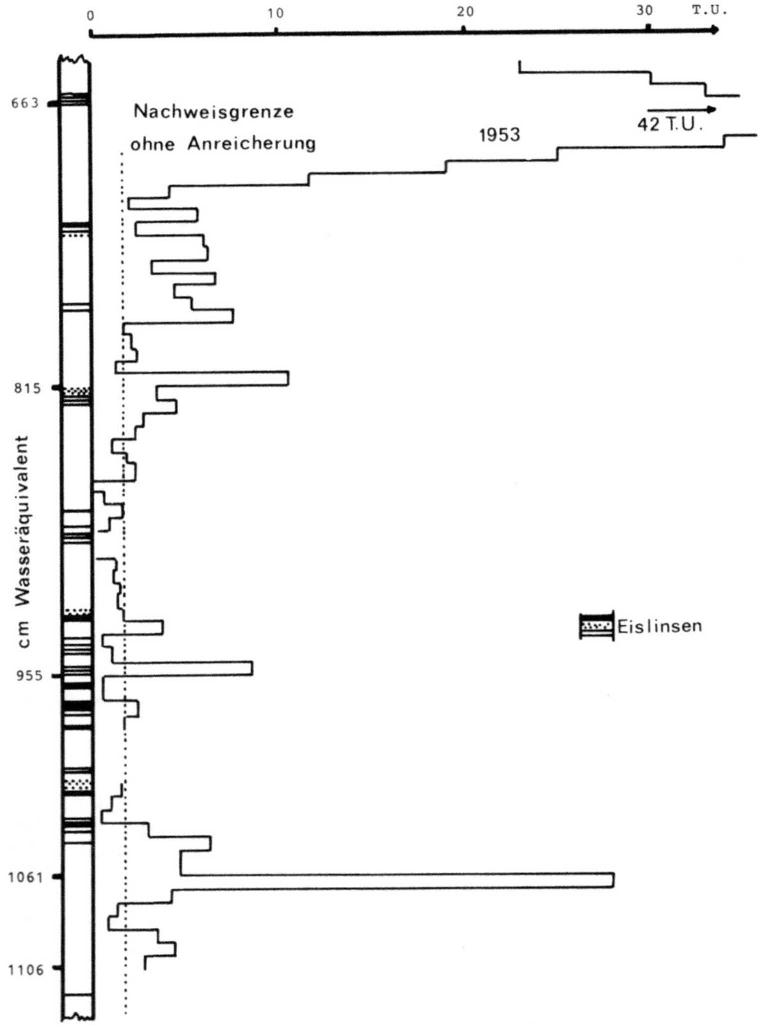

Abb. 6. Tritiumprofil Colle Gnifette. Core 1976. Die Tritiumwerte sind auf 1976 bezogen. Die mittlere Akkumulation pro Jahr liegt zwischen 30 und 35 cm Wasseräquivalent

Die unmittelbarste Information über die Geschichte unserer Atmosphäre liefern die *Gase im Eis*. In Gegenden, wo die Temperaturen weit unter 0°C liegen, erfolgt die Bildung von Eis aus Schnee durch Sinterung (Stauffer 1979). Die eingeschlossene Luftmenge ist bestimmt durch Porenvolumen, Druck und Temperatur. Wäre das Porenvolumen streng konstant, entsprächen Messungen des Totalgasgehaltes des Eises einer Druck- resp. Temperaturmessung während des Firn-Eis-Überganges. Messungen von Raynaud (Raynaud and Lorius 1977) ergaben, daß sich beim Übergang Eiszeit-Nacheiszeit der Gasgehalt des Camp Century Eisbohrkerns von 0.102 cm^3/g Eis auf 0.117 cm^3/g Eis ändert. Falls dieser Sprung des Gasgehalts als ein Absinken des Akkumulationsgebietes mit entsprechend höherem Luftdruck interpretiert wird, Temperaturkorrekturen

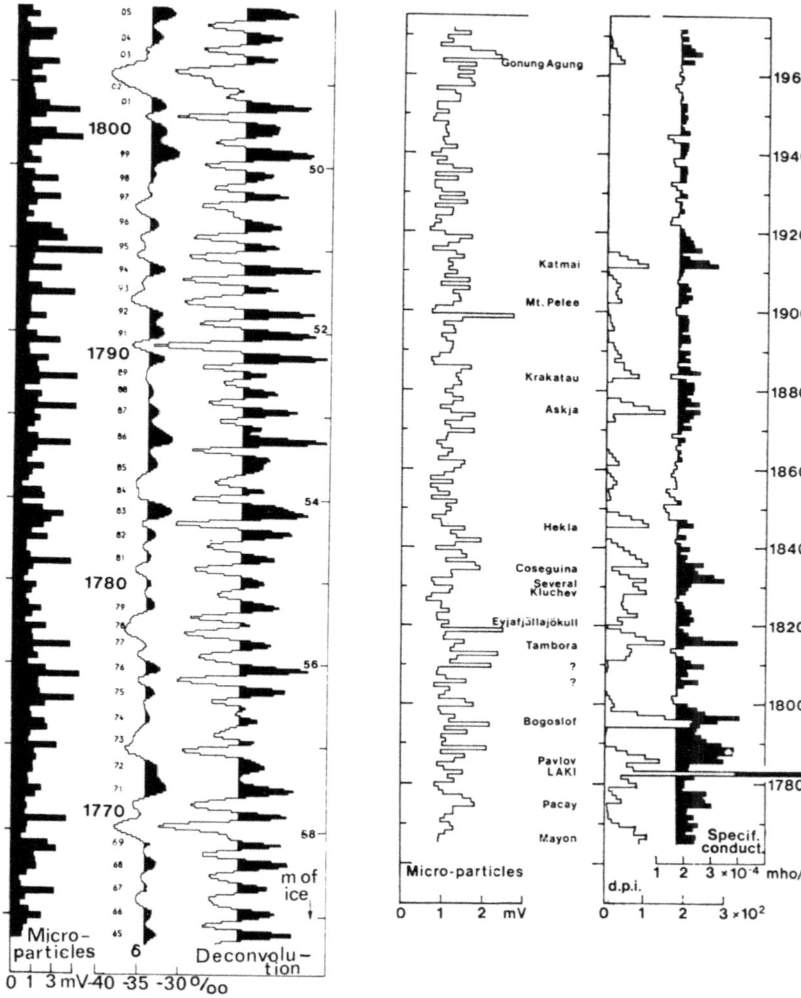

Abb. 7. Profile von Mikropartikeln und $\delta^{18}O$ (a) bzw. von Mikropartikeln und Leitfähigkeit (b) von der Station Crête/Grönland (Hammer et al. 1978)

vorgenommen werden und berücksichtigt wird, daß älteres Eis von höher gelegenen Akkumulationsgebieten stammt, ergäbe sich eine Änderung um ca. 600 m.

Abbildung 8 aus Berner et al. (1978) zeigt, daß der Gasgehalt des Camp Century Eisbohrkerns einen jahreszeitlichen Gang, in Antikorrelation mit der geschätzten Kristallgröße aufweist. Diese Zeitreihe weist daraufhin, daß das Konzept einer konstanten Porosität des Eises wohl kaum universelle Gültigkeit hat und daß neben Druck und Temperatur auch andere Parameter wesentlichen Einfluß auf den Gasgehalt von Eisbohrkernen haben. Darüberhinaus ist die Kenntis über den Einschlußmechanismus von Gaskomponenten in Schnee oder Eiskristallen beim Niederschlag noch sehr unvollständig: Während gelöste Gase in Wassertropfen sehr schnell mit der Gasphase austauschen, könnten wachsende Eiskristalle in irreversibler Weise alle an ihrer Oberfläche adsorbierten Gase einbauen (Junge 1977).

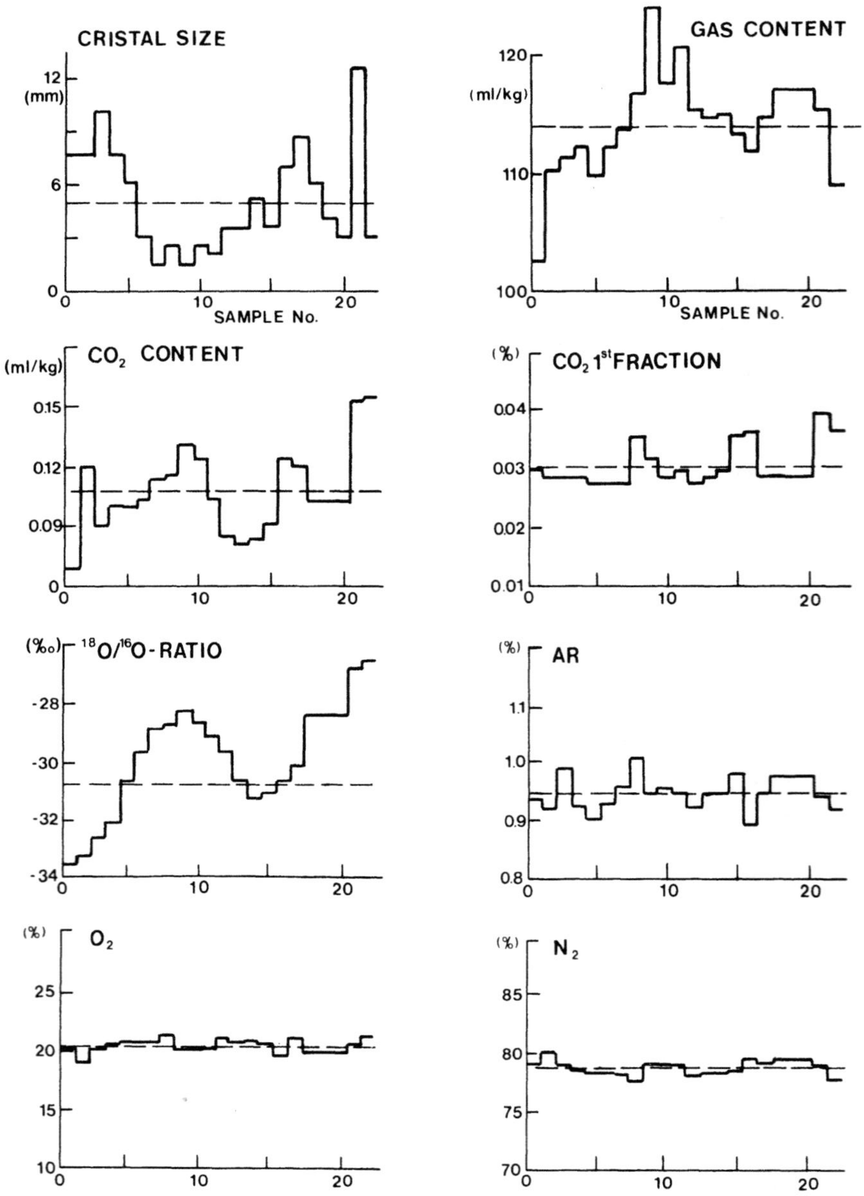

Abb. 8. Zeitreihen von physikalischen Eigenschaften, gemessen an einem Teilstück des Camp Century Bohrkernes zwischen 90,2 (sample No 1) und 90,9 m (sample No. 22) Tiefe

Besondere Bedeutung haben Gaskomponenten in der Datierung (^{39}Ar, ^{14}C im CO_2) erlangt. Darüberhinaus interessiert die Geschichte des CO_2 in steigendem Maße. Auf beides wird weiter unten näher eingegangen. Reaktive Gase wie SO_2, NH_3, NO_2 oder organische Dämpfe sind weitgehend an Aerosole gebunden und können unter anderem über die Entwicklung der durch die Industrialisierung verursachten Umweltbelastung Auskunft geben. Die Messungen von Ar-, O_2- N_2-Verhältnissen liefern wertvolle Information über die Hydrologie von temperierten Gletschern (Berner et al. 1977). Aufgrund des Vergleichs von gemessenen und berechneten Gas-

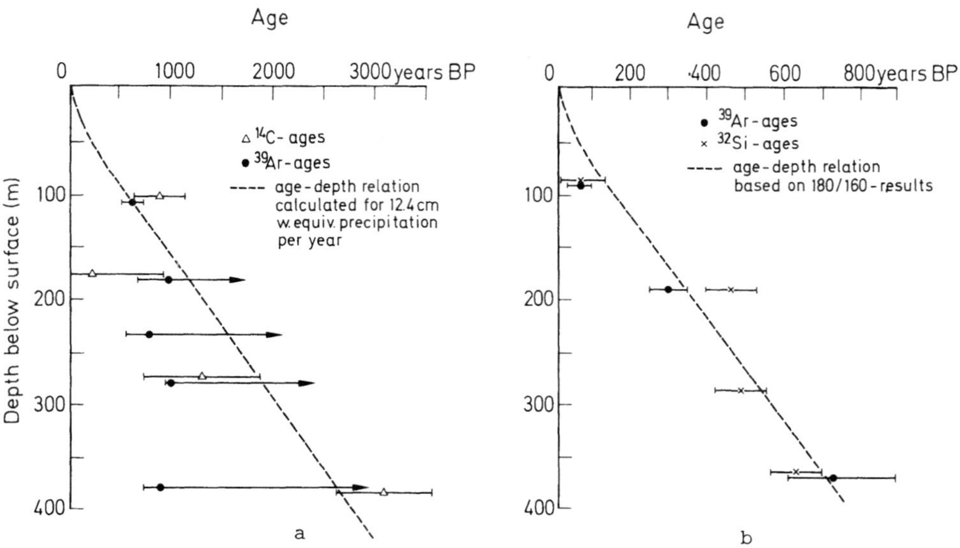

Abb. 9. ^{39}Ar-Alter von Eis verglichen mit anderen Datierungsmethoden (Loosli 1979). (a) Byrd Station, Antarctica; (b) Station Dye 3, Südgrönland

gehalten konnte am Griesgletscher der mittlere Wasserfluß durch das intergranulare Kanalsystem auf 0,02 - 0,04 m Wasseräquivalent pro Jahr abgeschätzt werden. CH_4-Gehalte (Ehhalt 1979) wie auch das $^3He/^4He$-Verhältnis wären weitere wertvolle biologische und geophysikalische Parameter. Erste Messungen haben Robbins et al. (1973) durchgeführt.

Die *Datierung* kann bei Bohrkernen aus kalten Akkumulationsgebieten aufgrund des Abzählens von Jahresschichten erfolgen ($\delta^{18}O$, eventuell gelöste Stoffe, klassische Stratigraphie). Bei Jahresniederschlägen von weniger als 20 cm Wasseräquivalent oder in großen Tiefen müssen Modelle für die Diffusion der Jahresschwankungen oder das Fließverhalten des Eises die Datierung unterstützen. Ist die Akkumulation jedoch stark durch Windverfrachtung gestört, wie beispielsweise in den Alpen oder in Teilen der Antarktis, erfolgt die Datierung in erster Linie durch die Messung radioaktiver Isotope. Dasselbe gilt für Eis aus den Ablationszonen der Gletscher und der Eiskappen. Erschwerend bei temperierten Gletschern ist das Verschleppen von radioaktiven Bezugshorizonten durch perkolierendes Schmelzwasser (Schotterer et al. 1977). Als Datierungsbeispiele seien erwähnt: ^{14}C-Messungen an dem im Eis eingeschlossenen CO_2 ergaben im Tuto-Tunnel (Thule, Grönland) Alter zwischen 2700 und 6000 Jahren (Oeschger et al. 1966). Auf Byrd Station und ebenfalls in Grönland wurden mit der in-situ Extraktionstechnik Argonproben entnommen. Um die von H.H. Loosli (Loosli 1979) entwickelte ^{39}Ar-Datierungsmethode zu überprüfen, werden in Abbildung 9 die ^{39}Ar-Alter mit Zeitskalen verglichen, die aus anderen Datierungen genommen wurden. Die Übereinstimmung ist sehr befriedigend. Daß in 9b der im Vergleich zum $\delta^{18}O$ parallele ^{39}Ar-Altersverlauf mit der Tiefe nicht durch den Nullpunkt geht, erklärt sich dadurch, daß der endgültige Gaseinschluß (Firn - Eis Übergang) in Crête in einer Tiefe von etwa 70 m erfolgt. Erst in diesem Moment beginnt die radioaktive Uhr zu laufen. Bei etwa 1000 Jahren ist für ^{39}Ar mit der heutigen Meßtechnik die Nachweisgrenze erreicht. Der Grund, warum dieses Isotop der nuklearen Geophysik so lange nach dem ^{14}C und dem ^{3}H erschlossen wurde, ist in der geringen spezifi-

Tabelle 2. Radioaktive Isotope zur Datierung von kaltem Firn und Eis

Isotop	Halbwertzeit Jahre	Produktion *natürlich:* durch kosm. Strahlung, *künstlich:* durch menschl. Tätigkeit	Datierbarer Altersbereich	wird angewandt	Information/besondere Eigenschaften
^{3}H	12,26	n, k	k bis 1953 n bis ~1890	ja selten	k: Wasserdampftransport, Hemisphärenaustausch; jahreszeitl. Gang der Konzentr. n: Kurzfristige Produktionsschwankungen, Zusammenhang mit Sonnenaktivität (Sonnenflecken, Flares)
^{90}Sr	28,5	k	bis 1953	ja	Aerosoltransport
^{137}Cs	30,1				
^{210}Pb	22,3	n	~ 200 Jahre	ja	Luftmassentransport (kontinental - maritim)
^{39}Ar	270	n	~1200 Jahre	ja	Verhalten von Gasen im Firn
^{32}Si	290	n	~1500 Jahre	ja	Mittelfristige Produktionsschwankungen — kosmische Strahlung
^{14}C	5730	n, k	500-20.000 resp.50.000	ja	Mittel- bis langfristige Produktionsschwankungen — kosmische Strahlung, Erdmagnetfeld
$^{81}Kr^{a}$	$2{,}1x10^{5}$	n	$5.x10^{4}-10^{6}$	nein	Langfristige Produktionsschwankungen — kosmische Strahlung, Erdmagnetfeld
$^{36}Cl^{a}$	$3{,}1x10^{5}$	n		vereinzelt	
$^{10}Be^{a}$	$1{,}6x10^{6}$	n	$5.x10^{5}$ - einige 10^{6}	vereinzelt	
$^{53}Mn^{a}$	$3{,}7x10^{6}$	n	?	vereinzelt	Bei ^{53}Mn zusätzlich Identifikation von kosmischem Staub

[a] Der datierbare Altersbereich hängt von der angewandten Meßtechnik ab. Darüberhinaus sind Parallelmessungen von 2 verschiedenen Isotopen sinnvoll, da ein Isotop allein aufgrund seiner Produktionsschwankung schwer interpretierbare Resultate liefern kann

schen Aktivität von 0,1 Zerfällen pro Minute und Liter Argon und in den großen Mengen Eis, resp. Wasser, aus denen das Argon für die Radioaktivitätsmessung abgetrennt werden muß, zu suchen. Einen Überblick über radioaktive Datierungsmethoden gibt die Tabelle 2.

2.4 Neue analytische Methoden

Die ausgeprägte Wärmeschwankung Allerød am Ende der letzten Eiszeit wird im $\delta^{18}O$-Profil vom Camp Century (Dansgaard et al. 1971) für Werte vermutet, die von den heutigen nicht stark abweichen. In einer neueren Publikation wird das Allerød in demselben Profil mit dem starken positiven $\delta^{18}O$-Auschlag (von $\delta^{18}O = -41$ auf -35) identifiziert (Hammer et al. 1978). Derartige Unsicherheiten könnten durch präzise ^{14}C-Messungen am Bohrkernmaterial beseitigt werden, wozu die methodischen Möglichkeiten leider nicht ausreichen. Für die Messung von ^{14}C in CO_2, ^{39}Ar in Ar oder ^{53}Mn in kosmischem Staub, beispielsweise, wären Eismengen von mehreren Tonnen erforderlich.

In den letzten Jahren wurden auf dem Gebiet des Nachweises von Isotopen geringster Häufigkeit und von kleinsten Spuren von Elementen entscheidende Durchbrüche erzielt. Am Lawrence Radiation Laboratory (Muller 1977) in Berkeley und am Institute for Nuclear Structure in Rochester (Bennett et al. 1977) gelang es, eine sich auf *Schwerionenbeschleuniger abstützende Massenspektrometrie* aufzubauen, die es gestattet, Isotopenhäufigkeiten von 10^{-16} nachzuweisen, verglichen z.B. mit $^{14}C/^{12}C \sim 10^{-12}$ in rezentem austauschendem Kohlenstoff. Dies bedeutet, daß die Messung von ^{14}C nicht mehr über die Registrierung der radioaktiven Zerfälle zu erfolgen hat. Infolge der langen Halbwertzeit wird bei ^{14}C-Radioaktivitätsmessungen nur etwa jedes Millionste in der Probe vorhandene ^{14}C-Atom registriert. Bei der neuen Methode hofft man, Ausbeuten von einem Promille bis zu einigen Prozent zu erreichen. Diese Empfindlichkeitssteigerung bedeutet, daß für eine Messung nicht mehr das in mehreren Tonnen Eis enthaltene CO_2 extrahiert werden muß, sondern daß schon wenige ml CO_2 genügen, wie sie in ca. 30 kg Eis enthalten sind. Neben ^{14}C werden aber auch Messungen anderer Produkte der kosmischen Strahlung, wie ^{10}Be, ^{26}Al, ^{32}Si und ^{36}Cl, an Proben von der Größenordnung von 30 kg Eis ermöglicht. Auf die Bedeutung derartiger Analysen wird später eingegangen. Als vielleicht empfindlichste und einfachste Methode, ^{14}C in kleinen Proben nachzuweisen, entwickelt sich möglicherweise die *Resonanzionisation im Proportionalzählrohr*. Dabei werden durch 2 Photonen geeigneter Wellenlänge isotopenspezifisch diejenigen Moleküle angeregt, die ^{14}C enthalten. Darüberhinaus ermöglicht *Laser I.R.-Absorptionsspektroskopie* (Lehmann 1979) schon heute CO_2-Gehalt-Messungen an Proben von 1 cm^3 Eis. Grundsätzlich ist man empfindlich genug, um an kleinsten Mengen Luft – wie sie etwa in einer Gasblase im Eis enthalten sind – CO_2 zu messen. Außerdem ist die Methode, die in Bern entwickelt wird, isotopenselektiv, ergibt jedoch noch nicht die gewünschte Präzision (0,1‰ für $^{13}C/^{12}C$ und $^{18}O/^{16}O$ an CO_2, resp. 0,1‰ für $^{18}O/^{16}O$ und 1‰ für $^{2}H/^{1}H$ an Wasserdampf).

Es sind also für die nächsten Jahre für einige Umweltparameter weitere präzisere und detailliertere Meßreihen an Eisbohrkernen zu erwarten. Diese Entwicklung geht parallel mit der für 1980/81 geplanten Durchbohrung des grönländischen Eisschildes im Rahmen des amerikanisch-dänisch-schweizerischen "Greenland Ice Sheet Program (GISP). Sie ist ein dringendes Anliegen in Anbetracht des großen Interesses an der Voraussage natürlicher und anthropogener Klimaveränderungen mit sozioökonomischen Konsequenzen.

3 Das Studium des CO_2 Kreislaufs aufgrund von Isotopenmessungen

Ein eindrückliches Beispiel der Anwendung von Umweltparameteranalysen ist das Studium des CO_2-Kreislaufs und seiner Geschichte.

CO_2-Konzentrations- und C-Isotopenmessungen an Proben aus den verschiedenen CO_2-austauschenden Reservoirs geben Information über den Ist-Zustand des Systems. In Proben aus polarem Eis, Baumringen und Torfmooren, Ozean und Seesedimenten ist Information über dessen Geschichte zu erschließen. Informationen über die Dynamik der Austauschvorgänge werden aufgrund des durch die kosmische Strahlung produzierten radioaktiven ^{14}C und der Antwort des Systems auf natürliche Störungen (z.B. ^{14}C-Produktionsschwankungen) und anthropogene Beeinflussungen (CO_2-Produktion durch Fossilenergienutzung und ^{14}C-Produktion bei Kernwaffentests) erhalten.

Die Relevanz der Analyse des CO_2-Zyklus bezüglich der Thematik dieses Buches besteht darin, daß, wie in den Beiträgen von H. Flohn und W. Kellogg festgehalten, die Belastung der Atmosphäre durch fossiles CO_2 als die schwerwiegendste anthropogene Klimaeinwirkung betrachtet wird. Es stellt sich somit die Frage, ob die Reserven an fossilen Brennstoffen uneingeschränkt genutzt werden dürfen, ohne Klimaveränderungen hervorzurufen, die sich für die Gesellschaft ungünstig auswirken. Die Beantwortung dieser Frage setzt voraus, daß wir (1) den Kohlenstoffkreislauf und seine Reaktion auf Störungen genügend genau verstehen, um für verschiedene mögliche Energieszenarii die zukünftigen atmosphärischen CO_2-Gehalte voraussagen zu können; (2) die Klimamechanismen genügend genau kennen lernen, um die Auswirkung erhöhter atmosphärischer CO_2-Pegel mit der erforderlichen Genauigkeit abschätzen zu können. Insbesondere interessiert die Frage, ob der atmosphärische CO_2-Gehalt in der jüngeren Klimageschichte konstant war oder ob Variationen aufgetreten sind, die klimabestimmend waren; (3) die Kenntnis der Klimamechanismen vorantreiben, um so rasch wie möglich zwischen natürlichen und anthropogenen Klimaveränderungen unterscheiden zu können. Im Folgenden sei an Beispielen gezeigt, wie man sich, ausgehend vom Studium des CO_2-Kreislaufs, Antworten auf die gestellten Fragen teilweise schon erarbeitet hat und noch zu erarbeiten hofft.

3.1 Das CO_2-System und seine isotopischen Markierungen

Abbildung 10 zeigt die CO_2-austauschenden Reservoirs Atmosphäre, Biosphäre und Ozean, zusammen mit den Sedimenten. Die Werte für die C-Gehalte und die mittleren Isotopenverhältnisse der verschiedene Reservoirs sind geschätzt für die ungestörte, vorindustrielle Situation. Auch ohne anthropogene Einflüsse waren die C-Gehalte und Isotopenverhältnisse nicht konstant (Oeschger und Siegenthaler 1978), es sind jahreszeitliche, aber auch längerfristige klimatisch bedingte Schwankungen erfolgt. So wurden an Baumringproben Schwankungen des $^{14}C/C$-Verhältnisses während der letzten 8000 Jahre beobachtet, die wohl hauptsächlich durch Schwankungen der ^{14}C-Produktion in der Atmosphäre verursacht wurden. Im Folgenden wird in mehreren Tabellen (3a-3d) eine Übersicht über die natürlichen und die anthropogen bedingten Schwankungen der Parameter des CO_2-Systems gegeben; eine detaillierte Diskussion der Phänomene würde den Rahmen dieser Arbeit übersteigen.

In Tabelle 3a sind natürliche Variationen (Zeitskala $\sim$100 Jahre) zusammengestellt. Einige der Phänomene wurden beobachtet, andere werden wohl beobachtet werden, wenn ein atmosphärisches Meßnetz für CO_2 und C-Isotopenmessungen zur Verfügung stehen wird.

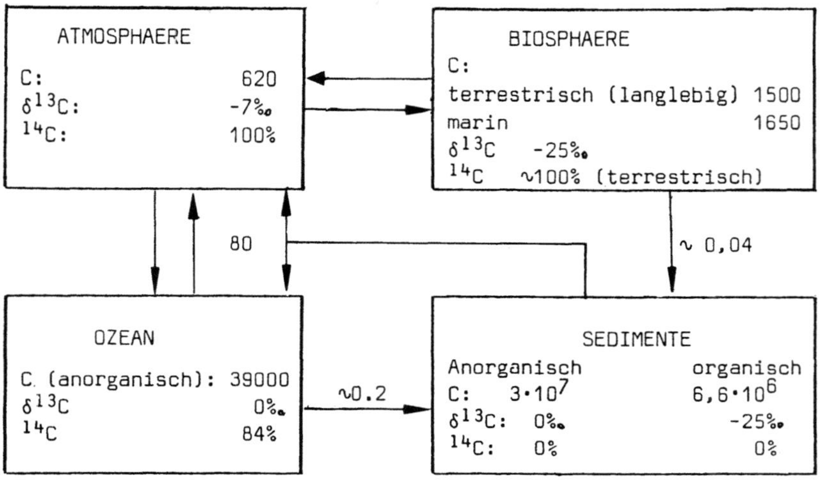

Abb. 10. Austauschende Kohlenstoff-Reservoirs. Die Kohlenstoffmengen sind in 10^{15}gC und die Flüsse in 10^{15}gC/Jahr ausgedrückt. Der Austauschfluß betrifft nur die langlebige terrestrische Biosphäre. Die ^{14}C-Konzentrationen sind korrigiert auf ein gemeinsames $\delta^{13}C = -25‰$. Die wirklichen, unkorrigierten Konzentrationen sind für die Atmosphäre ∿103,6%, für den Ozean ∿88% bezogen auf "modernes Holz" (100%)

In Tabelle 3b sind anthropogene Veränderungen des atmosphärischen CO_2 als Folge der die Fossilenergienutzung begleitenden CO_2-Emission und der ^{14}C-Produktion bei Kernwaffentest aufgeführt.

Tabelle 3c zeigt mögliche und teilweise beobachtete natürliche Langzeitprozesse im CO_2-System und Tabelle 3d die natürlichen Aufzeichnungen der Systemparameter.

Alle diese Informationen werden für die Entwicklung von Modellen des CO_2-Kreislaufs benützt. Das Vertrauen in letztere wächst mit ihrer Fähigkeit, konsistent die Prozesse zu beschreiben, die sich in Veränderungen der CO_2/Luft-, $^{13}C/^{12}C$-, $^{14}C/C$-Verhältnisse, wie sie analytisch rekonstruiert werden, ausdrücken.

Im Folgenden weisen wir auf ein Forschungsprojekt hin, von dem grundlegende Information zum Fragenkomplex Wechselwirkung zwischen Klima- und CO_2-System erwartet wird.

3.2 Läßt sich die CO_2-Geschichte der Atmosphäre durch CO_2-Messungen an Eisbohrkernen rekonstruieren?

Messungen des CO_2-Gehaltes der Atmosphäre, die an mehreren Orten der Erdoberfläche durchgeführt werden, ergeben für die letzten 20 Jahre einen Anstieg von ca. 6%, verglichen mit einer Produktion von CO_2 als Folge der Fossilenergienutzung, die in dieser Periode etwa 10% der atmosphärischen Konzentration ausmacht. Unsicherheit herrscht bezüglich der vorindustriellen CO_2-Konzentration, da systematische Meßreihen von Orten ohne starke Lokaleffekte erst seit 1958 vorliegen. Die uneingeschränkte Nutzung der Reserven an Erdgas, Erdöl und Kohle könnte schon vor der Mitte des nächsten Jahrhunderts zu einer Verdoppelung des atmosphärischen CO_2-Gehalts mit signifikanten klimatischen Veränderungen führen (Siegenthaler und Oeschger 1978). In diesem Zusammenhang stellen sich die Fragen, wie groß der vorindustrielle CO_2-Gehalt war und ob

Tabelle 3a. Natürliche Variationen von CO_2, $^{13}C/^{12}C$ und $^{14}C/C$ in der Atmosphäre (Zeitskala 100 Jahre)

Prozeß	CO_2	$^{13}C/^{12}C$	$^{14}C/C$
Schwankungen der natürlichen ^{14}C-Produktion (solarer Magnetismus)	-	-	Änderung im ^{14}C ± (1 - 2) %
Saisonschwankungen im Austausch Atmosphäre - Ozean	Sommer ↑ Winter ↓	Sommer Winter kleine Änderungen	Sommer Winter kleine Änderungen
Saisonschwankungen im Austausch Atmosphäre - Biosphäre	↓ ↑	↑ ↓	kleine Änderungen
Nettotransport von CO_2 vom Äquator zu den Polen	Äquator ↑ Pole ↓	Äquator ? Pole ?	Äquator ? Pole ?
Regionale Effekte	Ozean- und Kontinentaleffekte abhängig von Jahreszeiten und Vegetation		

Tabelle 3b. Anthropogene Einflüsse auf atmosphärisches CO_2, $^{13}C/^{12}C$, $^{14}C/C$

Prozeß	CO_2	$^{13}C/^{12}C$	$^{14}C/C$
^{14}C-Produktion durch Kernwaffen, Reaktoren, etc.	-	-	In den 60er Jahren Anstieg auf 200% (nördl.Hemisph.); gegenwärtig ∿130%
CO_2-Produktion durch Fossilenergienutzung	↑	↓	↓ Heute schwierig zu beobachten wegen künstl. ^{14}C-Produktion
CO_2-Produktion durch Rodungen	↑	↓	Effekt geringer als für fossiles CO_2
Regionale Verteilung der Effekte	Süden Äquator Norden	Süden Äquator Norden	Süden Äquator Norden
- fossiler CO_2-Input (hauptsächlich nördl. Hemisphäre)	↑ ↑ ↑	↓ ↓ ↓	↓ ↓ ↓
- Rodungen (Äquator und südl. Hemisphäre)	↑ ↑	↓ ↓	geringe Änderung
- Größere Ozeanoberfläche in südl. Hemisphäre		↑	↓

Tabelle 3c. Natürliche Langzeit-Variationen von CO_2, $^{13}C/^{12}C$ und $^{14}C/C$ in der Atmosphäre

Prozeß		CO_2	^{13}C	^{14}C
Änderung des total austauschbaren CO_2	↑	↑	?	↓
Änderung des totalen CO_2 in der Ozeanoberfläche (Einfluß der marinen Biosphäre)	↑	↑	-	↓
Änderung der Ozeanzirkulation	↑	-	-	↓
Änderung des magnetischen Dipolmoments der Erde	↑	-	-	↓
Änderung des solaren Magnetismus (Sonnenflecken)	↑	-	-	↓
Änderung der Größe der Land-Biosphäre	↑		↓	?

Tabelle 3d. Natürliche Aufzeichnungen von CO_2, $^{13}C/^{12}C$, $^{14}C/C$

	CO_2-Konzentration	$^{13}C/^{12}C$ und $^{14}C/C$
Atmosphäre	Eisbohrkerne (Gletscher, polare Eiskappen)	Baumringe Torfmoore Seesedimente Polareis
Biosphäre	(Baumringe: Dicke und Dichte)	Baumringe Torfmoore Varven Seesedimente
Ozean	Chemische Zusammensetzung der Ozeansedimente	Ozeanwasser Ozeansedimente Korallen

sich in der Vergangenheit erhebliche natürliche Schwankungen zeigten, dies evt. im Zusammenhang mit klimatischen Veränderungen.

Immer wieder haben Forscher versucht, die Geschichte des atmosphärischen CO_2 aufgrund der Analyse von Eisbohrkernen zu rekonstruieren (Scholander et al. 1961). Wohl gibt es indirekte Methoden (bei Veränderung der totalen Biomasse ändert sich das $^{13}C/^{12}C$-Verhältnis im atmosphärischen CO_2), aber die direkte Messung der Geschichte des CO_2/N_2-Verhältnisses ist nur an einem System möglich, das Proben dieser beiden Atmosphärenkomponenten entnimmt und in zeitlicher Abfolge speichert.

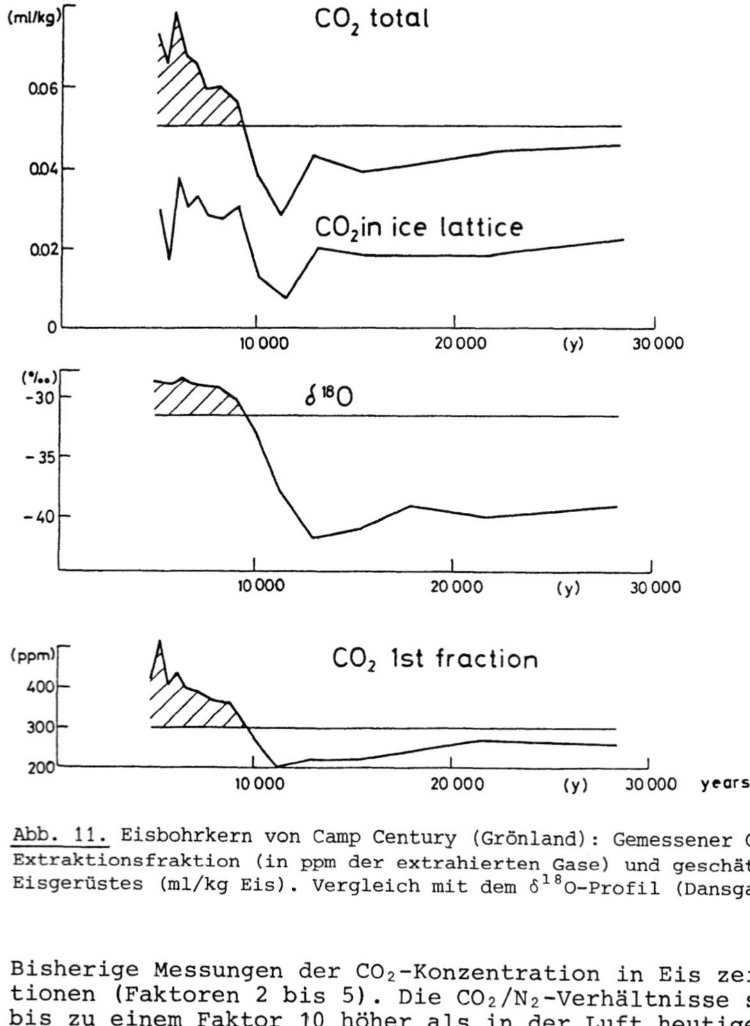

Abb. 11. Eisbohrkern von Camp Century (Grönland): Gemessener CO_2-Gehalt der ersten Extraktionsfraktion (in ppm der extrahierten Gase) und geschätzter CO_2-Gehalt des Eisgerüstes (ml/kg Eis). Vergleich mit dem $\delta^{18}O$-Profil (Dansgaard et al. 1971)

Bisherige Messungen der CO_2-Konzentration in Eis zeigen starke Variationen (Faktoren 2 bis 5). Die CO_2/N_2-Verhältnisse sind in der Regel bis zu einem Faktor 10 höher als in der Luft heutiger Zusammensetzung. Es scheint, als ob Mechanismen bei der Niederschlagsbildung und der Metamorphose von Schnee zu Eis die beiden Atmosphärenkomponenten unterschiedlich beeinflussen und mögliche natürliche Schwankungen völlig maskieren. In Anbetracht der Bedeutung, die die Fragestellung im Zusammenhang mit dem Problem des fossilen CO_2 erhält, ist es angebracht, sie neu aufzugreifen. Hoffnungen versprechen detaillierte Analysen und der Vergleich mit anderen Parametern. Selbst wenn die Rekonstruktion der CO_2-Geschichte nur in beschränktem Maß gelingt, sind von CO_2-Profilen wichtige Informationen über Prozesse bei der Niederschlagsbildung und der Entstehung von Eis zu erwarten.

Im Eis der Gletscher und Polarkappen sind zweierlei Arten von CO_2-Proben enthalten. Einerseits findet sich CO_2 schon in Schneeflocken und zwar im Mittel in Konzentrationen von 0,05 ml/kg, die wesentlich unter denjenigen liegen, die man für Lösung in unterkühltem Wasser bei CO_2-Drucken in Wolkenhöhe berechnet. Der Einschluß von CO_2 erfolgt zusammen mit Luft beim Übergang Firn - Eis.

CO_2-Messungen, die zusammen mit anderen Parametern an einem etwa den Niederschlag von 2 Jahren umfassenden Eisbohrkernstück von Camp Century,

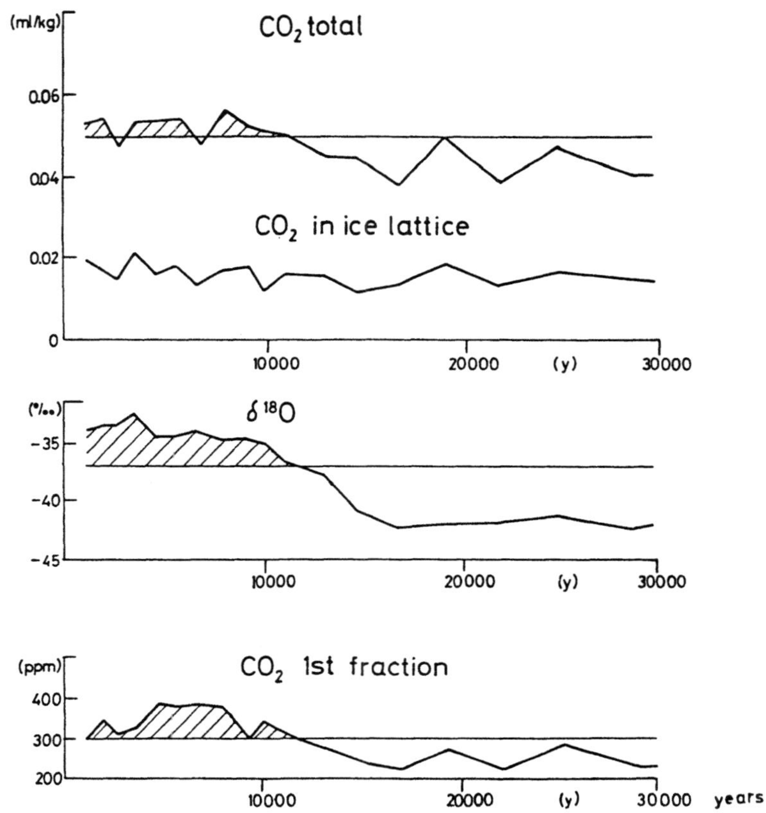

Abb. 12. Eisbohrkern von Byrd Station (Antarktis): Gemessener CO_2-Gehalt der ersten Extraktionsfraktion (in ppm der extrahierten Gase) und geschätzter CO_2-Gehalt des Eisgerüstes (ml/kg Eis). Vergleich mit dem $\delta^{18}O$-Profil (Johnsen et al. 1972)

Grönland durchgeführt wurden, ergaben für den CO_2-Totalgehalt starke jahreszeitliche Schwankungen, die wohl nur zu einem geringen Teil als saisonale Schwankungen des CO_2-Gehalts erklärt werden können (Abb. 8). Ausschlaggebend ist wahrscheinlich die saisonal bedingte unterschiedliche Gewichtung der Mechanismen bei der Bildung der Schneeflocken (Gefrieren unterkühlter Wassertröpfchen, resp. Wachsen der Kristalle durch direkte Anlagerung der Wassermoleküle). Messungen der ersten Gasfraktion, die während des Schmelzvorganges abgepumpt wird und weitgehend die Gaszusammensetzung der Blasen wiedergibt, zeigen deutlich geringere CO_2-Schwankungen. Die niedrigsten Werte der CO_2-Konzentration liegen bei 270 bis 300 ppm, also nahe bei der mutmaßlichen vorindustriellen Konzentration. Messungen an Gasproben, die durch Zertrümmerung, ohne Schmelzen des Bohrkernstücks, erhalten wurden, bestätigen die Interpretation der ersten Gasfraktion als repräsentativ für die Zusammensetzung der in den Blasen enthaltenen Gase.

Unter Abstützung auf diese Erfahrungen wurden im letzten Jahr systematische CO_2-Messungen an Eisbohrkernen aus Grönland (Camp Century) und der Antarktis (Byrd Station) durchgeführt (Berner et al. 1980). Die Proben überdecken die letzten 40.000 Jahre und damit einen Teil der letzten Eiszeit und den Übergang in die Nacheiszeit. In die Abbildungen 11 und 12 sind die Resultate der Messungen des totalen CO_2-Gehalts (ml/kg Eis), des CO_2-Gehalts der ersten Extraktionsfraktion (ppm) und Abschätzungen des CO_2-Gehalts des Kristallgitters zusammen mit dem $\delta^{18}O$-Verlauf für die beiden Eisbohrkerne aufgetragen. Die Datierung stützt sich auf Modellrechnungen von Hammer et al. (1978) und Johnsen et al. (1972) ab. Die ersten Fraktionen der beiden Bohrkerne zeigen ähnliche Verläufe: Niedrigen Werten während der letzten Eiszeit folgt ein Übergang zu höheren Nacheiszeitwerten. Der Übergang verläuft parallel mit dem $\delta^{18}O$-Übergang. Für beide Bohrkerne wurden für die Eiszeit niedrigste Werte zwischen 200 und 230 ppm festgestellt. Messungen an jungem Eis der beiden Bohrkerne ergaben für die erste Fraktion Werte um 300 ppm. Die Werte der ersten Fraktion der beiden Bohrkerne zeigen jedoch Differenzen für den Holozän-Bereich, für den der Camp Century-Bohrkern höhere Werte liefert.

Es stellt sich nun die Frage, ob der beobachtete generelle CO_2-Verlauf in den Eisbohrkernen hauptsächlich durch einen Gang des atmosphärischen CO_2-Gehalts verursacht ist oder durch klimatische Einwirkungen auf den Einschlußmechanismus von Gasen in Eis. Berner et al. (1980) geben als wahrscheinlichste Erklärung eine Veränderung des atmosphärischen CO_2-Gehalts während des Eiszeit - Nacheiszeit-Übergangs.

Dieser Befund ruft nach einer eingehenden Diskussion, für die hier der Platz fehlt. Einige Punkte seien skizziert:

1. Der CO_2-Gehalt der Atmosphäre hängt ab vom CO_2- Partialdruck in der Ozeanoberfläche, der, verglichen mit demjenigen in den tieferen Ozeanschichten, deutlich reduziert ist, da durch die marine biosphärische Aktivität Kohlenstoff aus der Ozeanoberfläche entfernt wird. Wegen der Pufferwirkung resultiert bei einer relativ kleinen Änderung des totalen CO_2-Gehalts eine relativ große Änderung des CO_2-Partialdruckes; schon relativ geringen Änderungen in den Prozessen der marinen Biosphäre könnten daher zu Änderungen des CO_2-Partialdruckes von der beobachteten Größenordnung führen, für die die rein physikalisch-chemischen Veränderungen beim Eiszeit - Nacheiszeitübergang nicht ausreichen.

2. Einfache Abschätzungen des Einflusses von CO_2-Änderungen auf die Erdoberflächentemperatur (Chamberlain 1979) ergeben für einen atmosphärischen CO_2-Gehalt von 200 ppm (verglichen mit den vorindustriellen ca. 300 ppm) eine Temperaturreduktion um 1,4°C. Eine Erwärmung dieser Größenordnung könnte für den Rückzug der Gletscher mitverantwortlich gewesen sein, insbesondere, da sich über den eisbedeckten Gebieten wegen des Albedo-Rückkopplungseffekts und der stabileren atmosphärischen Schichtung die Auswirkungen noch verstärkt hätten. Da die Datierung speziell des Bohrkerns von der Byrd Station wegen der komplizierten Felsbettopographie schwierig ist, besteht noch keine Einigkeit darüber, ob der $\delta^{18}O$-Übergang in Grönland und der Westantarktis gleichzeitig erfolgt ist.

3. Es fällt nun auf, wie gut die CO_2-Übergänge mit den $\delta^{18}O$-Übergängen korreliert sind. Schon Phasenverschiebungen um ± 1000 Jahre würden zu einer Abnahme der Werte der Korrelationskoeffizienten führen. Falls der CO_2-Übergang durch eine Änderung der atmosphärischen CO_2-Konzentration verursacht wäre, ergäbe sich somit auch die Gleichzeitigkeit der $\delta^{18}O$-Übergänge.

Das Beispiel der CO_2-Messungen an Bohrkernen demonstriert, wie die Rekonstruktion von Parametern des Naturgeschehens zu unerwarteten Antworten, aber auch neuen unerwarteten Fragen führt:

1. Es ergeben sich Indizien dafür, daß der CO_2-Gehalt der Atmosphäre nicht konstant war, ja, daß sich Änderungen abgespielt haben, die mit zum Anstieg der Erdoberflächentemperatur am Ende der letzten Eiszeit beigetragen haben.

2. Die mögliche Änderung des CO_2-Gehalts der Atmosphäre führt uns vor Augen, daß die Ozean-Modellvorstellung im Rahmen der CO_2-Modelle für

Langzeitbetrachtungen nicht ausreicht, indem Variationen der biologischen Prozesse in der Ozeanoberfläche möglicherweise stark ins Gewicht fallen können.

3. Andererseits scheinen die Beobachtungen wichtige Hinweise betreffend die Datierung der Eisbohrkerne zu geben.

4 Der Zusammenhang zwischen Parametern der Klimamodelle und den gespeicherten Umweltparametern

Die Interpretation von Zeitreihen von Umweltparametern erfolgt oft auf noch sehr qualitative Art und Weise durch das Aufsuchen von Korrelationen mit anderen Informationen. Zielsetzung wäre jedoch das Verständnis des zeitlichen Ablaufs des Umweltgeschehens aufgrund von physikalischen Modellen, in Konfrontation mit den aufgezeichneten Umweltparametern. Letzteren kommt einerseits die Bedeutung inhärenter Modellparameter (Albedo, atmosphärische Trübung und Infrarot-Durchlässigkeit) zu. Andererseits gestatten sie, Modellaussagen, wie Temperaturverteilungen und Feuchtigkeitsverteilungen, zu überprüfen. Im Folgenden wird versucht zu zeigen, wie es möglich sein könnte, eine Brücke zwischen Umweltdaten und physikalisch-mathematischen Klimamodellen zu schlagen. Es wird dazu der Ansatz für Klimamodelle nach Prinzipien erster Ordnung (Budyko 1969; Sellers 1973) zu Hilfe genommen. In Tabelle 4 wird ein solcher Ansatz formuliert und die Bedeutung der einzelnen Terme erklärt. Die zeitliche Änderung des Wärmeinhaltes eines Breitengürtels (Luftsäule und oberste Wasser- und Erdschicht) ist gleich der Differenz von absorbierter Sonnenenergie und emittierter Wärmestrahlung, zu der die Differenz der durch Luft und Ozean zu- und abtransportierten Wärme zu addieren ist.

In der Natur aufgezeichnete Klimaparameter liefern Information über die Geschichte der folgenden Modellgrößen (vgl. auch Tab. 5).

Temperatur ($T(x)$): Die Temperaturgeschichte der Eiskappen ist im $^{18}O/^{16}O$-Verhältnis indirekt erfaßt, wobei der Auswertung mögliche Veränderungen des $^{18}O/^{16}O$-Verhältnisses im Wasser der Ozeanoberflächenschicht, der Zirkulationssysteme und der Höhe der polaren Eisschilder mitberücksichtigt werden müssen.

Solarkonstante Q: Die Radioisotopenproduktion in der Atmosphäre wird durch die Sonnenaktivität moduliert. Schwankungen, beispielsweise der Gehalte an ^{10}Be und ^{14}C, reflektieren somit Schwankungen der Sonnenaktivität. Es stellt sich die Frage, ob letztere auch mit Schwankungen der Sonneneinstrahlung verknüpft sind (Eddy 1977).

Albedo ($1 - A(x)$): Sie ist abhängig von der Eisbedeckung der Ozeane, der Oberflächenbedeckung der Kontinente (Bewachsung, Schnee- resp. Eisbedeckung), der Wolkenbedeckung und dem Partikelgehalt der Atmosphäre (z.B. nach Vulkanausbrüchen).

Wichtig für den Bruchteil der Sonnenenergie, der die Erdoberfläche erreichen kann, ist sodann der O_3-Gehalt der Atmosphäre, der indirekt durch die Sonnenaktivität (über O_3-zerstörendes NO), wie auch direkt über den Ionisationsgrad der hohen Stratosphäre beeinflußt wird (Roedel 1980).

Durchlässigkeit der Atmosphäre für Infrarotabstrahlung: Die von der Erdoberfläche emittierte Wärmestrahlung wird in bestimmten Wellenlängenbereichen von atmosphärischen Komponenten, wie Wasserdampf, CO_2, O_3, absorbiert. Der H_2O-Gehalt der Atmosphäre hängt mit der Temperaturgeschichte zusammen. Schwankungen des CO_2-Gehaltes der Atmosphäre mögen sich auf die Strahlungsbilanz der Erde ausgewirkt haben.

Tabelle 4. Ansatz für Klimamodelle 1. Ordnung. Energiebilanz

$C \cdot \frac{\partial T}{\partial t}(x)$	=	$\frac{Q}{4} Z(x) \cdot \{1 - A(x)\}$	−	$\{A_R(\tau_g) + B_R(\tau_g)\, T(x)\}$	+	$D_F(x) + D_L(x) + D_{OC}(x)$
Zeitliche Änderung des Wärmeinhalts eines Breitengürtels		Einstrahlung von kurzwelligem Sonnenlicht		I.R.-Abstrahlung von Oberfläche des Breitengürtels		Zu- und Abfuhr von Wärme durch Luft und Ozean
C = Wärmekapazität einer Luftsäule der obersten Erd- und Wasserschicht (hängt von betrachteten Zeitkonstanten ab)		Q = Solarkonstante $Z(x)$ = Zenitwinkelfaktor $A(x)$ = Albedo		$A_R(\tau_g)$ = I.R.-Abstrahlung bei $0^{\circ}C$ $B_R(\tau_g)T(x)$ = temperaturabhängiger Anteil A_R, B_R sind Funktionen der Durchlässigkeit τ_g der Atmosphäre für I.R.-Strahlung		Mechanismen sind: D_F: Fühlbare Wärme (Luftmassen) D_L: Latente Wärme (H_2O-Dampf) D_{OC}: Wärmetransport durch Ozeanströmungen

$x = \sin\theta$; θ = geographische Breite

Tabelle 5. Verknüpfung zwischen Eisbohrkern- und Klimaparametern

Klima-Parameter / Eisbohrkern-Parameter	Stabile Isotope in Wasser $\delta^{18}O$, δD	Stabile Isotope $\delta^{13}C$	Radioaktive Isotope ^{3}H, ^{14}C, ^{36}C, ^{10}Be, ^{137}Cs, ^{90}Sr	Chemische Elemente (löslich)	Partikel (Staub, Pollen)	Gasgehalt und Zusammensetzung	Raumladungs-Messungen	Sichtbare Stratigraphie
Solarkonstante			Sonnenzyklus	Sonnenzyklus				
Oberflächentemperatur	Jahresmittel, Saisonschwankungen	Änderung der Biosphäre			Vegetation			Sommertemperatur
Albedo	Ausdehnung von Schnee- und Eisbedeckung	Pflanzenbedeckung	Stratosphärenchemie	Vulkanstaub, Chemie der Strato- und Troposphäre	Ausdehnung der Biosphäre	Höhe der Eisschilder	Vulkanstaub	Lokale Albedo-Veränderungen
Atmosphärische Zusammensetzung	atmosph. Wasserdampfgehalt	CO_2-Variationen				Variationen von CO_2, CH_4	Gasausstoß bei Vulkanausbrüchen	
Transport von fühlbarer Wärme	Atmosph. Zirkulation		Atmosph. Zirkulation	Ursprung der Luftmassen	Atmosph. Zirkulation		Lokale Zirkulation	
Atmosphärischer Wasserzyklus	Akkumulationsraten		Wasserdampftransport	Ursprung der Luftmassen				
Ozean	Ozeanvolumen			Ozean-Chemie		Ozean-Chemie		
Datierung	Zählen von Jahresschichten		Natürliche und künstliche Radioaktivität		Zählen von Jahresschichten		Zählen von Jahresschichten, Vulkanausbr.	Zählen von Schmelzschichten

Atmosphärischer Wärmetransport (D_F, D_L): Information über die Herkunft von Luftmassen liefern unter anderem Aerosolmessungen an Eisbohrkernen, wobei Luft kontinentalen Ursprungs durch das Leitelement Aluminium, maritime Luft durch Salzkerne charakterisiert sind. Saharastaub oder Pollen sind ähnliche Informationsträger. Der Transport latenter Wärme ist beispielsweise durch die Bestimmung von Akkumulationsraten in den Polargebieten gegeben. Darüberhinaus weisen anormale $^{2}H/^{18}O$-Verhältnisse auf kinetische Effekte bei rascher Verdunstung hin.

4.1 Ausblick: Das ^{10}Be-^{14}C-Experiment

Es ist eines der großen wissenschaftlichen Ziele unserer Zeit, das Umwelt- und Klimageschehen soweit wie möglich zu verstehen. Der Erfolg wird wesentlich davon abhängen, ob es in absehbarer Zeit gelingt, Modellrechnungen, denen physikalische Gleichungen zugrunde liegen, mit Meßreihen von Klimaparametern sinnvoll zu verknüpfen. Die Vertrauenswürdigkeit solcher Modelle hängt davon ab, inwieweit sie in der Lage sind, neben dem gegenwärtigen Klima vergangene Klimasituationen zu beschreiben. Durch die skizzierten Fortschritte in der Meßtechnik sollte es in naher Zukunft gelingen, kontinuierliche ^{10}Be- und ^{14}C-Profile an Eisbohrkernen zu messen. ^{10}Be und ^{14}C werden in der Atmosphäre durch die kosmische Strahlung produziert. ^{10}Be lagert an Partikeln an und wird Monate bis wenige Jahre nach seiner Produktion mit den Niederschlägen im Eis deponiert. Wegen der geringen Aufenthaltsdauer in der Atmosphäre sollten vermutete Schwankungen der ^{10}Be-Produktion ersichtlich sein. Sie werden für den 11-Jahreszyklus der Sonne und die dazugehörige Modulation der galaktischen kosmischen Strahlung auf etwa einen Faktor 1,5, für die Modulation des 11-Jahreszyklus (z.B. Maunder-Minimum) auf etwa einen Faktor 1,2 geschätzt. Das in der Atmosphäre produzierte ^{14}C andererseits verbrennt zu $^{14}CO_2$ und durchmischt sich mit dem übrigen CO_2 der Atmosphäre, der Biosphäre und des Ozeans. Wegen dieses Durchmischungsprozesses und der langen Halbwertzeit sind ^{14}C-Schwankungen im CO_2 der Atmosphäre stark gedämpft: Der 11-Jahreszyklus besitzt nur noch eine geschätzte Amplitude von $<\sim 3‰$, die sekulären Schwankungen manifestieren sich – meßbar in Baumringproben – mit Amplituden von etwa bis zu 2 - 3%.

Diese Schwankungen lassen sich in Baumringen wohl bis etwa 8000 Jahre vor heute rekonstruieren (Suess 1965), doch fehlt die Information über die Ereignisse während so wichtiger Phasen klimatischer Veränderungen wie den Übergang Eiszeit - Nacheiszeit. Mit der neuen Methode ließen sich ^{10}Be-Messungen über vielleicht 100 Jahrtausende, ^{14}C-Messungen über 50 Jahrtausende an Eisbohrkernen durchführen. Die Dämpfung der ^{14}C-Schwankungen im atmosphärischen CO_2 läßt sich mittels Modellen des CO_2-Austausches im System Atmosphäre - Biosphäre - Ozean berechnen und damit die Antwort des Systems auf einen ^{14}C-Impuls formulieren: Die Funktion $R(\tau)$ gebe an, wie ein ^{14}C-Puls, der in die Atmosphäre injiziert wird, im Laufe der Zeit τ infolge von Durchmischung und radioaktivem Zerfall abklingt. Die Funktion $R(\tau)$ gestattet es, ^{14}C-Produktionsschwankungen $\{P(t)\}$, wie sie durch die ^{10}Be-Schwankungen in Eisprofilen reflektiert werden, mit den ^{14}C-Schwankungen $\{^{14}C/C(t)\}$ im CO_2 zu verknüpfen. Es ist

$$^{14}C/C(t) = \int_0^\infty \bar{P}(t-\tau)R(\tau)\,d\tau$$

- $^{14}C/C(t)$ wird durch Messungen an Baumringen und Eisbohrkernen bestimmt.
- Die Produktionsschwankungen radioaktiver Isotope in der Atmosphäre $P(t)$ werden aufgrund von ^{10}Be-Analysen an Eisbohrkernen ermittelt.
- Der Vergleich von $^{14}C/C(t)$ und $P(t)$ gestattet die Kontrolle, ob die heutige Vorstellung der Dynamik des CO_2-Kreislaufs zutrifft und ob sich in früheren klimatischen Epochen Änderungen eingestellt hatten.

Das Studium von ^{10}Be und ^{14}C an Eisbohrkernen wird somit die Information über die Geschichte der Sonnenaktivität, des Erdmagnetismus und der Dynamik des CO_2-Zyklus liefern, wesentlichen Parametern, die das Klima unserer Erde bestimmen.

Verdankung. Herr U. Schotterer und Dr. B. Stauffer sind maßgeblich am Zustandekommen dieses Manuskriptes beteiligt; ihnen gilt mein herzlicher Dank.

Literatur

Ambach, W., Dansgaard, W.: Fallout and climate studies on firn cores from Carrefour Greenland. EPSL 8, 311-316 (1970)

Bennett, C.L., Beukens, R.P., Clover, M.R., Gove, H.E., Liebert, R.B., Litherland, A.E., Purser, K.H., Sondheim, W.E.: Radiocarbon Dating Using Electrostatic Accelerators: Negative ions provide the key. Science 198, 508-510 (1977)

Berner, W., Oeschger, H., Stauffer, B.: Information on the CO_2 cycle from ice core studies. Proc. 10th Int. Radiocarbon Conference, Bern and Heidelberg, Aug. 19-26, 1979 (1980)

Berner, W., Stauffer, B., Oeschger, H.: Dynamic glacier flow model and the production of internal meltwater. Z. Gletscherkd. Glazialgeol. 13, 209-217 (1977)

Berner, W., Stauffer, B., Oeschger, H.: Past atmospheric composition and climate, gas parameters measured on ice cores. Nature (London) 275, 53-55 (1978)

Broecker, W.S.: Chemical Oceanography. Deffeyes, K.S. (ed.). New York: Harcourt Brace Iovanovich Inc. 1974, p. 214

Bucher, P.: Verschiedene Aspekte des Gasgehalts von Gletschereis. Dissertation Universität Bern (1977)

Budyko, M.I.: The effect of solar radiation variations on the climate of the earth. Tellus 21, 611-613 (1969)

Chamberlain, J.: In: JASON Report 1979. The long term impact of atmospheric carbon dioxide on climate, in JASON Technical Report JSR-78-07, SRI Int. 1611 North Kent Street, Arlington, Virginia 22209, 1979, p. 184

Dansgaard, W., Johnsen, S.J., Clausen, H.B., Langway, C.C.: Climatic record revealed by the Camp Century ice core. In: The Late Cenozoic Glacial Ages, Karl, K. Turekian (ed.). Yale University, 1971, pp. 37-56

Dansgaard, W., Johnsen, S.J., Clausen, H.B., Gundestrup, N.: Stable isotope glaciology. Medd. Grønland 197, Nr. 2 (1973)

Eddy, J.A.: Climate and the changing sun. Clim. Change 1, 173-190 (1977)

Ehhalt, D.H.: Der atmosphärische Kreislauf von Methan. Naturwissenschaften 66. Jg. 6, 307-311 (1979)

Häberli, W.: Eistemperaturen in den Alpen. Z. Gletscherkd. Glazialgeol. XI, 203-220 (1976)

Hammer, C.U., Clausen, H.B., Dansgaard, W., Gundestrup, N., Johnsen, S.J., Reeh, N.: Dating of Greenland ice cores by flow models, isotopes, volcanic debris and continental dust. J. Glaciol. 20, 3-26 (1978)

Herron, M.M., Langway, C.C.: Dating of Ross Ice Shelf cores by chemical analysis. Paper presented at the Symposium on the dynamics of large ice masses, Ottawa, Canada, 21-25 Aug., 1978

Johnsen, S.J., Dansgaard, W., Clausen, H.B., Langway, C.C., Jr.: Oxygen isotope through the Antarctic and Greenland ice sheets. Nature (London) 235, 429-434 (1972)

Junge, C.E.: Processes responsible for the trace content in precipitation. Proc. Int. Symp. on Isotopes and Impurities in Snow and Ice, Grenoble 1975, IAHS Publ. No. 118, 1977, p. 63-77

Lamb, H.H.: Volcanic dust in the atmosphere. With a chronology and assessment of its meteorological significance. Philos. Trans. R. Soc. London Ser. A 266, 425-533 (1970)

Langway, C.C.: Stratigraphic analysis of a deep ice core from Greenland. Geol. Soc. Am. Spec. Pap. 125 (1970)

Lehmann, B.: Laser in der Geophysik. Dissertation Universität Bern (1979)

Loosli, H.H.: Eine Altersbestimmungsmethode mit Argon-39. Habilitationsschrift Universität Bern (1979)

Muller, R.A.: Radioisotope dating with a cyclotron. Science 196, 489-494 (1977)

Oeschger, H., Schotterer U.: Die im Eis gespeicherte Information über die Geschichte von Naturvorgängen. Tagungsbericht der Schweiz. Naturforschenden Gesellschaft zum Gletschersymposium in Brig 1980

Oeschger, H., Siegenthaler, U.: The Dynamics of the Carbon Cycle as Revealed by Isotope Studies, Carbon Dioxide, Climate and Society. Proc. IIASA Workshop. New York: Pergamon Press 1978, pp. 45-61

Oeschger, H., Alder, B., Loosli, H.H., Langway, C.C., Renaud, A.: Radiocarbon Dating of Ice. EPSL 1, 49-54 (1966)

Oeschger, H., Schotterer, U., Stauffer, B., Haeberli, W., Röthlisberger, H.: First results from alpine core drilling projects. Z. Gletscherkd. Glazialgeol. 13, 193-208 (1977a)

Oeschger, H., Stauffer, B., Bucher, P., Loosli, H.H.: Extraction of gases and dissolved and particulate matter from ice in deep boreholes. Proc. Int. Symp. on Isotopes and Impurities in Snow and Ice. Grenoble 1975, IAHS Publ. No. 118, 1977b, pp. 307-311

Oeschger, H., Stauffer, B., Bucher, P., Möll, M.: Extraction of trace components from large quantities of ice in bore holes. J. Glaciol. 17, 117-128 (1976)

Paterson, W.S.B., Koerner, R.M., Fischer, D., Johnsen, S.J., Clausen, H.B., Dansgaard, W., Bucher, P., Oeschger, H.: An oxygen-isotope climatic record from the Devon Island ice cap, Arctic Canada. Nature (London) 266, 508-511 (1977)

Raynaud, D., Lorius, C.: Total gas content in polar ice: rheological and climatic implications. Proc. Int. Symp. on Isotopes and Impurities in Snow and Ice. Grenoble 1975, IAHS Publ. No. 118, 1977, pp. 326-335

Robbins, R.C., Cavanagh, L.A., Salas, L.J., Robinson, E.: Analysis of ancient atmospheres. J. Geophys. Res. 78, 5341-5344 (1973)

Roedel, W.: On the climate-radiocarbon relationship: Nitric oxide and ozone as connecting links between radiation and Earth's surface temperature. Presented at the 10th Intern. Radiocarbon Conference 1979 in Bern. Submitted for the publication in the proceedings of this conference (1980)

Scholander, P.F., Hemmingsen, E.A., Coachman, L.K., Nutt, D.C.: Composition of gas bubbles in Greenland icebergs, J. Glaciol. 3, 813-822 (1961)

Schotterer, U., Finkel, R., Oeschger, H., Siegenthaler, U., Wahlen, M., Bart, G., Gäggeler, H., von Gunten, H.R.: Isotope measurements on firn and ice cores from Alpine glaciers. Proc. Int. Symp. on Isotopes and Impurities in Snow and Ice. Grenoble 1975, IAHS Publ. No. 118, 1977, pp. 232-236

Sellers, W.D.: A new global climate model. J. Appl. Meteorol. 8, 241-254 (1973)

Siegenthaler, U., Oeschger, H.: Predicting future atmospheric carbon dioxide levels. Science 199, 338-395 (1978)

Splettstoesser, J.F. (ed.): Ice-core drilling. Proc. Symp. Univ. Nebraska-Lincoln, 28-30 Aug. 1974. University of Nebraska Press 1976

Stauffer, B.: Gase im Gletschereis. Tagungsbericht der Schweiz. Naturforschenden Gesellschaft zum Gletschersymposium in Brig 1980

Stichler, W., Herrmann, A.: Räumlich-zeitliche Variationen der Isotopengehalte randalpiner Niederschläge. Proceedings der 15. Internationalen Tagung für Alpine Meteorologie, Grindelwald 19-23. Sept. 1978. Veröff. Schweiz. Meteorol. Zentralanst. 1978, pp. 271-275

Suess, H.E.: Secular variations of the cosmic-ray-produced carbon-14 in the atmosphere and their interpretations. J. Geophys. Res. 70, 5937-5962 (1965)

Palaeo-Climatic Studies on Ice Cores

W. DANSGAARD[1]

Zusammenfassung. *Der faszinierendste Aspekt des Studiums von Eisbohrkernen, speziell von solchen aus dem grönländischen Eisschild, liegt darin, daß diese Kerne den gesamten Ausfall der Atmosphäre, wie Niederschläge, Vulkanstaub oder radioaktive Isotope, der letzten paar hunderttausend Jahre in chronologischer Reihenfolge enthalten. Die isotopische Zusammensetzung der Niederschläge weicht leicht von derjenigen des Meerwassers ab. Die Abweichungen hängen unter anderem von der Niederschlagstemperatur ab. Die Untersuchung der isotopischen Zusammensetzung in Eisproben verschiedenen Alters erlaubt es, eine Klimageschichte aufzuzeichnen. Resultate von Bohrkernen, die Niederschläge der letzten 1500 Jahre repräsentieren, werden mit historischen Überlieferungen aus Island und Grönland verglichen. Der 1400 m lange Bohrkern von Camp Century enthält Niederschläge und Klimainformationen der letzten ca. 100.000 Jahre.*

1 Introduction

The most fascinating aspect of ice cores from the polar ice sheets, in particular the Greenland ice sheet, is that they contain all kinds of fall-out from the atmosphere, i.e. precipitation, volcanic debris, airborne biological material, radioactive isotopes, cosmic particles etc., and in a continuous sequence reaching as far back in time as to the deposition of the first snow layer that remained cold enough to avoid melting. In fact, any wide spread snowfall that has occurred in the last several hundred thousand years is still represented in the ice – nothing melts away. And yet, less and less is left per cm^2 of a given annual layer the older it gets, because it is continuously being streched, thus getting thinner and thinner as it approaches the bottom (Fig. 1).

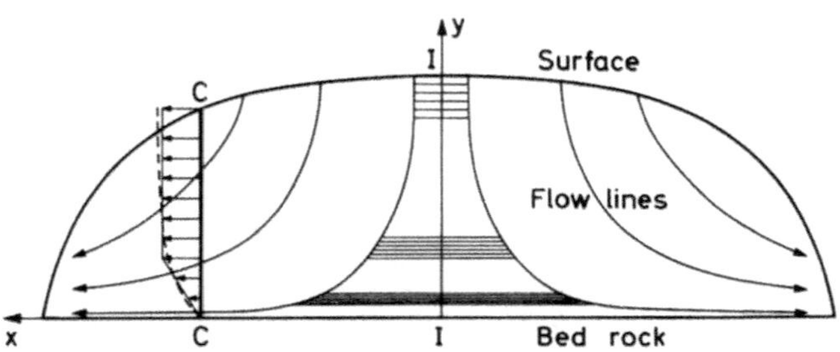

Fig. 1. Vertical cross section of an ice sheet resting on a horizontal subsurface. Ice particles deposited on the snow surface will follow lines that travel closer to the base the farther inland the site of deposition. An ice mass formed around the divide. *I-I* will be plastically deformed (thinned) with depth as suggested by the *lined areas*

[1]Geophysical Isotope Lab., University of Copenhagen, Copenhagen, Denmark

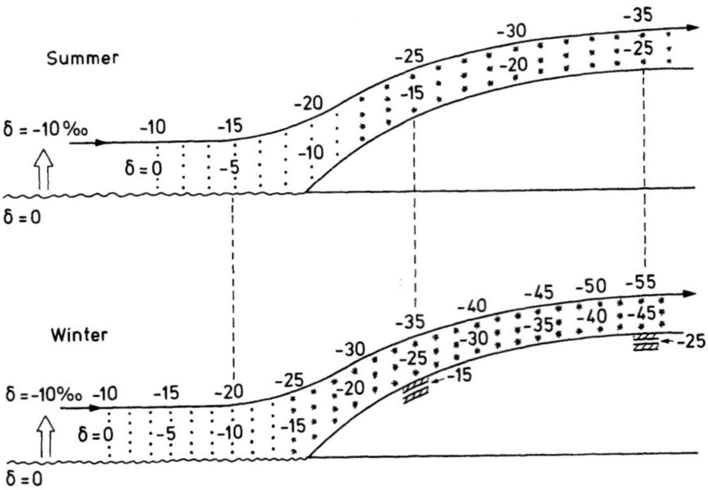

Fig. 2. *Upper part* (summer or warm climatic conditions: Simplified circulation model showing the oxygen isotope fractionation during the evaporation of ocean water (to the *left*) and the subsequent precipitation, when the air is gradually cooled off by travelling towards higher latitudes or ascending to higher altitudes over an ice sheet (to the *right*). Although the model is quantitatively unrealistic, it "explains" qualitatively the isotopic latitude and altitude effect at the late stages of the column (lower δ's at higher latitudes and/or altitudes) as being due mainly to preferential fallout of heavy components (Rayleigh condensation from limited amount of vapour). *Lower part* (winter or cool climatic conditions: Same as above, except that a cooling, increasing with latitude, has changed the isotopic fall out pattern into lower δ's at any mid and high latitude locality. Snow of $\delta_p = -25‰$ is assumed to be deposited on top of snow of $\delta_p = -15‰$, deposited during the preceeding warm period. This explains qualitatively why δ profiles along ice cores reveal (i) seasonal δ-oscillations and (ii) long term climatic records

2 Stable Isotopes

Natural water exists in several isotopic forms with *different oxygen* atoms, of which we shall only consider two: H_2O^{16} and H_2O^{18}. The heavy component, H_2O^{18}, only makes up some 0.2% of the total, slightly varying from one water body to the other, mainly because its vapour pressure, $p(H_2O^{18})$, is a little lower than that of the light component:

$$\frac{p(H_2O^{18})}{p\ H_2O^{16})} = 0.990.$$

Vapour in equilibrium with ocean water contains therefore 10‰ less H_2O^{18} than the ocean water. We state this by assigning a δ-value of -10‰ to the vapour. Accordingly, the δ-value of ocean water is zero.

Let us follow the isotope fractionation by a very simplified model. If an air mass saturated with the above mentioned vapour cools off, the heavy component, H_2O^{18}, will have a higher tendency to condensate, due to its lower vapour pressure, and the first small amount of precipitation will therefore get a δ-value 10‰ *higher* than that of the vapour (-10‰), i.e. zero like ocean water. Since thereby a more-than-proportional amount of H_2O^{18} leaves the vapour, the δ-value of the remaining vapour is now lower than -10‰. The next portion of precipitation therefore has a δ lower than zero, and so on. By progressive cooling, the air mass gives off precipitation of δ's ever decreasing toward more and

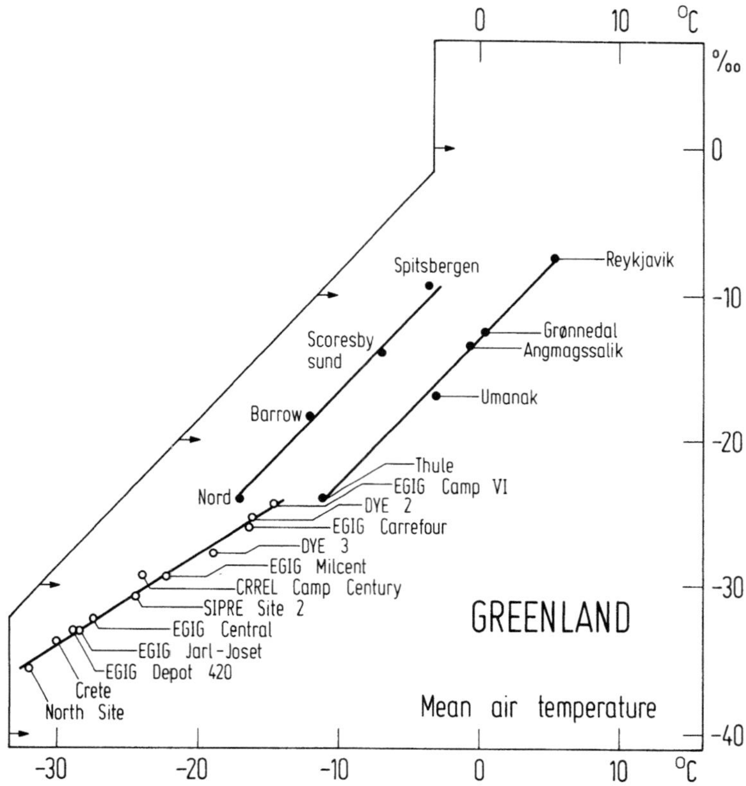

Fig. 3. Geographic distribution of mean δ in annual precipitation plotted against mean annual air temperature at ground level. *Filled circles* Coast stations at sea level. *Open circles* High altitude stations on the Greenland ice sheet (Dansgaard et al. 1973)

more negative values. Figure 2 shows, how this process must be expected to cause (1) a *latitude* effect with lower δ's in precipitation at higher latitudes, (2) an *altitude* effect with lower δ's in precipitation at higher altitudes, (3) a *seasonal* effect with lower δ's in winter precipitation than in summer precipitation, because in winter the conditions in the subtropical source area of the moisture are approximately the same as in summer, but during their travel towards higher latitudes the air masses cool off faster and deeper in winter than in summer, (4) a *climatic* effect with lower δ's under cold climatic conditions than under warm conditions, for the same reason as above.

In nature, the isotope fractionation processes are more complicated, and yet the combined latitude and altitude effects are recognizable in Figure 3 showing mean annual precipitation δ plotted against the mean annual ground temperature for a number of coast stations close to sea level (filled circles) and some inland stations on the Greenland ice sheet (open circles).

Drilling downward from surface on the summit of an ice sheet (cp. arrow to the lower right in Fig. 2) obviously brings us down to ever older ice layers. A detailed isotope analysis of the ice core reveals the seasonal δ cycle and, thereby the annual layering. In high accumulation areas, this is an excellent means of absolute dating of the ice

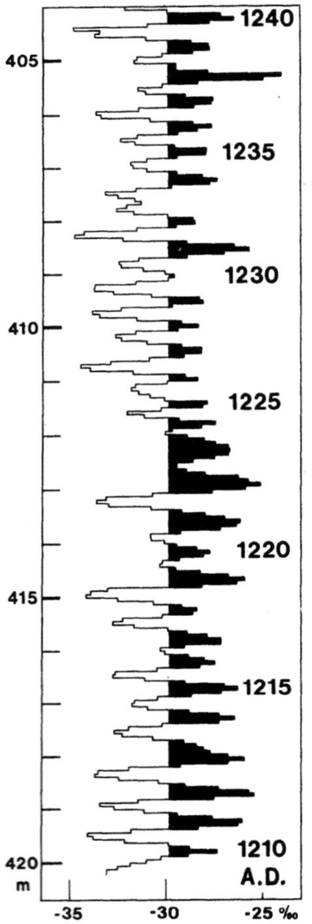

Fig. 4. Seasonal δ variations in ice from Milcent, Mid Greeland, deposited A.D. 1210-1240 to judge from counting δ summer maxima downward from the surface. The A.D. 1210-1240 annual layers are now situated at depths (scale to the *left*) that would correspond to 420 - 404 m of ice, had the layers not got thinner by ice flow (cf. Fig. 1). The average distance between a series of δ-minima reveals the mean annual precipitation. Smoothing the seasonal δ oscillations leaves a slowly changing curve that reveals climatic temperature changes, e.g., generally colder in A.D. 1225-1235 than in A.D. 1210-1225

by counting the annual layers downward from top like treerings inward from the bark. Figure 4 is a δ-sequence from Milcent, Mid Greenland, plotted against the depth corrected for thinning of the layers since their time of deposition, and dated by counting summer δ-maxima downward from top. The mean distance between two adjacent δ-minima gives the mean annual precipitation: 54 cm ice per year, i.e. close to the overall mean through the last 800 years, but the period A.D. 1225-1235 had less precipitation per year, and was generally colder than A.D. 1210-1225. The accuracy of the dating technique is ± a few years per thousand, and it can be further improved by identifying fallout from historically well known volcanic eruptions or cross-dating with other methods (Hammer et al. 1978).

Caution should be applied when considering the individual years. For example, the winter A.D. 1222-23 appears to have been warmer than the summer A.D. 1230, but this is rather due to subnormal winter accumulation 1222-23 and/or subnormal summer accumulation 1230, because high δ-gradients, and therefore thin winter or summer peaks get considerably smoothed by diffusion in the porous snow-pack prior to the compression into solid ice. For similar reasons, an unusually high summer peak, e.g. 1222, does not necessarily correspond to an unusually warm summer – it could also be that the 1222 summer layer was particularly thick, because broad peaks are exposed to less smoothing by diffusion.

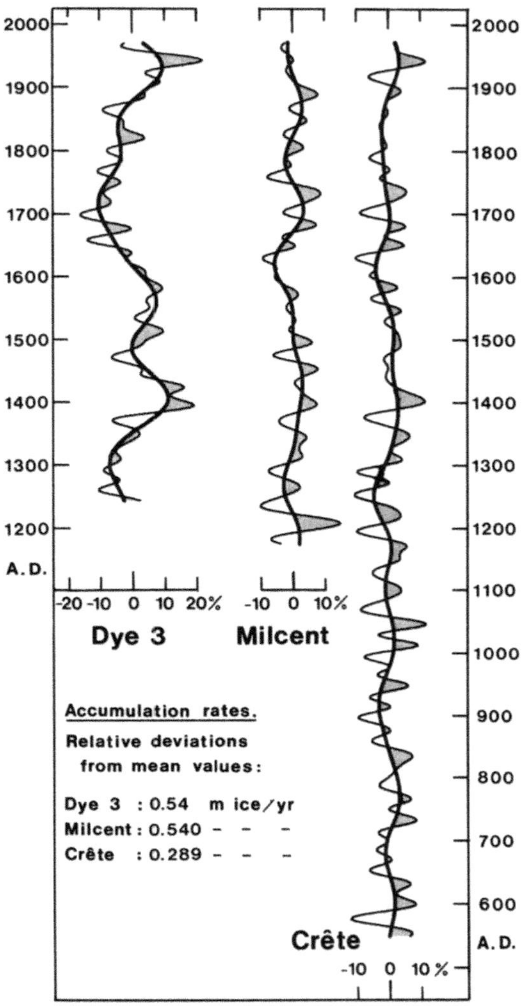

Fig. 5. The mean annual precipitation at two Mid Greenland stations, Crête and Milcent, and at Dye 3 in South Greenland, given as per cent deviations from the overall mean values 28.9, 54.0 and 54 cm ice per year, respectively. The annual accumulation data series have been smoothed by digital low-pass filters with cut-off periods of 120 years *(heavy curves)* and 30 years *(thin curves)*. (Reeh et al. 1978)

This is why no conclusion should be drawn on the basis of less than 10 year means, and also why the δ-scale at the bottom of Figure 4 has not been transferred into a temperature scale, although this would seem to be possible using the (geographical) δ to temperature relationship shown in Figure 3.

Seasonal δ oscillations have been measured throughout three 400 m long ice cores, of which the one from Crête close to the summit of the Greenland ice sheet reaches back to A.D. 555. The 1422 annual layer thickness data have been treated by two low pass digital filters deleting all variations shorter than 120 and 30 years, respectively. The smoothed annual accumulation record are shown to the right in Figure 5 (from Reeh et al. 1978) as per cent deviations from the Crête mean value 28.9 cm ice per year. Obviously, the accumulation conditions are extremely constant as it also appears from the other Mid Greenland record from Milcent, midway between Crête and the coast. Higher long-term accumulation variability is found at Dye 3, South Greenland.

The long-term δ variations are supposed to reveal secular temperature changes at the snow surface. In areas of nearly constant snow surface

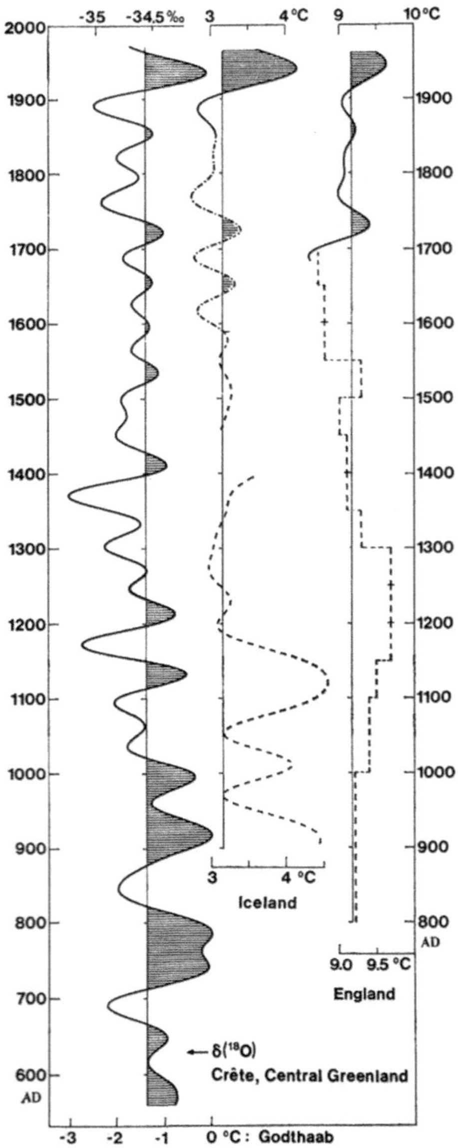

Fig. 6. Comparison between the O^{18} concentration *(left)* in snow fallen at Crête, Central Greenland, (δ scale *on top*), and temperatures for Iceland and England. The curves are smoothed by a 60-yr low pass digital filter, except for England 800-1700 A.D. The *full curves* are based on systematic, direct observations, the *dashed-dotted part* of the Iceland record is estimated from systematic ice observations, Bergthorsson (1969) whereas the *dashed curves* depend on indirect evidence (Bergthorsson 1969; Lamb 1968). (Dansgaard et al. 1975)

elevation and no upstream effect, such as Central Greenland, smoothed δ-record should therefore reveal climatic temperature changes. Figure 6 shows to the left (from Dansgaard et al. 1975) the Crête δ-record smoothed by a 60 year low pass filter. The warm period in the first half of the present century was apparently unique in Greenland within the present millenium, its nearest precedent having occurred shortly after A.D. 900.

The temperature scale under the δ curve is valid for Godthaab on the Greenland West coast, to judge from a close δ to mean Godthaab temperature correlation since 1876. The mid section of Figure 6 shows mean

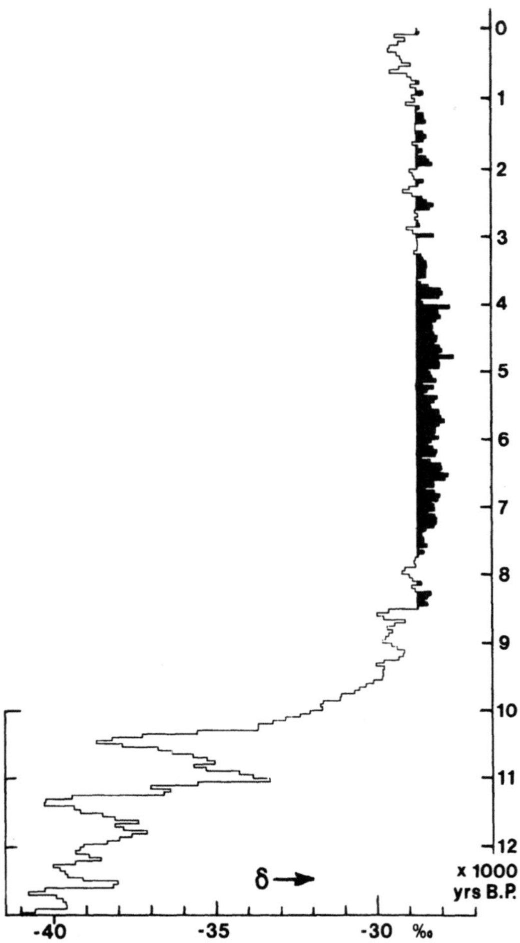

Fig. 7. The last 13,000 years of the δ-record along the Camp Century ice core, first order corrected for upstream effects. Dating (Hammer et al. 1978) is better than ± 2.4% in the last 10,000 years. The strongly increasing δ's around 10,000 years B.P. mark the termination of the last glaciation. In post-glacial time δ's corresponding to warmer climate than today are set out in *black*. In the last 5000 years the climate has generally cooled off slowly, but ever influenced by short-term oscillations

air temperatures at Stykkisholmur, Iceland, and the right section mean air temperatures in Mid England, measured and estimated as stated in the text to Figure 6. The Iceland curve back to A.D. 1590, i.e. the measured temperatures and those estimated from *systematic* ice observations, has a highly significant correlation with the δ-curve (R = 0.88, probability better than 99.5%). The directly measured part of the England curve, i.e., back to A.D. 1680, also correlates significantly with the δ-curve (R = 0.81, probability better than 98%). But, the extremely cold period A.D. 1550-1700 in England apparently had no parallel in Mid Greenland, nor in Iceland, at least they were not synchronous. 1‰ change in the δ-curve corresponds to a temperature change of 2.3°C in Godthaab, 1.4°C in Iceland, and only 0.8°C in England.

It is tempting to try to reconcile the δ curve in Figure 6 with some well documented important events in the early Icelandic and Norse societies. The Norwegian farmer Floke Vilgerdson made the first attempt to settle in Iceland in about 865 A.D., during a short cold period.

He lost his cattle in a severe winter and disappointed went back to Norway after having seen "a fjord filled up by sea ice. Therefore, he called the country Iceland" (Landnam Saga, about 1200 A.D.). Only a few years later, in 874, Ingolf Arnason succeeded. He was followed by many others, and landnam (settlement) was completed in 930 A.D. The δ curve suggests that the landnam was favoured by a considerable and rapid climatic warming late in the ninth century.

In 982, Erik the Red discovered new land West of Iceland. He called it Greenland; according to the Greenlander Saga this was only to persuade people to follow him, when he founded the Østerbygd in South Greenland in 985. But the δ curve suggests that the name described a reality, since Erik came to Greenland at the end of a warm period longer than any that has occurred since. The suspicions of the author of the Greenlander Saga may be explained by the long term climatic deterioration reaching Iceland 150 years later than Greenland, cp. Dansgaard et al. (1975).

So, the drastic climatic change late in the ninth century may be part of the reason why Iceland and Greenland did not get the opposite names, which would have been more natural had they been discovered simultaneously.

The cold fourteenth century marked the beginning of the tragic end of the Norse society in Greenland. Shortly before 1350 the Vesterbygd in the Godthaab Fjord died out, and some 100 years later the Østerbygd as well. The reason is not clear. The early hypothesis about degeneration by endogamy (Hansen 1924) rested on flimsy evidence, because only a few skeletons from the fourteenth and fifteenth centuries have been found; this is in itself peculiar in view of the hundreds of skeletons known from before 1300. A possible reason is that the increasing permafrost in the soil forced the late Vikings to change their burial customs. The δ curve suggests that the climate became so cold in the fourteenth century that years of famine must have occurred frequently, as was the case in Iceland, particularly in the 1370's (Palsson 1923). On the other hand, the cold made whaling a good business for European mariners who may have assaulted the Østerbygd – at least, eskimo tales blame pirates for the extinction of the weakened Norse society. Nor can it be excluded that the plague, which came to Iceland in 1402 (Palsson 1973), was transferred to Greenland by pirates.

The 1400 m long deep core from Camp Century, Northwest Greenland, reaches more than 100.000 years back in time. It has not been absolute dated, and yet, measurements of annual layer thicknesses in numerous core increments allow dating with an estimated accuracy better than ± 2.4% within the last 10.000 years (Hammer et al. 1977), i.e. through the entire post-glacial time. Figure 7 shows the last 13.000 years of the δ curve, corrected for lower δ's in the snow deposited at slightly higher altitudes upstream, cp. Figure 1. Caution should be applied when interpreting the δ variations in terms of climatic temperature changes, in particular in the lower part of the record, because surface elevation changes may account for a considerable part of δ-variability. This dualism will be greatly reduced, if and when a deep ice core from Central Greenland becomes available.

References

Bergthorsson, P.: Jökull (Reykjavik) 19, 94 (1969)

Dansgaard, W., Johnsen, S.J., Clausen, H.B., Gundestrup, N.: Medd. Grønl. 197, No. 2 (1973)

Dansgaard, W., Johnsen, S.J., Reeh, N., Gundestrup, N., Clausen, H.B., Hammer, C.U.: Nature (London) 255, 24-28 (1975)
Hammer, C.U., Clausen, H.B., Dansgaard, W., Gundestrup, N., Johnsen, S.J., Reeh, N.: Dating of Greenland ice cores. J. Glaciol. 20, 3-26 (1978)
Hansen, F.C.C.: Medd. Grønl. 67, 291 (1924)
Lamb, H.H.: The Changing Climate, Sect. 7. London: Methuen 1968
Palsson, A.: Skirnir (Icelandic) Timarit Hins Islenska Bokmentafelags. Reykjavik, 1923
Reeh, N., Clausen, H.B., Dansgaard, W., Gundestrup, N., Hammer, C.U., Johnson, S.J.: J. Glaciol. 20, 27-30 (1978)

Jahrringe als klimatologische Datenquellen

F. H. SCHWEINGRUBER[1]

1 Einleitung

Mit der Verwendung moderner statistischer Methoden (Fritts 1976) und der Erfassung der Dichtestruktur innerhalb des Jahrrings (Polge 1965) ist es möglich, den Jahrring in ariden und borealen Zonen als ergiebige paläoklimatologische Informationsquelle zu erschließen und zu nutzen. In ariden Gebieten, in alpinen Trockentälern (Wallis) und an flachgründigen, südexponierten Stellen in niederschlagsreichen, gemäßigten Standorten des schweizerischen Mittellandes begrenzen hauptsächlich die Sommerniederschläge das Jahrringbreiten- und Zellwandwachstum. Fritts (1965) ist es deshalb gelungen, anhand von Jahrringbreiten verschiedener Nadelholzarten die Niederschlagsverhältnisse der letzten 400 Jahre im amerikanischen Südwesten zu rekonstruieren und kartographisch darzustellen.

Erst mit dem Einsatz der Methode der Dichtemessung, der Radiodensitometrie, gelingt es, in der gemäßigten und insbesondere in der borealen Zone der Erde Dendroklimatographie zu betreiben, denn hier spiegeln die Dichten, nicht unbedingt die Jahrringbreiten, der Nadelhölzer die meteorologischen Verhältnisse wider.

Die Radiodensitometrie unterscheidet sich von der konventionellen Dendrochronologie dadurch, daß der Jahrring ein Holzdichteprofil liefert, aus dem mehrere Parameter zur dendroklimatologischen Auswertung beigezogen werden können. Die maximale Dichte, das ist die Dichte der letzten zwei Spätholzzellen im Jahrring, enthält in Proben aus borealen Zonen weitaus am meisten klimatologische Informationen (Abb. 1).

2 Eigenschaften der maximalen Dichte aus kalt-feuchten Zonen

Die maximale Dichte in Proben aus kalt-feuchten Lagen, z.B. nahe der Waldgrenze, hat folgende Eigenschaften:

1. Der Verlauf der maximalen Dichte-Mittelkurven, gebildet aus je 10 - 15 Bäumen pro Standortseinheit, von verschiedenen Holzarten aus hohen und ozeanischen Lagen ist sehr ähnlich (Abb. 2). Aus diesem Grunde ist die Datierung und die Synchronisation zwischen den Arten möglich. Die Verbreitungsgrenze einer Art bildet deshalb keine Grenze für weiträumige dendroklimatologische Korrelationen.

2. Standörtliche Verhältnisse äußern sich praktisch nur im Absolutwert, nicht jedoch im Verlauf der maximalen Dichtekurven. Bäume von Nord- und Südhängen sind deshalb leicht miteinander zu synchronisieren (Abb. 3). Die Synchronisation zeitlich gestaffelter Proben, z.B. aus verschiedenaltrigen Gebäuden, erlaubt die Konstruktion langer, datierter Reihen.

[1]Eidg. Anstalt für das forstliche Versuchswesen, CH-8903 Birmensdorf

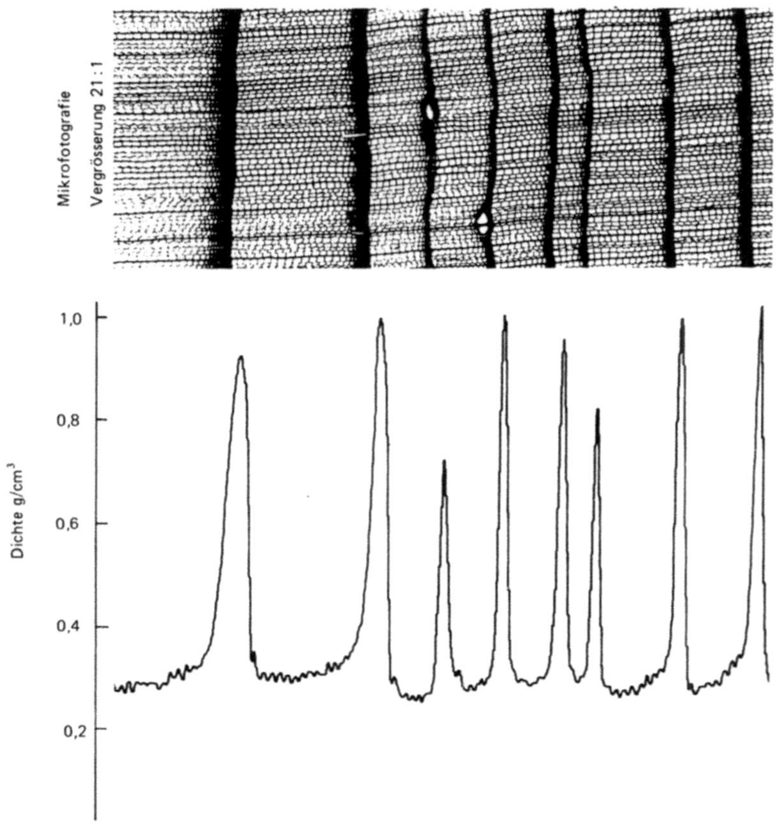

Abb. 1. Mikrophotographie und entsprechendes Dichtediagramm einer Jahrringabfolge aus Lärchenholz. Die auf röntgenographisch-densitometrischer Basis erhobenen Dichten entsprechen in dieser Darstellung den Holzdichten bei 8% Holzfeuchtigkeit

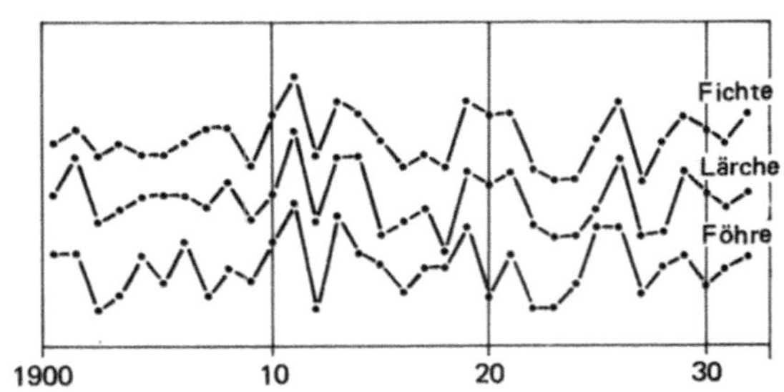

Abb. 2. Vergleich der maximalen Dichte-Mittelkurven von drei verschiedenen Holzarten auf benachbarten, ökologisch ähnlichen Standorten in Schottland (Inverey bei Braemar, 300 m ü.M.). Die Umweltfaktoren beeinflussen das Zellwandwachstum im Spätholz aller Arten in mehr oder weniger gleichem Maße

3. Die Sommertemperatur oder ein damit in Beziehung stehender Faktor begrenzt das Dichtewachstum der Spätholzzellen in Bäumen aus kaltfeuchten Gebieten (z.B. Waldgrenze) am nachhaltigsten. Insbesondere in Verbindung mit statistischen Methoden, sind die Sommertemperaturen (Juli bis September) für den Alpenraum oder andere Waldgrenzgebiete recht genau zu rekonstruieren (Abb. 4).

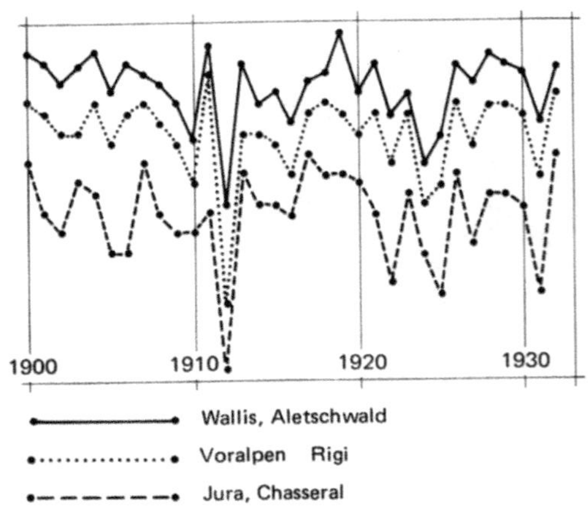

Abb. 3. Vergleich der maximalen Dichte-Mittelkurven von Fichten aus klimatisch und standörtlich uneinheitlichen Lokalitäten aus der subalpinen Stufe der Schweiz. *Oben* Aletschwald, Wallis, Nordhang, 1700 mm Niederschlag/Jahr, Granit. *Mitte* Rigi N-Alpen, Nordhang, 2100 mm Niederschlag/Jahr, Nagelfluh. *Unten* Chasseral, Jura, Südhang, 1800 mm Niederschlag/Jahr, Kalk.
Die in allen Gebieten ähnliche Sommertemperatur (10 - 11° durchschnittlich im Juli-September) scheint die Synthese der Zellwände im Spätholz am nachhaltigsten zu beeinflussen

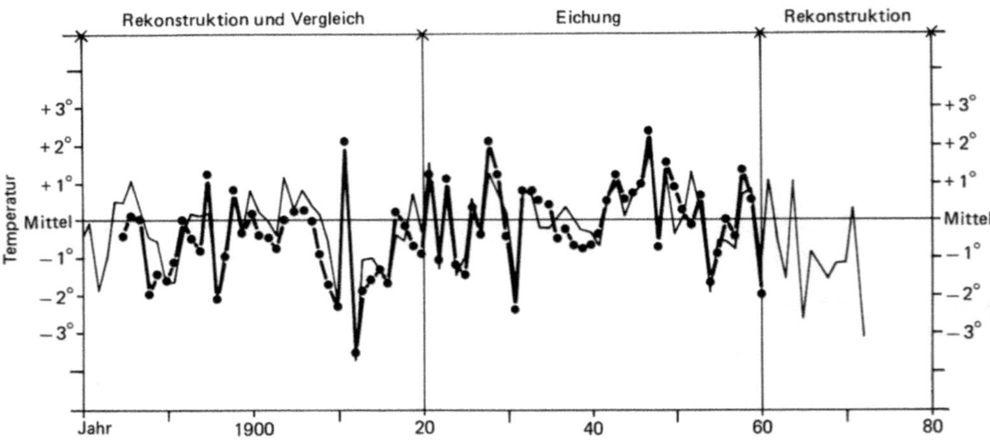

Abb. 4. Darstellung der tatsächlichen Temperaturkurve der Monate Juli und August der meteorologischen Beobachtungsstation Gr. St. Bernhard *(dicke Linie)* und deren Rekonstruktion anhand der vier Jahrringparameter maximale und minimale Dichte und Früh- und Spätholzbreite *(dünne Linie)* von Fichten aus fünf Standorten aus der subalpinen Stufe der Schweiz. In der Eichphase von 1921-1960 wird das lineare Abhängigkeitsmodell zwischen der abhängigen Temperaturgröße und den unabhängigen Jahrringgrößen ermittelt. Aufgrund des Modells werden die Temperaturen anhand der Jahrringgrößen berechnet und mit den tatsächlichen Temperaturen der Periode 1880-1920 verglichen. Die engen Beziehungen zwischen den Jahrringparametern und den Sommertemperaturen erlauben die Rekonstruktion der Temperaturen anhand der Jahrringparameter

Abb. 5. Vergleiche von maximalen Dichte-Mittelkurven von Fichten aus der subalpinen Stufe mit entsprechenden Kurven aus Trockenstandorten. Die Dichten aus kalt-feuchten Lagen entsprechen mehr oder weniger den Sommertemperaturen, diejenigen aus den Trockenstandorten denen der Sommerniederschläge. Die Rekonstruktion der Sommerwitterung ist deshalb annähernd möglich

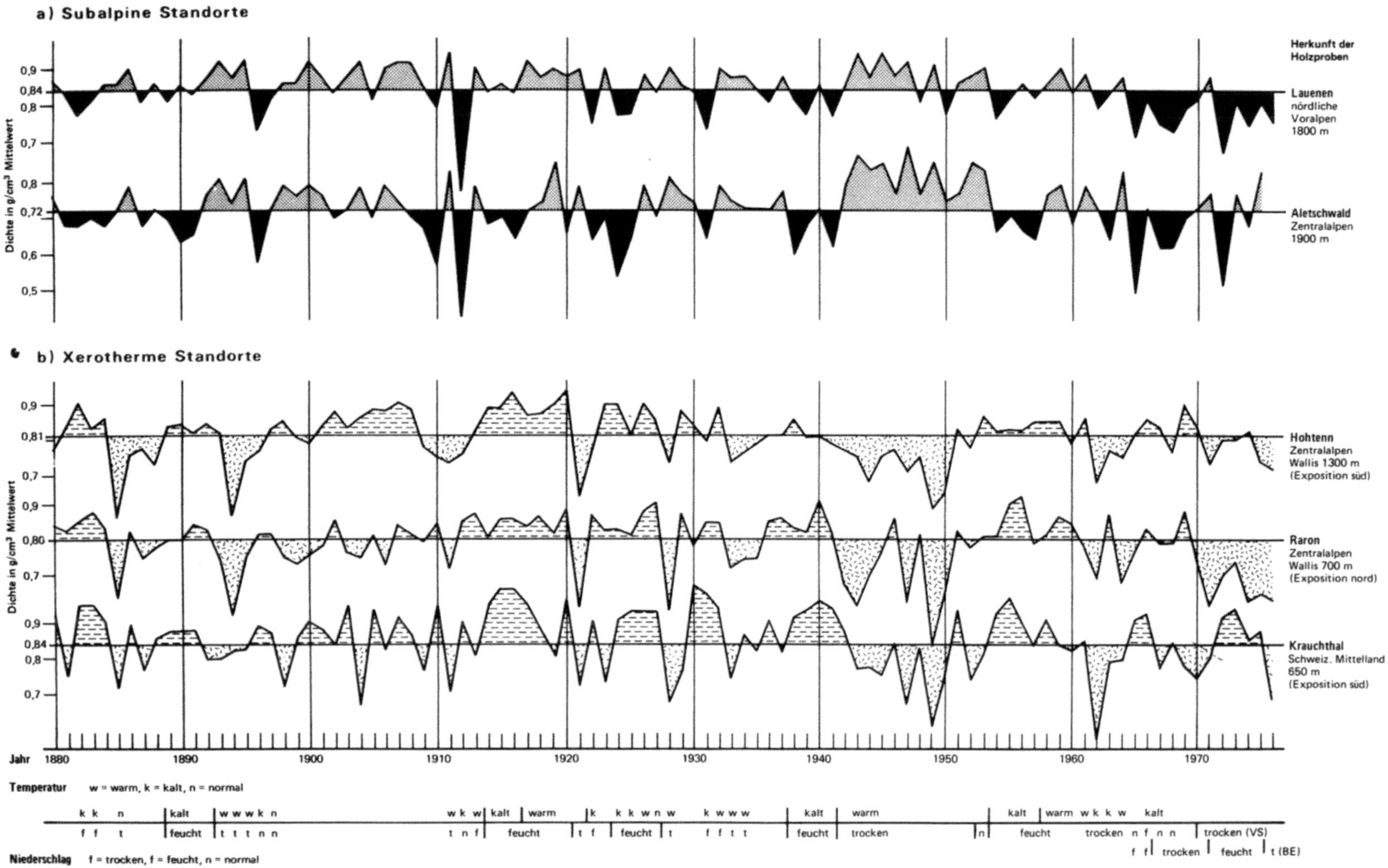
a) Subalpine Standorte
b) Xerotherme Standorte
Herkunft der Holzproben
Lauenen
nördliche Voralpen
1800 m
Aletschwald
Zentralalpen
1900 m
Hohtenn
Zentralalpen
Wallis 1300 m
(Exposition süd)
Raron
Zentralalpen
Wallis 700 m
(Exposition nord)
Krauchthal
Schweiz. Mittelland
650 m
(Exposition süd)
Dichte in g/cm³ Mittelwert
0,9
0,84
0,8
0,7
0,72
0,6
0,5
0,81
0,80
Jahr
1880
1890
1900
1910
1920
1930
1940
1950
1960
1970
Temperatur w = warm, k = kalt, n = normal
Niederschlag f = trocken, f = feucht, n = normal
k k n
kalt
w w w k n
w k w
kalt
warm
k
k k w n w
k w w w
kalt
warm
kalt
warm w k k w
kalt
f f t
feucht
t t t n n
t n f
feucht
t f
feucht
t
f f t t
feucht
trocken
n
feucht
trocken n f n n
trocken (VS)
f f
trocken
feucht
t (BE)

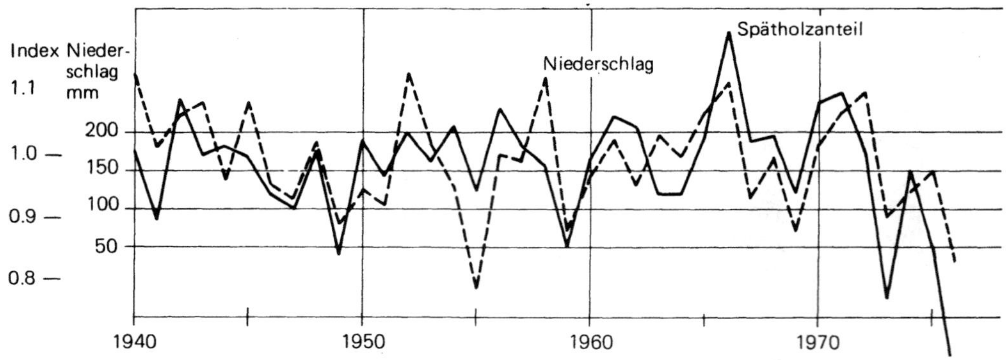

Abb. 6. Die prozentualen Spätholzanteile der gesamten Jahrringbreite von Föhren aus Norddeutschland scheinen von den sommerlichen Niederschlägen beeinflußt zu sein

3 Eigenschaften anderer Jahrringmerkmale aus gemäßigten und ariden Zonen

Minimale Dichten, Frühholz-, Spätholz- und Jahrringbreiten und Spätholzanteile in Proben aus gemäßigten oder ariden Standorten enthalten andere klimatologische Informationen als die maximale Dichte aus Proben kalt-feuchter Lagen. Von den wenigen bis anhin ausgeführten Studien ist bekannt, daß:

1. minimale Dichten in Jahrringen aus mittleren Standorten zu einem Teil etwas über Temperaturen im Frühsommer aussagen.

2. Jahrringbreiten, Spätholzbreiten und maximale Dichten in Jahrringen aus Trockenstandorten der Schweiz Niederschlagsrekonstruktionen ermöglichen. In Verbindung mit den entsprechenden Analysen aus benachbarten Standorten in hohen Lagen, sind deshalb die wesentlichsten Elemente der sommerlichen Witterung zu rekonstruieren (Abb. 5, Wallis Aletsch/Hohtenn).

3. prozentuale Spätholzanteile in Jahrringen von Föhren auf quartären Dünen Norddeutschlands die der Niederschlagsverhältnisse des Frühsommers widerspiegeln (Abb. 6).

4 Eigenschaften von Kurvenverläufen

Charakteristische Kurvenverläufe erlauben qualitative Aussagen über den Witterungsverlauf:

1. Die Bewegtheit der Kurven – die Sensitivity – beschreibt die Amplituden der jährlichen Werte und besagt deshalb etwas über die Stabilität oder Instabilität der Witterung in längeren Perioden (Abb. 7).

2. Mit den jährlichen Trendmitteln wird angegeben, wie viele der in einer Mittelkurve integrierten Einzelkurven-Intervalle in einem bestimmten Jahr steigende oder sinkende Tendenz aufweisen. Stammen Proben aus einem ökologisch homogenen Standort, liegt das jährliche Trendmittel in den meisten Jahren hoch. Wurde jedoch bei der Probenauswahl mehr ein Ort als ein Standort berücksichtigt, liegt es nur in Jahren mit extremen Witterungsbedingungen hoch.

3. Mit dem Glätten der Kurven (Gleitendes 5jähriges Mittel, Low pass filter u.a. statistische Methoden) kommen länger dauernde Dichte- bzw. Witterungsschwankungen zum Ausdruck.

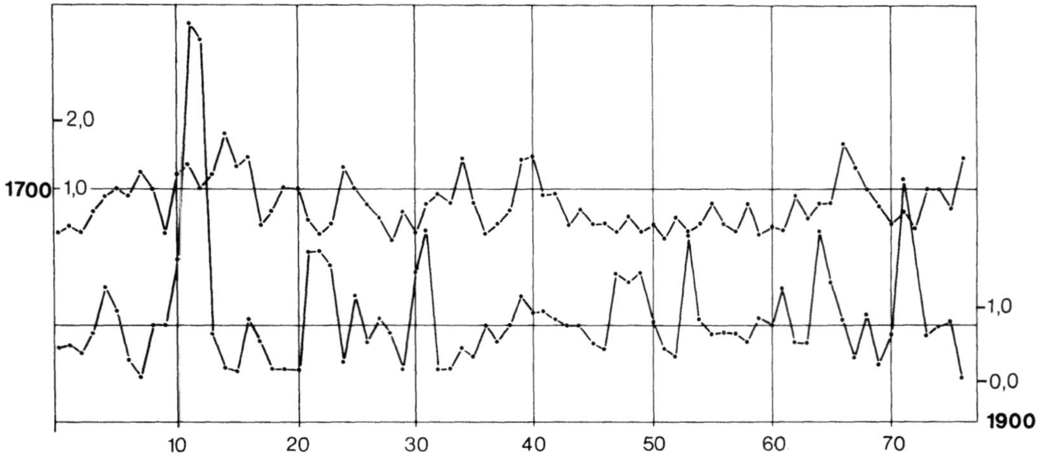

Abb. 7. Zwei Kurven mit unterschiedlicher Bewegtheit (Sensitivity), *oben* 1700-1776, *unten* 1900-1976. Die Sensitivity ist Ausdruck der Variabilität der Dichte bzw. der Temperaturen von Sommer zu Sommer. Im 18. Jahrhundert waren die sommerlichen Temperaturen viel ausgeglichener (geringe Sensitivity) als in unserem Jahrhundert

4. Die Gleichläufigkeitsprozente (Anzahl Intervalle mit steigender oder sinkender Tendenz in einer bestimmten Periode) besagen etwas über die Homogenität eines Standortes. Ein entsprechendes Maß sind die Korrelationswerte.

5 Dendroklimatologische Ergebnisse aus Europa und Nordost-Amerika

Für die vergleichende Darstellung stehen folgende Dichte-Mittelkurven aus kalt-feuchten Gebieten zur Verfügung:

Karpaten 1, Alpen 25, Schottland 6, Südengland 1, Südschweden 1, nördliche Appalachen 2.

Aus den vorliegenden Dichtechronologien ergeben sich Ansatzpunkte zur Diskussion folgender klimatologischer Probleme:

5.1 Dendrogeographische Regionen

Durchschnittliche dendrogeographische Regionen werden mit Gleichläufigkeitsprozenten festgelegt. Innerhalb dieser Regionen sind Mittelkurven in den Jahreswerten synchronisierbar. Aus dem aus Europa bereits verarbeiteten Material sind folgende durchschnittliche dendrogeographische Regionen erkennbar (Abb. 8a-c).

5.2 Die holozänen Sommertemperaturen in den Alpen

Mit der Synchronisation von überlappenden Einzelkurven der maximalen Dichte aus den letzten sieben Jahrhunderten ergab sich eine Dichte-Zeitreihe, die mit nur geringer statistischer Angleichung praktisch die jährliche Variabilität der Sommertemperaturen aufzeigt.

Gut erhaltene Stämme von Lärchen, Arven und Fichten aus Moränen und Mooren der schweizerischen Alpen ermöglichen die jährliche klimatologische Erfassung langer zeitlicher Abschnitte im Holozän.

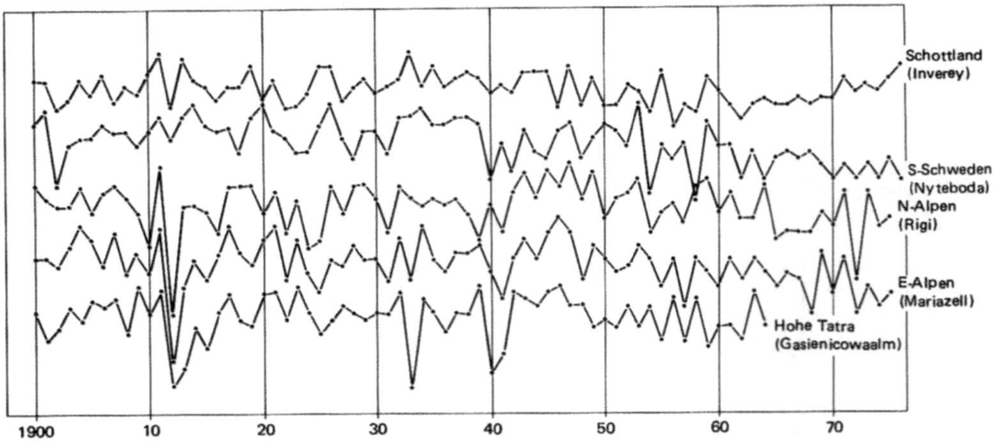

Abb. 8a

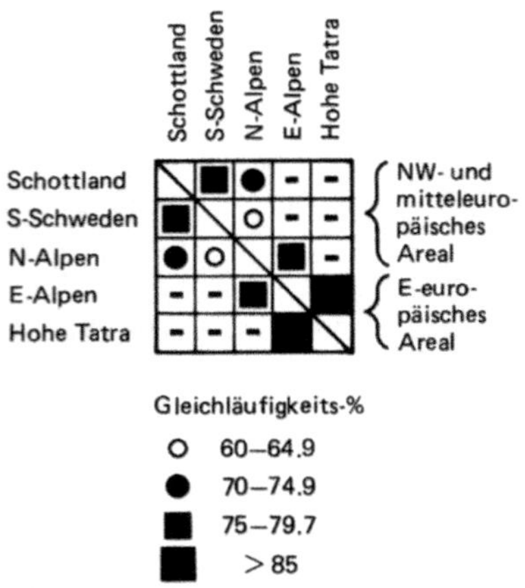

Abb. 8b

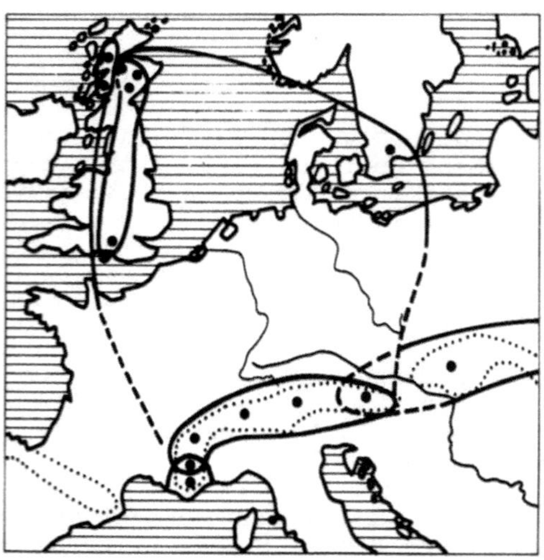

Abb. 8c

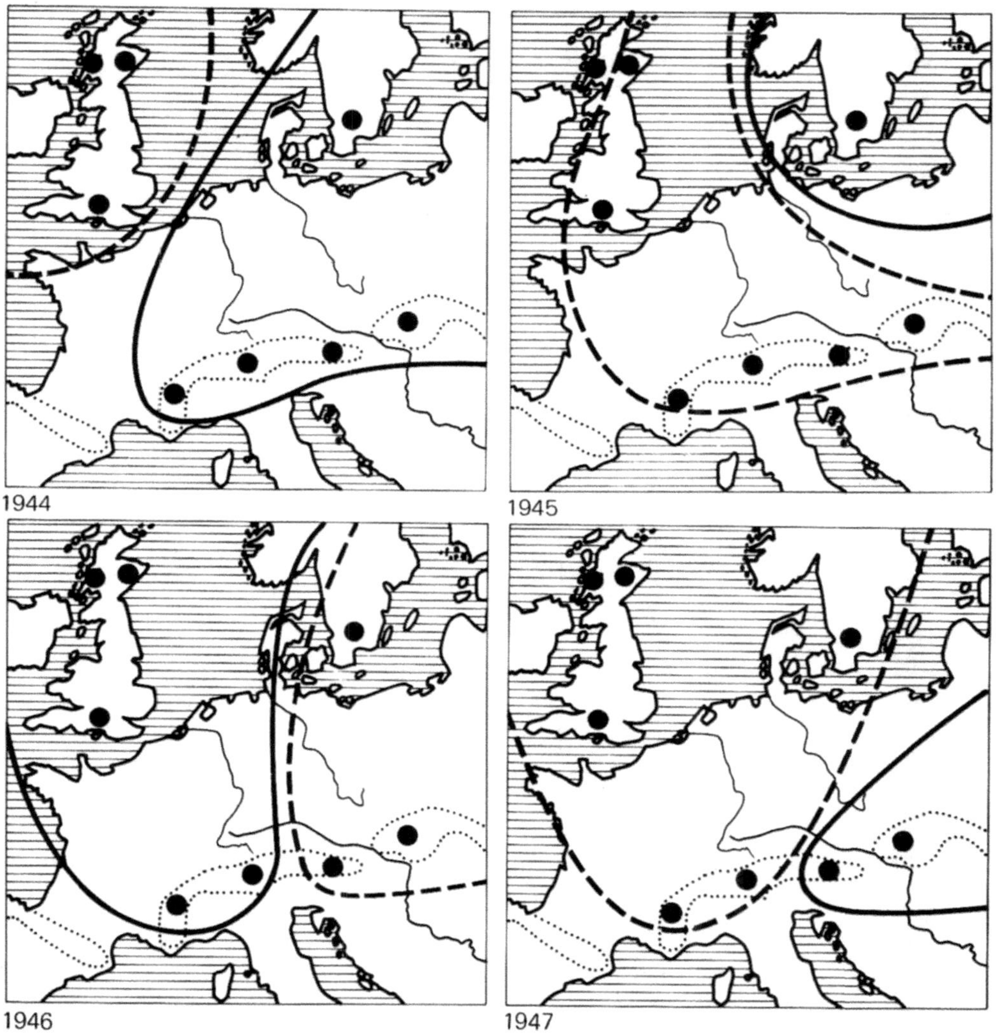

Abb. 9. Areale gleicher Kurventendenzen in vier sich folgenden Jahren. (Ermittelt aus allen verfügbaren Mittelkurven.) *Gebrochene Linie* steigende Tendenz, *ganze Linie* fallende Tendenz. Die Form und Größe der Areale wechselt von Jahr zu Jahr, z.B. 1944: England gegenüber S-Schweden-Alpen-Karpaten; 1957: England-S-Schweden-Zentralalpen gegenüber E-Alpen-Karpaten

---

Abb. 8a-c. Die dendrogeographischen Regionen der maximalen Dichte-Mittelkurven in NW- und Zentraleuropa. *(a)* Kurven von Föhren (NW-Europa) und von Fichten aus den Alpen und Karpaten der Jahre 1900-1976. *(b)* Entsprechende Gleichläufigkeitsdiagramme. Sehr eng sind die Beziehungen zwischen den Karpaten und den Ostalpen, eng zwischen den E- und N-Alpen und Schottland und Südschweden, locker zwischen den N-Alpen und NW-Europa, fehlend zwischen NW-Europa, den E-Alpen und den Karpaten. *(c)* Entsprechende kartographische Darstellung. Im Zeitraum von 1900-1976 existieren folgende dendrogeographische Areale: NE-Europa-Zentralalpen; Karpaten-E-Alpen; Meeralpen

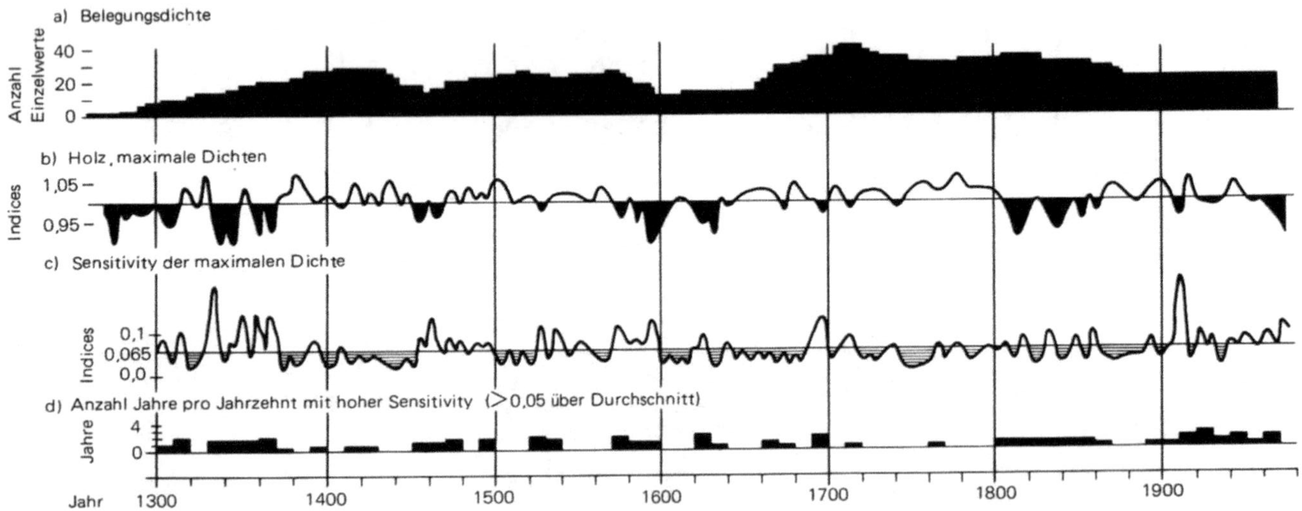

<u>Abb. 10.</u> Mit 5jährigem gleitendem Mittel geglättete Mittelkurven der maximalen Dichten und der entsprechenden Sensitivity von rezenten und verbauten Fichten aus dem Berner Oberland (Lauenen). Deutlich sind die Phasen mit geringer Dichte, bzw. tiefer Sommertemperatur (1450-1470, 1580-1640, 1800-1860, ab 1950). Lange Phasen gleichmäßiger Sommer (tiefe Sensitivity) werden von kürzeren mit unterschiedlichen Sommern unterbrochen (z.B. 1450-1480, 1570-1600 u.a.m.). Die Werte vor 1360 liegen vermutlich zu tief, da sie von sechs raschwüchsigen Bäumen eines Standortes stammen

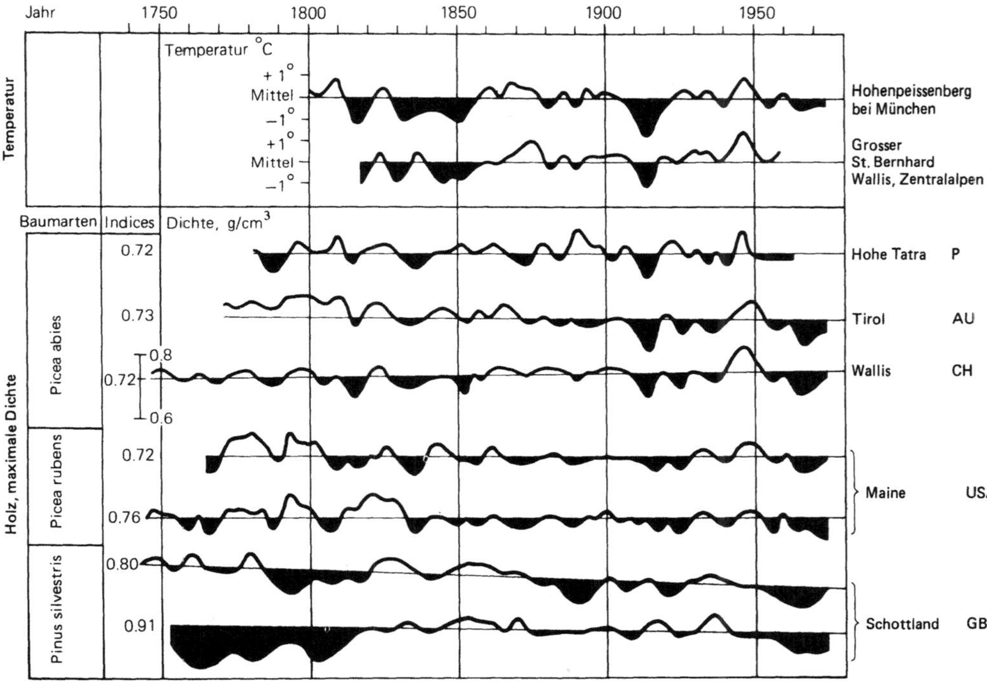

Abb. 11. Mit 5jährigen gleitenden Mitteln geglättete Mittelkurven der maximalen Dichte von Bäumen aus Europa und NE-Amerika und den durchschnittlichen Temperaturen der Monate Juli-September von zwei meteorologischen Meßstationen in den Alpen. Ähnlichen Verlauf weisen diejenigen aus Zentraleuropa und NE-Amerika auf; andersartig sind die Kurven aus Schottland und Südschweden. Nur die Phase ab 1950 weist bei allen Kurven sinkende Tendenz auf

5.3 Räumliche Darstellung der jährlichen Witterungswechsel

Die jährlichen Trendmittel zeigen, in welchen Jahren und in welchen Regionen die Kurvenintervalle gleiche Tendenz aufweisen. Mit der kartographischen Darstellung wird die Tendenz der Witterung in Beziehung zum Vorjahr zum Ausdruck gebracht. Im besten Falle ist in einem bestimmten Jahr im ganzen untersuchten Gebiet eine Erhöhung der Dichte festzustellen. In einigen Jahren dagegen unterscheiden sich die Areale der Tatra, der Alpen und von NW-Europa. Wie mit Abbildung 9 gezeigt wird, sind die Gebiete von Jahr zu Jahr variabel.

5.4 Zeitliche Darstellung der Witterungswechsel

In der unterschiedlichen Bewegtheit der Kurve Lauenen kommt vermutlich der Wechsel verschiedenartiger Zirkulationstypen zum Ausdruck. Dringen die atlantischen, maritimen Luftmassen über mehrere Jahre tief ins europäische Festland, so ist die Sommerwitterung ausgeglichen und die Sensitivity ist folglich gering. Stehen die Alpen während mehrerer Jahre im Übergangsbereich zwischen den kontinentalen und den atlantischen Luftmassen, ist die Witterung von Sommer zu Sommer unterschiedlich und die Sensitivity in den Kurven der maximalen Dichte ist hoch (Abb. 10).

5.5 Klimapendelungen in Zeit und Raum

Mit den geglätteten Mittelkurven werden andersartige dendrogeographische Regionen erschlossen, als dies mit den Mittelkurven der jährlichen

Werte getan wird. Kurven mit ähnlichem jährlichem Verlauf weisen in geglättetem Zustand keine Beziehungen zueinander mehr auf (z.B. Alpen-England). Anderseits lassen sich geglättete Kurven aus sehr weit entfernten Gebieten zur Deckung bringen, die sich im jährlichen Verlauf unähnlich sind (wrigel-matching). So verlaufen beispielsweise Kurven aus den Zentralalpen und den nördlichen Appalachen parallel, wogegen keine Übereinstimmungen zu denjenigen aus NW-Europa bestehen (Abb. 11).

Die für die Alpen erarbeiteten geglätteten Kurven von Lauenen dürften deshalb auch für die nördlichen Appalachen Gültigkeit haben (Abb. 10).

Literatur

Fritts, H.C.: Tree ring evidence for climatic changes in Western North America. Mon. Weather Rev. 93, 421-443 (1965)

Fritts, H.C.: Tree Rings and Climate. London, New York: Academic Press 1976, 567 S.

Polge, H.: Etablissement des courbes de variation de la densité du bois par exploration densitométrique de radiographies d'échantillons prélevés à la tarière sur des arbres vivants. Ann. Sci. For. 23, 1-206 (1966)

Alle weiteren Informationen stammen aus Arbeiten des Autors und Mitarbeiter, insbesondere aus:

Schweingruber, F.H., Bräker, O.U., Schär, E.: Dendroclimatic studies on conifers from Central Europe and Great Britain. Boreas 8, 427-452 (1979)

Klimamodelle und Klimamechanismen

Ein stochastisches Modell der natürlichen Klimavariabilität

K. HASSELMANN[1]

Ein charakteristisches Merkmal natürlicher Klimaschwankungen ist die quasi-kontinuierliche Verteilung der Schwankungsenergie auf ein sehr breites Frequenzspektrum, ohne ausgeprägte Periodizitäten, bei einer Zunahme der Energie zu längeren Perioden hin. Dieser "rote" Charakter klimatischer Varianzspektren läßt sich qualitativ – im Einzelbeispiel sogar quantitativ – mit einem einfachen stochastischen Modell erklären, bei dem langperiodische klimatische Schwankungen auf die Einwirkung kurzzeitiger Wetterschwankungen zurückgeführt werden. Die Umwandlung kurzzeitiger Wettereinwirkungen in langperiodische Klimaschwankungen beruht auf der integrierenden Eigenschaft einiger großer, sehr träger Wärmespeicher im Klimasystem, vorwiegend im Ozean und in den polaren Eismassen. Im klimatisch relevanten Periodenbereich, d.h. für Perioden, die groß sind gegen die charakteristischen Zeitskalen der Wetterveränderlichkeit, kann das Spektrum der natürlichen Wettervariabilität praktisch als konstant ("weiß") angesehen werden. Die Ozeane und Eiskappen, die mit der Atmosphäre über den Wärmekreislauf eng gekoppelt sind, erfahren diese atmosphärische (Wetter-)Variabilität als eine Veränderlichkeit des atmosphärischen Wärmestroms. Da die Temperaturen der Wärmespeicher Ozean oder Kryosphäre sich in erster Linie durch Aufsummation dieses veränderlichen Wärmestromes bestimmen, wird dann das weiße Anfachungsspektrum des Wärmestromes durch Integration in ein rotes Temperaturvarianzspektrum umgewandelt, das näherungsweise dem Quadrat der Periode proportional ist. Das Modell wurde im Zeitbereich von Monaten bis einigen Jahren anhand gemessener natürlicher Fluktuationen der Meeresoberflächentemperaturen getestet und quantitativ bestätigt. Hierbei wurde der Ozean in Form eines flachen Deckschichtmodells erfaßt. Die Anwendung auf ein einfaches zonal gemitteltes Budyko-Sellers Energiebilanzmodell unter Berücksichtigung der Wärmespeicherung des tiefen Ozeans ergab dann Klimaschwankungen im Periodenbereich von 10 bis 10^4 Jahren, die ebenfalls größenordnungsmäßig mit beobachteten Klimaschwankungen übereinstimmten. Für die Anwendung auf noch längere Perioden müßte das Modell durch Berücksichtigung der Dynamik der polaren Eiskappen noch erweitert werden. Eine detaillierte, quantitative Prüfung der Grundvoraussetzungen des stochastischen Modells im Periodenbereich größer als etwa 10 Jahre ist allerdings zur Zeit noch nicht möglich. Dies erfordert die Entwicklung eines ins einzelne gehenden Klimamodells, unter Berücksichtigung der globalen ozeanischen Zirkulation, der biologischen und chemischen Kreisläufe und vieler anderer Faktoren, die den Langzeitresponse des Systems unter Einwirkung der kurzzeitigen Wetterschwankungen im einzelnen bestimmen. Unabhängig von der detaillierten Struktur des Modells läßt sich jedoch aus dem stochastischen Modell allgemein ableiten, daß künftige natürliche Klimaschwankungen prinzipiell nur beschränkt vorhersagbar sind, da die Ursachen der Schwankungen in kurzzeitigen Wetterschwankungen der Atmosphäre liegen, die ihrerseits über längere Zeiten wegen der inhärenten Instabilität der atmosphärischen Zirkulation nicht vorhersagbar sind.

[1]Max-Planck-Institut für Meteorologie, D-2000 Hamburg

Literatur

Frankignoul, C.: Stochastic forcing models of climate variability. Rep. JOC/SCOR Joint Study Conf. Gen. Circul. Models of the Ocean and their Relations to Climate, Helsinki 1977, V72-91

Frankignoul, C., Hasselmann, K.: Stochastic climate models, Part 2. Application to sea-surface temperature anomalies and thermocline variability. Tellus 29, 289-392 (1977)

Hasselmann, K.: Stochastic climate models, Part 1. Theory. Tellus 28, 473-485 (1976)

Hasselmann, K.: The dynamical coupling between the atmosphere and the ocean, WMO Reports on Marine Science Affairs, Report No. 11, The Influence of the Ocean on Climate, Lectures presented at the 28. session of the WMO Executive Committee, 31-44 (1977)

Lemke, P.: Stochastic climate models, Part 3. Application to zonally averaged energy models. Tellus 29, 385-392 (1977)

Reynolds, R.W.: Sea surface temperature anomalies in the North Pacific Ocean. Tellus 30, 97-103 (1978)

Ozon und Sonnenfleckenzyklus

H. U. DÜTSCH[1]

Ein Einfluß der Sonnenaktivität auf den Wetterablauf ist seit langem postuliert worden; so war z.B. für den Altmeister der Langfristvorhersage, Franz Baur [1], die Phase im Sonnenfleckenzyklus ein wichtiger Prädikator. Solche Behauptungen mußten aber umstritten bleiben, solange kein glaubwürdiger physikalischer Mechanismus angegeben werden konnte. Zwar war bekannt, daß die Ionosphäre resp. Thermosphäre durch die Vorgänge auf der Sonne intensiv beeinflußt werden, doch war eine Auswirkung von Schwankungen in diesen höchsten Schichten auf die Troposphäre (und damit auf das Wetter) infolge der vergleichsweise enorm geringen Masse unwahrscheinlich.

Energetisch etwas realistischer erschien die Einwirkung der solaren Vorgänge über die Ozonschicht; diese Hypothese wurde um so attraktiver als durch Chapman's [2] photochemische Theorie (schon 1930), wie auch durch die Beobachtungen in den folgenden Jahrzehnten, gezeigt worden war, daß die für die Existenz einer Stratosphäre verantwortliche Ozonschicht in ihrem oberen Teil durch die solare UV-Strahlung geformt wird, während die Verteilung dieses Spurengases in der unteren Stratosphäre wesentlich durch Transportvorgänge bestimmt ist [3]. Eine Einwirkung solarer Variabilität, möglicherweise durch Rückkoppelungsmechanismen verstärkt, war daher denkbar.

Allerdings glaubten damals die meisten Astrophysiker nicht an stärkere Fleckenzyklenschwankungen der solaren UV-Strahlung im Bereich zwischen 200 und 300 nm, welche die Ozonphotochemie weitgehend dominiert. Da eine direkte theoretische Beweisführung damit einigermaßen in der Luft hing, versuchte man zuerst mit statistischen Untersuchungen die Frage abzuklären, wobei man sich aber wohl oder übel auf das Gesamtozon beschränken mußte, da nur von dieser Größe halbwegs brauchbare Beobachtungsreihen zur Verfügung standen.

In den letzten 15 Jahren hat nun die photochemische Theorie des Ozons, die vorher abgeschlossen schien, eine weitgehende Umwälzung erfahren; heute wird das Ozon als die zentrale Substanz eines komplexen Spurengassystems [4] gesehen. Damit ergeben sich zusätzliche Möglichkeiten einer Beeinflussung der Schicht durch eine variable Sonne. Gleichzeitig bestehen nun Hinweise auf eine Variation des solaren UV im kritischen Wellenlängenbereich im Laufe des Sonnenfleckenzyklus [5]; die betreffenden Messungen müssen allerdings noch bestätigt werden.

Auf der Beobachtungsseite stehen neuerdings auch einige brauchbare Meßreihen der vertikalen Verteilung zur Verfügung, die eher eine Nachprüfung der theoretischen Überlegungen erlauben als Gesamtozonmessungen. Auch wenn inzwischen die Kenntnis der stratosphärischen Dynamik große Fortschritte gemacht hat, bestehen dagegen über allfällige Rückwirkungen einer Veränderung in der Ozonschicht auf die Troposphäre und

[1] Laboratorium für Atmosphärenphysik ETH, CH-8093 Zürich

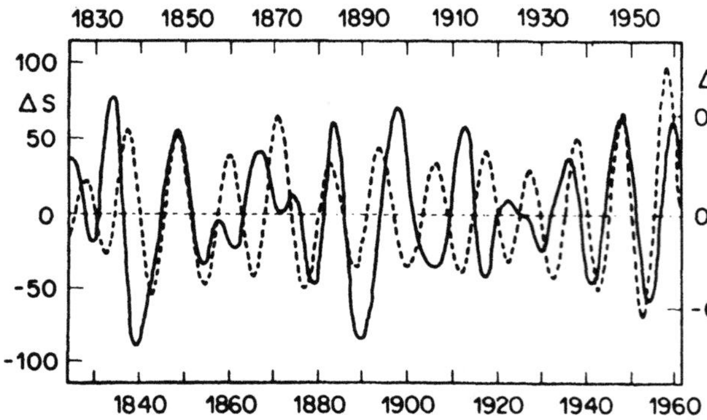

Abb. 1. Korrelation und Antikorrelation in verschiedenen Zeitabschnitten zwischen Temperatur in Oxford *(ausgezogene Linie)* und einem Sonnenindex (Fakkeln), *gestrichelt*. Nach Carrea [6]

damit auf das Wetter noch keine irgendwie gesicherten Kenntnisse. Deshalb soll dieses Problem hier ausgeklammert werden, obschon seine praktische Bedeutung unbestreitbar ist.

1 Sonnenfleckenzyklus und Gesamtozon

Auch die längsten heute zur Verfügung stehenden Gesamtozonmeßreihen beschränken sich auf 4 - 5 Sonnenfleckenzyklen, weltweite Daten stehen in einigermaßen befriedigendem Umfang nur für zwei Zyklen zur Verfügung (dasselbe gilt für Einzelreihen der vertikalen Verteilung). Rein statistische Resultate sind deshalb mit Vorsicht zu betrachten, wie sich drastisch aus Abbildung 1 (nach Carrea [6]) ergibt, in der eine schöne Korrelation zwischen Temperatur und Sonnenfleckenrelativzahl nach jeweils etwa 3 Zyklen plötzlich in ihre Gegenphase umschlägt.

Bereits die erste auf weltweitem Gesamtozonmaterial basierende statistische Untersuchung durch Willet [7] (1962) führte zu heftigen Kontroversen. Willet hielt aufgrund einer hohen Korrelation (0.8), allerdings mit einer Phasenverschiebung von 4 Jahren von Gesamtozon zu Sonnenflecken, einen kausalen Zusammenhang als gegeben; doch wurde seine Arbeit angegriffen, weil er seine weltweiten Jahresmittel ohne Rücksicht auf die wechselnde geographische Breite und z.T. sogar die Jahreszeit der vorhandenen Beobachtungen gebildet hatte; ferner wurde geltend gemacht, daß phasenverschobene Korrelationen mit hoher Wahrscheinlichkeit große Werte ergeben, ein Einwand, der auch bei der Diskussion späterer Arbeiten (wie auch in Bezug auf den hinten dargestellten Zusammenhang mit der vertikalen Verteilung) beachtet werden muß.

In jüngerer Zeit fanden Angell und Korshover [8, 9] für das nun wesentlich umfangreichere Gesamtozonmaterial der letzten 20 Jahre, das sie einer allgemeineren statistischen Untersuchung unterworfen hatten, eine relativ hohe Korrelation mit dem Sonnenfleckenzyklus, wobei das Ozon nur 11 Monate hinterherhinkte, die Amplitude dieser Schwankung aber recht klein war (<1%). Dabei schien der Zusammenhang in der Südhemisphäre enger zu sein als im Norden.

Eine Betrachtung der längsten zur Verfügung stehenden Meßreihe (Arosa) [10] zeigt sehr deutlich die Schwierigkeiten, die einer Interpretation der Beziehung Gesamtozon - Sonnenaktivität entgegenstehen. Zwar stechen zwei Maximumspaare mit je 11jährigem Abstand hervor, sie liegen aber um nur 7 Jahre auseinander (Abb. 2). Zusammenfassend kann gesagt werden, daß sich aus den bisherigen statistischen Untersuchungen der Gesamtozonmessungen kaum schlüssige Anhaltspunkte über eine Beeinflussung

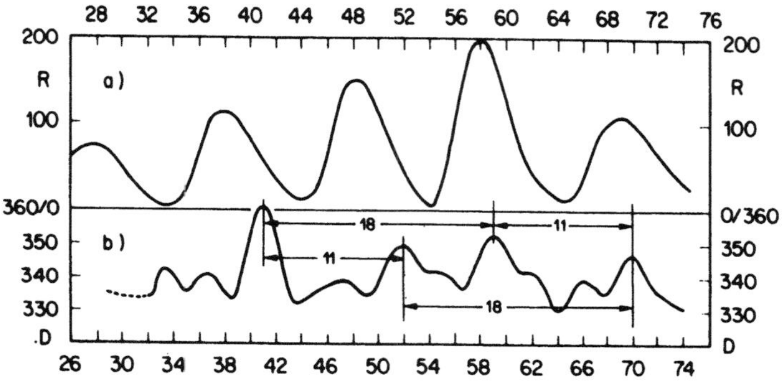

Abb. 2. Durch Filter geglättete Kurven der Sonnenfleckenrelativzahl (a) und des Gesamtozons über Arosa (b)

der Ozonschicht durch die Sonnenaktivität ergeben, was aber aufgrund der theoretischen Überlegung in den folgenden Abschnitten kaum verwunderlich erscheint – auch wenn in Wirklichkeit eine wesentliche Beeinflussung der Ozonschicht vorhanden sein sollte.

2 Die photochemische Theorie des atmosphärischen Ozons

Die sogenannte klassische photochemische Theorie nach Chapman [2] erklärt den atmosphärischen Ozongehalt mit nur vier Reaktionen:

1) $O_2 + h\nu \rightarrow O + O$ $\lambda \leqq 242$ nm f_2

2) $O + O_2 + M \text{ — } O_3 + M$ k_2

3) $O_3 + h\nu \rightarrow O_2 + O$ $\lambda \leqq 1180$ nm f_3

4) $O_3 + O \rightarrow 2O_2$ k_3

zu denen in der Mesosphäre oberhalb von etwa 60 km noch die direkte Rekombination des atomaren Sauerstoffs hinzukommt.

Da die Umwandlung zwischen den ungeraden Sauerstoffteilchen O und O_3 durch die Reaktionen (2) und (3) sehr viel rascher abläuft als ihre Bildung und Zerstörung durch die Reaktionen (1) und (4), kann ein Gleichgewicht zwischen n_1 und n_3 (Konzentration des atomaren Sauerstoffs, resp. des Ozons) berechnet werden, das von Bildung und Zerstörung dieser sog. ungeraden Sauerstoffteilchen unabhängig ist; andererseits müssen nun Gleichgewichtsbetrachtungen für O_3 und O nicht getrennt durchgeführt werden, sondern es kann ein Budget für die ungeraden Sauerstoffteilchen als ganzes aufgestellt werden. Aus solchen Betrachtungen ergibt sich die Ozonkonzentration zu

$$n_3 = n_2^{3/2} \sqrt{4.75\, k \frac{f_2}{f_3}} \qquad (1)$$

wobei n_2 die Konzentration des molekularen Sauerstoffs, k das Verhältnis der beiden Reaktionskonstanten k_2/k_3 und f_2 und f_3 die Dissoziationsgeschwindigkeiten für Sauerstoff resp. Ozon bedeuten. Ferner berechnet sich die Relaxationszeit der Gleichgewichtseinstellung zu

$$\tau = \frac{1}{4} \sqrt{\frac{k \cdot n_2 \cdot 4.75}{f_2\, f_3}} \qquad (2)$$

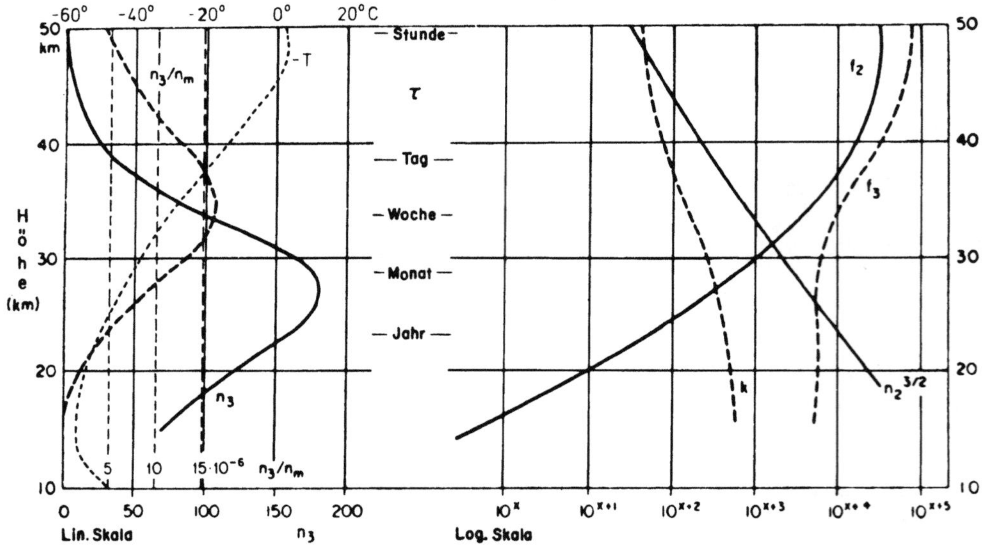

Abb. 3. *Links* lineare Skala: Vertikale Ozonverteilung aus der klassischen photochemischen Theorie für Sommerverhältnisse in mittleren Breiten berechnet. n_3: Ozonpartialdruck in nanobar; n_3/n_m: Mischungsverhältnis Ozon/Luft in ppm (10^{-6}), Temperatur in °C. *Rechts* logarithmische Skala: Höhenabhängigkeit der einzelnen Parameter in der Gleichgewichtsgleichung. f_2: $x = -14$, f_3: $x = -7$, k: $x = -21$, $n_2^{3/2}$: $x = 26$. *Mitte* Relaxationszeit τ

Abbildung 3 zeigt, wie sich aus der Höhenabhängigkeit der einzelnen Größen in Gl. (1) die vertikale Ozonverteilung im photochemischen Gleichgewicht ergibt. Die Variation von k mit der Höhe beruht auf der Temperaturabhängigkeit dieser Gleichgewichtskonstanten; im wesentlichen wird aber die vertikale Ozonverteilung durch die unterschiedliche Schwächung von f_2 und f_3 mit abnehmender Höhe und der Dichtezunahme nach unten dominiert.

Infolge der Überlappung der Absorptionsbereiche von Sauerstoff und Ozon wird die Sauerstoff dissoziierende Strahlung in der mittleren und oberen Stratosphäre stärker durch das aufgrund dieses Vorganges gebildete Ozon als durch die Sauerstoffabsorption selbst geschwächt. f_2 wird zudem vor allem in dem für die Bildung des atmosphärischen Gesamtozongehalts besonders wichtigen Bereich zwischen 25 und 35 km sogar stärker durch Änderungen des Ozongehalts beeinflußt als f_3; dies führt zu einer Dämpfung aller externen Einflüsse – wie z.B. der Schwankungen des solaren UV im Laufe des Sonnenfleckenzyklus auf die Ozonschicht, eine Feststellung, die auch im Rahmen der im folgenden diskutierten modernen Photochemie gilt (sog. Selbstheilungswirkung [11]).

In den letzten 15 Jahren hat sich anschließend an die Entdeckung der Bedeutung, welche die durch Photodissoziation von Ozon durch Wellenlängen <310 nm entstehenden angeregten Sauerstoffatome $O(^1D) \equiv (O^*)$ für die Spurengaschemie der Atmosphäre haben, eine neue Photochemie des Ozons entwickelt; sie zeigt dieses nun als Zentrum eines komplexen Spurengassystems.

Nach Abbildung 4 kann dieses System in verschiedene Gruppen aufgeteilt werden; neben den permanenten Atmosphärenbestandteilen O_2, N_2, CO_2, sowie der Gruppe der ungeraden Sauerstoffteilchen (O_3, O, O*) sind

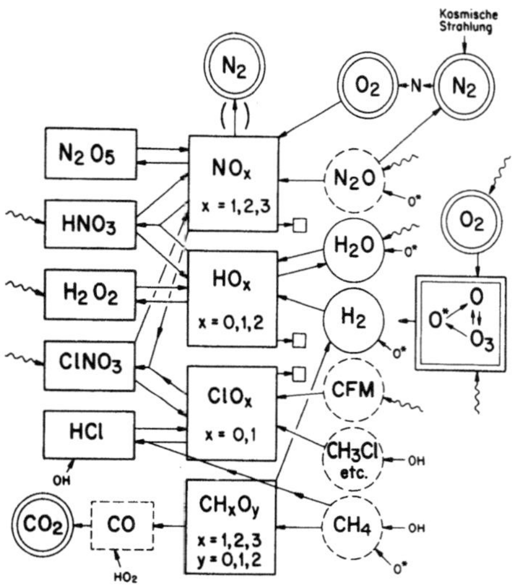

Abb. 4. Gruppen stratosphärischer Spurenstoffe und Umwandlungsprozesse zwischen den Gruppen. Permanente Substanzen: *Doppelkreis*; ungerade Sauerstoffteilchen: *Doppelquadrat*; quasiinerte Substanzen: *Kreis* (*ausgezogen* regenerierbar, *gestrichelt* abgebaut). Radikalgruppen: *Quadrate*; reaktive Moleküle: *Rechteck*; → Umwandlungsrichtung; ⁓→ Photodissoziation; → □ Katalytischer Ozonabbau; OH →, O* →, HO_2 → Umwandlung unter Einwirkung der betreffenden Radikale

dies eine Gruppe quasiinerter Substanzen, mehrere Radikalgruppen, sowie eine Gruppe reaktiver Moleküle, die in engem Zusammenhang mit den Radikalen stehen.

Die Radikale werden in erster Linie durch Einwirkung von angeregten Sauerstoffatomen auf sonst praktisch inerte Moleküle gebildet,

$$H_2O + O^* \longrightarrow 2OH \qquad (5)$$

$$N_2O + O^* \longrightarrow 2NO \qquad (6)$$

oder auch durch deren Aufspaltung durch Radikale (vor allem OH), z.B.

$$CH_4 + OH \longrightarrow CH_3 + H_2O \qquad (7)$$

Ferner entstehen sie durch direkte Photodissoziation durch die Wellenlängen um 200 nm, die andererseits für die Sauerstoffphotodissoziation und damit die Ozonbildung verantwortlich sind, und die in der Stratosphäre vollständig absorbiert werden, z.B.

$$CFCl_3 + h\nu \longrightarrow CFCl_2 + Cl \qquad (8)$$

$$H_2O + h\nu \longrightarrow OH + H \qquad (9)$$

Die Radikalgruppen katalysieren die Rückführung ungerader Sauerstoffteilchen in O_2 durch Reaktionsfolgen wie

$$NO + O_3 \longrightarrow NO_2 + O \qquad (10)$$

$$\underline{NO_2 + O \longrightarrow NO + O_2} \qquad (11)$$

Total $O + O_3 \longrightarrow 2O_2$

wobei allerdings die Wirksamkeit durch andere Reaktionswege, z.B.

$$NO_2 + h\nu \longrightarrow NO + O \qquad (12)$$

oder durch Wechselwirkung zwischen den Radikalgruppen vermindert werden kann.

Während die Radikale der HO_x-Gruppe in Wasser zurückgeführt werden

$$HO_2 + OH \longrightarrow H_2O \qquad (13)$$

und damit in einem Gleichgewicht mit diesem stehen, wobei ihre Konzentration gering bleibt, ist die Zersetzung von N_2O sowie der chlorhaltigen Verbindungen irreversibel, und es gibt keine Reaktion, welche in der Stratosphäre NO_x und ClO_x wieder endgültig beseitigen kann, mit Ausnahme der auf die obere Stratosphäre beschränkten Photodissoziation von NO (durch Strahlung <200 nm).

Zwar entstehen wie Abbildung 4 zeigt durch Reaktion innerhalb einer oder zwischen verschiedenen Radikalgruppen wieder (allerdings noch recht reaktive) Moleküle, wie HNO_3:

$$OH + NO_2 + M \longrightarrow HNO_3 + M \qquad (14)$$

oder HCl, die aber die ungeraden Sauerstoffteilchen kaum noch wesentlich beeinflussen; diese Umwandlung ist jedoch nicht endgültig, vielmehr werden die Radikale wieder zurückgebildet:

$$HNO_3 + h\nu \longrightarrow NO_2 + OH \qquad (15)$$

Da aber im entstehenden quasi-Gleichgewicht zwischen reaktiven Molekülen und Radikalen doch ein beträchtlicher Teil der letzteren gebunden und damit Ozon-inaktiv gemacht sein kann, ergibt sich aus dieser "Wartestellung" eine wichtige Beschränkung der quantitativen Ozonwirksamkeit der beiden Radikalgruppen NO_x und ClO_x. Die Molekülform trägt auch wesentlich zum Transportverlust der Radikale in Richtung Troposphäre bei, wo durch den in der Stratosphäre fehlenden Niederschlagsprozess ein Auswaschen stattfindet und damit das sonst unbegrenzte Wachstum der Radikalkonzentration verhindert wird. (NO kann auch durch Transport in die obere Stratosphäre und darauffolgende Photodissoziation abgebaut werden.)

Die katalytische Ozonzerstörung durch die Radikalgruppen übertrifft die direkte Rückführungsreaktion (4) in allen Höhenlagen (am wenigsten in der Nähe der Stratopause). In der Mesosphäre dominiert die HO_x-Gruppe; ebenso in der unteren Stratosphäre, wo aber die photochemischen Prozesse langsam ablaufen, sodaß auch nach der modernen Theorie der Transporteinfluß vorherrscht. In dem für die Bildung der Ozonschicht wichtigsten Teil zwischen etwa 25 und 35 km tritt der direkte HO_x-Einfluß wegen der Begrenzung der Konzentration durch Reaktion (13) zurück und die Wirkung der NO_x-Gruppe dominiert, während der Anteil der stark anthropogen beeinflussten ClO_x-Gruppen im Ansteigen begriffen ist.

Eine einfache Formel für die photochemisch bedingte Ozonkonzentration kann im Gegensatz zur klassischen Theorie nicht mehr abgeleitet werden; die Berechnung der Ozonverteilung ist nur noch mit numerischen Modellen möglich.

3 Mögliche Mechanismen der solaren Einwirkung auf die Ozonschicht

Nach der klassischen Theorie kann die Sonnenaktivität nur durch allfällige UV-Schwankungen (ungleiche Variation von f_2 und f_3) sowie mit ihr verknüpften Temperaturänderungen (Variation von k) auf die Ozonschicht einwirken – oder aber durch Zirkulationsänderungen (Transport), die als sekundäre Folgen der erwähnten Mechanismen zu verstehen wären. Demgegenüber stellt die moderne Theorie ein viel breiteres Spektrum von Möglichkeiten zur Verfügung. Sie sind in Abbildung 5 schematisch

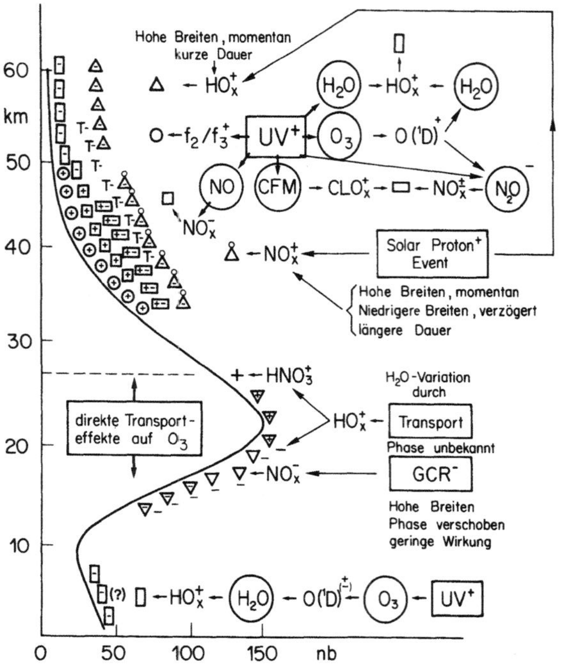

Abb. 5. Einwirkung einer variablen Sonne auf die Ozonschicht (dargestellt durch mittlere vertikale Verteilung des Spurengases). + Verstärkung zur Zeit des Fleckenmaximums, - entsprechende Schwächung. Einwirkung auf das Ozon einer wellenlängenabhängigen UV-Variation: o durch Veränderung von f_2/f_3; □ durch Veränderung der NO-Dissoziation; ▭ durch Veränderung von NO_x und ClO_x-Bildung; ▯ durch Veränderung der HO_x-Bildung. Einwirkung von Partikelströmen: Δ HO_x-Bildung und Δ̊ NO_x-Bildung durch "solar proton events"; ∇ Variation der galaktischen kosmischen Strahlung. Ferner Transporteffekte. Alle entlang dem Ozonprofil angebrachten Signaturen zeigen die erwartete Änderung der O_3-Konzentration an

zusammengestellt, wobei die Diskussion hier rein qualitativ gehalten wird (quantitative Rechnungen, wie sie z.B. kürzlich durch Penner und Chang [12] publiziert wurden, hängen sehr stark von den noch wenig gesicherten Annahmen über den Zusammenhang zwischen Intensitätsschwankung und Wellenlänge im UV ab).

3.1 Schwankungen des solaren Ultraviolett

Auch in der modernen Theorie steht die Schwankung des solaren Ultraviolett im Vordergrund. Heath und Thekaekara [5] haben die bisher zur Verfügung stehenden Satelliten- und Raketenmessungen zusammengestellt und eine Variation gefunden, die von etwa 80% bei 200 nm auf 18% bei 300 nm abnimmt. Da der Datensatz recht unhomogen ist, kann dieses Resultat noch nicht als gesichert gelten und muß durch systematische Messungen im laufenden Sonnenfleckenzyklus kontrolliert werden. Eine nur etwa halb so große Schwankung als die oben angegebene scheint im Moment realistischer.

Die nach Heath und Thekaekara [5] zu erwartende Veränderung des Verhältnisses der beiden Photodissoziationsraten f_2/f_3 (Maximum beim Sonnenfleckenmaximum) spielt auch in der modernen Theorie eine wesentliche Rolle; die größte relative Schwankung – in Phase mit der UV-Variation – ist etwas oberhalb 40 km zu erwarten; wegen der vorn diskutierten Selbstheilungswirkung klingt der Effekt nach unten in den Schwerpunkt der Ozonschicht hinein aus.

Daneben treten nun Einflüsse via Spurengassystem auf, deren Auswirkung auf das Ozon eng mit der Wirkung der Transportprozesse zusammenhängt (sowohl auf die quasiinerten Muttersubstanzen wie auf die Radikale selbst). Die Abschätzung der Wirkung – sowohl in Bezug auf Ausmaß, wie Phase und Höhenabhängigkeit – ist damit wesentlich komplexer. Die folgende qualitative Diskussion muß mit dieser Einschränkung verstanden werden.

Die Erhöhung der UV-Strahlung um 200 nm führt zu einer beschleunigten ClO_x-Bildung durch CFM-Dissoziation, was eine verstärkte Ozonzerstörung zur Folge hat. Da die ClO_x-Bildung ein langsamer Prozess ist, muß mit einer beträchtlichen Phasenverschiebung dieses Effekts gerechnet werden. Sein Maximum dürfte ebenfalls bei etwa 40 km liegen; da die anthropogene CFM-Quelle jüngeren Datums ist, wäre ein merklicher Einfluß erst im letzten Fleckenzyklus denkbar. Ein ClO_x-Effekt war zwar schon vorher durch die natürlichen Chlorkohlenwasserstoffe (vor allem CH_3Cl) zu erwarten, jedoch sind diese Zusammenhänge noch unübersichtlicher, da die ClO_x-Produktion in diesem Fall durch die OH-Konzentration gesteuert wird, die zwar ihrerseits durch die Zunahme der UV-Strahlung erhöht werden dürfte, gleichzeitig aber auch an den Ozongehalt selbst gekoppelt ist. Ferner verstärkt die Zunahme des OH-Gehaltes die Ozonwirksamkeit des vorhandenen ClO_x (unabhängig von seiner Herkunft), da dadurch das Gleichgewicht HCl-ClO_x zugunsten des letzteren verschoben wird:

$$HCl + OH \rightarrow H_2O + Cl \qquad (16)$$

Diese Wirkung ist in Phase mit der Schwankung der OH-Konzentration.

Ebenfalls recht komplex ist die UV-Wirkung via NO_x-System. Einerseits hat verstärkte UV-Strahlung in der oberen Stratosphäre eine vermehrte NO_x-Dissoziation durch

$$NO + h\nu \rightarrow N + O \qquad (17)$$

und

$$NO + N \rightarrow N_2 + O \qquad (18)$$

zur Folge, was für sich allein eine Ozonerhöhung bewirkt, deren relatives Maximum ebenfalls ungefähr bei 40 km liegt, mit einer Amplitude die etwa die Hälfte der durch die f_2/f_3-Änderung erzeugten Schwankung erreicht.

Der vermehrten NO-Dissoziation sollte an und für sich eine verstärkte NO_x-Produktion gegenüberstehen, da eine UV-Zunahme auch eine erhöhte $O(^1D)$-Bildung durch Photodissoziation zur Folge hat; nun stellt aber die NO_x-Bildung durch Reaktion (6) nur einen relativ kleinen Prozentsatz der stratosphärischen N_2O-Senke dar, die vorherrschend durch UV-Photodissoziation

$$N_2O + h\nu \rightarrow N_2 + O \qquad (19)$$

erfolgt. Damit führt erhöhte UV-Strahlung zu einer Verminderung der N_2O-Konzentration (Brasseur, persönliche Mitteilung), was die NO_x-Bildung reduziert. Insgesamt dürfte also die Ozonzerstörung durch den NO_x-Zyklus bei verstärkter UV-Strahlung in der oberen Stratosphäre vermindert sein, was ebenfalls für eine Zunahme des Ozongehalts, eventuell mit einer gewissen Phasenverschiebung, spricht.

Aufgrund der Ozonzerstörung durch den HO_x-Zyklus ist damit in der Mesosphäre (die aber zum Gesamtozon praktisch nichts beiträgt) eine negative Korrelation Ozon-Sonnenflecken ohne Phasenverschiebung zu erwarten, ebenso in der oberen Stratosphäre (wo sie aber gegenüber anderen Effekten kaum in Erscheinung tritt), während sich unterhalb von etwa 30 km das Vorzeichen dieser Beziehung umkehren kann, da hier die direkte Zerstörungswirkung des HO_x durch die Schwächung der NO_x-Zerstörung infolge vermehrter Überführung in inaktives HNO_3 überkompensiert werden kann. In der unteren Stratosphäre ist wieder eine Ozonverminderung zu erwarten, doch dürfte diese Wirkung gegenüber den Schwankungen des Ozontransports nicht mehr ins Gewicht fallen.

Sollten, wie dies in letzter Zeit behauptet, aber noch keineswegs bewiesen worden ist, direkte photochemische Prozesse in der unteren Troposphäre wieder einen merklichen Einfluß auf den Ozongehalt besitzen, so könnte dort über erhöhte O*-Produktion eine Sonnenzykluseinwirkung auftreten, für die aber gegenwärtig nicht einmal das Vorzeichen gesichert angegeben werden kann.

Schließlich führt eine Verstärkung der UV-Strahlung zu einer erhöhten Absorption von Energie vor allem in der oberen Stratosphäre, wo das UV noch den Hauptbeitrag zur Ozondissoziation liefert – die Sauerstoffabsorption fällt in diesen Höhenlagen energetisch schon nicht mehr ins Gewicht. Die damit zu erwartende Temperaturerhöhung dürfte an der Stratopause ihr Maximum erreichen und ozonvermindernd wirken – wenn auch nicht in dem Maße, wie dies nach der Chapmantheorie der Fall wäre. Dieser Temperatureffekt nimmt nach unten rasch ab; das Maximum des Ozonzuwachses als Folge der Erhöhung von f_2/f_3 wird damit etwas in dieser Richtung verschoben.

3.2 Geladene energiereiche Partikel

Die Spurengasverteilung samt ihrer Wirkung auf den Ozongehalt kann auch durch mit der Sonnenaktivität in Verbindung stehende oder von ihr (durch Magnetfeldänderungen) gesteuerte Partikelströme variiert werden. Der Impakt sogenannter "solar proton events" auf den Ozongehalt der oberen Stratosphäre und der Mesosphäre ist die einzige beobachtungsmäßig mit Sicherheit nachgewiesene Einwirkung solarer Vorgänge auf die Ozonschicht (vgl. nächsten Abschnitt). Wegen der ablenkenden Wirkung des erdmagnetischen Feldes auf die Protonen ist der direkte Effekt auf hohe Breiten beschränkt.

Durch die ausgelösten Ionisationsvorgänge werden sowohl HO_x wie auch, via atomaren Stickstoff (Crutzen [13], Frederick [14]), NO_x erzeugt. Die HO_x-Produktion hat wegen der raschen Wiederherstellung des Gleichgewichts mit H_2O nur einen kurzfristigen Effekt auf die Ozonverteilung, der sich wesentlich auf die Mesosphäre beschränkt (wo die HO_x-Gruppe bezüglich Ozonzerstörung dominiert), und damit für die Ozonschicht als Ganzes bedeutungslos bleibt.

Dagegen ist die NO_x-Wirkung, die in der oberen Stratosphäre am größten ist, wegen des nur langsamen Abbaues der erhöhten Konzentration dieser Radikalgruppe durch die Photodissoziation von NO von längerer Dauer und kann sich durch Transportvorgänge in abgeschwächter Form auf niedrigere Breiten ausdehnen. Eine eigentliche Modulation im Rahmen des Sonnenfleckenzyklus durch diese sporadischen, mehr auf die abnehmende Phase des Zyklus hin verschobenen Ereignisse erscheint damit denkbar.

Eine kontinuierliche NO_x-Bildung, die wegen der noch wesentlich höheren Energie der wirksamen Teilchen ihr Maximum in der unteren Stratosphäre hat, wird durch die galaktische kosmische Strahlung bewirkt. Da dieser Fluß durch das erdmagnetische Feld gesteuert wird, hat er zur Zeit des Sonnenfleckenmaximums minimale Wirkung. Ruderman und Chamberlain [15] haben daher eine entsprechende – phasenverschobene – Variation des Ozons (Maximum einige Jahre nach dem Fleckenmaximum) vor allem in höheren Breiten postuliert. Nach der heutigen Ansicht über den relativ geringfügigen Effekt der NO_x-Photochemie im betreffenden Niveau erscheint aber ein ins Gewicht fallender Einfluß wenig wahrscheinlich.

3.3 Transporteinflüsse

Die denkbaren direkten photochemischen Einflüsse der Sonnenfleckenzyklen konzentrieren sich wie gezeigt auf den oberen Teil der Ozon-

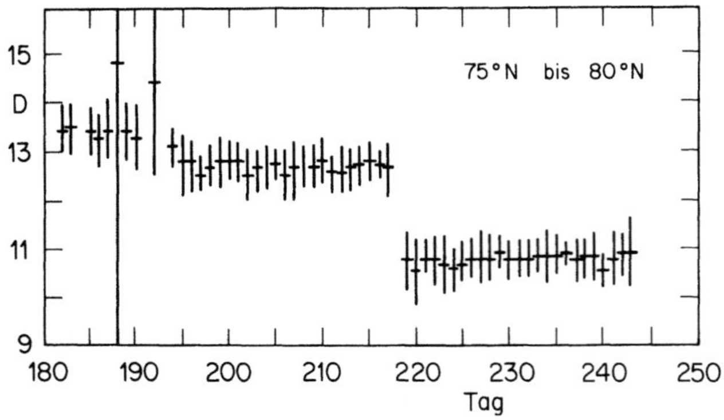

Abb. 6. Sprunghafte Abnahme des Ozongehaltes oberhalb 4 mb (in 10^{-3} cm reinem Ozon) infolge des "solar proton event" vom 4. August 1972 (Tag 217). *Länge der vertikalen Striche* Unsicherheitsgrenze

schicht; im unteren dominiert ohnehin der Transport, über dessen Variation im Zusammenhang mit solaren Vorgängen praktisch noch nichts bekannt ist. Man hätte es hier im wesentlichen mit sekundären Einflüssen, in erster Linie gesteuert durch die direkte Einwirkung in höheren Niveaus zu tun, allenfalls mit Rückkoppelung via Troposphäre.

Neben der direkten Wirksamkeit der Ozonverfrachtung kann auch eine mögliche Modulation des Spurengastransports zu Veränderungen in der Ozonschicht führen, sei es durch Einwirkung auf die Verteilung der quasiinerten Muttersubstanzen (H_2O, N_2O, CFM etc.) oder aber der langlebigen Radikale (NO_x, ClO_x) sowie der mit ihnen verknüpften aktiven Moleküle (z.B. HNO_3). Über diese ebenfalls sekundären Mechanismen, die zu Veränderungen mit großen Phasenverschiebungen führen könnten, ist noch recht wenig bekannt.

4 Beobachtete Schwankungen der vertikalen Verteilung

Wie sich aus der Diskussion im vorhergehenden Abschnitt ergibt, sind in verschiedenen Niveaus aus theoretischen Überlegungen Schwankungen mit unterschiedlichen, unter Umständen gegenläufigen Phasen zu erwarten, und die stärksten Effekte beschränken sich auf die obere Stratosphäre, die relativ wenig zum Gesamtozongehalt der Atmosphäre beiträgt. Es ist daher nicht verwunderlich, daß die bisherigen Untersuchungen an Gesamtozonreihen kontrovers geblieben sind. Eine entsprechende Bearbeitung von Reihen der vertikalen Verteilung hat bessere Aussicht auf Erfolg – doch sind diese Reihen noch zu kurz, um statistisch gesicherte Resultate zu erlauben.

Die direkte Wirkung von "solar proton events" konnte sowohl für die Mesosphäre durch innerhalb von 2 Tagen ausgeführte Raketenaufstiege [16] wie auch für die obere Stratosphäre nachgewiesen werden, wo Satellitenbeobachtungen [17] den durch die NO_x-Produktion in hohen geomagnetischen Breiten bewirkten drastischen Ozonrückgang (gegen 20% von von einem Tag zum nächsten) zeigten (Abb. 6). Die über HO_x laufende Einwirkung auf den mesosphärischen Ozongehalt bleibt dabei ein kurzlebiger Momentaneffekt. Inwieweit die länger anhaltende NO_x-Wirkung zu einer mit der Sonnenfleckenperiode ablaufenden Fluktuation größeren Stils beiträgt – sie hat weitgehend Gegenphase zum postulierten UV-Einfluß – läßt sich aus den vorliegenden Beobachtungen noch nicht sagen.

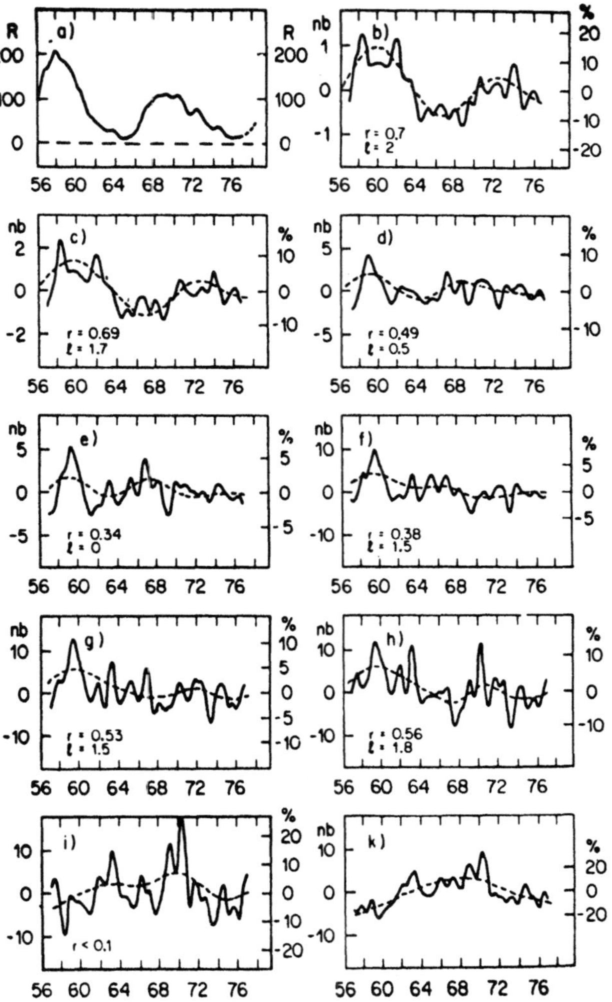

Abb. 7. Abweichung der Ozonkonzentration in verschiedenen Schichten über Arosa vom langjährigen Mittel (nach der Umkehrmethode); nach Elimination des Jahresganges durch Filterung geglättete Monatsmittel im Vergleich mit der entsprechend behandelten Sonnenfleckenrelativzahl. *Gestrichelte Linie* von Auge eingezeichnete Langzeitvariation. *a* Sonnenfleckenrelativzahl; Ozon: *b* oberhalb 1.95 mb; *c* 1.95 - 3.9 mb; *d* 3.9 - 7.8 mb; *e* 7.8 - 15.6 mb; *f* 15.6 - 31.2 mb; *g* 31.2 - 62.5 mb; *h* 62.5 - 125 mb; *i* 125 - 250 mb; *k* 250 - 810 mb. *r* Korrelationskoeffizient; *l* Phasenverschiebung Ozon gegen Sonnenflecken in Jahren

Längere Reihen des Ozongehaltes in der oberen Stratosphäre stehen gegenwärtig nur nach der sogenannten Umkehrmethode zur Verfügung. Die Messungen in Arosa, die hier betrachtet werden sollen, erstrecken sich über ungefähr zwei Fleckenperioden. Bei der Interpretation ist zu beachten, daß die Resultate, die bei der Auswertung dieser indirekten Methode (Messung am Zenithimmelslicht) für eine der neun Schichten gewonnen werden, vom Ozongehalt in den angrenzenden Schichten nicht unabhängig sind. Ferner ist die Einzelverteilung mit beträchtlichen Unsicherheiten belastet, da bei der Auswertung eine Reihe von nicht immer erfüllten Annahmen gemacht werden muß (z.B. zeitliche Konstanz der Ozonverteilung während der vierstündigen Meßdauer). Es können daher nur Monatsmittelwerte, bestehend aus einer größeren Anzahl von Einzelbeobachtungen, sinnvoll in statistischen Untersuchungen verwendet werden. Aus Gründen der Wetterabhängigkeit der Beobachtungsmöglichkeit, ist aber nicht in jedem Monat eine genügende Anzahl von Einzelverteilungen zu erhalten. Durch Glättung der Kurven der Einzelmonatsmittel (aus denen der Jahresgang bereits eliminiert ist) durch einen geeigneten Filter lassen sich so entstandene Störeinflüsse dämpfen, wenn

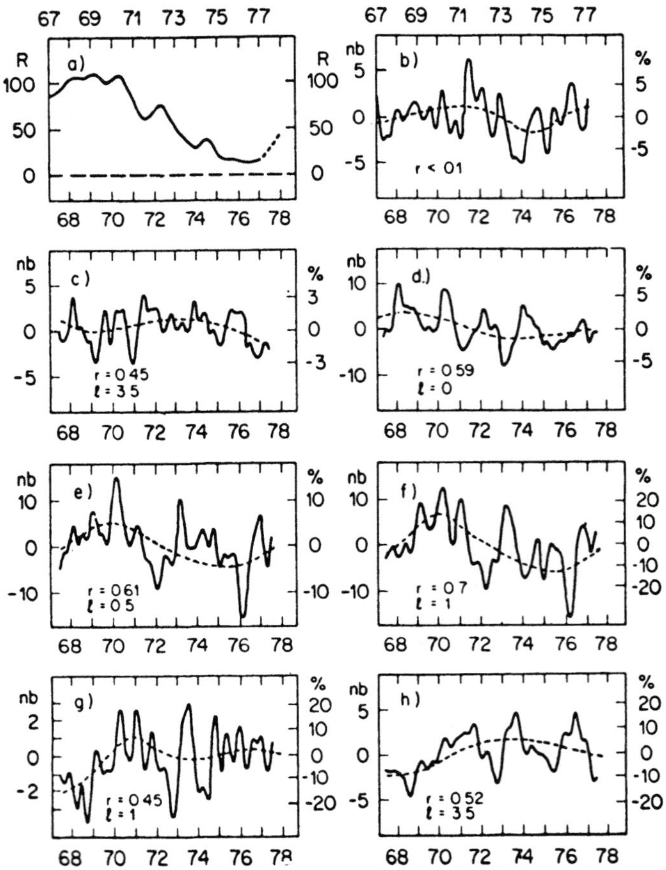

Abb. 8. Gleiche Darstellung wie Abb. 7 für die Ozonsondierungen über Payerne. *a* Sonnenfleckenrelativzahl; Ozon: *b* 10 - 12 mb; *c* 15.6 - 31.2 mb; *d* 31.2 - 62.5 mb; *e* 62.5 - 125 mb; *f* 125 - 250 mb; *g* 250 - 500 mb; *h* 500 - 950 mb

auch wohl nicht völlig eliminieren; die folgenden Diskussionen sind mit dieser Einschränkung zu betrachten.

Die stärkste prozentuale Schwankung (20 - 30% zwischen Minimum und Maximum) ist in den obersten durch die Methode erschlossenen Schichten bei 40 und 45 km zu finden (Abb. 7); dabei ist die ausgeprägtere der beiden Fleckenperioden auch mit der größeren Amplitude der Ozonvariation verbunden; die Ozonkonzentration weist gegenüber den Sonnenflecken eine Phasenverschiebung um etwa 2 Jahre auf. Den großen Amplituden der Schwankung in diesem Höhenbereich kommt eine beträchtliche praktische Bedeutung auch deshalb zu, weil diese natürliche Variation die rasche Feststellung eines durch anthropogene CFM-Abgabe an die Atmosphäre allfälligerweise bewirkten Trends behindert, der nach der Theorie auch gerade im 40 km Niveau seine stärkste Ausprägung erreichen sollte.

Nach unten in Richtung mittlerer Stratosphäre, wird die Korrelation rasch schlecht – während des zweiten Sonnenfleckenzyklus' scheint sie fast nicht existent – bei gleichzeitig verkleinerter Phasenverschiebung, um dann im Bereich des Ozonmaximums und unmittelbar darunter nochmals zuzunehmen, wobei die Phasenverschiebung wieder zwischen 1 1/2 und 2 Jahren liegt; allerdings tritt hier die Amplitude der angedeuteten elfjährigen Schwankung gegenüber kürzerperiodischen Variationen stark zurück. In der Troposphäre und der untersten Stratosphäre – sie sind auswertungsmäßig voneinander nicht unabhängig – ist keine Beziehung zu finden.

Aus direkten Sondierungen mit einer elektrochemischen Sonde (zuerst in Thalwil, seit 1968 in Payerne) stehen nun die Daten eines vollen Sonnenfleckenzyklus zur Verfügung; sie besitzen größere Genauigkeit und vor allem ein besseres vertikales Auflösungsvermögen als die indirekten Umkehrresultate, erreichen aber nur etwa eine Höhe von gut 30 km. Auch hier ergab sich in der mittleren Stratosphäre praktisch keine Beziehung, während im Bereich des Ozonmaximums und in der unteren Stratosphäre zwar ziemlich hohe Korrelationskoeffizienten bei geringer Phasenverschiebung gefunden wurden, die entsprechende Amplitude aber weit hinter derjenigen der kurzfristigen Schwankungen (z.B. der quasi-zweijährigen Variation im Bereich des Ozonmaximums) zurückbleibt (Abb. 8). Da nun dieser Untersuchung nur ein Zyklus zugrunde liegt, kann einem solchen Resultat praktisch keine Signifikanz zugesprochen werden; dies gilt erst recht für die in der Troposphäre angedeutete Antikorrelation.

Aus dem Vorangehenden ergibt sich, daß aufgrund des gegenwärtig zur Verfügung stehenden Materials über vertikale Verteilung nur in der oberen Stratosphäre eine Beziehung hervortritt, die einen wirklichen physikalischen Zusammenhang suggeriert; dies um so mehr, als die theoretischen Betrachtungen im vorhergehenden Abschnitt (siehe Abb. 5) tatsächlich für dieses Niveau am ehesten eine direkte Beziehung erwarten lassen.

Ein Beweis für einen ursächlichen Zusammenhang ist damit aber keineswegs geliefert, da ein phasenverschobener Korrelationskoeffizient von 0,7 zwischen geglätteten Kurven während nur zwei Perioden nicht besonders hoch erscheint und außerdem die beobachtete Phasenverschiebung von ca. 2 Jahren nicht der theoretischen Erwartung (praktisch in Phase) entspricht; es muß auch eine mögliche Verfälschung der Umkehrresultate durch das von Vulkanausbrüchen in die Stratosphäre gebrachte Aerosol beachtet werden.

Falls der Korrelation im Bereich des Ozonmaximums und unterhalb irgendwelche Bedeutung zukommen sollte, steht eine indirekte Ursache (Transport) im Vordergrund, umsomehr als die darüberliegenden Schichten um 30 km praktisch keine Reaktion zeigen.

Eine endgültige Klärung der Zusammenhänge zwischen Sonnenaktivität und Ozonschicht kann von der Beobachtungsseite her sicher nur über Messungen der vertikalen Verteilung führen, wobei einerseits einer sachgemäßen Anwendung der Umkehrmethode eine wesentliche Rolle zukommt, während andererseits von den nun in größerem Umfang anlaufenden Satellitenbeobachtungen des Ozons (und daneben auch anderer Spurenstoffe) wesentliche Beiträge erwartet werden können, da sie einen globalen Überblick geben und nicht durch Wettereinflüsse gestört werden; sie erlauben auch eine kontinuierliche Überwachung des Einflusses von "solar proton events". Die im laufenden Sonnenfleckenzyklus durchgeführten systematischen Messungen im Wellenlängenbereich zwischen 200 und 300 nm werden zusammen mit dem weiteren Ausbau der modernen Photochemie des Ozons die theoretischen Betrachtungen auf eine besser gesicherte Grundlage stellen.

Literatur

1. Baur, F.: Einführung in die Grosswetterkunde. Wiesbaden 1974, 165 p.
2. Chapman, S.: A theory of upper atmospheric ozone. Mem. R. Meteorol. Soc. 3, 103 (1930)
3. Dütsch, H.U.: Atmospheric Ozone and Ultraviolet Radiation. World Survey of Climatology, Vol. 4. Climate of the Free Atmosphere, 1969, pp. 383-432

4. Dütsch, H.U.: Ozonschicht und stratosphärisches Spurengassystem. Chimia 32, 149-163 (1978)
5. Heath, D.F., Thekaekara, M.P.: The Solar Spectrum Between 1200 und 3000 Å. The Solar Output and its Variation. White, O.R. (ed.). Boulder: Colorado University Press 1977, pp. 193-212
6. Carrea, G.: Solar — weather — relationships at Oxford. Weather 33, 179 (1978)
7. Willett, H.C.: The relationship of total atmospheric ozone to the sunspot cycle. J. Geophys. Res. 67, 661-670 (1962)
8. Angell, J.K., Korshover, J.: Quasi-biennial and longterm fluctuations in ozone. Mon. Weather Rev. 101, 426-443 (1973)
9. Angell, J.K., Korshover, J.: Global analysis of recent ozone fluctuations. Mon. Weather Rev. 104, 63-75 (1976)
10. Birrer, W.: Homogenisierung und Diskussion der Totalozonmessreihe von Arosa 1926-1971, LAPETH-11, Zürich 1975, 190 pp.
11. Dütsch, H.U.: Der Einfluss der Temperatur auf das atmosphärische Ozon. Arch. Meteorol. Geophys. Bioklimatol. Ser. A 336-400 (1950)
12. Penner, J.E., Chang, J.S.: Possible variations in atmospheric ozone related to the eleven year solar cycle. Geophys. Res. Lett. 5, 817-820 (1978)
13. Curtzen, P.J.: Solar proton events: stratospheric sources of nitric oxide. Science 189, 457-458 (1978)
14. Frederick, J.E.: Solar corpuscular emission and neutral chemistry in the middle atmosphere. J. Geophys. Res. 81, 3179-3186 (1976)
15. Ruderman, M.A., Chamberlain, J.W.: Origin of the sunspot modulation of ozone: its implication for stratospheric NO injection. Planet Space Sci. 23, 247-267 (1975)
16. Weeks, L.H., Cuikay, R.S., Corbin, J.R.: Ozone measurements in the mesosphere during the solar proton event of 2 Nov. 1969. J. Atmos. Sci. 29, 1138-1142 (1972)
17. Heath, D.F., Krueger, A.J., Crutzen, P.J.: Solar proton event: influence on stratospheric ozone. Science 197, 886-889 (1977)

Air-Sea Interaction and Climatic Variations

E. R. REITER[1]

Zusammenfassung. Die Schwankungen der zonal vorhandenen potentiellen Energie von Jahr zu Jahr und der totalen Energie der Atmosphäre der nördlichen Hemisphäre lassen vermuten, daß eine beträchtliche Variabilität der diabatischen Antriebskräfte vorhanden ist. Diese beeinflußt die generelle Zirkulation der Atmosphäre. Die beobachteten Schwankungen sind groß genug, um kurzzeitige Klimafluktuationen verursachen zu können. Es werden auch mögliche Einflüsse der Wechselwirkung zwischen der Atmosphäre und dem Meer und beobachtete Schwankungen der generellen atmosphärischen Zirkulation diskutiert.

1 Introduction

It has been shown in several recent studies that the reservoirs of potential and kinetic energies of the atmosphere not only undergo marked seasonal variations upon which are superimposed short-term vacillations in a variety of frequency bands, but also that there is a significant interannual variability in these hemispherically averaged energy parameters (McGuirk 1977; McGuirk and Reiter 1976, 1977; Starr 1976; Reiter et al. 1977, 1978). Such a variability was especially noted in the zonal available potential energy which can be defined as (Lorenz 1955, 1967; Muench 1965)

$$A_Z = \int_{p_1}^{p_2} \frac{[([T]_{(\lambda)})^2_{(\phi)}]_{(\lambda,\phi)}\, dp}{2[\sigma]_{(\lambda,\phi)}} \qquad (1)$$

$$[\sigma]_{(\lambda,\phi)} = [T(\frac{g}{c_p} - \frac{\partial T}{\partial z})]_{(\lambda,\phi)} \qquad (2)$$

in units of energy per unit mass and per unit area. A slightly different definition of this quantity has been provided by Pearce (1978). In these two equations we have used an averaging notation introduced by Reiter (1969), whereby bracketed terms with parenthesized subscripts indicate mean values, averaged with respect to the subscripts in parentheses. Similarly, parenthesized terms with parenthesized subscripts symbolize departures from the mean values along coordinates given by the subscripts. Standard meteorological notation has been used (T = temperature, g = acceleration due to gravity, c_p = specific heat of air at constant pressure, z = height, λ = geographic longitude, ϕ = geographic latitude).

---

[1]Department of Atmospheric Science, Colorado State University, Fort Collins, Colorado, USA

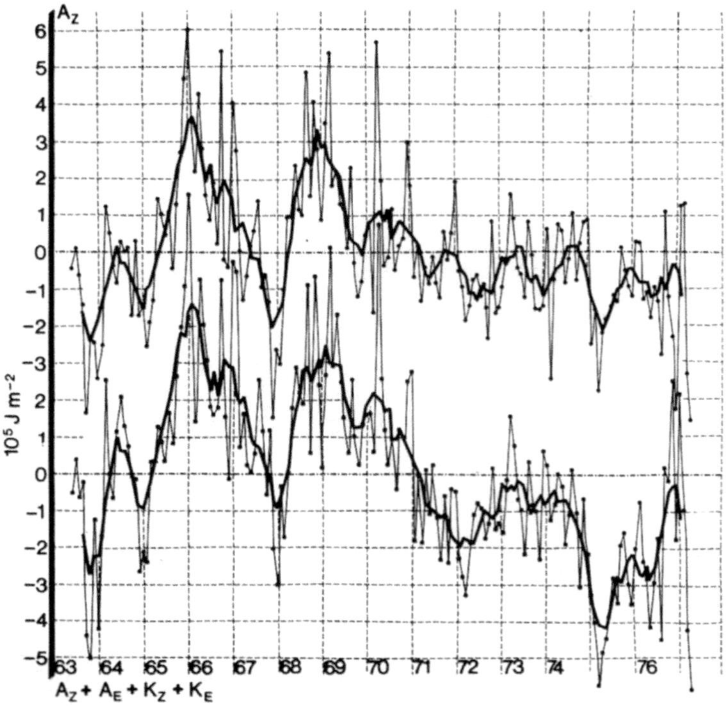

Fig. 1. Departures of monthly mean values of A_Z *(upper portion of diagram)* and of $A_Z+A_E+K_Z+K_E$ *(lower portion of diagram)* in 10^5 jm^{-2} from their respective long-term monthly mean values. *Dots* and *thin lines* represent actual monthly mean values, *heavy lines* were obtained by application of a seven-month running-mean filter. *Vertical coordinate lines* indicate the month of January of each year

The widely fluctuating behavior of A_Z is evident from Figure 1 which contains unsmoothed and 7-month smoothed monthly departures of that parameter from the long-term monthly mean values. This unruly behavior of A_Z is not always compensated for by fluctuations in A_E, K_Z and K_E, therefore making the sum of the four zonal and eddy, available potential and kinetic energy modes essentially non-constant. This fact is also reflected in Figure 1 which contains in its lower portion the monthly departures from the mean values of the sum $A_Z + A_E + K_Z + K_E$.

Especially noticeable is the appearance in some years of a "midwinter dip" in A_Z that is not compensated for by the remaining three energy modes. Starr (1976) showed that such dips in the energy distribution occur together with stratospheric warming events and with the establishment of blocking anticyclones in the Pacific and Atlantic sectors. Figure 2 gives an indication of such blocking development, especially in the North Pacific by applying a superposed-epoch method to twelve cases of midwinter dips in A_Z. A typical example of such a dip in A_Z is exhibited in Figure 3 for the winter of 1976/77, which was characterized by record-breaking low temperatures over the eastern United States and by a persistent cold sea surface temperature (SST) anomaly in the Central North Pacific during the preceding summer and autumn.

The non-constancy of $(A_Z+A_E+K_Z+K_E)_t$ raised the suspicion that the energy "throughput" through the system called the "general circulation

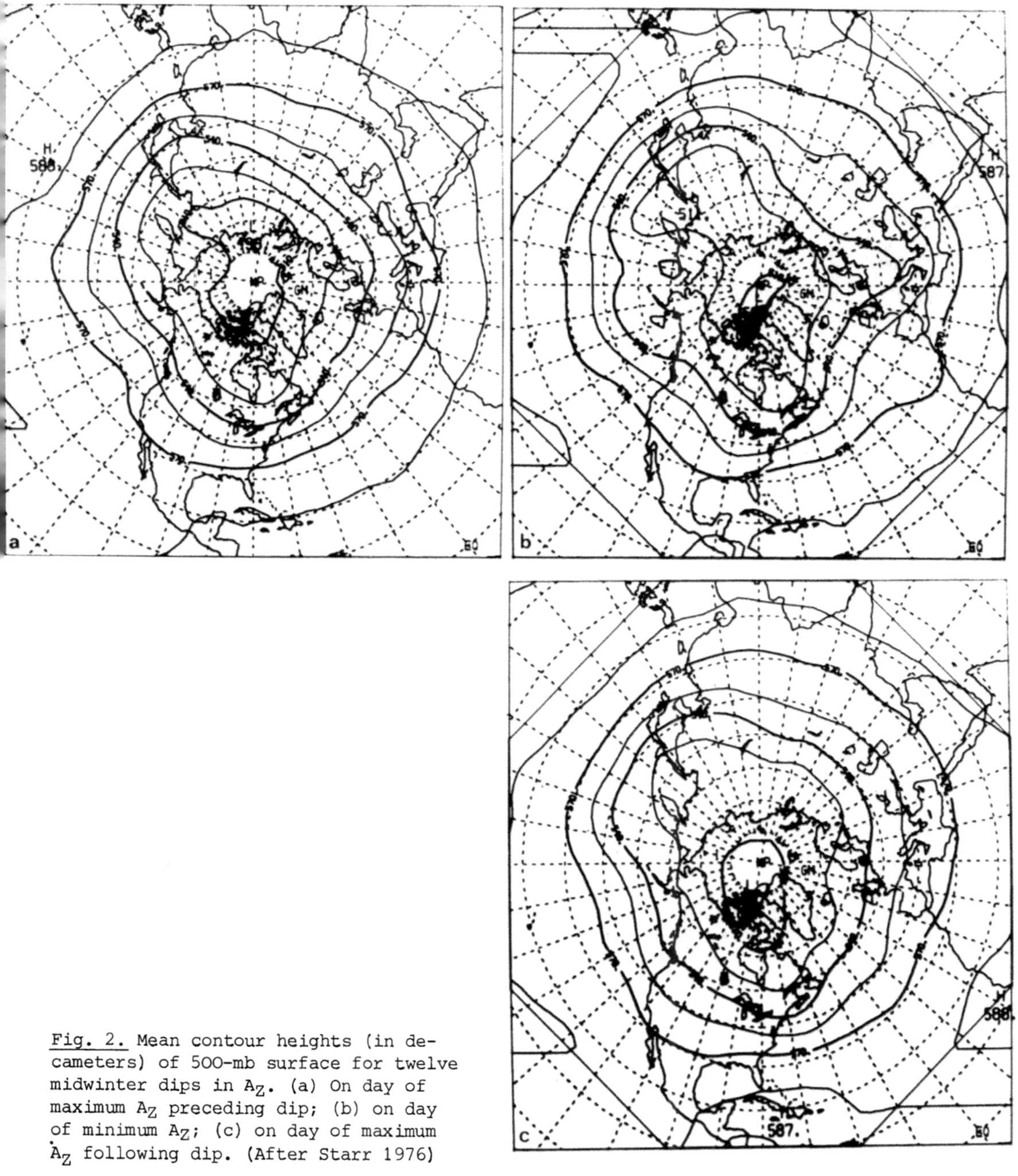

Fig. 2. Mean contour heights (in decameters) of 500-mb surface for twelve midwinter dips in A_Z. (a) On day of maximum A_Z preceding dip; (b) on day of minimum A_Z; (c) on day of maximum A_Z following dip. (After Starr 1976)

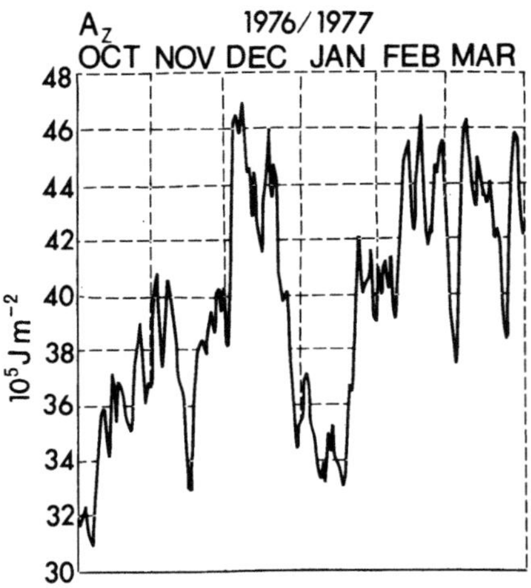

Fig. 3. Daily values of A_Z (units 10^5 jm^{-2}) during winter 1976/77. (Data courtesy of B. Macdonald)

of the atmosphere", being controlled by diabatic energy generation and dissipation processes, might undergo significant interannual variability.

2 The Variability of Some Diabatic Forcing Terms

The major part of the decrease in A_Z during a dip episode can be explained by energy fluxes from the troposphere into the stratosphere. According to McGuirk the stratospheric warming resulting from such energy fluxes would cause a radiative imbalance in the stratosphere and a loss of energy by long-wave radiation to space. From McGuirk's estimates it appears that an energy loss of 9 watts/m^2 is of the appropriate magnitude to balance the flux of energy into the stratosphere during the peak of stratospheric warming episodes. The energy loss of 15×10^5 joules/m^2 in A_Z, typical of a midwinter dip, could be explained by a flux of 9 watts/m^2 (= 9 joules/m^2s) continuing for only two days on a hemispheric basis, or for a week if restricted to middle and northern latitudes.

From Figure 1 it appears that during certain winter seasons the A_Z distribution with time followed a below-normal or above-normal trend over relatively long periods, sometimes extending over the whole winter season. This abnormal behavior in A_Z is reflected in changes of the mean meridional temperature profile, notably in polar regions.

A 2°C change of mean atmospheric temperature about a mean value of -50°C (223 K), according to the Stefan-Boltzman Law, produces a difference in emitted radiance

$$\Delta W = \sigma \ \Delta(T^4)$$

which amounts to 5 joules/m^2s with $\sigma = 5.673 \times 10^{-5}$ ergs cm^{-2} $°K^{-4}$ s^{-1}. A high-latitude temperature anomaly of 2°C during the winter season is well within the capabilities of the natural atmospheric variability.

If the anomalies in A_Z and in the middle- and high-latitude temperatures of the magnitude assumed above were to be maintained over longer time periods, this excess or deficit in the flux of outgoing long-wave radiation will have to be counterbalanced by an energy flux from below, i.e. from the troposphere, and by a horizontal flux into the polar cap of the atmosphere. Let us assume that the radiative flux surplus or deficit computed above is characteristic of the area north of 50°N, which comprises roughly 23% of the hemispheric surface or 5.86 x 10^{13} m^2. Then the total excess or deficit of the flux of energy would be 2.93 x 10^{14} joules/s. This number is in fair agreement with the interannual variability of January heat fluxes (Brown 1964). Typical variability amplitudes are ± 3 x 10^9 kilojoules/cb/s near 50°N, or 3 x 10^{14} joules/s if the whole depth of the atmosphere were assumed to contribute uniformly to that flux. It is noted that January 1963 revealed an abnormally high poleward heat flux. This month was characterized by a massive stratospheric warming event, which would result in an excessive long-wave radiation flux to space and would require a sizeable flux of heat from lower latitudes in order to compensate for it.

The most obvious variability of heat flux from the earth's surface to the atmosphere and vice versa, acting over time periods commensurate with seasonal anomalies, is tied to sea surface temperature (SST) anomalies. Seigel (1976) showed that modulations in the sensible as well as latent heat fluxes from the Pacific and Atlantic exist with a quasi-periodicity of 22 to 24 days. This oscillation, which in its amplitudes reveals a strong interannual variability, suggests a feedback with the vacillation of same periodicity observed in the atmosphere (McGuirk and Reiter 1976).

Namias (1976) has shown that SST anomalies in the Pacific persist during whole seasons, that they can influence pressure patterns during the subsequent season in the Pacific region, and that these influences also have a tendency to shape anomalous weather patterns farther downstream. SST anomalies reveal interseasonal and interannual trends, suggesting long-term (seasonal or annual duration) trends of oceanic warming or cooling.

Let us assume an oceanic SST change of 1°C, involving an area of 2000 x 2000 km and a depth of 10 m. This temperature change contains 4 x 10^{19} cal or 1.67 x 10^{20} joules. If this energy were released it would amount to 1.31 x 10^6 joules/m^2, which is more than 10 times the energy involved in the interannual variability of A_Z. In other words, only a temperature change of approximately 0.07°C from the oceanic volume specified above would be required to account for the interannual variability of A_Z in the northern-hemisphere atmosphere during the winter season, provided that the oceanic temperature change benefits directly the atmosphere without any losses – a grossly simplified assumption.

We have to realize, of course, that changes in oceanic surface-water temperatures are due not only to energy transfers between ocean and atmosphere, but also to transport processes above the thermocline, and to slow-acting transports between the surface and deep layers of the ocean.

Some possible advective effects on SST anomalies have been studied recently by Reiter (1978a,b, 1979a). Figure 4 defines certain areas in the North Pacific over which SST data or ocean current velocity data were studied. The thin line in Figure 5 provides 7-month smoothed monthly anomalies of the trade wind u-component at the ocean surface in the area 5° - 19°N and 125°E - 95°W. The heavy line indicates, with the same smoothing, the SST-anomaly difference between Areas D and C shown in Figure 4. A lot of uncorrelated short-term variability occurs in both curves. There is an indication, however, that longer-term trends in the trade winds might be reflected to a certain extent in SST behavior. Such a possibility suggests itself even more strongly in Figure 6 where current velocities in the Kuroshio flowing through

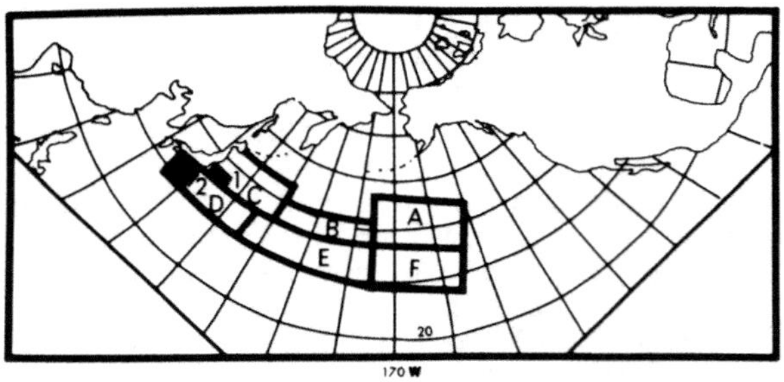

Fig. 4. Location map of oceanic areas used for averaging purpose

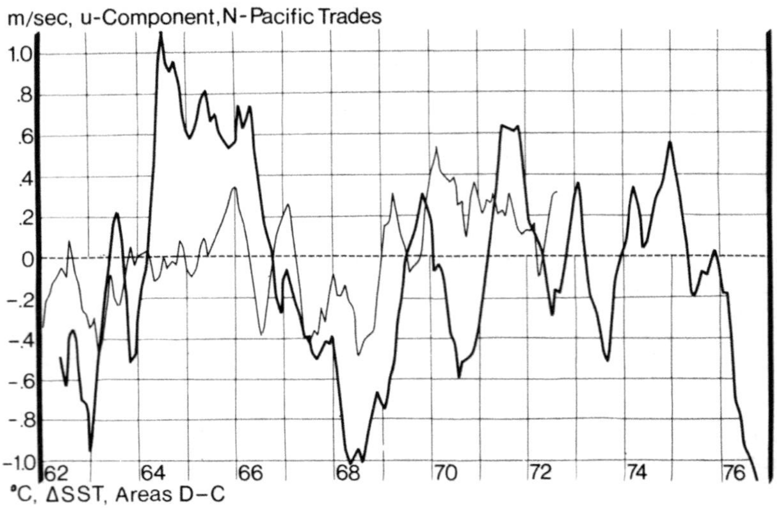

Fig. 5. Anomalies in the u-component in m/s of the North Pacific trade winds, averaged over the region 5° - 19°N, 125°C - 95°W *(thin line)* and SST anomaly differences between Areas D and C (°C; *heavy line*). Both data sets have been subjected to a 7-month running-mean filter

Areas 1 and 2 (Fig. 4) are compared with SST anomalies in Areas C and D. The short-term behavior of SST seems to be governed, to a large extent, by the meandering characteristics of the Kuroshio in this coastal region. The long-term trends in Kuroshio velocity and SST behavior agree well, however. The velocity increase in Area 1 between 1962 and 1967, and the decrease thereafter until 1969 is to a certain extent and with some phase shift, portrayed by the trade wind behavior shown in Figure 5.

Quite obviously, advective properties of ocean currents are not the only forcing mechanisms that act on the quite "noisy" record of SST anomalies. They are, however, of a nature which can introduce a considerably long time scale into air-sea feedback mechanisms and therefore might conceivably have an effect on short-term climate variability.

Local interaction processes between atmosphere and ocean appear to be dominant on relatively short time scales as has been pointed out recently by several authors (for references see Reiter 1979a). Such in-

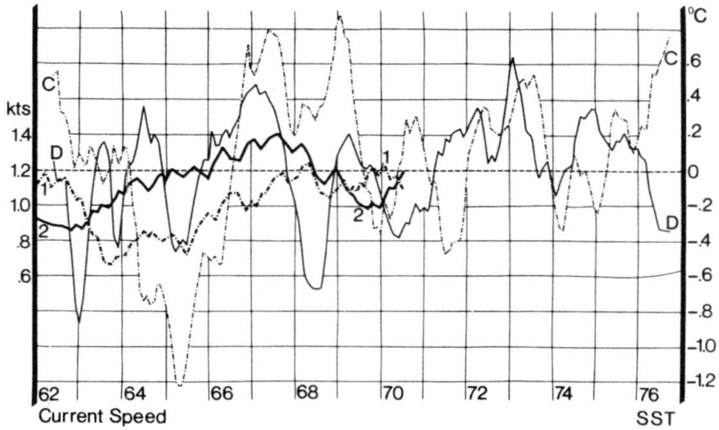

Fig. 6. SST anomalies in Areas C and D in °C (*thin dashed-dotted* and *solid lines*, areas are identified in Fig. 4), and current speeds in Areas 1 and 2 in knots (*heavy dashed-dotted* and *solid lines*). All data sets were subjected to a 7-month running-mean smoothing routine

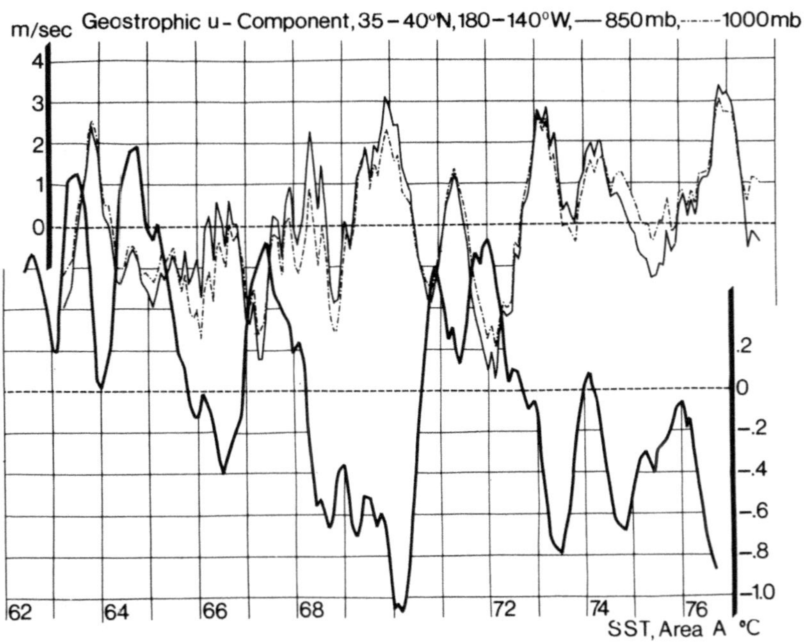

Fig. 7. Departures of the geostrophic zonal wind component, u, in m/s, from the long-term monthly mean values at 850-mb (*thin solid lines*) and 1000-mb (*dashed-dotted lines*) in the geographic region 35 - 40°N, 180 - 140°W. The *heavy line* indicates SST anomalies (°C) in Area A (see Fig. 4). *Vertical coordinate lines* mark January of each year. All Data sets were subjected to a 7-month smoothing

teraction is suggested by Figure 7 which points out a negative correlation between wind speeds in the planetary boundary layer and SST anomalies in Area A (see Fig. 4). Such a correlation could be brought about by increased heat loss from the ocean through sensible and latent heat transfer to the atmosphere, by enhanced mixing between the warm upper oceanic layers with cooler waters from the thermocline region, and by cross-isotherm Ekman transport of surface waters with increased atmospheric wind stress, just to mention a few possibilities of local air-sea interaction.

The interannual trade wind variability suggested by Figure 5 and also the variability of A_Z shown in Figure 1 have several more profound implications, involving the hydrological cycle.

The interannual variability of the wintertime amplitude of A_Z of $\pm 9 \times 10^5$ joules/m^2 can easily be translated into equivalent precipitation heights. One cm of precipitation contains approximately 5.9×10^6 cal/m^2, or 247×10^5 joules/m^2. Thus, the interannual variability of A_Z corresponds to the latent heat of a water column of 0.36 mm over the same area (i.e., north of 20°N) over which the computations of A_Z were made.

Of course, if the mechanism of precipitation and its variability were responsible for the observed interannual variability of A_Z, this precipitation column of 0.36 mm could not be released or withheld uniformly over the globe. In order to cause a variation in the meridional temperature difference of 4°C between pole and equator, which would be commensurate with the interannual variability of A_Z, a surplus or deficit of approximately 1.5 cm of precipitation in low-latitude belts of significant width would be required. (To heat one kg of air per cm^2 by 1°C would require 1.0046×10^{10} ergs. The latent heat release from 1 cm of precipitation per cm^2 of surface amounts to 2.47×10^{10} ergs. Thus, 0.41 cm of precipitation is required to heat the equivalent of an air column of 1 cm^2 cross section by 1°C.) A precipitation variability at high latitudes of the same magnitude, spread over a latitude belt of significant width, would have the same effect.

Actually, the interannual variability of precipitation in the Intertropical Convergence Zone (ITCZ) is more than just a few centimeters. Figure 8 shows monthly values (with 7-month smoothing) of the precipitation index (Meisner 1976) for the Line Islands. This index is obtained by assigning the value 100 to the largest positive monthly anomaly at a station for a certain month, say January, and the value 0 to the largest negative anomaly for the same month, say January. The rest of the anomalies are then distributed in percentiles between 0 and 100. The precipitation index thus obtained has the advantage that it treats dry or wet stations and dry or wet seasons with equal weight.

Also plotted in Figure 8 is the average of the surface trade wind v-component anomalies (positive, if stronger-than-normal winds are blowing towards the equator in either hemisphere) averaged over the areas 5° - 19°N, 125°E - 95°W and 1° - 15°S, 125°E - 75°W (data from Wyrtki and Meyers 1975). The heavy line in Figure 8 thus provides a measure of the long-term variability of the convergent flow of the two trade wind systems (Reiter 1978c). The agreement between trends in the behavior of this flow convergence and precipitation regimes in the tropical Pacific is quite striking. We are encouraged to conclude, therefore, that the intensity of the mean meridional Hadley circulation is directly linked to the release of latent heat in the ITCZ. On the other hand, however, the zonal component of the trade winds, which is also linked to the intensity of the subtropical high-pressure belts, hence of the

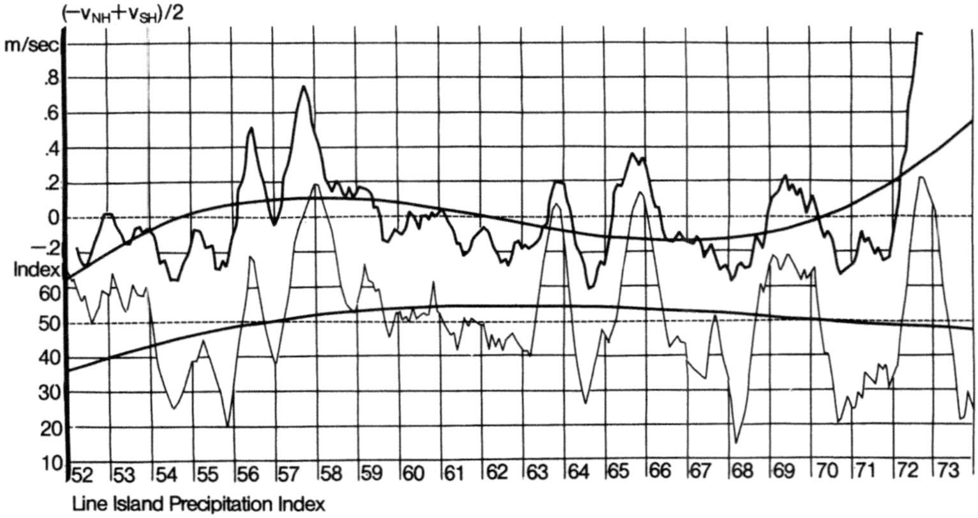

Fig. 8. Mean Pacific trade-wind v-component anomalies $(^{-}v_{NH} + v_{SH})/2$ in m/s *(heavy line)*, and precipitation index for Line Islands *(thin line)*. This index is obtained by assigning the value 100 to the largest positive anomaly at the station, and the value 0 to the largest negative anomaly. The remainder of the anomalies are distributed in percentiles between 0 and 100. This procedure gives equal weight to dry and wet stations and to dry and wet seasons. Seven-month smoothing was applied to both curves. The *heavy smooth lines* represent a least-squares, third-order polynomial fit

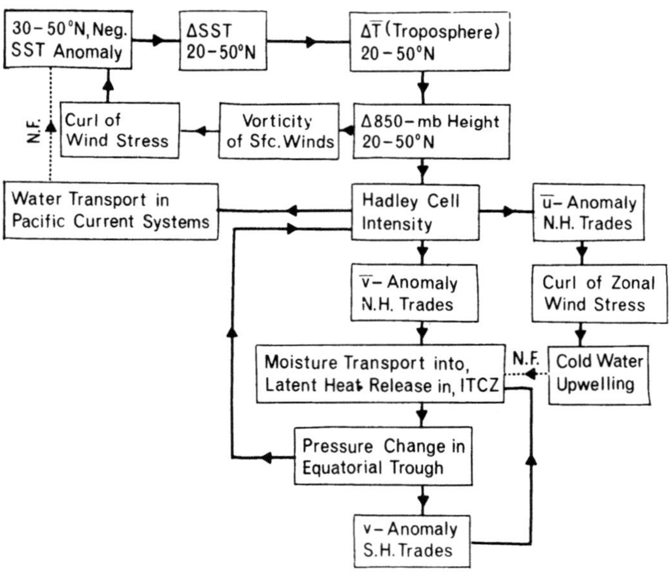

Fig. 9. Schematic diagram of feedback mechanisms involving oceanic and atmospheric anomalies in the Pacific region. Positive feedbacks are indicated by *solid lines with arrows* between *boxes*, negative feedbacks by *dotted lines* and *N.F.*

Hadley circulation, influences to a certain extent the air-sea interaction in mid-latitudes. Conversely, mid-latitude effects can feed back into subtropical latitudes and provide perhaps a triggering mechanism for some of the observed surges in the trade wind and tropical precipitation regimes. Such feedback mechanisms are illustrated schematically in Figure 9. This diagram also contains the possibility of a "switching mechanism" that can throw the feedback mechanism between Hadley cell intensity and latent-heat release in the ITCZ into a self-enforcing or into a damping configuration: Changes in the zonal trade wind component could bring about upwelling of cool water in low latitudes, thereby somewhat reducing the evaporation and therefore the equatorward moisture flux. With only a small decrease in tropical precipitation the Hadley cell would response by a weakening trend which would diminish further the equatorward moisture flux, thus throwing the feedback mechanism between Hadley cell and hydrological cycle into a negative (damping) loop.

We have to admit that some of the processes invoked in Figure 9 are still somewhat speculative in nature, but as more data are being assembled significant teleconnections between these processes and other characteristic features of the general circulation of the atmosphere begin to emerge (see e.g. Reiter 1979b).

Conclusions

The energy modes of the atmosphere which characterize its general circulation undergo pronounced quasi-periodic vacillations and also exhibit a relatively large interannual variability, especially during the winter season. The magnitudes of this natural variability of the atmospheric energy cycle can be established with sufficient accuracy from the NMC synoptic analyses. The interannual variability of A_Z can be translated into variations of the mean meridional temperature gradient of the atmosphere between equator and pole, which can amount to several degrees centigrade from year to year. Such natural variability is at least as large, if not larger, than the effects upon this temperature gradient of slow-acting climatic changes. What, then, persuades the atmosphere to vary between relatively wide limits from year to year, but prohibits it from exceeding these limits so that we are presented with a relatively stable climate? or, to turn this question around, could the atmosphere attain a new state of internal and external equilibrium close to the limits of its present natural variability and, in the aggregate of several years, present us with a new "climate" and hence, in retrospect, with a climatic change?

The answers to these questions are beyond the present state-of-the-art of the atmospheric and geophysical sciences, because we have not yet been able to explain, let alone predict, the natural interannual variability built into the earth-hydrosphere-atmosphere system. It appears to be incumbent upon climatic models of this system to help us explain its *natural* variability, before credence can be given to predictions of *abnormal* variabilities or trends. Unfortunately, at the present time, most of our climatic models are rather crude and insensitive to external forcing or internal feedbacks.

References

Brown, J.A., Jr.: A diagnostic study of tropospheric diabatic heating and the generation of available potential energy. Tellus 16 (3), 371-388 (1964)

Lorenz, E.N.: Available potential energy and the maintenance of the general circulation. Tellus 7 (2), 157-167 (1955)

Lorenz, E.N.: The nature and theory of the general circulation of the atmosphere. World Meteorol. Org. No. 218.TP.115 (1967)
McGuirk, J.P.: Fluctuations in the atmosphere's energy cycle. Environ. Res. Pap. No. 6, Dep. Atmos. Science, Colorade State University, 1977, 59 pp.
McGuirk, J.P., Reiter, E.R.: A vacillation in atmospheric energy parameters. J. Atmos. Sci. 33, 2079-2093 (1976)
McGuirk, J.P., Reiter, E.R.: Non-random fluctuations in atmospheric energy parameters. Beitr. Phys. Atmos. 50, 239-246 (1977)
Meisner, B.N.: A study of Hawaiian and Line Island rainfall. Rep. UHMET-76-04, Dep. Meteorol., University of Hawaii, 1976, 83 pp.
Muench, H.S.: On the dynamics of the winter-time stratospheric criculation. J. Atmos. Sci. 22 (4), 349-360 (1965)
Namias, J.: Negative ocean-air feedback systems over the North Pacific in the transition from warm to cold seasons. Paper presented at Joint DMG/AMS International Conference on Stimulation of Large-Scale Atmospheric Processes, Hamburg, Germany, 30 Aug.-4 Sept., 1976
Pearce, R.P.: On the concept of available potential energy. Q. J. R. Meteorol. Soc. 104, 737-755 (1978)
Reiter, E.R.: Mean and eddy motions in the atmosphere. Mon. Weather Rev. 97 (3) 200-204 (1969)
Reiter, E.R.: The interannual variability of the ocean-atmosphere system. J. Atmos. Sci. 35 (3), 349-370 (1978a)
Reiter, E.R.: On the interannual variability of the ocean-atmosphere system: Satellite monitoring requirements. Proceedings, COSPAR Meeting, Innsbruck, May 1978b
Reiter, E.R.: Long-term wind variability in the tropical Pacific, its possible causes and effects. Mon. Weather Rev. 106 (3), 324-330 (1978c)
Reiter, E.R.: Some mechanisms affecting the sea-surface temperature anomaly formation in the North Pacific. Arch. Meteorol. Geophys. Bioklimatol. Ser. A, 28 (2-3), 195-210 (1979a)
Reiter, E.R.: Trade-wind variability, southern oscillation and quasi-biennial oscillation. Arch. Meteorol. Geophys. Bioklimatol. Ser. A, 28 (2-3), 113-126 (1979b)
Reiter, E.R., Macdonald, B.C., McGuirk, J.P., Starr, A.M.: The effects of atmospheric variability on energy utilization and conservation. Environ. Res. Pap. No. 5, Dep. Atmos. Science, Colorado State University, 1977, 72 pp., 2nd printing
Reiter, E.R., Dreiseitl, E., Johnson, G.R., Leong, H.H., Macdonald, B.C., Somervell, W.L., Jr., Starr, A.M., Timbre, K.O.: The effects of atmospheric variability on energy utilization and conservation. Environ. Res. Pap. No. 14, Dep. Atmos. Science, Colorado State University, 1978, 75 pp.
Seigel, A.D.: Oceanic latent and sensible heat flux variability and air-interaction. Environ. Res. Pap. No. 7, Dep. Atmos. Science, Colorado State University, 1976, 31 pp.
Starr, A.M.: Interannual variations and regional effects of hemispheric parameters. Environ. Res. Pap. No. 4, Dep. Atmos. Science, Colorado State University, 1976, 28 pp.
Wyrtki, K., Meyers, G.: The trade-wind field over the Pacific Ocean. Reps. HIG-75-1 and HIG-75-2 to NSF and ONR, Hawaii Institute of Geophysics, University of Hawaii, 1975

Wechselwirkung zwischen Klima und polaren Eiskappen

B. STAUFFER[1]

1 Einleitung

Im ersten Vortrag dieser Reihe weist Prof. Flohn auf die wichtige Wechselwirkung zwischen Meereis und Klima hin. In dieser Arbeit soll nicht das Meereis, sondern das Eis der großen polaren Eisschilder betrachtet werden. Die Wechselwirkung zwischen dem Klima und diesen Eisschildern ist für kurzfristige Schwankungen von einigen Jahrzehnten von geringer Bedeutung. Für langfristige Schwankungen kommt dieser Wechselwirkung jedoch große Bedeutung zu. In den beiden ersten Kapiteln wird untersucht, welche Einflüsse Temperaturänderungen auf einen Eisschild haben. Es werden sowohl die Methoden wie auch die Ergebnisse der Abschätzung diskutiert. Im dritten Kapitel werden indirekte Einflüsse, beispielsweise über einen Anstieg des Meeresspiegels, qualitativ diskutiert. Für eine Begründung der verschiedenen Aussagen muß auf die Originalliteratur verwiesen werden. In diesem Kapitel wird auch kurz die Wilson-Theorie erläutert. Diese Theorie sucht die Ursache von Eiszeiten in periodischen, sehr großen Vorstößen des antarktischen Inlandeises.

2 Idealisiertes zweidimensionales Modell eines Eisschildes

Für einen langgezogenen Eisschild, wie er in Grönland vorliegt, erhält man senkrecht zur Längsachse einen näherungsweise elliptischen Querschnitt (Abb. 1). Im Zentrum liegt die Akkumulationszone. Trotz jährlichem Schneezuwachs bleibt die Oberfläche konstant, sofern sich der Eisschild im Gleichgewicht befindet, da Eis von der Akkumulations- in

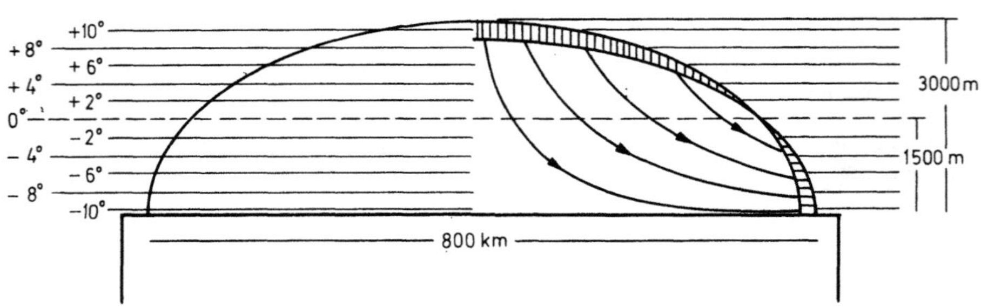

Abb. 1. Die Ellipsenhalbfläche stellt den Querschnitt durch einen Eisschild dar. In der *rechten Hälfte* sind Fließlinien des Eises angedeutet. Für verschiedene Temperaturänderungen wurde die Gleichgewichtslinie unter der Annahme eines vertikalen Temperaturgradienten von 0,7°C/100 m berechnet und eingezeichnet

[1]Physikalisches Institut der Universität Bern, Sidlerstraße 5, CH-3012 Bern

die Ablationszone fließt und dort abschmilzt oder in Form von Eisbergen ins Meer gestoßen wird. Jede Massenbilanzstudie muß das Fließen des Eises in irgendeiner Art berücksichtigen, sofern sie das Wachsen oder das Schrumpfen des Schildes über längere Zeit erklären will. Im Folgenden ist dieses Fließen sehr vereinfacht dadurch berücksichtigt, daß der betrachtete Querschnitt des Eisschildes immer eine ähnliche elliptische Form beibehalten soll. Dies bedeutet, daß Veränderungen, die durch eine Oberfläche, die aus dem Gleichgewicht geraten ist und instabiles Fließen des Eises verursacht, nicht berücksichtigt werden. Die Massenbilanz eines Eisschildes hängt wesentlich von der Höhe der Gleichgewichtslinie ab. Steigt die Sommertemperatur, so steigt die Gleichgewichtslinie, sinkt die Sommertemperatur, sinkt auch die Gleichgewichtslinie. In Mittelgrönland beträgt der vertikale Temperaturgradient im Sommer rund 0.7°C/100 m (Bader 1961). In Abbildung 1 sind nebst der heute gültigen Gleichgewichtslinie (1500 m ü.M.) Gleichgewichtslinien für eine Änderung der Sommertemperatur in Schritten von 2°C angegeben. Falls die Gleichgewichtslinie steigt, wird die Akkumulationszone und damit die jährliche Akkumulation kleiner und entsprechend die Ablation größer.

Für ein quantitatives Beispiel wird angenommen, daß der Eisschild eine Breite von 800 km und eine maximale Höhe von 3 km habe. Die jährliche Niederschlagsmenge betrage im Mittel 50 cm Wasseräquivalent, und die totale Akkumulation damit:

$$Z = 2 \cdot a \cdot 0.5$$

wobei: a = große Halbachse der Ellipse (in m)
Z = Akkumulation (in m^2).

Für die Schätzung der Ablation wird angenommen, die mittlere Ablation sei proportional zur Gleichgewichtshöhe. Die Proportionalitätskonstante wird so gewählt, daß sich für die heute gültige Gleichgewichtshöhe der heutige Wert für die mittlere Ablation ergibt:

$$V_S = h_G \cdot 0.002\ x$$

wobei: V_S = Verlust durch Schmelzen und Abfließen
h_G = Höhe der Gleichgewichtslinie (m ü.M.)
x_{AB} = Horizontaldistanz der Ablationszone auf der einen Seite

Mit dieser Schätzung beträgt die mittlere Ablation im Ablationsgebiet (für h_G = 1500 m ü.M.) 1.5 m Wasseräquivalent. Die Massenbilanz lautet:
Brutto-Akkumulation: $Z = 4\ 10^5\ m^2$
Brutto Ablation: $V_S = 2.4\ 10^5\ m^2$

Dies würde bedeuten, daß die getroffenen Annahmen einer Situation mit positiver Massenbilanz entsprechen. Bis jetzt wurden jedoch die Eisberge außer acht gelassen. In Grönland werden ungefähr 2/3 der jährlich schmelzenden Eismenge noch in Form von Eisbergen ins Meer gestoßen. Im beschriebenen Beispiel ergibt dies $1.6\ 10^5\ m^2$. Damit wird die Massenbilanz ausgeglichen.

Der Ausstoß an Eisbergen hängt vor allem von der Topographie des Felsuntergrundes und von der horizontalen Ausdehnung des Eisschildes ab. Für die folgenden Abschätzungen soll angenommen werden, daß der Eisbergausstoß von einer gewissen horizontalen Ausdehnung an linear mit wachsender Ausdehnung zunimmt. Diese Horizontalausdehnung, bei der der Eisschild Eisberge zu produzieren beginnt, muß in unserem Beispiel dem Ellipsenquerschnitt entsprechen, für den die Massenbilanz ausgeglichen ist, ohne daß Eisberge produziert werden. Für das oben gegebene numerische Beispiel erhält man eine Ausdehnung von 736 km.

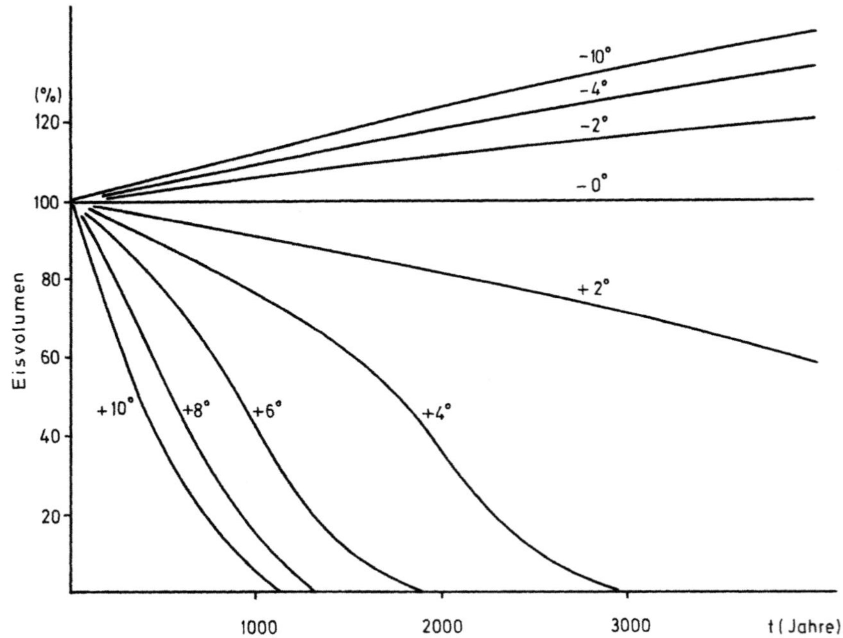

Abb. 2. Änderung des Eisvolumens bei Temperaturänderungen von -10°C bis +10°C bei gleichbleibender Akkumulation

Sofern man ferner verlangt, daß bei der heutigen Ausdehnung des Eisschildes die Eisbergproduktion so groß ist, daß die Massenbilanz ausgeglichen ist folgt:

$$V_E = (a - 318.000) \cdot 1.96$$

wobei: V_E = Verlust durch Ausstoß von Eisbergen in m^2
a = große Halbachse der Ellipse in m

Damit beträgt die jährliche Veränderung der Ellipsenhalbfläche die hier die Massenänderung repräsentiert:

$$\Delta M = Z - V_S - V_E$$

Bei Sommertemperaturen, die einer Gleichgewichtslinie von 1500 m ü.M. entsprechen, ist ΔM wie verlangt gleich null. Für steigende Sommertemperaturen wird die Massenbilanz negativ, für sinkende positiv. In Abbildung 2 ist aufgetragen, wie sich die Masse – repräsentiert durch die halbe Ellipsenfläche – ändert, wenn die Sommertemperatur ändert. Der Modelleisschild würde demnach bei einer Temperaturerhöhung von 4° oder mehr in wenigen tausend Jahren vollständig schmelzen. Das teilweise Abschmelzen eines Eisschildes kann ein irreversibler Vorgang sein. Der Eisschild wächst dann nicht mehr auf die ursprüngliche Größe bei Rückkehr zu heutigen Temperaturverhältnissen. Dies ist in Abbildung 3 veranschaulicht. Es wird angenommen, daß während tausend Jahren eine Temperaturänderung eintritt und nachher die Temperatur auf den heutigen Wert zurückgeht. Bei vorübergehender Temperaturänderung von -10°C bis +4°C bleibt der Eisschild nach Rückkehr zur ursprünglichen Temperatur fast konstant auf zwischen 113% bis 76% des ursprünglichen Volumens. Er nähert sich sehr langsam, aus der Zeichnung nicht ersichtlich, dem ursprünglichen Volumen, aber in 4000 Jahren nur um rund 1%.

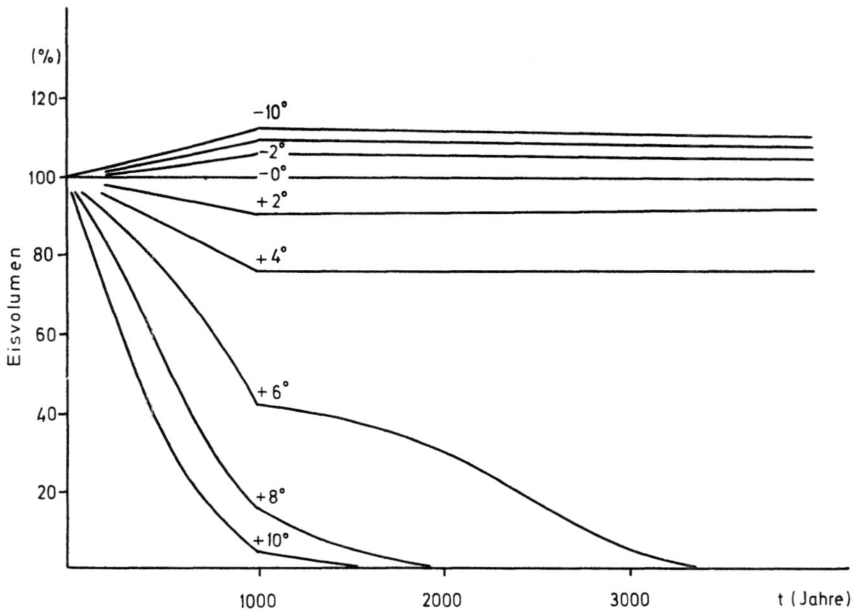

Abb. 3. Änderung des Eisvolumens bei einer tausend Jahre dauernden Temperaturänderung von -10°C bis +10°C und anschließender Rückkehr zu heutigen Temperaturverhältnissen

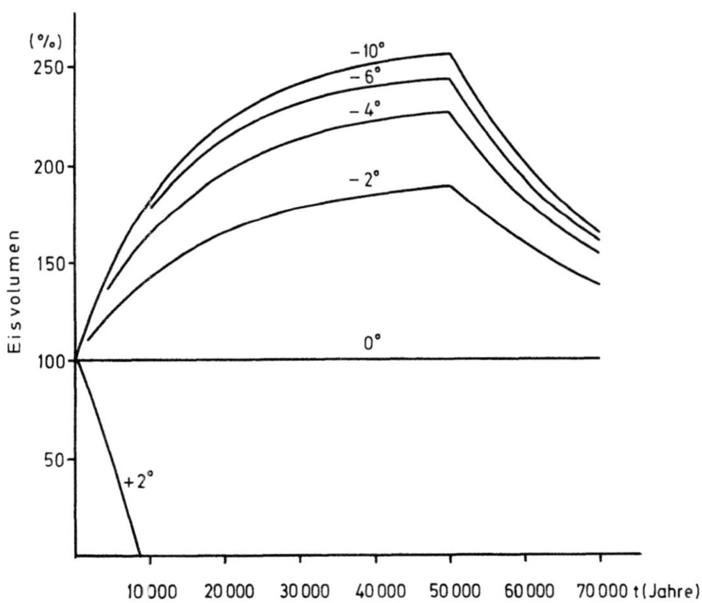

Abb. 4. Änderung des Eisvolumens bei einer 50.000 Jahre dauernden Temperaturänderung von -10°C bis +2°C und anschließender Rückkehr zu heutigen Temperaturverhältnissen

Tabelle 1

Ablation mit gleichbleibender Bruttoakkumulation von 620 km^3/Jahr				Vergleich mit zweidimensionalem Modell
Erwärmung (^{o}C)	Ablation (km^3/Jahr)	Massenverlust (Gesamtvolumen/Jahr)	Meeresanstieg (mm/Jahr)	Massenverlust (Gesamtfläche/Jahr)
0	375	0	0	0
2	600	0,9 10^{-4}	0,6	0,9 10^{-4}
4	960	2,3 10^{-4}	1,5	2,2 10^{-4}
6	1400	4,1 10^{-4}	2,8	4,1 10^{-4}
8	2000	6,5 10^{-4}	4,3	7,1 10^{-4}
10	2700	9,3 10^{-4}	6,3	15,5 10^{-4}

Bei tausendjährigen Temperaturänderungen von über $4^{o}C$ ist der Abschmelzvorgang irreversibel. Der Eisschild schmilzt auch nach Rückkehr zu heutigen Temperaturverhältnissen weiter.

In Abbildung 4 wird ein anderer Zeitmaßstab verwendet. Es wird angenommen, daß die Temperaturänderung 50.000 Jahre dauere und die Temperatur dann zum heutigen Wert zurückkehre. Jede Temperaturerhöhung würde schließlich zu einem Abschmelzen führen. Eine Temperaturerniedrigung zwischen 2° und 10° würde zu einem Volumenzuwachs von 80% bis 160% führen. Dies entspräche Scheitelhöhen von 4000 m bis 4850 m. Bei Rückkehr der Temperatur zu heutigen Verhältnissen schrumpft die Eismasse langsam dem ursprünglichen Wert zu. Damit soll dieses einfache Modell verlassen werden, indem die hauptsächlichsten Nachteile nochmals aufgezählt werden:

- Es behandelt nur einen Querschnitt und vernachlässigt jegliche Nord-Süd-Effekte.
- Die Oberflächenform ist sehr stark idealisiert.
- Akkumulations- und Ablationswerte sind nur ganz grob geschätzte Mittelwerte.
- Die Akkumulation wird örtlich und zeitlich als konstant angenommen.

Im Folgenden soll in einer sorgfältigeren Art der Massenhaushalt von Grönland in Abhängigkeit von Temperaturänderungen abgeschätzt werden. Allerdings müssen wir dann, da das Fließen des Eises unberücksichtigt bleibt, auf längerfristige Prognosen verzichten.

3 Massenhaushalt des grönländischen Eisschildes bei Temperaturänderungen

Um den Massenhaushalt für Grönland abzuschätzen, wird wie folgt vorgegangen:

- Die Eisfläche Grönlands (1.833.000 km^2) wird in 426 Felder von 2° Länge und 0.6^{o} Breite eingeteilt.
- Für jedes dieser Felder wird eine mittlere Höhe und eine mittlere jährliche Niederschlagsmenge aus einer Karte, respektive Niederschlagskarte (Bader 1961), gelesen.
- Die jährliche Bruttoablation wird für jedes Feld näherungsweise berechnet.
- Schließlich wird die Massenbilanz für jedes Feld gebildet.

Das Hauptproblem liegt in der Berechnung der jährlichen Ablation. Für diese Berechnung wird einem Vorschlag von W. Ambach (1972) gefolgt. Er stellt aufgrund von Messungen fest, daß eine Ablation nur an Tagen mit einem Temperaturmittel von über 0°C (im folgenden Ablationstage genannt) auftritt, daß aber der Ablationswert nicht wesentlich davon abhängt, um wieviel dieses Temperaturmittel überschritten wird. Hingegen hängt die Ablation stark von der Beschaffenheit der Oberfläche ab. Ambach gibt folgende Energiebilanz für Ablationstage:

	Schneeoberfläche ly/d	Eisoberfläche Hochsommer ly/d	Eisoberfläche Spätsommer ly/d
Globalstrahlung	600	650	400
Albedo	70%	40%	40%
Absorbierte Globalstrahlung	+ 180	+ 380	+ 240
Langwellige Strahlungsbil.	- 80	- 80	- 80
Fühlbarer Wärmestrom	+ 30	+ 85	+ 40
Latenter Wärmestrom	- 30	- 30	- 25
Eiserwärmung	- 30	- 25	- 25
Verfügbare Schmelzenergie	+ 70	+ 335	+ 150

Zusammenstellung der Komponenten des Energiehaushaltes für verschiedene Bedingungen im Randgebiet des grönländischen Inlandeises nach Ergebnissen von EGIG I (W. Ambach 1963) und EGIG II (unveröffentlicht). "Hochsommer" entspricht der Zeit ohne Nachtabschnitte, "Spätsommer" jener mit Nachtabschnitten

Bei den folgenden Berechnungen wird für Eisoberflächen ein Mittelwert der verfügbaren Schmelzenergie von 230 ly pro Ablationstag angenommen. Das heißt, bei Schneeoberfläche wird pro Ablationstag rund 0.9 cm Wasseräquivalent, bei Eisoberfläche rund 3 cm Wasseräquivalent geschmolzen. Als nächstes muß für jedes Feld die Anzahl Ablationstage berechnet werden. In Grönland gibt es nur wenig Stationen, die tägliche Temperaturmessungen vornehmen. Die Anzahl Ablationstage wird deshalb mit Hilfe geschätzter vertikaler und meridionaler Temperaturgradienten berechnet. Die Berechnung basiert auf einer dreijährigen Temperaturreihe von Camp Century. Die Temperaturgradienten wurden nach Angaben von O. Omuhra (mündliche Mitteilung) geschätzt. Der vertikale Temperaturgradient beträgt: L_V = 0.75°C/100 m,
der meridionale: L_l = 0.75°C/°Breite.

Es ist zu beachten, daß die Wahl mittlerer Temperaturgradienten über ganz Grönland eine grobe Näherung bedeutet und daß auch bedeutende Ost-West-Unterschiede bestehen, die jedoch nicht systematisch genug sind, um in diesem Rahmen berücksichtigt zu werden. Mit der Schmelzenergie, die pro Feld zu Verfügung steht, wird zunächst die winterliche Schneedecke geschmolzen. Mit der allfällig überschüssigen Energie dann zusätzlich Eis. Es wird angenommen, daß das Schmelzwasser nur abfließen kann, wenn die geschmolzene Menge 90% der winterlichen Schneedecke ausmacht. Mit diesen Annahmen erhält man für Grönland folgende Massenbilanz:

Bruttoakkumulation 620 km^3 Wasseräquivalent

Bruttoablation 375 km^3 Wasseräquivalent

Über die Eisbergproduktion kann keine Aussage gemacht werden. Beim Vergleich mit anderen Schätzungen der Massenbilanz Grönlands (Fristrup 1966) muß berücksichtigt werden, daß hier Nettowerte angegeben werden. Übernimmt man von diesen Schätzungen die rund 200 km^3 Eis, die als Eisberge zur Ablation beitragen, erhält man eine Massenbilanz, die bis auf 10% ausgeglichen ist, was die gemachten Annahmen rechtfertigt.

Falls die Temperatur in Schritten von 2°C erhöht wird, und zwar so, daß jede Tagestemperatur um 2° ansteigt, so ergibt sich eine ständig negativere Massenbilanz. In Tabelle 1 sind die Werte für Temperaturerhöhungen bis 10°C dargestellt.

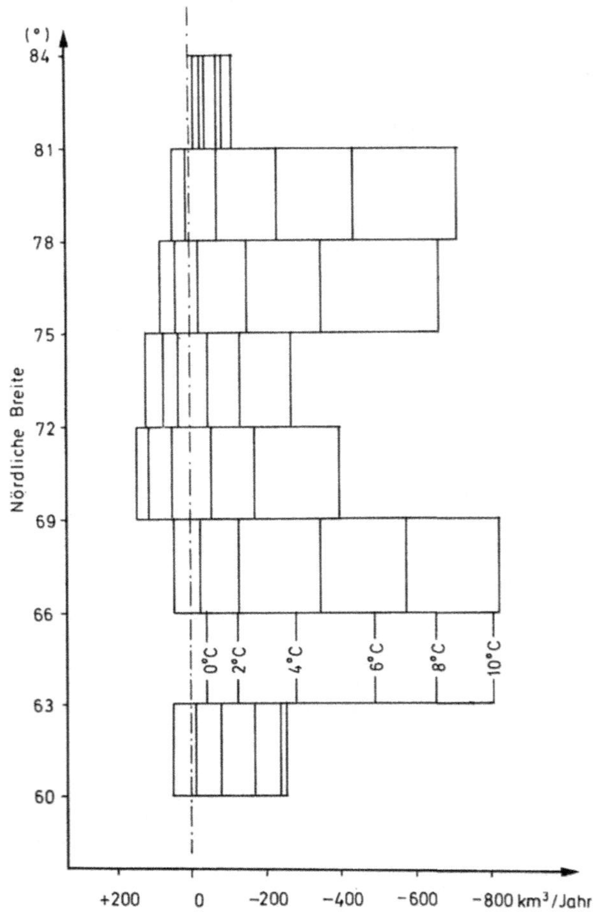

Abb. 5. Massenbilanz für Gebietsstreifen von je 3° Breite für Temperaturerhöhungen in Schritten von 2°C

Die Massenbilanz kann auch für einzelne Zonen gesondert berechnet werden. Die Breitenabhängigkeit der Massenbilanz ist aus Abbildung 5 ersichtlich. Für den Temperaturunterschied 0°C ergibt sich richtigerweise ein Massenüberschuß in Mittelgrönland, dort werden auch die größten Mengen Eisberge ins Meer gestoßen. Die streifenweise Massenbilanz bei schrittweiser Temperaturerhöhung zeigt, daß der Eisschild vor allem von Süden und von Norden her abschmilzt. Die rheologischen Konsequenzen werden im Rahmen dieser Arbeit nicht diskutiert.

Die abgeschätzte Massenbilanz ist die augenblickliche Antwort auf eine Temperaturerhöhung. Längerfristige Prognosen können im Rahmen dieses Modells nicht direkt gemacht werden. Man kann jedoch die relativen jährlichen Massenverluste (bezogen auf Gesamtmasse) mit den relativen Massenverlusten (bezogen auf gesamten Querschnitt) beim einfachen zweidimensionalen Modell vergleichen. Der Vergleich zeigt, daß das zweidimensionale Modell für eine gegebene Temperaturerhöhung ähnliche Massenverluste ergibt wie das realistischere Modell. Deshalb sind die Zeiten, die der Eisschild braucht, um vollständig zu schmelzen, sicher nicht wesentlich größer als das zweidimensionale Modell ergab.

Bis anhin wurde stillschweigend angenommen, daß die jährliche Niederschlagsmenge konstant bleibe. Es ist jedoch anzunehmen, daß mit einem Temperaturanstieg auch die Niederschläge zunehmen. Mit zunehmenden Niederschlägen sieht die Massenbilanz des grönländischen Eisschildes wieder günstiger aus. Um aber bei einer Erhöhung der Temperatur um 10°C eine ausgeglichene Massenbilanz zu bekommen, müßte die jährliche Niederschlagsmenge um 130% zunehmen.

Die Massenbilanz für die Antarktis ist sehr verschieden von derjenigen Grönlands. Denton et al. (1971) gibt folgende Werte der einzelnen Beiträge an:

Jährliche Akkumulation	$208 \cdot 10^{16}$ g/Jahr
Jährliches Abschmelzen	$1 \cdot 10^{16}$ g/Jahr
Eisbergausstoß	$145 \cdot 10^{16}$ g/Jahr
Wegschmelzen am Boden von Eisschelfen	$20 \cdot 10^{16}$ g/Jahr

Mit diesen Werten erhält man eine positive Massenbilanz von $42 \cdot 10^{16}$ g/Jahr, die jedoch – wie auch die anderen Werte – noch relativ unsicher ist. Das Abschmelzen am Rande des Eisschildes spielt also eine ganz unwesentliche Rolle im Massenhaushalt. Deshalb ist der Massenhaushalt weniger abhängig von der Höhe der Gleichgewichtslinie. Der antarktische Eisschild scheint deshalb gegenüber Temperaturänderungen unempfindlicher zu reagieren als der grönländische. Falls man aber rheologische Überlegungen miteinbezieht, wird dies fraglich.

4 Mögliches instabiles Verhalten der Ost- und Westantarktis

Eis ist vom rheologischen Standpunkt ein kriechender Körper. Solange das Eis des ganzen Eisschildes als homogen betrachtet werden darf, sind keine Instabilitäten zu erwarten. Nun ändert aber die Temperatur des Eises mit der Tiefe. Bedingt durch die Erdwärme und die innere Reibung wird das Eis mit zunehmender Tiefe wärmer und fließt unter sonst gleichen Bedingungen stärker als kälteres Eis. Je mächtiger der Eisschild ist, desto wärmer ist das Eis am Felsuntergrund. Bei genügender Mächtigkeit kann es sogar den Druckschmelzpunkt erreichen. In den zentralen Regionen der Antarktis ist dies teilweise der Fall. Falls der Eisschild weiter wächst, wird die Zone, bei der das Eis am Boden den Schmelzpunkt erreicht, immer größer. Wilson (1964) nimmt an, daß, sobald diese Zone eine kritische Ausdehnung erreicht habe, sich der Eisschild in katatrophaler Art ausdehne. Er stellt sich vor, daß ein Viertel bis ein Drittel des Eises der Antarktis in weniger als 200 Jahren in Schelfeis ausfließen und einen riesigen Eisschelf bis zur antarktischen Kovergenz reichend bilden würde. Durch die große Ausdehnung einer massiven Eisdecke würde die Albedo der Erde so vergrößert, daß die Temperatur weltweit sinken würde. Die Folge könnte der Beginn einer Eiszeit sein. Bis die Eismasse der Antarktis von 2/3 ihres maximalen Volumens wieder bis zu diesem anwachsen würde, würden schätzungsweise 70.000 Jahre verstreichen. Die Wilsontheorie könnte also die Eiszeiten, die sich in Zeitabständen von rund 100.000 Jahren folgten, erklären. Die Theorie fand anfänglich große Beachtung, sie fiel in eine Zeit, in der bei vielen Gletschern katastrophale Vorstöße, sogenannte "Surges", beobachtet wurden. Die Theorie scheint zunächst leicht überprüfbar zu sein. Der "Surge", der eine Eiszeit auslöst, würde einen kräftigen raschen Meeresanstieg bewirken. Hollin (1965) hat für die Risseiszeit in England Indizien für einen solchen Anstieg gefunden, nicht aber für die Würmeiszeit. Die Gültigkeit der Wilsontheorie, in der beschriebenen Form, mit den kurzzeitigen mächti-

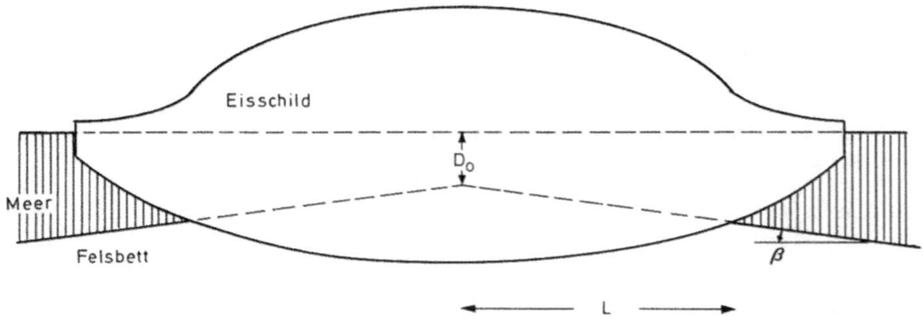

Abb. 6. Schematische Darstellung eines marinen Eisschildes, beidseits begrenzt durch Eisschelfe. Die *untere gestrichelte Linie* gibt den geschätzten Verlauf des gehobenen Meeresbodens an, sofern das Eis nicht vorhanden wäre. Der gehobene Boden läge immer noch unter dem heutigen Meeresspiegel

gen Ausbrüchen der Antarktis, die die Entstehung der Eiszeiten allein erklären kann, ist nach heutiger Kenntnis nicht gegeben. Es ist jedoch keine Frage, daß in besonderen Fällen Instabilitäten kleineren Ausmaßes einen Einfluß auf das Klima haben können.

So wurden die Forscher durch die Wilsontheorie auch auf das Problem des Westantarktischen Eisschildes aufmerksam. Die Westantarktis ist insofern ein Spezialfall, als ihr Felsbett größtenteils unter dem Meeresspiegel liegt. Selbst falls das Eis verschwinden würde, würde nach isostatischem Ausgleich noch ein großer Teil des Untergrundes unter dem Meeresspiegel liegen.

Abbildung 6 zeigt einen schematischen Querschnitt dieses marinen Eisschildes. T. Hughes (1973) sammelte einige Evidenz, daß sich der Westantarktische Eisschild abbaut. Unter anderem entspricht die Neigung der Oberfläche nicht einem Eisschild im Gleichgewicht. Man hat auch Indizien, daß dieser Eisschild Ende der letzten Eiszeit viel größer war. Beispielsweise war das Gebiet des heutigen Ross Eisschelfes von einem Eisschild, der am Felsuntergrund auflag, bedeckt (Denton 1971). Johnsen et al. (1972) schließen aus $^{18}O/^{16}O$-Messungen am Eiskern von Byrd Station, daß der Eisschild seit der letzten Eiszeit einige hundert Meter an Mächtigkeit abnahm. Weertman (1976) macht auf die großen Geschwindigkeiten der Eisströme, die von der Westantarktis in den Ross Eisschelf führen, aufmerksam. Diese Eisströme haben übrigens noch keine tiefen Täler in den Felsuntergrund gegraben, was beweist, daß sie noch nicht lange an diesem Ort existiert haben können. Befunde, nach denen der Meeresspiegel vor 120.000 Jahren um rund 6 m höher war als heute (Broecker 1968) können ein Anzeichen dafür sein, daß der Westantarktische Eisschild während dem letzten Interglazial größtenteils verschwunden war. I. Whillans (1976) findet allerdings aus Messungen von Radar-Reflexionshorizonten, daß sich der Massenhaushalt des Westantarktischen Eisschildes während den letzten 30.000 Jahren nicht stark geändert hat, zumindest nicht im zentralen Teil.

Alle diese Anzeichen zeigen, daß es unsicher ist, wie stark sich der Westantarktische Eisschild seit der Eiszeit abgebaut hat, ob dieser Abbau immer noch andauert, oder er sich in letzter Zeit gar beschleunigt hat. Ob in nächster Zeit (nächste 200 Jahre) mit einem katastrophalen Vorstoß zu rechnen ist, läßt sich noch weniger voraussagen. Es soll aber doch noch kurz gezeigt werden, weshalb ein "mariner" Eisschild solche Probleme aufgibt.

Nach einem Verschwinden des Eisschildes würde sich der Felsuntergrund, vom Druck des Eises befreit, heben. Mit D_o (Abb. 6) wird die geschätzte Distanz zwischen dem gehobenen Felsbett im Zentrum zum Meeresspiegel bezeichnet. Weertman (1974) zeigt, daß die Stabilität eines marinen Eisschildes hauptsächlich von rheologischen Eigenschaften des Eises, von der Distanz D_o und von der Neigung des Felsbettes β abhängt. Die Temperatur des Eises geht nur über die rheologischen Eigenschaften in die Betrachtungen ein. Es würde zu weit führen, hier die komplizierte transzendente Gleichung für die Stabilitätsbedingung genauer zu diskutieren. Das Ergebnis läßt sich wie folgt zusammenfassen: Ein Schätzwert für D_o ist 200 m; für die Neigung des Felsbettes $4 \cdot 10^{-4}$. Mit diesen Werten existiert nach Weertmans Gleichung ein mariner Eisschild der Ausdehung L = 700 km. Dies entspricht ungefähr der Ausdehnung der Westantarktis. Wäre D_o = 250 m, was durchaus im Rahmen der Schätzung liegt, würde L für einen stabilen Schild 350 km betragen; der Eisschild müßte bis auf diese Ausdehnung schrumpfen. Falls zudem die Neigung β noch etwas größer wäre, nämlich $6 \cdot 10^{-4}$, wäre gar keine stabile Lösung mehr möglich; der Westantarktische Eisschild müßte verschwinden. Über die zeitlichen Abläufe sagen diese Rechnungen nichts aus.

Diese Instabilität des Westantarktischen Eisschildes ist nur indirekt vom Klima beeinflußt, beispielsweise über die Höhe des Meeresspiegels. Wie im Artikel von Prof. Flohn in diesem Buch schon erwähnt, glaubt J. Mercer (1978) demgegenüber, daß eine Temperaturerhöhung direkt einen katastrophalen Abbau des Westantarktischen Eisschildes verusachen könnte. Die Hochsommertemperaturen an der Front der großen Eisschelfe (Ross- und Felchner-Eisschelf) betragen heute -4° bis -5°C. Falls diese Hochsommertemperaturen über 0°C steigen sollten, würde nach Mercers Hypothese der Westantarktische Eisschild verschwinden. Über den zeitlichen Ablauf gibt er keine quantitativen Angaben, sondern schreibt: "The deglaciation would be rapid, perhaps catastrophically".

Begründet wird die Theorie mit einem Parallelfall, dem relativ schnellen Zerfall des Laurentidischen Eisschildes über der Hudson-Bay nach der letzten Eiszeit. Ferner glaubt Mercer, daß die Westantarktis im letzten Interglazial in dem Moment verschwunden sei, als die Temperatur wärmer war als heute. Vor allem aus letzterem schließt er, daß der Abbau des Eisschildes klima- und nicht rheologisch bedingt war.

5 Zusammenfassung

Klimaänderungen haben einen Einfluß auf die Massenbilanz von Eisschildern. Temperaturerhöhungen wirken sich auf Eisschilder, bei denen das Abschmelzen an den Randzonen eine wesentliche Rolle spielt, beispielsweise in Grönland, stärker aus. Klimaänderungen können sich auch über Schwankungen des Meeresniveaus auf die Stabilität von Eisschildern auswirken. Diese Auswirkungen sind jedoch schwierig abzuschätzen.

Umgekehrt haben die großen polaren Eisschilder auch einen Einfluß auf das globale Klima. Ob eine rheologisch bedingte Periodizität der Eismasse der Antarktis sogar für das Auslösen der Eiszeiten verantwortlich ist, ist allerdings noch nicht erwiesen.

Literatur

Ambach, W.: Untersuchungen zum Energieumsatz in der Ablationszone des grönländischen Inlandeises. Meddelelser om Grønland, Bd. 174, Nr. 5 (1963)

Ambach, W.: Zur Schätzung der Eis-Nettoablation im Randgebiet des Grönländischen Inlandeises. Polarforschung 42, Nr. 1 (1972)

Bader, H.: The Greenland Ice Sheet. U.S. Army Cold Regions Research and Engineering Laboratory, 1961

Broecker, W.S., Thurber, D.L., Goddard, J., Teh-Lung, Ku, Matthews, R.K., Mesolella, K.J.: Milankovitch hypothesis supported by precise dating of coral reefs and deep-sea sediments. Science 159, 297 (1968)

Denton, G.H., Armstrong, R.L., Stuiver, M.: The late cenozoic glacial history of Antarctica. Late cenozoic glacial ages. Yale University Press 1971

Fritstrup, B.: The Greenland Ice Cap. Kopenhagen: Rhodos 1966

Hollin, J.T.: Wilson's theory of ice ages. Nature (London) 208, 12 (1965)

Hughes, T.: Is the West Antarctic ice sheet disintegrating? J. Geophys. Res. 78, 7884 (1973)

Johnsen, S.J., Dansgaard, W., Clausen, H.B., Langway, C.C.: Oxygen isotope profiles through the Antarctic and Greenland ice sheets. Nature (London) 235, 429 (1972)

Mercer, J.H.: West Antarctic ice sheet and CO_2 greenhouse effect: a threat of disaster. Nature (London) 271, 321 (1978)

Weertman, J.: Stability of the junction of an ice sheet and an ice shelf. J. Glaciol. 13, 3 (1974)

Weertman, J.: Glaciology's grand unsolved problem. Nature (London) 260, 284 (1976)

Whillans, I.M.: Radio-echo layers and the recent stability of the West Antarctic ice sheet. Nature (London) 264, 152 (1976)

Wilson, A.T.: Origin of ice ages: an ice shelf theory for Pleistocene glaciation. Nature (London) 201, 147 (1964)

GPSR Compliance

The European Union's (EU) General Product Safety Regulation (GPSR) is a set of rules that requires consumer products to be safe and our obligations to ensure this.

If you have any concerns about our products, you can contact us on ProductSafety@springernature.com

In case Publisher is established outside the EU, the EU authorized representative is:

Springer Nature Customer Service Center GmbH
Europaplatz 3
69115 Heidelberg, Germany

Batch number: 10683525

Printed by Printforce, the Netherlands